普通高等教育计算机规划教材

ASP.NET 程序设计教程

崔连和　编著

机 械 工 业 出 版 社

本书系统阐述了 ASP.NET 语言的编程理论与方法，既偏重常用技术的精讲，又突出了 ASP.NET 在实际开发中的应用。全书以 Visual Studio 2010 为开发环境，以企业实际应用为蓝本，以大量的图例和实例对 ASP.NET 做了深入浅出的讲解。主要内容包括 ASP.NET 概述、Visual Studio 2010 编程、ASP.NET(C#)语法基础、ASP.NET 常用控件和内置对象、数据库操作、数据绑定控件应用、网站登录与导航、主题和母版页技术、LINQ 技术和 AJAX 技术。最后用了两个案例对全书内容做了应用引导。

本书可作为高等院校计算机专业的教材或教学参考书，还可供编程爱好者、培训人员阅读参考。

本书配有授课电子课件、教学计划、教学大纲、配套视频、配套题库、源代码、教学讲稿等材料，需要的教师可登录 www.cmpedu.com 免费注册，审核通过后即可下载，或联系编辑索取（QQ：241151483，电话：010-88379753）。

图书在版编目（CIP）数据

ASP. NET 程序设计教程/崔连和编著 .—北京：机械工业出版社，2012.6（2016.8 重印）

普通高等教育计算机规划教材

ISBN 978-7-111-39152-4

Ⅰ. ①A… Ⅱ. ①崔… Ⅲ. ①网页制作工具－程序设计－高等学校－教材 Ⅳ. ①TP393.092

中国版本图书馆 CIP 数据核字（2012）第 159827 号

机械工业出版社（北京市百万庄大街 22 号　邮政编码 100037）

责任编辑：郝建伟　曹文胜

责任印制：李　洋

中国农业出版社印刷厂印刷

2016 年 8 月第 1 版 · 第 3 次印刷

184 mm × 260 mm · 21 印张 · 519 千字

4501—6300 册

标准书号：ISBN 978-7-111-39152-4

定价：42.00 元

凡购本书，如有缺页、倒页、脱页，由本社发行部调换

电话服务

服务咨询热线：010 - 88379833

读者购书热线：010 - 88379649

网络服务

机 工 官 网：www. cmpbook. com

机 工 官 博：weibo. com/cmp1952

教育服务网：www. cmpedu. com

金 书 网：www. golden - book. com

出 版 说 明

信息技术是当今世界发展最快、渗透性最强、应用最广的关键技术，是推动经济增长和知识传播的重要引擎。在我国，随着国家信息化发展战略的贯彻实施，信息化建设已进入了全方位、多层次推进应用的新阶段。现在，掌握计算机技术已成为21世纪人才应具备的基础素质之一。

为了进一步推动计算机技术的发展，满足计算机学科教育的需求，机械工业出版社聘请了全国多所高等院校的一线教师，进行了充分的调研和讨论，针对计算机相关课程的特点，总结教学中的实践经验，组织出版了这套“普通高等教育计算机规划教材”。

本套教材具有以下特点：

1）反映计算机技术领域的新发展和新应用。

2）为了体现建设“立体化”精品教材的宗旨，本套教材为主干课程配备了电子教案、学习与上机指导、习题解答、多媒体光盘、课程设计和毕业设计指导等内容。

3）针对多数学生的学习特点，采用通俗易懂的方法讲解知识，逻辑性强、层次分明、叙述准确而精炼、图文并茂，使学生可以快速掌握，学以致用。

4）符合高等院校各专业人才的培养目标及课程体系的设置，注重培养学生的应用能力，强调知识、能力与素质的综合训练。

5）注重教材的实用性、通用性，适合各类高等院校、高等职业学校及相关院校的教学，也可作为各类培训班和自学用书。

希望计算机教育界的专家和老师能提出宝贵的意见和建议。衷心感谢计算机教育工作者和广大读者的支持与帮助！

机械工业出版社

前　言

ASP.NET 是网络时代微软公司.NET 平台下重要的编程语言，也是目前流行的网络编程语言。本书由长期坚守在教学一线、拥有丰富软件编程经验的全国十大特教园丁、中国计算机协会会员、国家级计算机程序设计竞赛裁判崔连和先生主编，在编写过程中汇集了数十名 ASP.NET 程序员的智慧，同时结合了 IT 发展的最新潮流，满足了企业实际岗位的需求。

全书共分四部分，由 12 章组成，各章节内容简述如下。

第一部分是 ASP.NET 基础部分。本部分讲述了 ASP.NET 基础知识、Visual Studio 2010 环境的构建、C#语法基础，这三章的知识为读者学习 ASP.NET 编程奠定坚实的基础，是进入 ASP.NET 编程殿堂的必由之路。

第二部分是 ASP.NET 的控件与对象。本部分详细讲解 ASP.NET 的各类控件、各个对象，每个控件及对象都采用案例进行讲解。这部分介绍 ASP.NET 网络编程的常用功能，只有掌握这些知识，才能顺利进入网络编程的世界。

第三部分是 ASP.NET 编程的实践部分。本部分讲解了 ASP.NET 的数据库操作、数据控件的应用、网站登录与导航、主题和母板页技术、LINQ 技术、AJAX 技术。这一部分是 ASP.NET 的核心部分，也是全书的重点。

第四部分是案例部分。本部分采用了两个案例，对全书知识应用进行了概括总结并以案例方式进行了延伸。第一个实例是一个简易的学生信息管理系统，这是一个结合心理学知识，专门为教学而设计的简易的入门程序，旨在帮助读者以无恐惧的心理进入完整程序的编写。第二个实例是中小企业办公自动化系统，其开发者是本书作者的助手娄喜辉先生，他从一个专业程序员的视角，用曾经为某企业开发过的实际案例，对 ASP.NET 的应用做了诠释。

本书具有如下特点。

（1）配套齐全：本书附送近 20 种配套资料，全方位满足各高校教师备课的需要，选用本书可以免备课、免出题，实现高度的自动化。

（2）通俗易懂：本书在写作过程中，充分考虑到各层次的读者水平，以浅显的语言描述了相对深奥的计算机专业知识，语言通俗易懂，适合各层次选用。

（3）专业网站：本书配套一个专业服务网站，长期、方便、不断地为本书的使用者提供全方位服务。

（4）赠送源码：本书的 100 个专业源码由 51Aspx.com 友情提供，可作为各教师授课时的提高案例。

（5）案例导航：本书使用了 100 个精典实例，同时为每个实例配备了视频制作，在减少授课教师的工作量的同时也方便了学生自学。

本书由崔连和编写，本书提供的全套材料，读者可到 http://www.cuilianhe.com 或 51Aspx.com 网站下载，本书专用服务邮箱：18003622999@qq.com，专用 QQ 群 130955636。

由于作者水平有限，书中难免存在不妥和错误之处，我们真诚期待专家及读者的批评指正。

编　者

目　　录

第1章　ASP.Net概述

程序员的优秀品质之一：上善若水，止于至善

出自老子《道德经》（第八章）：上善若水。水善利万物而不争，居众人之所恶，故几于道。居善地，心善渊，与善仁，言善信，政善治，事善能，动善时。夫唯不争，故无尤。

做一个合格的程序员要具有像水一样善良的品质。水善于滋润万物而不与万物相争，停留在众人都不喜欢的地方，所以最接近于“道”。最善的人，居处最善于选择，心胸善于保持沉静而深不可测，待人善于真诚、友爱和无私，说话善于恪守信用，为政善于精简处理，能把国家治理好，处事善于发挥所长，行动善于把握时机。最善的人所作所为正因为有不争的美德，所以没有过失，也就没有怨言。

学习激励

程序人生之比尔·盖茨

比尔·盖茨，1955年10月出生，曾任微软公司主席和首席软件设计师。1973年，比尔·盖茨考进了哈佛大学，那时他与后来微软的首席执行官史蒂夫·鲍尔默结成了好朋友。在哈佛的时候，比尔·盖茨为第一台微型计算机MITS Altair开发了Basic编程语言。1999年，比尔·盖茨撰写了《未来时速：数字神经系统和商务新思维》一书，这本书在超过60个国家以25种语言出版。

比尔·盖茨13岁开始编程，39岁成为世界首富，连续13年问鼎《福布斯》财富榜。微软集团是一家为个人计算机和商业计算机提供软件、服务和Internet技术的世界范围内的公司。截止于2011年6月底的财务统计，微软公司的总收入699.43亿美元，在60个国家与地区的雇员总数超过了50 000人。

如今，全世界每一台个人计算机几乎都安装了美国微软公司的操作系统。比尔·盖茨研发的操作系统，成了惊天地的伟大创举，这一创举使个人计算机成了日常生活用品，并因而改变了每一个人的工作、生活方式。比尔·盖茨对软件的贡献，就像爱迪生发明灯泡一样。

世界首富是谁，全世界的人都会异口同声：比尔·盖茨！哪个行业是催生世界首富的行业？计算机业当仁不让！软件开发则是计算机领域最尖端的学科。比尔·盖茨之所以成为世界首富，不仅仅是因为他的睿智，更与他选对了行业密不可分。万丈高楼平地起，努力学习程序设计语言，打好编程基础，有朝一日，你也会走向辉煌，到达成功的彼岸。

1.1 ASP.NET 简介

随着时代的发展和科技的进步，每一个事物都在不断地前进中。计算机的操作系统从最初的 DOS 系统发展到今天广泛使用的 Windows 7 系统，14 英寸黑白电视机发展到今天的 108 英寸液晶电视。编程软件从最初需要一行一行编写代码的 BASIC 语言、C 语言发展到可视化的 VB 语言、VC 语言，今天的程序设计语言已经进入了.NET 时代。在 Microsoft 的宣传中，所有未来的软件都将加上.NET 的标签。ASP.NET 便成为.NET 时代最重要的编程语言之一。

1.1.1 ASP.NET 含义

当今是互联网的时代，年轻人已经离不开网络。上网浏览的人不仅希望网页美观，还希望网站提供的功能更强大。网站的功能是由编程来实现的。广泛用于网站编程的语言是 3P，即 ASP（包括 ASP.NET）、JSP、PHP。其中，使用最为广泛的是 ASP 和 ASP.NET，后者是 ASP 的升级版本，功能更为强大，编程更加简单。

ASP.NET 又称 ASP+，是微软公司于 2000 年 6 月发布的网络编程语言。它是微软公司继 VB、VC、ASP 之后推出的新一代编程环境 Microsoft.NET 框架之下的编程语言之一，正如 VC++是 C 语言的新版本一样，ASP.NET 是 ASP 更新换代的最新网络编程语言。

1.1.2 ASP.NET 的历史

1996 年 ASP 1.0 的诞生使网站编程变得轻松而容易，结束了网站编程繁琐而苦涩的历史；1998 年微软公司发布了 ASP 2.0，使 ASP 的功能进一步增强；2000 年诞生了效率更高、性能更稳定的 ASP 3.0。

时势造英雄，互联网应用在以迅雷之势普及开来，2001 年 ASP.NET 犹抱琵琶半遮面，千呼万唤始出来！微软公司研发的出发点是将 ASP.NET 作为 ASP 的升级版本，因此命名为 ASP+。然而，真正面世之后，程序员们却发现 ASP.NET 不是 ASP 的简单升级，而是新一代的网络编程语言。ASP.NET 从诞生到今天，已经发展到 4.0 版。我们惊奇地看到，一个功能越来越强大、编程越来越容易的网络编程利器正款款地向我们走来。

1.1.3 ASP.NET 的优越之处

1．效率更高

ASP 以 VB Script 作为主要编程脚本语言，每次执行的时候都要解释执行，其效率很低。而 ASP.NET 则采用 C#、Visual Basic 这样的模块化程序语言作为脚本语言，这些语言在执行时，采用一次编译多次执行的方式，其效率与 ASP 相比有了极大的提高。

2．编程更容易

ASP 所有的功能实现都要依靠编写代码来实现。而 ASP.NET 引入了大量的服务器控件，使程序员编写 ASP.NET 页面和应用程序的过程变得更加简单、高效。许多功能只要轻点鼠标或将控件拖入界面中，即可轻松实现。ASP.NET 使复杂的网站功能的实现变得非常简单，如表单的提交、客户端身份验证、网站配置等功能，都可以通过控件来实现。

3. 可重用性更好

ASP 程序中的代码与 HTML 标记完全混合在一起，程序十分杂乱；而 ASP.NET 代码有三种存在方式，可以实现代码与内容的完全分离，程序更简洁，可重用性更好。

4. 可管理性更高效

ASP.NET 使用分级配置系统，使服务器环境和应用程序的设置变得更加简单。配置信息都保存在文本中，新的设置不需要启动本地的管理员工具就可以实现。这种被称为“Zero Local Administration”的哲学观念使 ASP.NET 基于应用的开发更加具体和快捷。一个 ASP.NET 的应用程序安装在一台服务器系统中，只需要简单地复制一些必需的文件，而无需系统重新启动，程序安装变得更简单。

1.1.4 ASP.NET 程序

熟悉 ASP 的程序员都知道 ASP 常用的两种脚本语言：VB Script 和 Java Script。ASP.NET 也有两种常用的脚本语言：VB.NET 和 C#。它们都是.NET 支持的开发语言，VB 是读者广为喜爱的一种语言，而且相对简单易学。而 C#是.NET 的标准语言，是微软专门为.NET 推出的编程语言。C#与 VB.NET 相比，VB.NET 更容易、更简单，而 C#更专业、更标准，C#是 ASP.NET 编程的未来趋势。现在，互联网上大量存在的 ASP.NET 的源代码大多数是用 C#编写的。

系统默认的 ASP.NET 页面文件扩展名是 aspx，其他文件的扩展名如表 1-1 所示。

表 1-1 ASP.NET 文件的扩展名

扩 展 名	含 义
aspx	默认的 ASP.NET 页面文件扩展名
master	默认的 ASP.NET 模板文件扩展名
asmx	默认的 ASP.NET Web Service 文件扩展名
ashx	默认的 ASP.NET 一般处理文件扩展名
asax	默认的 ASP.NET ASAX 文件扩展名
config	默认的 ASP.NET 配置文件扩展名
resx	默认的 ASP.NET 资源文件扩展名
skin	默认的 ASP.NET 皮肤文件扩展名
browser	默认的 ASP.NET 浏览器配置文件扩展名
sitemap	默认的 ASP.NET 站点地图文件扩展名

1.2 .NET Framework 概述

ASP.NET 是微软公司在互联网时代推出的全新的网络程序开发语言，不同于以往的编程语言，ASP.NET 编写的程序必须运行在 .NET Framework 的基础上。计算机运行 ASP.NET 程序的前提条件是计算机上必须安装了.NET Framcwork，就像 Word 必须运行在 Windows 操作系统上一样，ASP.NET 编写的程序也必须运行在安装了.NET Framework 的计算机上。

1.2.1 .NET Framework 含义

使用编程语言开发程序至少需要两个软件，一个是操作系统，即开发程序的操作平台，如 Windows、Linux；另一个是开发工具，如 VC++、VB。新时代的编程强调网络应用、跨平台应用，所有的软件开发者都迫切需要在操作系统和开发工具之间增加一个平台，从而实现平台的无关性，达到跨平台便捷应用的目的。微软在新发布的 Visual Studio 2010 编程工具中集成了 C#、VB.NET、ASP.NET 等编程语言，同时在操作系统和这些开发语言中增加了一个全新的平台，首次采用了.NET Framework。

.NET Framework（.NET 框架）是微软为开发应用程序而创建的一个富有革命性的新平台。计算机中安装.NET Framework 以后，系统就可以运行任何.NET 语言编写的程序。Windows 2003 内置了.NET Framework 1.1，Windows Vista 内置了.NET Framework 2.0。目前最高版本是.NET Framework 4.0。

1.2.2 .NET Framework 组成

ASP.NET 是微软.NET Framework 编程语言之一。ASP.NET 程序运行必须有.NET Framework 的支持。.NET Framework 是.NET 的核心，是开发.NET 应用程序、运行.NET Framework 应用程序的前提条件。.NET Framework 由两部分组成：框架类库和公共语言运行库。.NET Framework 的体系结构如图 1-1 所示。

图 1-1 .NET Framework 的体系结构示意图

1.2.3 公共语言运行库

公共语言运行库（Common Language Runtime，CLR）负责运行和维护程序员编写的程序代码。无论程序员在.NET Framework 上使用何种语言编写程序，在 Windows 或 Linux 操作系统之上都必须有一个运行环境。如果.NET 编写的程序是一粒种子，那么 CLR 则是供其成长的沃土，CLR 就是.NET Framework 中的运行环境。

在.NET Framework 下，可以使用 C#、VB.NET 等编程语言编写程序，.NET Framework 公共语言运行库都将其编译成中间语言。这也就是.NET 的跨平台的优越之处。

.NET Framework 是.NET 平台的核心，而.NET Framework 公共语言运行库则是.NET Framework 的核心。

1．.NET Framework 公共语言运行库的功能

.NET Framework 公共语言运行库最重要的功能是为 ASP.NET 提供执行环境，换而言之，如果没有.NET Framework 公共语言运行库，ASP.NET 编写的程序就不能执行。ASP.NET 程序代码编译的时候，分为两个阶段：首先.NET Framework 将源代码编译为中间语言，然后再由公共语言运行库将中间语言编译为平台专用代码，如图 1-2 所示。

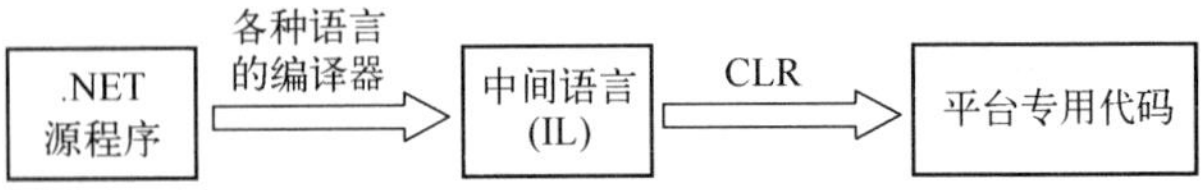

图 1-2 ASP.NET 程序运行示意图

2．.NET Framework 公共语言运行库的特性

.NET Framework 公共语言运行库的最大特性是可以实现跨语言交互。.NET 平台包含 C#.NET、VB.NET、J#.NET 和 VC++.NET 等开发语言。从图 1-2 可以看出，无论使用何种开发语言，.NET 源程序都将被编译成中间语言，称中间语言为托管代码。有了托管代码，程序员可以用自己所熟悉的任意语言编写程序，也可以由多名程序员用不同的语言编写程序的不同部分，这样就可以很容易地设计出能够跨语言交互的应用程序，使用不同语言编写的对象

不但可以互相通信，而且可以紧密集成。

1.2.4 .NET Framework 类库

每种编程语言都提供大量的函数，在.NET 开发环境中也提供了大量的公共代码，这些公共代码就是框架类库（Framework Class Library，FCL）。框架类库中的类可以重复多次使用，极大地减轻了程序员的编程工作量。

.NET Framework 提供了大量的类库，为程序设计人员编写程序提供了可利用的公共代码。.NET Framework 包含近 13 000 个类，为了管理数量如此众多的类，.NET 引用了命名空间（Namespace）的概念。微软把框架中的众多类分别放在不同的命名空间中，分门别类地管理。

1.2.5 命名空间

习惯上，为了便于管理计算机中众多的软件资源，计算机使用者愿意在自己的硬盘中建立“工具软件”、“编程语言”和“游戏”等文件夹，将计算机中所有的游戏软件都存放在“游戏”文件夹中，将杀毒、解压缩和看图等工具软件都存放到“工具软件”文件夹中。同样，面对数量众多的类，.NET 也采用了分类的方法，引入了命名空间的概念。命名空间是.NET 为管理类而设立的一个类别，是相近功能类的集合。众多的类分属于不同的命名空间。例如，所有与操作文件系统有关的类都位于 System.IO 命名空间中，所有 SQL Server 数据库应用的类都位于 System.Data.SqlClient 命名空间中。常见命名空间如表 1-2 所示。

表 1-2 常见命名空间

命名空间	功能描述
System	包含 CLR 的基本类型和基类，定义了常用的值类型和引用类型，事件、接口、属性和异常处理等
System.Text	包含用于文本处理的类，实现了不同编码方式操作文本
System.IO	操作 I/O 流，提供了处理文件、目录和内存流的读/写与遍历操作等
System.Windows.Forms	包含了用于创建 Window GUI 应用程序的类
System.Data	提供的各种类实现了 ADO.NET
System.Web	用于实现 ASP.NET 应用和 ASP.NET Web Services 的基础类库
System.XML	包含了处理 XML 文档的基础类
System.Collections	包含了常见的集合类
System.Reflection	提供了能够查看程序元数据的类型，以实现操作程序集、模块和方法等
System.Threading	提供了基于.NET 开发多线程应用系统的标准方式，实现包括线程、线程池管理及线程同步机制
System.Diagnostics	包含能够与系统进程、事件日志和性能计数器进行交互的类
System.Globalization	提供多种语言支持的类
System.Drawing	提供支持 GDI+服务接口类型，用于操作二维图形、字体和图元文件
System.ComponentModel	提供了实现基于.NET 的控件和组件
System.NET	包含用于网络通信的类型，为各种网络协议提供编程接口
System.Runtime	包含了几个重要的次级命名空间
System.Security	提供 CLR 安全系统基础结构，用以支持加密、安全策略、安全原则、权限设置和证书等服务
System.EnterpriseServices	为.NET 对象提供了对 COM+服务的访问，从而使.NET Framework 对象更适用于企业级应用程序
System.Transactions	包含创建事务处理的资源管理类，使事务处理变得简单、高效

1.3 .NET 运行环境构建

目前，计算机操作系统从个人用户最常用的 Windows XP 到企业服务器通用的 Windows Server 2008，以及最新推出的 Windows 7，都可以作为.NET 程序的开发操作平台。.NET Framework 是运行.NET 程序必备的基础，目前广泛使用的是最新版本.NET Framework 4.0，Windows Server 2003/2008 内置了.NET Framework 1.1/3.5，Windows Vista/7 内置了.NET Framework 2.0/3.5。可见，欲运行.NET 程序必须先构建.NET 的运行环境。

1.3.1 使用 ASP.NET 需要安装的软件

一般来说，一台普通的计算机需要安装开发工具、运行环境才能满足学习、开发 ASP.NET 程序的需求。开发工具既可以使用最简单的 Windows 记事本，也可以使用 Dreamweaver 等网页制作工具，以及 Visual Studio 2010 等专门的.NET 开发工具；运行环境则必须安装.NET 程序赖以执行的.NET Frame work，除了开发工具和运行环境外.NET 程序还必须在 IIS 服务器上运行，因此需要安装 IIS 服务器三者关系如图 1-3 所示。

图 1-3 ASP.NET 需要安装的软件示意

1. .NET Framework

无论使用何种开发工具编写了 ASP.NET 程序，计算机中必须安装.NET Framework，否则 ASP.NET 程序中用到的类就不会被编译，计算机也就不认识 ASP.NET 的代码。

2. IIS

ASP.NET 主要是用来开发基于互联网应用的网页程序，无论是 ASP 还是 PHP、JSP，要想在互联网上运行，必须安装一个服务器平台，与 ASP.NET 相配套的服务器平台是微软的 IIS。

3. Visual Studio 2010

Visual Studio 2010 是最专业的.NET 开发工具，.NET Framework 和 IIS 为程序提供运行环境，而 Visual Studio 2010 则是用来编写 ASP.NET 程序的专业工具。

小提示： *使用 Visual Studio 2010 作为开发环境时，系统自动安装.NET Framework，不必单独安装。实际使用时可以不安装 IIS，而直接使用 Visual Studio 2010 自带的服务器。*

1.3.2 .NET Framework 4.0 的安装

1. .NET Framework 的取得

.NET Framework 4.0 对.NET Framework 3.0 和 3.5 中的许多功能进行了更新和补充，且附带了.NET Framework 3.0 Service Pack 1 和.NET Framework 3.5 Service Pack 1。安装时可以从微软公司网站下载，网址为 www.microsoft.com/zh/cn/default.aspx。

2. .NET Framework 的安装

安装文件下载完成后，双击安装包，按照屏幕提示即可完成全部安装工作。如果计算机中已经安装了.NET Framework 4.0 的早期预发行版本，则运行此安装之前，必须使用“添加/删除程序”卸载预发行版本。

1.3.3 IIS 服务器的搭建

互联网信息服务（Internet Information Services，IIS），是 ASP 和 ASP.NET 的服务器软件。只有安装了 IIS 的计算机，才能成为运行 ASP 及 ASP.NET 的服务器。IIS 存在于 Windows 安装盘中，目前最高版本是 Windows 7 所携带的 IIS 7.5。

1. IIS 的取得

IIS 既可以在 Windows 安装盘中找到，也可以在互联网上以独立的安装文件形式下载。必须找到与本机系统相一致的 Windows 安装盘才能顺利安装，否则会频繁报错。

2. IIS 的安装

IIS 是 Windows 的一个组件，默认不安装到计算机中，需要人为通过添加“Windows 组件”的方式进行安装，安装时首先插入相同版本的 Windows 安装光盘，打开控制面板，然后打开其中的“添加/删除程序”，在该窗口左边单击“添加/删除 Windows 组件”，系统会启动 Windows 组件向导，在 Internet 信息服务（IIS）前面勾选，单击“下一步”按钮开始执行安装程序。安装成功后，会自动在系统盘新建网站目录，默认目录为 C:\Inetpub\wwwroot。

本章小结

ASP.NET 又称 ASP+，是微软公司于 2000 年 6 月发布的网络编程语言。它是微软公司继 VB、VC、ASP 之后推出的新一代编程环境 Microsoft.NET Framework 下的编程语言之一。本章的知识为全书的学习奠定基础，是 ASP.NET 课程的起始章节，重点讲述了 ASP.NET 的基本知识、.NET Framework、.NET Framework 运行环境创建及 ASP. NET 开发工具四部分，本章的难点是.NET Framework 搭建 ASP.NET 运行环境是主要技能。

本章知识点可以用一二三四五概括。一是一个中心，即以 ASP.NET 基础知识为中心；二是两个部分，即.NET Framework 的两个组成部分；三是三个软件，即.NET 环境需要的三个软件；四是四个优点，即 ASP.NET 的四个优点；五是五个含义，即 ASP.NET 的含义、.NET Framework 含义、CLR 含义、FCL 含义和命名空间的含义。

每章一考

一、填空题（20 空，每空 2 分，共 40 分）

1. ASP.NET 使用（　　）配置系统，使服务器环境和应用程序的设置更加简单。
2. ASP.NET 有两种常用的脚本语言（　　）和（　　）。
3. 计算机中安装（　　）以后，系统就可以运行任何.NET 语言编写的软件。
4. .NET Framework 由两部分组成：（　　）和（　　）。
5. CLR 是指（　　），其功能是负责（　　）。
6. .NET Framework 公共语言运行库最重要的功能是为 ASP.NET 提供（　　）。
7. 框架中的类分别放在了不同的（　　）中。

8．所有与操作文件系统有关的类都位于（　　）命名空间中。
9．IIS 是指（　　）。
10．命名空间（　　）包含用于文本处理的类，实现了不同编码方式操作文本。
11．所有 SQL Server 数据库应用的类都位于（　　）命名空间。
12．ASP.NET 运行环境必须安装.NET 程序赖以执行的（　　）。
13．默认的 ASP.NET 资源文件扩展名是（　　）。
14．FCL 是指（　　），其功能是（　　）。
15．与 ASP.NET 相配套的服务器平台是（　　）。
16．目前最专业的.NET 开发工具是（　　）。

二、选择题（10 小题，每小题 2 分，共 20 分）

1．广泛用于网站编程的语言是 3P，以下（　　）不是 3P 语言之一。
A．ASP　B．PHP　C．PB　D．JSP
2．ASP.NET 采用 C#、Visual Basic 语言作为脚本，执行时一次编译，可以（　　）执行。
A．一次　B．多次　C．两次　D．三次
3．（　　）是.NET 的标准语言。
A．C++　B．C#　C．Visual Basic　D．Java
4．默认的 ASP.NET 页面文件扩展名是（　　）。
A．asp　B．aspnet　C．net　D．aspx
5．Windows 2003 内置了.Net Framework 的版本是（　　）。
A．1.1　B．2.0　C．3.0　D．3.5
6．（　　）是.NET 的核心。
A．.NET Framework　B．C#
C．FLC　D．CLR
7．IL 是指（　　）。
A．框架类库　B．中间语言
C．公共语言运行库　D．框架
8．NET 框架的核心是（　　）。
A．.NET Framework　B．IL
C．FLC　D．CLR
9．ASP.NET 程序代码编译的时候，.NET 框架先将源代码编译为（　　）。
A．汇编语言　B．IL
C．CS 代码　D．机器语言
10．以下（　　）不是.NET 平台的开发工具。
A．C#.NET　B．VB.NET
C．VC++.NET　D．PHP

三、判断题（10 小题，每小题 2 分，共 20 分）

1．ASP.NET 是 ASP 更新换代的最新网络编程语言。（　　）
2．ASP.NET 代码可以实现与内容的完全分离。（　　）
3．ASP.NET 新的设置不需要启动本地的管理员工具就可以实现。（　　）

4．在.NET 框架下，可以使用 C#、VB.NET、PB 编写程序。（ ）

5．没有.NET Framework 公共语言运行库，ASP.NET 编写的程序就不能执行。（ ）

6．.NET Framework 公共语言运行库的最大特性是可以实现跨语言交互。（ ）

7．在.NET Framework 下用不同语言编写的对象可以互相通信。（ ）

8．框架类库中的类可以重复多次使用。（ ）

9．ASP.NET 程序的开发工具只能使用 Visual Studio 2010。（ ）

10．IIS 存在于 Windows 安装盘中。（ ）

四、问答题（4 小题，每小题 5 分，共 20 分）

1．ASP.NET 有哪些优点？

2．简述什么是.NET 框架。

3．简述 IIS 的安装过程。

4．简述 ASP.NET 需要安装的软件。

第 2 章　Visual Studio 2010 编程

程序员的优秀品质之二：自强不息，厚德载物

出自《周易》中的卦辞："天行健，君子以自强不息；地势坤，君子以厚德载物"。天，即自然，天的运动刚强劲健，相应于此，君子应刚毅坚卓，奋发图强；大地的气势厚实和顺，君子应增厚美德，容载万物。中国古人认为天地最大，它包容万物。

其含义是以深厚的德泽育人利物。人有聪明和愚笨，就如同地形有高低不平，土壤有肥沃贫瘠之分。农夫不会因为土壤贫瘠而不耕作，君子也不能因为愚笨不肖而放弃教育。天地间有形的东西，没有比大地更厚道的了，也没有不是承载在大地上的。所以君子处世要效法"坤"的意义，以厚德对待他人，无论是聪明、愚笨还是卑劣不肖的都应给予包容和宽忍。

学习激励

中国程序员第一人求伯君

求伯君，曾任珠海金山软件公司董事长兼总经理。1964 年 11 月 26 日出生于浙江新昌县。1984 年，毕业于中国人民解放军国防科技大学信息系统专业；1986 年，加盟北京四通公司；1988 年，加入香港金山公司在深圳从事软件开发；1989 年转到珠海，成功开发国内第一套文字处理软件 WPS；1994 年，在珠海独立创办珠海金山电脑公司。

1986 年 12 月，求伯君在一间几平米的小屋里，撰写出了他的处女作——"西山超级文字打印系统"，1988 年他开发出国内第一套文字处理软件 WPS1.0 系统。1995 年 8 月，求伯君以"组织实施 WPS 开发第一人"的身份获得"珠海市一九九四年度科技进步突出贡献奖"；1995 年获得首届"首都青年科技企业家之星"称号，同时被评为珠海市优秀专家。他 200 万元卖掉别墅开发 WPS 97，4 年中求伯君带领研发小组每天工作 12 个小时，每年工作 365 天，1997 年金山软件公司成功地发布 WPS97，这是第一个在 Windows 平台下运行的中国本土文字处理软件，引起世人广泛关注。2007 年，金山软件成功上市！20 年中，他带领金山软件，坚持自主开发，坚持技术创新，为打破国外技术垄断，保护自主知识产权，发展民族软件事业做出了突出的贡献。求伯君是 2000 年 CCTV 中国经济十大年度人物中最年轻的一个，被誉为"中国程序员第一人"。

其实，求伯君也是常人，机遇对每一个人都是平等的，这其中的关键是我们是否具有坚忍不拔的精神，是否曾经凿壁借光、苦学不辍？只要功夫到、经风历雨之后，雨后彩虹定会如期而至。程序人生必将芳菲满园。

2.1 Visual Studio 2010 的获取与安装

工欲善其事，必先利其器，进行 ASP.NET 开发，必须选择一个优秀的开发工具，才能达到事半功倍的效果。目前开发 ASP.NET 的工具很多，从简单的记事本，到常用的网页编辑工具 Dreamweaver，再到专业的 Visual Studio 2010，都可完成 ASP.NET 源代码的编写工作。目前广泛使用的开发工具是 Visual Studio 2010，本节将就 Visual Studio 2010 的安装、使用进行详细介绍。

2.1.1 Visual Studio 2010 的获取

Visual Studio 2010 是经典的 ASP.NET 开发环境，不仅适合 ASP.NET 的初学者入门使用，而且专业程序员也广泛使用。

1. Visual Studio 2010 简介

Visual Studio 2010 是微软公司出品的一套完整的开发工具，可用于开发.NET 平台上的 Web 应用程序、Windows 应用程序、XML Web Service 及其他智能设备上运行的应用程序等。换句话说，Visual Studio 2010 既可以编写网站代码，也可以编写类似 Word 那样的 Windows 程序，还可以开发手机等移动应用程序。Visual Studio 内置了 Visual C#.NET、Visual Basic.NET、Visual J#.NET 和 Visual C++.NET 等多种开发语言并为这些开发语言提供了统一集成开发环境。这样的环境可以使开发工具得以共享，并有助于创建跨语言集成的解决方案。

目前广泛使用的有两个版本，Visual Studio 2010 Professional Edition 即专业版，功能十分完善，适合个人开发者使用。Visual Studio 2010 Team System 团队开发版，在专业版基础上提供了高级开发工具，使开发团队能够在软件开发过程早期或在整个生命周期中进行高质量的协作。

2. Visual Studio 2010 下载

对于 ASP.NET 的初学者，可以到微软官方网站上下载 Visual Studio Team System 2010 Team Suite（90 天试用版），网址为 www.microsoft.com/downloads，单击后即可下载安装包，这个安装包是 ISO 格式的映像文件。

2.1.2 Visual Studio 2010 的安装

由于 Visual Studio 2010 下载的安装包是 ISO 格式的映像文件，所以必须先采用下列两种方法之一，才能进行正常安装。

1）将映像文件写入空白 DVD，然后在 DVD 光驱中运行安装文件。

2）安装虚拟光驱软件，直接从硬盘以 DVD 设备的形式虚拟安装映像文件。

目前，程序员多采用第二种方式设立虚拟光驱，然后在硬盘上直接安装。本文也将按此法进行安装，如采用第一种方法安装，则将虚拟光驱步骤越过即可。

1. 虚拟光驱的安装与使用

1）下载 DAEMON Tools 虚拟光驱软件。很多网站提供了 DAEMON Tools 软件的下载服务，在百度网上检索 DAEMON Tools 后，将出现大量下载链接，单击进入下载页面，即可完成下载。

2）安装 DAEMON Tools 虚拟光驱软件。将下载的压缩文件解压后，得到一个可执行的安装文件，直接双击即可执行文件，开始安装进程，如图 2-1 所示。

3）运行 DAEMON Tools 虚拟光驱软件。DAEMON Tools 虚拟光驱软件完成安装后，将在屏幕右下角系统托盘显示图标，右击图标弹出操作菜单，在菜单上依次选择“虚拟 CD/DVD-ROM|设置驱动器数量 1 个驱动器”，完成虚拟光驱的设定，如图 2-2 所示。单击“安装映像文件”，根据提示选中需要安装的文件即可。

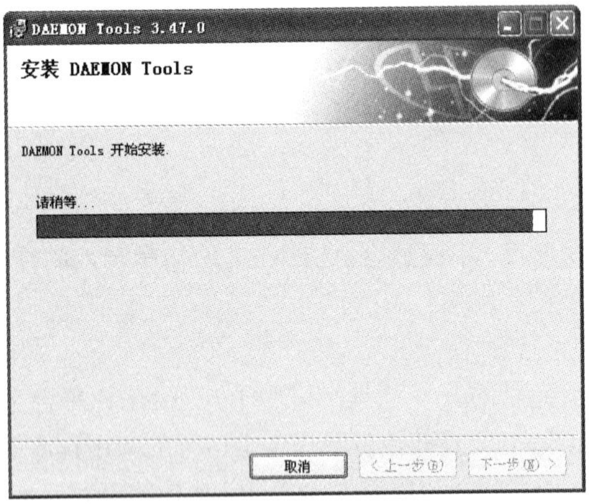

图 2-1　DAEMON Tools 安装界面

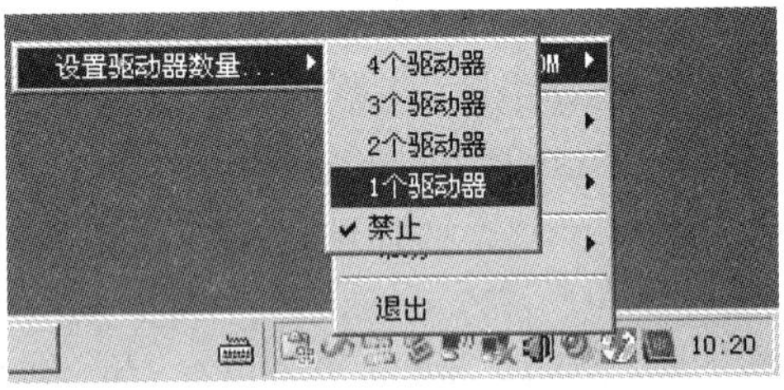

图 2-2　运行 DAEMON Tools 虚拟光驱

2. Visual Studio 2010 安装步骤

Visual Studio 2010 安装步骤如下。

1）打开虚拟光驱，单击 setup.exe 文件，会自动弹出一个安装对话框，如图 2-3 所示，单击对话框中“安装 Microsoft Visual Studio 2010”。

2）弹出 Visual Studio 2010 正在加载安装组件的对话框，如图 2-4 所示。

图 2-3　安装 Microsoft Visual Studio 2010

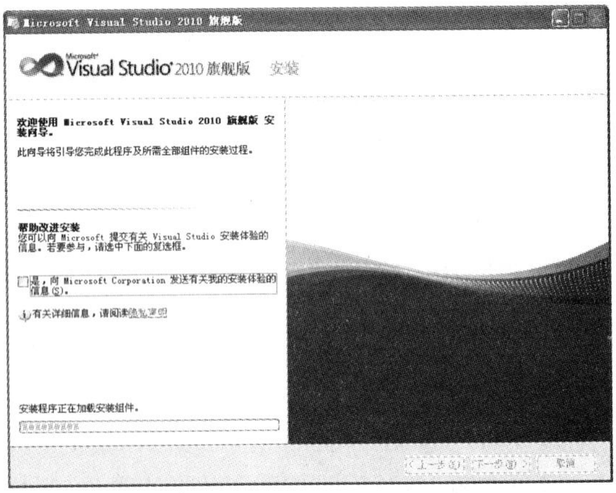

图 2-4　正在加载安装组件

3）协议与安装密匙。安装程序询问是否同意许可协议，不同意将无法安装。单击“我已阅读并接受许可条款”，输入安装密匙，因为这里下载的是试用版，所以安装密匙已经自动填好，如图 2-5 所示。

4）选择安装方式。安装方式有两种：完全和自定义安装方式，一般选择默认即可。在这里还可以设置 Visual Studio 2010 的安装目录，如图 2-6 所示。

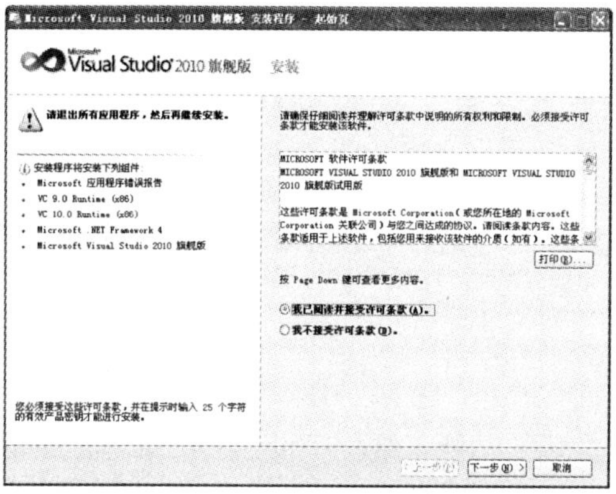

图 2-5　协议与安装密匙

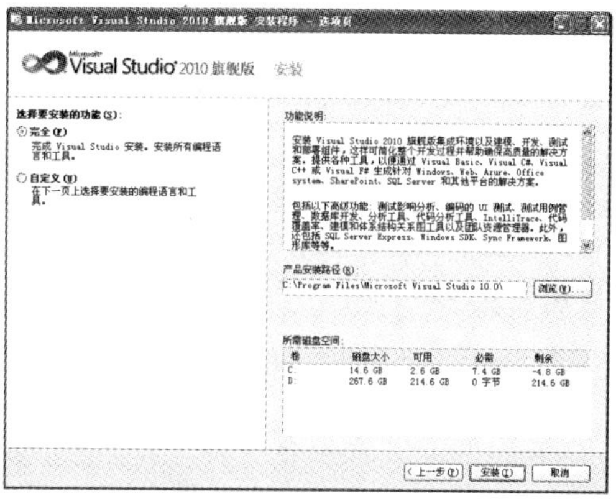

图 2-6　选择安装方式

5）执行安装过程。如图 2-7 所示，上边是将要安装的组件，下方是当前组件的安装进度。

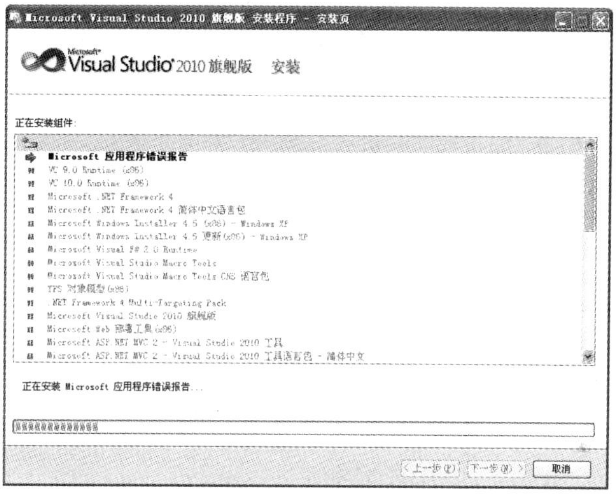

图 2-7　执行安装过程

6）验证安装结果。习惯上，软件安装完成后总要打开，以检验安装是否成功。在第一次打开 Visual Studio 2010 的时候，首先设置默认环境，即选择编程者所使用的开发语言。默认环境设置完成后，程序执行第一次启动时的初始化。

2.1.3　Visual Studio 2010 的试用版到期的解决办法

由于本书安装的是 Visual Studio 2010 试用版，评估期结束后需要注册，否则将不能使用，此时只需取得序列号，按如下方法操作即可解决。

1）在“控制面板”中启动“添加删除程序”，选中 Visual Studio 2010。

2）在安装界面上单击“更改、删除”。

3）在每一个文本框中依次输入序列号，序列号可以在微软购得。

小提示：要想成为一个优秀的程序员，网上资源的使用将使你如虎添翼，更多的网络资源使你的学习倍感轻松。

2.2 Visual Studio 2010 的操作环境

Visual Studio 2010 是 Microsoft 公司的集成开发环境（IDE），用于.NET 程序的创建、执行和调试。Visual Studio 2010 功能非常强大，实现了各种语言一致的编程环境。用该环境可以快速开发各种.NET 平台下的应用程序。

2.2.1 Visual Studio 2010 的界面

Visual Studio 2010 的开发环境提供了多项人性化的功能，给程序设计人员编写程序带来了极大的方便。其窗口包括工作区窗口、工具箱、解决方案资源管理器、服务器资源管理器和属性等。Visual Studio 2010 工作界面如图 2-8 所示。

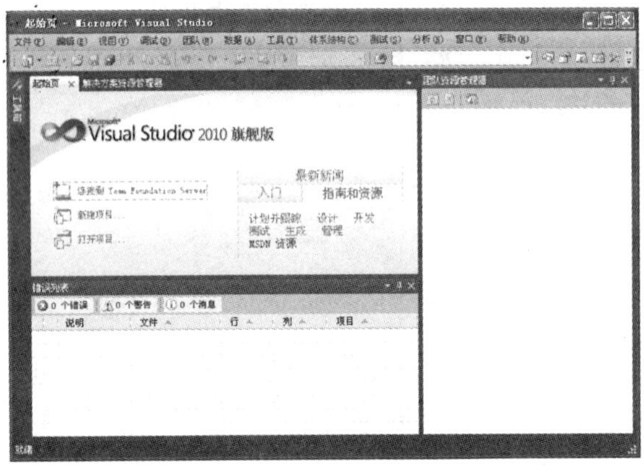

图 2-8　Visual Studio 2010 工作界面

2.2.2 Visual Studio 2010 的常用快捷键

Visual Studio 2010 提供了很多快捷键，熟练使用这些快捷键将为编程带来极大方便，ASP.NET 的快捷键如表 2-1 所示。

表 2-1　ASP.NET 的快捷键

快 捷 键	功　能	快 捷 键	功　能
F5	启动调试	Ctrl+F5	开始执行（不调试）
F6	生成解决方案	Ctrl+F6	生成当前项目
F7	查看代码	Shift+F7	查看窗体设计器
Ctrl+Shift+U	全部变为大写	Ctrl+K，F	自动缩进
Ctrl+E，C	注释选定内容	Ctrl+E，U	取消选定注释内容
Ctrl+W，W	浏览器窗口	Ctrl+W，S	解决方案资源管理器
Ctrl+W，C	类视图	Ctrl+W，E	错误列表
Ctrl+W，O	输出视图	Ctrl+W，P	属性窗口
Ctrl+W，T	任务列表	Ctrl+W，X	工具箱
Ctrl+W，B	书签窗口	Ctrl+W，U	文档大纲
Ctrl+D，B	断点窗口	Ctrl+D，I	即时窗口
Ctrl+Tab	活动窗体切换	Ctrl+Shift+S	全部保存

2.2.3　Visual Studio 2010 的基本使用

1．菜单的使用

Visual Studio 2010 集成开发环境的菜单栏包括文件、编辑、视图、网站、生成和调试等 12 个菜单项，如图 2-9 所示。工具栏显示的则是菜单中比较常用的功能，其中视图菜单用于显示或隐藏 Visual Studio 2010 集成开发环境的所有窗口，如服务器资源管理器、解决方案资源管理器及类视图等。

图 2-9　Visual Studio 2010 菜单栏

2．解决方案资源管理器的使用

解决方案资源管理器是最常用的工具，负责管理开发程序中所使用的程序文件，选择某个文件单击右键将弹出快捷菜单，如图 2-10 所示。

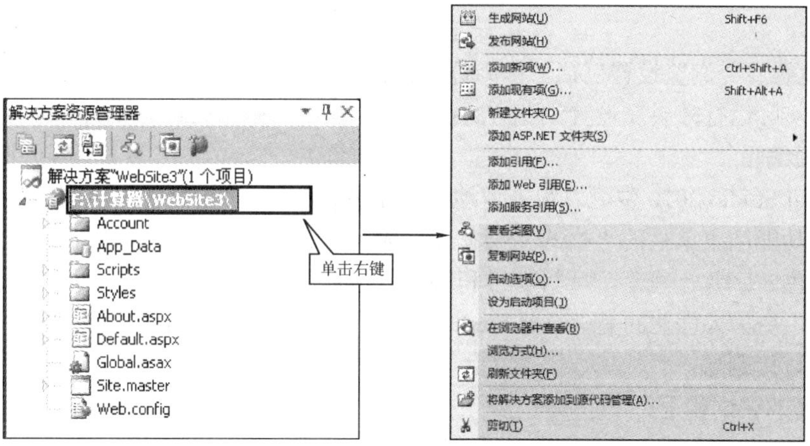

图 2-10　解决方案资源管理器

1）添加操作。添加操作主要包括“添加新项”、“添加现有项”、“新建文件夹”、“添加 ASP.NET 文件夹”、“添加引用”、“添加 Web 引用”及“添加服务引用”等。单击“添加新项”后将弹出“添加新项”对话框，程序员可以从 Visual Studio 2010 已安装的 30 多个模板中选择需要的模板，如图 2-11 所示。

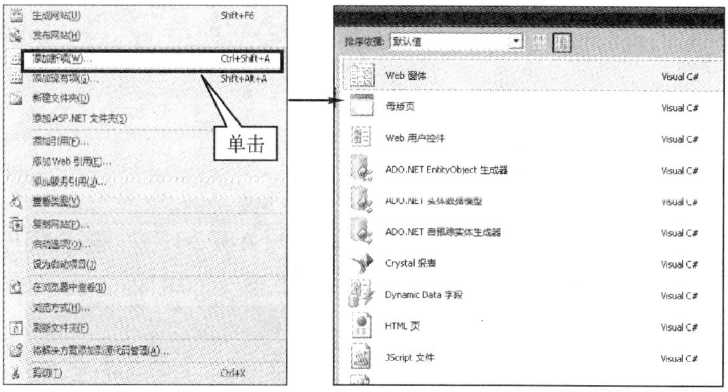

图 2-11　快捷菜单和“添加新项”对话框

2）启动设置。启动设置包括“启动选项”和“设为启动项目”两个子菜单。如果程序员编写了多个页面，则可以在某一个页面上单击右键将其预设为启动页面，在弹出的菜单中选择“设为起始页”选项。当按〈Ctrl+F5〉组合键时，浏览器默认显示该页面，如图 2-12 所示。

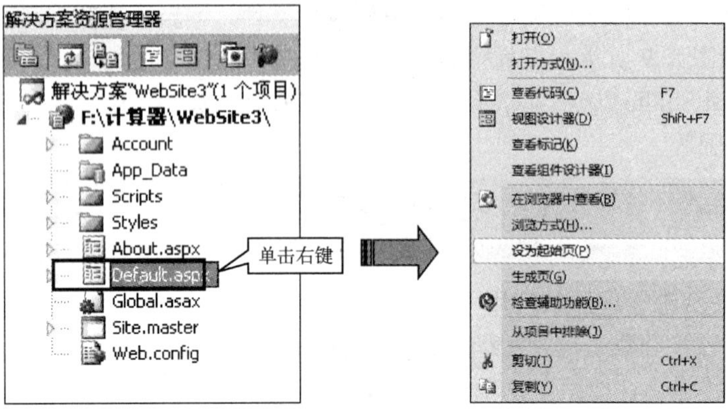

图 2-12　设为起始页

3）浏览设置。浏览设置包括“在浏览器查看”和“浏览方式”两个选项，用于查看所编写的页面的实际运行效果及设置浏览方式。

3．页面编辑

在 Visual Studio 2010 中可以很方便地对程序员所编写网页的字体、字号和对齐方式进行设置，这一功能由菜单栏的“格式”菜单项完成，该菜单项包括新建样式、附加样式表、前景色、背景色、字体、段落、项目符号和编号、边框和底纹、位置、字体、两端对齐及转换为超链接等，更为人性化的是 Visual Studio 2010 还提供了“删除格式设置”功能，可以将所设置的格式直接删除。

4．程序的调试和运行

在 Visual Studio 2010 菜单栏有一个“调试”菜单项，负责页面程序的运行和调试，在实际应用的时候，按〈Ctrl+F5〉组合键可以跳过调试直接运行页面程序，也可以按〈F5〉键启动程序的调试。

5．帮助文件的使用

Visual Studio 2010 的 MSDN 是一个功能齐全的帮助系统，不但有 C#语言的详细讲解，而且对 Visual Studio 2010 编程环境也有全面的介绍，包含了大量的实例。在学习过程中，用户既可以在主菜单栏的“帮助”中选择相应子菜单项进入帮助系统，也可以随时按〈F1〉键取得帮助。

2.3　构建 ASP.NET 窗体

安装、学习 Visual Studio 2010 的核心目的是编写 ASP.NET 程序，ASP.NET 主要功能是制作网页和编写应用程序，本节将详细讲解 ASP.NET 窗体的组成。

2.3.1　构建 Web 页面

用 Visual Studio 2010 构建 Web 页面时，首先启动 Visual Studio 2010，依次选择“文件|

新建|网站”命令，出现如图 2-13 所示的界面。

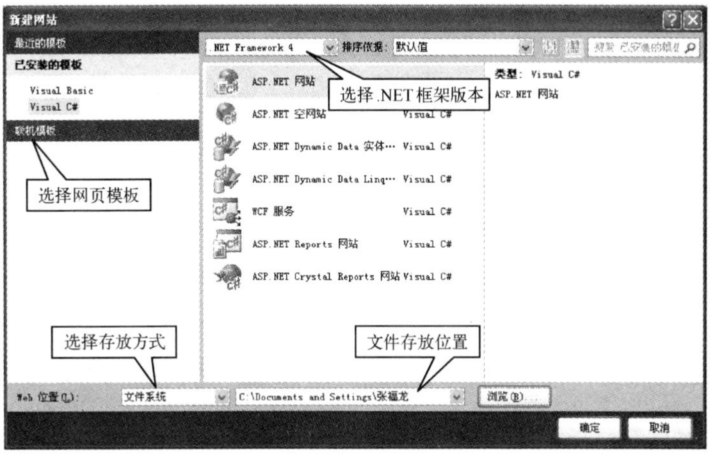

图 2-13　ASP.NET 新建网站界面

1. 选择.NET Framework 版本

图 2-13 所示页面的右上角用于选择.NET Framework 的版本，下拉列表框中包含了 Visual Studio 2010 安装在计算机中所有的.NET Framework 版本。在实际使用时，一般不用选择此项，使用系统默认即可。

2. 选择网页模板

图 2-13 所示页面的中间部分是已经安装的网页模板，其下面是搜索联机模板。各选项含义如下。

1）ASP.NET 网站：用于建立一个空的 ASP.NET 网站，建立时将自动创建相应的文件夹及必要的文件。

2）ASP.NET 空网站：用于创建一个空 ASP.NET 网站，但不创建任何文件夹结构。

3）ASP.NET Dynamic Data 实体网站：用于建立一个动态数据库的连接。

4）ASP.NET Dynamic Data Linq to SQL 网站：基于 Linq 来实现的数据访问。

5）WCF 服务：用于创建 WCF 服务网站。

6）ASP.NET Reports 网站：用于创建具有报表功能的 ASP.NET 网站。

7）ASP.NET Crystal Reports 网站：用于创建具有水晶报表功能的 ASP.NET 网站。

3. 其他选项

1）选择存放方式。ASP.NET 文件共有三种存放方式。第一种是“文件系统”，这是系统默认的存放方式，使用该选项可以把网站创建到编程者自己的硬盘中。在这种方式下，Visual Studio 2010 将使用内置的 Web 服务器，而不是使用 IIS 运行 Web 应用程序，IIS 不再是该程序的一部分。实际上不需要在开发机器上安装 IIS。第二种是“HTTP 方式”，指定使用 IIS 运行 Web 页面，这需要 Web 应用程序位于 IIS 的虚拟目录下，Visual Studio 2010 会自动创建虚拟目录。第三种方式是“FTP 方式”，即开发时直接连接到远程服务器上，FTP 使开发人员可以通过 FTP 在远程位置开发网站。所编写的文件直接存储在网站实际运行的服务器上。ASP.NET 网站文件三种存放方式的比较如表 2-2 所示。

表 2-2　ASP.NET 网站文件存放方式比较

方　式	文件存储地点	文件运行环境
文件系统	计算机硬盘中	用 Visual Studio 2010 直接运行
HTTP 方式	计算机硬盘中	在 IIS 环境下运行
FTP 方式	远程服务器上	在服务器上运行，与正式发布的网站一样，输入网址即可运行

2）设定文件存放位置。在此处填写文件存放的具体位置，如果是 HTTP 和 FTP 方式则需要输入相应网址。

3）选择脚本语言。选择用于编写 ASP.NET 程序的脚本语言。ASP.NET 支持的脚本语言有 Visual Basic .NET 和 C#，相对而言 C#比较专业，建议一开始学习时就选择 C#作为 ASP.NET 的编程语言。

2.3.2　Web 页面结构

启动 Visual Studio 2010，依次选择“文件|新建|网站”命令，确定网站名称、存放位置，单击“确定”按钮之后，网站建立完毕，出现如图 2-14 所示的界面。

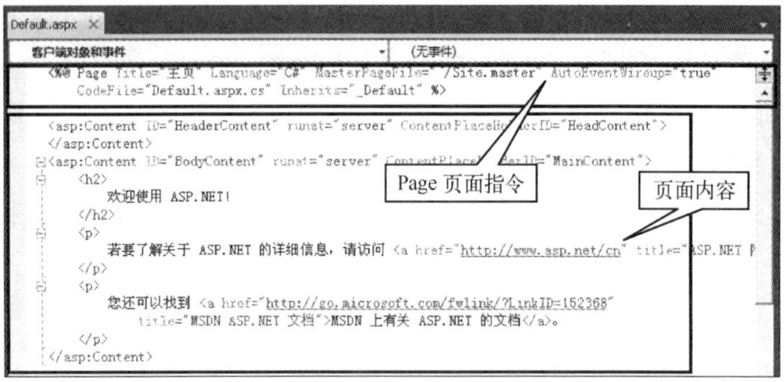

图 2-14　ASP.NET 页面内容

1. @ Page 页面指令

@Page 页面指令用于网站的页面设置，该指令只能在 Web 窗体中使用，每个.aspx 文件只能包含一条@ Page 指令，每条@ Page 指令只能定义一个 Language 属性，如表 2-3 所示。

表 2-3　@Page 页面指令

代　码	含　义
Language	页面代码使用的语言
AutoEventWireup	指示页的事件是否自动绑定。如果启用了事件自动绑定，则为 true；否则为 false。默认值为 true
CodeFile	指定指向页引用的代码隐藏文件的路径。此属性与 Inherits 属性一起使用可以将代码隐藏源文件与网页相关联。此属性仅对编译的页面有效
Inherits	定义供页面继承的代码隐藏类。它可以是从 Page 类派生的任何类。它与 CodeFile 属性（包含指向代码隐藏类的源文件的路径）一起使用

2. <!DOCTYPE> 声明

<!DOCTYPE> 声明位于<html> 标签之前，其功能是告知浏览器文档所使用的 HTML 或 XHTML 规范。

2.3.3　Web 页面代码存在形式

ASP.NET 代码共有三种存在形式，即嵌入代码方式、单一文件方式和代码分离方式。嵌入代码方式是将 ASP.NET 代码放在<%...%>之间，HTML 代码与 ASP.NET 代码完全混合在一个文件中，如图 2-15 所示；单一文件方式是指 ASP.NET 代码与 HTML 代码混合在一个文件中，但 ASP.NET 代码放在 HTML 代码前面，用<Script>和</Script>标记，如图 2-16 所示；代码分离方式是指 ASP.NET 的代码与 HTML 界面代码分别用两个文件存储，如图 2-17 所示。

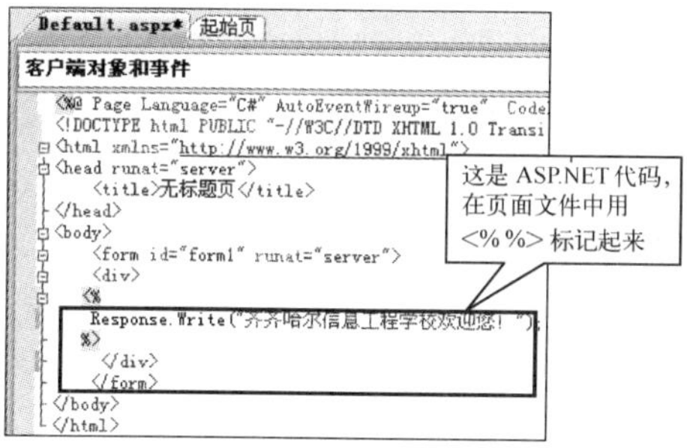

图 2-15　嵌入代码方式

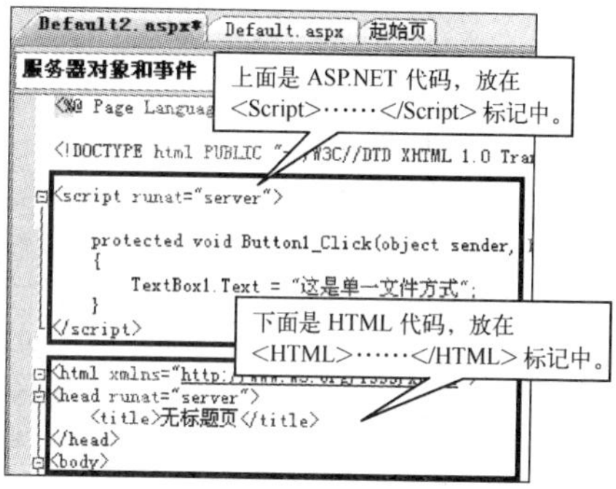

图 2-16　单一文件方式

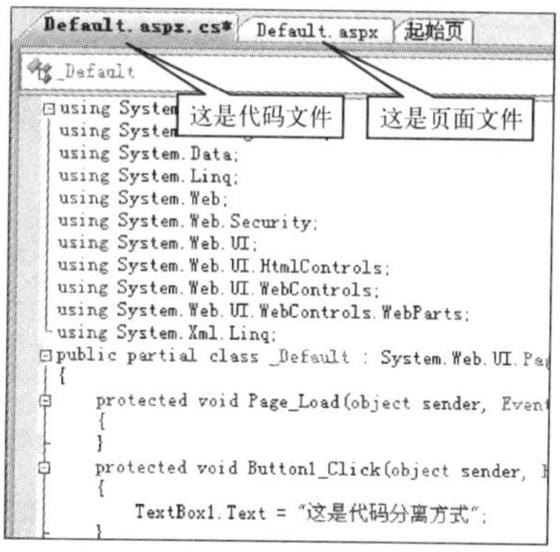

图 2-17　代码分离方式

代码分离方式要在新建文件时指定，其方法是选择“文件”菜单，选取“新建|文件”命令，出现如图 2-18 所示的界面，勾选“将代码放在单独的文件中”复选框。

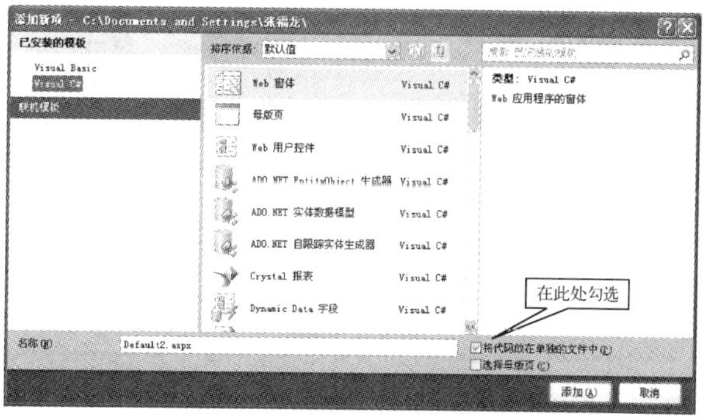

图 2-18　代码分离方式建立页面

2.3.4 ASP.NET 代码编写

ASP.NET 窗体共有设计视图、源视图和拆分视图三种视图方式，编程时在设计视图中添加控件、设计页面风格，然后在设计视图的控件上双击，代码编辑过程如图 2-19 所示，在光标处输入程序代码即可完成该控件功能的编写工作。

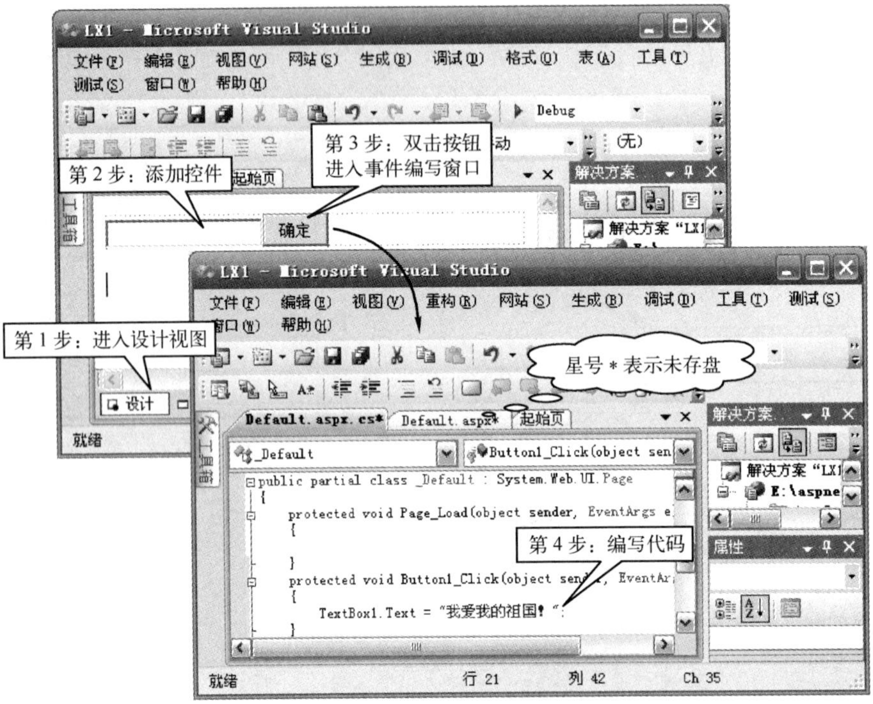

图 2-19　ASP.NET 代码编辑过程

ASP.NET 代码编写窗口如图 2-20 所示。

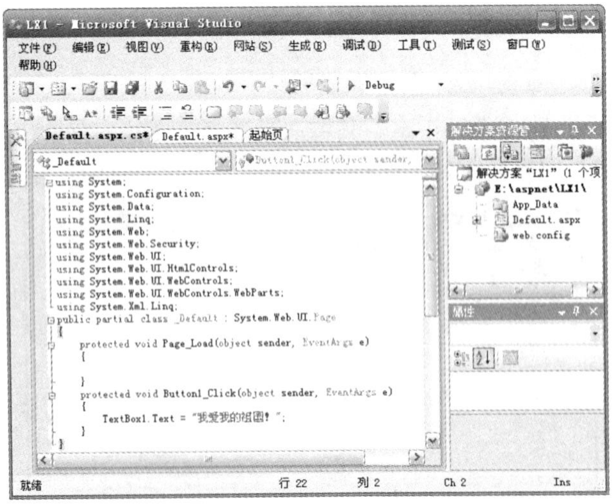

图 2-20　ASP.NET 代码编写窗口

双击控件后，进入代码编辑窗口，以按钮 Button1 为例子，将出现如下代码。

```
protected void Button1_Click(object sender, EventArgs e)
{
}
```

第一行是每个事件都将给出的内容，具体说明如下。

1）protected 是类的访问修饰符。ASP.NET 共有四种修饰符：private、protected、internal 和 public。protected 的访问范围限定于它所属的类或从该类派生的类。

2）void 表示该事件函数的执行无返回值。

3）Button1_Click( )是事件名称，ASP.NET 的事件名称由控件名称 Button1 和事件动作 Click 连接而成。

4）（object sender，EventArgs e），sender 参数传递指向引发事件类的实例引用，而 e 是 EventArgs 类型的参数，包含了事件所携带的信息。也就是说，如果单击按钮 Button1，那么 sender 就是 Button1，e 则是按钮 Button1 所携带的信息。举例说来，当单击一个按钮，程序怎么知道应该用哪个函数来处理这个动作呢？EventHandler 会告诉程序：Button1（sender）被单击了，请调用对应的处理函数。当然这个函数是谁，这个函数要做什么，是由程序员自己在该行语句下面编写的按钮事件决定，例如，处理代码为：TextBox1.Text = "我爱我的祖国！"。

2.4 web.config 配置文件

在 ASP.NET 中每一个网站都有一个配置文件，用于存储站点的配置信息。网站的配置文件既可以存储在服务器上，作用于整个服务器中的所有站点，也可以存储在站点的根目录下，作用于该网站，还可以存储在站点的子文件夹中，作用于该文件夹及其下级文件夹。

存储在服务器上的配置文件是最高层的配置文件，名称为 manchine.config，该文件默认存储在安装盘“\Windows\Microsoft.NET\Framework\v2.0.50727\CONFIG”文件夹下。machine.config 存储了本机所有网站的基本配置信息，通常不需要修改此文件。存储在站点根目录以及站点的子文件夹中的配置文件名称都是 web.config。这些配置文件形成了继承关系，根文件夹中 web.config 继承 machine.config，而子文件夹中的配置文件则继承根文件夹中的 web.config。

2.4.1 web.config 基本结构

web.config 文件本质就是一个 XML 文档，其基本结构很简单，其中的 configuration 表示 web.config 文件的根元素。根据配置要求的不同，可形成多个包含于 configuration 中的下一级元素。web.config 基本结构如下。

```
<?xml version="1.0" encoding="utf-8"?>
<configuration>
    <configSections>

    </configSections>

</configuration>
```

2.4.2 web.config 配置方式

web.config 的配置有两种方式：手工输入和管理工具配置。很多程序员习惯上使用管理工具配置方式。而管理工具配置方式又分为 ASP.NET MMC 和 ASP.NET 网站管理工具两种。

1. ASP.NET MMC 的使用

启动“Internet 信息服务管理器”，右键单击某网站或虚拟目录，在弹出的快捷菜单中选择“属性”命令，单击“ASP.NET”选项卡，出现 2-21 所示的界面。单击“编辑配置”按钮，出现编辑配置界面。“常规”选项卡用于设置数据库连接字符串；“应用程序”选项卡用于启动当前网站的调试功能，网站正式发布时，不需要启动该功能。

2. Visual Studio 2010 中 ASP.NET 配置

在 Visual Studio 2010 环境中，选择“网站|ASP.NET 配置”命令，将出现如图 2-22 所示的界面。

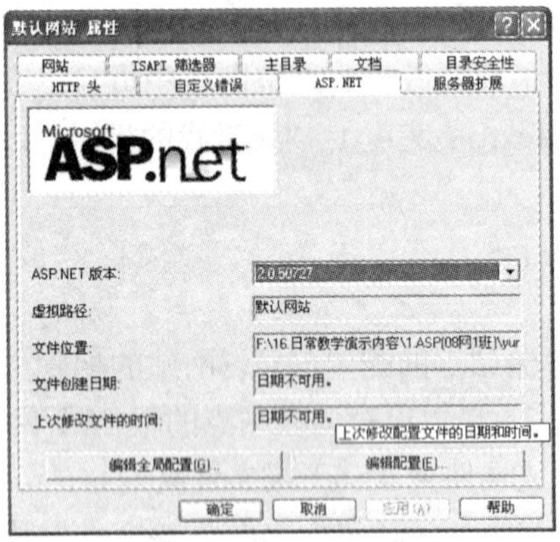

图 2-21　ASP.NET MMC 的使用

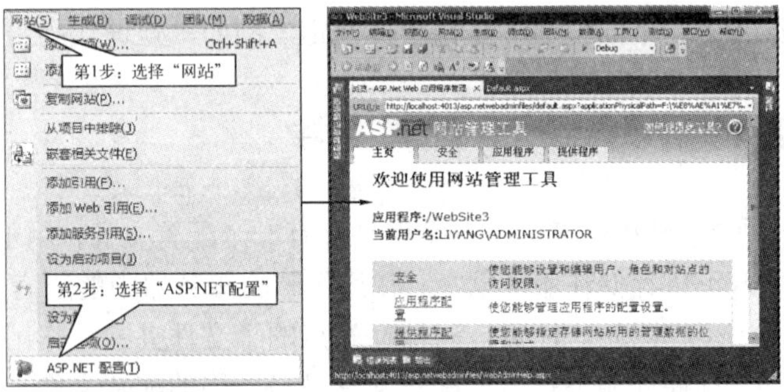

图 2-22　Visual Studio 2010 中 ASP.NET 配置

2.5 MSDN 帮助系统的安装与使用

MSDN 帮助系统是 Microsoft Visual Studio 2010 自带的一个帮助系统，开发人员在编写应用程序时可以直接在 MSDN 中查找帮助，以解决在开发过程中遇到的疑难问题。对于初学者，MSDN 是最全面、最简便、最直接的教材，不仅仅是因为 MSDN 里面有对各种知识的全面讲解，更重要的是 MSDN 中包含了大量经典的实例。本节主要讲述 MSDN 帮助系统的安装与使用。

2.5.1 MSDN 帮助系统的安装

MSDN 帮助系统集成在 Visual Studio 2010 的安装文件中，其安装包包含在 Microsoft Visual Studio 2010 的安装盘中。重新打开该安装文件，选择 MSDN 就可以进行安装，具体操作步骤如下。

1）把 Visual Studio 2010 MSDN 安装盘放入光驱中，光驱自动运行后会进入安装程序文件界面，双击 setup.exe 可执行文件，应用程序自动跳转到 Visual Studio 2010 MSDN 安装向导界面。

2）单击“下一步”按钮，进入 Visual Studio 2010 MSDN 安装程序起始页，选择“我已阅读并接受许可条款”单选按钮，单击“下一步”按钮，进入 Visual Studio 2010 MSDN 安装程序选项页，用户可以自己选择 Visual Studio 2010 MSDN 的三种安装类型（完全、最小和自定义），一般情况下默认为完全安装。

3）如果用户不想完全安装 Visual Studio 2010 MSDN，可以选择“自定义”，然后单击“安装”按钮进入自定义安装界面。在自定义安装界面中，用户可以有选择地安装自己需要的项目。

4）用户可以单击“浏览”按钮选择 Visual Studio 2010 MSDN 的安装路径（默认路径为“C：\Program Files\MSDN\MSDN9.0\”）。单击“安装”按钮，进入 Visual Studio 2010 MSDN 安装界面。

5）单击“完成”按钮，完成对 Visual Studio 2010 MSDN 的安装。

2.5.2 MSDN 帮助系统的使用

MSDN 帮助系统安装之后，就可以通过该系统索引使用帮助文件，程序员很便捷地解决开发中所遇到的疑难，同时也让更多的初学者更快地掌握 ASP.NET 的应用程序开发。

在 Windows 中，依次选择“开始 | Microsoft Visual Studio 2010 | Microsoft Visual Studio 2010 文档”命令，可以打开 MSDN 帮助系统。开始使用之前，首先要设置好帮助来源，一个是基于本地资源的，另一个是基于 Internet 资源的。在 MSDN 软件中，选择“工具 | 选项”命令，在弹出的“选项”对话框中选择“联机”选项。选择“先在本地尝试，然后再联机尝试”单选按钮，单击“确定”按钮。

在 MSDN 帮助系统中，可以输入要索引帮助的关键字进行搜索，这样可以快速显示关键字在本地及 Internet 的相关帮助。为了更好地学习 ASP.NET，建议读者最好参与 MSDN 的论坛。单击工具栏上的“MSDN”按钮，则可以打开该论坛，通过该论坛也可学习一些更为实用的开发知识。

小提示： 要想轻松地学习 ASP.NET 就必须熟练使用 MSDN，MSDN 已经成为 ASP.NET 程序员不可缺少的随身指导老师，建议初学者学会熟练使用 MSDN。

2.6 综合实例：编写一个简单的 ASP.NET 程序

本节用 Visual Studio 2010 开发环境编写一个简单的 ASP.NET 程序，程序由一个按钮和一个文本框组成，单击按钮后将在文本框中显示“齐齐哈尔信息工程学校”，操作步骤如下。

1．建立文件

进入 Visual Studio 2010，选择菜单“文件 | 新建|网站”命令，弹出“新建网站”窗口，如图 2-23 所示，选择“ASP.NET 网站”，单击“确定”按钮进入编辑界面。

2．创建界面

从工具箱中拖拽一个 TextBox 控件、一个 Button 控件到文档窗口中，将 Button 控件的 Text 属性设置为“显示文本”，将 TextBox 控件宽度拉长。

3. 编写代码

双击按钮后，进入代码编写界面，在按钮单击事件中添加如下代码。

```
TextBox1.Text="齐齐哈尔信息工程学校"
```

4. 运行程序

按〈Ctrl+F5〉组合键，运行程序，出现如图 2-24 所示的界面。

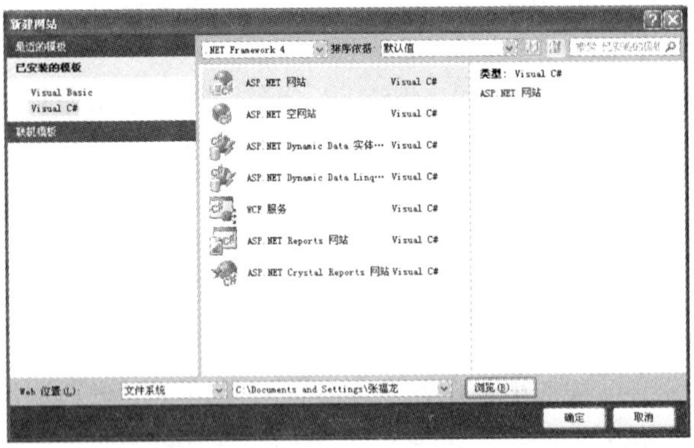

图 2-23　新建网站界面

图 2-24　示例运行界面

【拓展编程技巧】

1）打开 Visual Studio 2010，新建一个 ASP.NET 空网站。

2）在解决方案资源管理器中右击，从弹出的快捷菜单中选择“添加新项”命令，然后双击“Web 窗体”。

3）拖拽“DropDownList”控件，设置其属性，在“Items”中添加成员信息（如张福龙、王妍、李晓伟等），启动调试，即可看到如图 2-25 所示的结果。

图 2-25　下拉式菜单运行结果

本章小结

本章系统地讲解了 Visual Studio 2010 的安装、Visual Studio 2010 使用、ASP.NET 构建，并且在本章中以一个简单的 ASP.NET 程序引领学生步入了 ASP.NET 世界。在安装过程的讲解中，根据目前开发企业实际情况讲解了虚拟光驱的使用。在 Web 页面结构部分以图文并茂的形式讲解了 ASP.NET 代码的三种存在形式，即嵌入代码方式、单一文件方式和代码分离方式。同时本章还讲解了 ASP.NET 的配置操作。

本章以了解 Visual Studio 2010 集成开发环境为主线，讲述了安装、操作和构建三大知识点，是全书开发环境的集中介绍。

每章一考

一、填空题（20 空，每空 2 分，共 40 分）

1. 查看代码的快捷键是（　　），生成解决方案的快捷键是（　　），启动调试的快捷键是（　　），注释选定内容的快捷键是（　　），自动缩进的快捷键是（　　）。

2．属性窗口的快捷键是（　　），工具箱的快捷键是（　　），全部保存的快捷键是（　　）。

3．生成项目时，系统会把页面中所有代码和其他类文件编译成称为（　　）的动态链接库。

4．ASP.NET 文件共有三种存放方式，分别是（　　）方式、（　　）方式、（　　）方式。

5．ASP.NET 支持的脚本语言有两种，即（　　）和（　　）。

6．ASP.NET 代码共有三种存在形式，即（　　）、（　　）和（　　）。

7．ASP.NET 的 Page 指令中 CodeFile 的含义是（　　）。Inherits 的功能是（　　）。

8．存储在服务器上的配置文件是最高层的配置文件，名称为（　　）

二、选择题（10 小题，每小题 2 分，共 20 分）

1．Visual Studio 2010 不可用于开发（　　）程序。

A．Web 应用程序　　B．3D 动画

C．XML Web Serivce　　D．Windows 应用程序

2．Visual Studio 没有内置的编程语言是（　　）。

A．Visual C#.NET　　B．PB.NET　　C．Visual Basic.NET　　D．Visual J#.NET

3．在 Visual Studio 中新增 Web 页面的方法是：右击解决方案资源管理器，然后单击（　　）。

A．添加新项　　B．添加现有项　　C．添加引用　　D．添加 Web 引用

4．Visual Studio 2010 的 MSDN 是（　　）系统。

A．向导　　B．报表　　C．数据库　　D．帮助

5．ASP.NET 文件存储的 HTTP 方式，文件实际存储在（　　）。

A．本地计算机硬盘　　B．本地 IIS 默认目录下

C．服务器上　　D．以上都不对

6．在 Visual Studio 2010 中不调试直接执行程序的快捷键是（　　）。

A．F5　　B．F6　　C．Ctrl+F5　　D．Ctrl+F6

7．（　　）不是 Visual Studio 提供的视图模式。

A．代码　　B．拆分　　C．设计　　D．源

8．DAEMON Tools 在 Visual Studio 安装过程中起到的作用是（　　）。

A．压缩文件　　B．解密文件　　C．代替光盘　　D．代替硬盘

9．ISO 格式的文件是指（　　）。

A．标准格式文件　　B．可执行文件

C．映像文件　　D．直接安装文件

10．Visual Studio 2010 Team System 是指（　　）版本。

A．试用版　　B．企业版

C．个人版　　D．团队开发版

三、判断题（10 小题，每小题 2 分，共 20 分）

1．Dreamweaver 可以进行 ASP.NET 源代码的编写工作。（　　）

2．Visual Studio 2010 不适合 ASP.NET 的初学者入门使用。（　　）

3．Visual Studio 2010 可用于开发手机程序。 （ ）

4．Visual C#.NET、Visual Basic.NET、Visual J#.NET 开发环境相同。 （ ）

5．Visual Studio 2010 可以先安装虚拟光驱软件，然后在硬盘上直接安装。 （ ）

6．在 Visual Studio 2010 中不必编写程序即可对网页的字体、字号进行设置。 （ ）

7．Visual Studio 2010 的【删除格式设置】功能，可以自动地将所设置的格式直接删除。 （ ）

8．ASP.NET 程序必须先调试后运行。 （ ）

9．当新建项目选择模板时，Visual Studio 2010 将自动创建必要文件和文件夹。 （ ）

10．根文件夹中 web.config 继承子文件夹中的配置文件 web.config。 （ ）

四、综合题（共 4 小题，每小题 5 分，共 20 分）

1．简述使用 Visual Studio 2010 编写 ASP.NET 程序一般的操作步骤。

2．简述 ASP.NET 页面的结构。

3．简述 web.config 的配置方式。

4．简述 ASP.NET 代码三种存在形式的区别。

第3章　ASP.NET（C#）语法基础

程序员的优秀品质之三：至诚无息，博厚悠远

出自《中庸》：至诚无息，不息则久，久则征，征则悠远，悠远则博厚，博厚则高明。博厚，所以载物也；高明，所以覆物也；悠久，所以成物也。天地之道，博也，厚也，高也，明也，悠也，久也。

程序员多是长期足不出户，久坐电脑前。其个性有些特立独行，语言举止往往相异于人。所以要顺其特点，培养自己博厚悠远的素养，使自己知识广博，为人厚重。为人至诚无息，无息才能长久，长久才能产生征效，有了征效才能悠久无穷，悠久无穷才能变得广博厚重，广博厚重才会变得高大光明。广博厚重可以承受万物；高大光明可以笼罩万物；悠久无穷可以完成万物。天地之道，是广博、厚重、高大、光明、悠久、无穷！

学习激励

江民杀毒软件创始人王江民

王江民，北京江民新科技术有限公司董事长兼总裁，1951 年出生于上海。著名的反病毒专家、国家高级工程师、中国残联理事，荣获过“全国新长征突击手标兵”、“全国青年自学成才标兵”、“全国自强模范”等荣誉，有着 20 多项技术成果和专利，在信息安全领域做出了突出贡献。

王江民，三岁因患小儿麻痹后遗症而腿部残疾，人生赋予他的似乎是一条不可能成功的路。不可思议谓之传奇，王江民初中毕业，却拥有包括国家级科研成果在内的各种创造发明 20 多项；38 岁开始学习计算机，两三年之内成为中国最出色的反病毒专家之一；45 岁只身一人独闯中关村办公司，产品很快占据反病毒市场的 80%以上；没学过市场营销，却使 KV 系列反病毒软件正版用户接近 100 万，创中国正版软件销售量之最。都说个人英雄的时代已经成为过去，都说中关村不再相信传奇，传奇已为资本运营所代替，但王江民的传奇就发生在现在，就发生在我们身边。

程序改变人生！有多少程序员的人生因程序而辉煌，而程序人生需要锲而不舍的精神，需要日夜求索的坚持。王江民，一个肢体残疾的人，38 岁才开始计算机的学习，却创造了中国反病毒软件的奇迹。残疾了不可怕，苦难也算不了什么，在烈火中炼就钢铁般的意志，在磨难中培养坚不可摧的勇气！直面苦难、挑战苦难、战胜苦难，在程序人生的道路上勇往直前。

3.1 C# 概述

当程序员决定使用 ASP.NET 编写一个程序的时候，首先必须确定使用什么语言进行开发。开发 ASP.NET 程序既可以用 C#语言作为脚本语言，又可以用 Visual Basic 作为脚本语言。C#语言是微软公司专门为.NET 量身打造的标准语言，也是.NET 平台的核心语言。C#语言结合了 C++的强大功能和 JAVA 语言的简洁特性，同时还具备 Visual Basic 的易用性。所以，程序员一般都使用 C#作为开发语言。作为初学者，从一开始就掌握 C#语言，将为以后的编程工作奠定必要的基础。目前广泛使用的 C#版本是 4.0 版。

3.1.1 C# 简介

C#（发音为“C-Sharp”）是微软公司于 2000 年专门为 .NET 平台发布的一种面向对象的语言。C#还进一步提供了对面向组件编程的支持。由于 C#出现较晚，所以它吸取了目前绝大多数开发语言的优点，可以说是各种优点的集成者。C#保留了 Java 语言的简洁性和 Visual Basic 语言的易用性，继承了 C 语言的语法风格和 C++面向对象的特性，摒弃了 C++易于出错的特性，如指针、宏、多继承和模板等。C#以其强大的操作能力、优雅的语法风格、创新的语言特性和便捷的面向组件编程的支持，成为从事.NET 开发人员的首选语言。

3.1.2 C#的特点

知己知彼，百战不殆。既然在程序人生路上选择了 C#，漫漫人生路将要与 C#朝夕相伴，就必须了解 C#的脾气，知晓 C#的特点，才能明白 C#的核心，成为 C#高手。与 C++语言相比 C#具有如下特点。

1. 简单易学

在 C#中，没有了 C++中的指针，所以不允许直接进行内存操作。C#取消了 C++中的域运算符“::”及指向运算符“->”，仅保留了“.”操作符，这些内容的改变大大降低了程序的复杂性，使程序变得简单安全。

2. 面向对象

C#具有面向对象的语言所应有的一切特性，如封装、继承和多态性。C#把所用的东西都封装在类中，在 C#的类型系统中，每种类型都可以看做一个对象，这种操作是通过装箱（boxing）和拆箱（unboxing）机制来实现的。此外，C#只允许单继承，即一个类不会有多个基类，但一个类可以从无数个类中继承接口，这样避免了类型定义的混乱，使对象的应用更简洁。

3. 支持跨平台

随着互联网程序的应用日益广泛，开发人员所设计的应用程序必须具有强大的跨平台性，C#编写的程序就具有强大的跨平台性。

4. XML 的支持

XML 在互联网上的应用越来越广泛，C#具有自动生成 XML 文档说明的内置支持，C#可以编写 ASP.NET 动态 Web 页面和 XML Web 服务。

3.1.3　C#语法规则

表 3-1 是一个简单的、经典的 C#程序，通过这个程序，读者可以初识 C#语言，了解 C#程序的结构，进而开始 C#学习之旅。

【操作实例 3-1】 编写一个简单的 C#程序，如表 3-1 所示。

表 3-1　经典的 C#程序

代　码	注　释
using System;	引入 C#命名空间
class Hello	声明 Hello 类
{	
static void Main()	Main 是程序执行的入口点，static 表示 Main 是静态方法，void 表示无返回值
{	
Console.WriteLine("今天我们将踏上程序人生的旅程，上下而求索！");	在屏幕上输出语句："今天我们将踏上程序人生的旅程，上下而求索！"
}	
}	

为了说明的需要，本书所有程序均以表格的形式进行说明，并且对关键代码进行了注释。运行上面程序，将在计算机屏幕上输出“今天我们将踏上程序人生的旅程，上下而求索！”从上例可以看出，C#有以下语法规则。

1）C#与 C 语言的语句要求基本相同，每个语句行以分号结束，C#语句区分大小写。

2）C#程序的执行总是从 Main()方法开始，Main 方法必须并且只能包含在一个类中，一个类中只能有一个 Main 方法。Main()方法的返回值有两种，一种是 void，即无返值，另一种是 int，即程序运行错误级别。

3）每个程序都将用到相应的类，C#中类的层次关系用命名空间来表示，每个 C#程序都要导入命名空间。

4）C#的注释同 C 语言完全相同，也分为行注释与块注释。行注释用“//”表示，块注释开头加上“/*”，结尾加上“*/”。成熟的程序员在编写程序时经常使用注释，供自己和项目组内的其他成员参考。

5）C#每条语句可以分多行书写，但不必加任何说明，直接回车换行即可。注意不能在关键字和变量中间断开。

3.1.4　C#程序编写步骤

C#程序从编写到运行要经过以下三个步骤。

1．编写程序源代码

程序的构思完成后，不但可以使用任何文本编辑器编写程序，而且也可以采用专业化的 Visual Studio 2010 进行可视化编程。目前推荐使用 Visual Studio 2010，它是当前 Visual Studio 的最新版本，使用它既可以轻松编程，又可以快速构建程序。

源代码保存时扩展名应该为.cs，例如本节【操作实例 3-1】，保存时名称应该设定为 Hello.cs。

2．编译程序

程序代码编写完成后，需要用.NET Framework 提供的编译器 csc.exe 进行编译，经过编译的程序才能运行。编译器既可以把程序编译成 exe 文件又可把程序编译成 dll 文件。

启动编译器最简单的方法是在 Windows 的开始菜单中选择“所有程序 | Microsoft Visual Studio 2010 | Visual Studio Tools | Visual Studio 命令提示（2010）”命令，如图 3-1 所示。

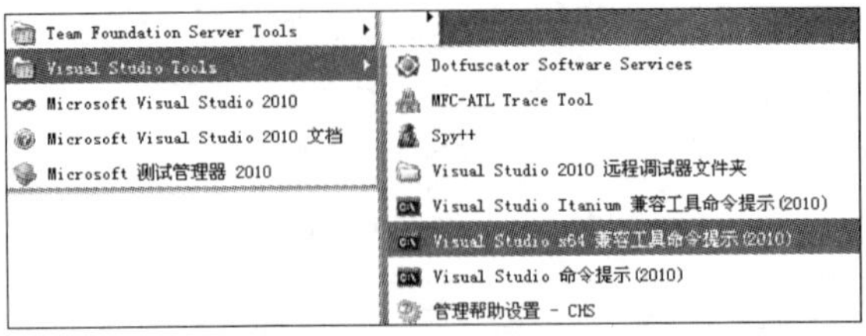

图 3-1　调用 CSC 编译器过程

3．运行程序

程序编译完成后，直接运行程序，即可看到运行结果。回顾第 2 章，不难发现如果使用 Visual Studio 2010，编程过程变得更加简单。

3.2　C#语言的数据类型

C#有 15 种数据类型，这 15 种数据类型分为两大类：值类型和引用类型。值类型可以简单地理解为基本的数据类型，引用类型可理解为延伸的数据类型。值类型和引用类型的区别在于；值类型的变量直接存放实际的数据，而引用类型的变量存放的是数据的地址，即对象的引用。更通俗地说，值类型存放的是数据本身，而引用类型存放的是数据所处的位置说明。

3.2.1　值类型

值类型包括简单值类型和复合类型。简单值类型可以再细分为整数类型、字符类型、实数类型和布尔类型；而复合类型则是简单类型的复合，包括结构（struct）类型和枚举（enum）类型。

1．整数类型

整数类型是最基本的数据类型，C#中共有 8 种整数类型，它们的区别在于表示数的范围、所占的存储空间的大小以及是否有符号位。8 种整数类型如表 3-2 所示。

表 3-2　整数类型

数据类型	说　明	占据位数	取值范围	对应于 System 程序集中的结构
Sbyte	有符号 8 位整数	1	–128～127	SByte
Byte	无符号 8 位整数	1	0～255	Byte
Short	有符号 16 位整数	2	–32 768～32 767	Int16
Ushort	无符号 16 位整数	2	0～65 535	UInt16
Int	有符号 32 位整数	4	–2 147 489 648～214 748 364 7	Int32
Uint	无符号 32 位整数	4	0～429 949 672 95	UInt32
Long	有符号 64 位整数	8	-2^{63}～2^{63}	Int64
Ulong	无符号 64 位整数	8	0～2^{64}	UInt64

2．字符类型

字符（char）类型对应于.NET 类库中的 System.Char 结构。C#中采用 Unicode 字符集来表示字符类型，所以单个汉字也可作为字符。例如：

char ch='王';

一个 Unicode 的标准字符长度是 16 位，所以 char 类型在计算机中占两个字节。严格来说，字符类型也是一种特殊的整数类型，其取值范围与 unshort 相同。C#与 C 语言不同的是，不能把整数直接赋值给 char 类型的变量，只能显式地将整数转换为 char 类型再赋值给 char 类型的变量。例如 C 语言中：

char ch=98;

但是在 C#中这是不允许的，即不允许从其他类型到 char 类型的隐式转换，必须进行显式转换，例如：

char ch=（char）98;

同 C/C++一样，C#中也存在一些特殊字符，通过“\”加其他字符表示这些特殊字符，称为转义符。C#中的转义字符如表 3-3 所示。

表 3-3　转义字符

转义符	字符名	转义符	字符名
\'	单引号	\"	双引号
\\	反斜杠	\0	空字符
\a	警告	\b	退格
\f	换页	\n	换行
\r	回车	\t	水平制表位
\v	垂直制表位		

3．实数类型

实数类型分为浮点类型 float、double 和小数类型 decimal 三种类型。它们的区别主要在于取值范围和精度的不同。其中，double 类型的取值范围最广，decimal 类型的精度最高。实数类型如表 3-4 所示。

表 3-4　实数类型

数据类型	说明	取值范围
float	32 位单精度实数	1.5×10^{-45}～3.4×10^{38}
double	64 位双精度实数	5.0×10^{-324}～1.7×10^{308}
demcimal	128 位十进制实数	1.0×10^{-28}～7.9×10^{28}

虽然 decimal 类型精确度较高，但是取值范围较小。因此，从浮点型向小数类型转换可能产生溢出异常，反之，可能出现精度损失。所以浮点型和小数类型之间不存在隐式转换，必须使用强制类型转换。

注： decimal 类型主要用于金融货币方面的计算。在直接书写 decimal 类型的变量时，必须在数值后面添加 m 或 M，例如，decimal num=1.24m，否则编译出错。

4．布尔（bool）类型

bool 类型对应于.NET 类库中的 System.Boolean 结构。它在计算机中占 4 个字节，即 32 位存储空间。C#与 C 语言在布尔类型的取值上完全不同。C 语言用值“0”表示假，而任何非零值均取值“1”。而 C#中布尔类型取值只能是 true 或者 false。bool 类型的变量不能与其他类型的变量相互转换。

5. 结构类型

编程过程中经常会遇到需要将一系列不同数据类型的信息放在一起的情况，例如，学生表里包含学号、年龄和家庭住址等，这个时候就需要一种新的类型——结构类型，它可以把这些不同数据类型的信息组织成一个整体。结构中的数据类型没有限制，可以是简单值类型，也可以是结构类型或者是枚举类型。结构类型采用 struct 关键字来进行声明。

【操作实例 3-2】 编写一个简单的结构体嵌套代码，代码如表 3-5 所示。

表 3-5　结构类型举例

代　码	注　释
struct Student	定义结构 Student
{	
String S_number;	学号
int S_age;	年龄
Address add;	add 就是一个 Address 结构类型的变量
}	
struct Address	定义结构 Address
{	
String province;	省
String city;	市
String street;	街
}	
Student LiMing;	LiMing 就是一个 Student 结构类型的变量

6. 枚举类型

枚举实际上是为一组逻辑上密不可分的整数值创建一系列的别名。使用关键字 enum 来定义。

【操作实例 3-3】 定义枚举 Weekday，其内容为一周七天的英文名称，代码如表 3-6 所示。

表 3-6　枚举类型举例

代　码	注　释
enum Weekday	定义枚举类型，名称为 Weekday
{	
Sunday，Monday，Tuesday，Wednesday，Thursday，Friday，Saturday	枚举内容由 Sunday，Monday，Tuesday，Wednesday，Thursday，Friday，Saturday 七个单词组成。
}	
Weekday w1；	声明 Weekday 枚举类型变量 w1

枚举类型要求其成员只能是整数类型。默认地，枚举中的每个元素的类型都是 int 型，且第一个元素的值为 0，它后面的每一个元素的值依次加 1。例如，表 3-6 中的程序，Sunday=0，Wednesday=3。也可以给枚举中的元素直接赋值，如把 Sunday 的值设为 1，Monday 的值设为 3，其后元素的值分别为 4，5……依次递增。枚举类型的变量在某一时刻只能取枚举类型中的某个元素。例如，表 3-6 定义的枚举变量 w1，它的值要么是 Sunday，要么是其他的星期元素，在同一时刻只能取一个值，且该值只能是枚举类型中的元素。

每个枚举类型都有一个基础类型，其基础类型可以是除 char 以外的任何整型，默认地基础类型为 int，定义枚举类型时，可选择基础类型。定义基础类型的格式如下。

enum 枚举类型名[：基类型]｛由逗号分隔的枚举类型标示符｝

注意，枚举类型中元素的值不能超过基类型的取值范围。

例如，表 3-7 代码就是错误的。

表 3-7　定义枚举基础类型错误代码

代　　码	注　　释
enum name ： byte {x=255，y; }	定义枚举类型，名称为 name，枚举元素的类型为 byte 枚举元素 y 的值为 256，超过了 byte 类型的取值范围 0～255

3.2.2　引用类型

引用类型变量不直接存储所包含的值，而是存储值的地址。引用类型包括类（class）、接口（interface）、代理（delegate）和数组（array）四种类型。

1．类（class）

类是一组具有相同数据结构和相同操作的对象集合。创建类的实例必须使用关键字 new 来进行声明。类和结构之间的根本区别在于：结构是值类型，而类是引用类型。对于值类型，每个变量直接包含自身的所有数据，每创建一个变量，就在内存中开辟一块区域；而对于引用类型，每个变量只存储对目标存储数据的引用，每创建一个变量，就增加一个指向目标数据的指针。C#中最常用的类有 object 和 string 两个。

【操作实例 3-4】 编写一个简单的类，程序代码如表 3-8 所示。

表 3-8　类的定义举例

代　　码	注　　释
class A	定义一个类 A
{	
public int i=5;	定义公有成员 i
public void show()	定义公有方法
{	
System.out.writeline(i);	输出公有成员 i
}	
}	
class B	定义一个类 B
{	
static void Main()	主方法
{	
A a =new A();	创建一个类的实例 a
a.show();	调用类 A 中的方法
}	
}	

2．接口（interface）

应用程序之间要相互调用，就必须事先达成一个协议，被调用的一方在协议中对自己所能提供的服务进行描述。在 C#中，这个协议就是接口。接口定义中对方法的声明，既不包括访问限制修饰符，也不包括方法的执行代码。如果某个类继承了一个接口，那么它就要实现该接口所定义的服务，也就是实现接口中的方法。其定义如表 3-9 所示。

【操作实例 3-5】 编写一个简单的接口。

表 3-9　接口的定义举例

代　　码	注　　释
public interface c3	定义一个接口 c3
{	
int add（int x,int y）;	
}	
public class c33:c3	

（续）

代　码	注　释

{
public int add(int x,int y)
{
return x +y;
}
}	

3．代理（delegate）

代理即指代，就是定义一种变量来指代一个函数或者一个方法，其使用过程分为以下三个步骤。

1）定义：delegate void MyDelegate();

2）实例化：MyDelegate hd = new MyDelegate(p1.Say);

3）调用：hd();

4．数组（array）

C#语言中的数组与 C 语言中的数组概念和用法相同。主要用于同一数据类型的数据进行批量处理。与 C 语言相同，C#的数组也要初始化之后才能使用。数组的具体使用方法见 3.4 节。

3.2.3 装箱和拆箱

C#语言编程时经常需要将值类型和引用类型进行相互转换。在 C#中这种转换操作用装箱和拆箱来实现。

装箱就是将值类型转换为对象类型，其本质就是创建一个对象，并将值赋给该对象。拆箱就是将对象类型转换为值类型，即将值从对象中复制出来，装箱与拆箱实例如表 3-10 所示。

表 3-10　装箱与拆箱实例

代　码	注　释
Int number=45; object objNum=number;	定义整数类型变量 number 装箱

Int numberA=36;
object objNum=numberA;
int numberB=(int)objNum;
	定义整数类变量 number 并同时赋值 36
	装箱
	拆箱

3.3 常量、变量和运算符

常量和变量是各种程序设计语言中都要用到的概念。在应用程序运行过程中，要用到大量的数据，数据必须存储在计算机中（实际是存储在计算机的内存中），计算机会在程序运行过程中分配内存给程序存储数据。内存中存储数据的地方有一个名字，这就是常量名和变量名。

3.3.1 常量

在程序设计中，值不能改变的量的叫做常量。常量的值一旦设定后，在其限定的范围内，便永不改变。

1．常量的声明

Const 数据类型 名称=常量值;

2．常量实例

1）每次声明一个常量，如 const double pi=3.1415926;

2）一次声明多个常量，如 const int a=10,b=20;

3.3.2 变量

值可以改变的量称为变量，例如学生的年龄，工人的工资，都不是一成不变的，可以随着时间的推移而改变，因此他们都是变量。变量要先声明后使用。

1．变量的声明

声明时不指定初值：

数据类型名称 变量名称;

声明时直接指定值：

数据类型名称 变量名称=变量初值;

同时声明多个变量：

数据类型名称 变量名称，变量名称，变量名称……;

上述三种声明变量的方法功能相同，只是形式不一而已。例如：

1）定义变量 name，不指定初值：string name;

2）定义变量 age，同时指定初值为 18：string age=18;

3）同时定义两个整型变量 m，n：int m，n;

2．变量的命名规则

变量的命名要遵循一定的规则，不提倡使用如下命名方法。

1）变量不可以使用 C#中的关键字命名，关键字也称为保留字，简单地说就是 C#语言自身使用的词汇。在 Visual Studio 2010 的代码窗口中输入变量名时，如该变量名是关键字，则自动变色。

2）不能使用 26 个英文字母（大小写均可）、数字、下划线之外的任何字符作变量名。

3）不能以数字开头，必须以字母或下画线开头。变量名中间不能有空格。

变量在命名时比较提倡命名方法主要有以下方面。

1）用英文单词作变量名称，这样可以做到望文知意，尽量不使用汉语拼音作变量名称，英文单词在使用时尽量不要简写。

2）提倡使用 Pascal Casing 命名法和 Camel Casing 命名法。Pascal Casing 命名法即组成变量的每个英文单词的第一个字母大写，其他小写的命名方式，如 StudentAddress，MyName；Camel Casing 命名法则是只有第一英文以小写字母开头，其他英文的第一个字母则以大写表示。如 myName，studentAddress。

3．变量赋值

变量的赋值可以直接用“=”完成，但对于 decimal 类型的变量必须在值后面加 M 或 m 予以显式说明。

变量可以赋空值，空值与零值以及空字符串不同，空值是未设定之义。但 int、long、bool、double 类型的变量则不能设为空值。空值的使用在日常应用中较为常见，如填写学籍信息时，暂不知道某人的“家庭住址”，则该处为 null，待知道后再填入。可以使用允许空值 Nullable 的方式进行声明，声明的时候需要在数据类型后面加一个问号表示，其格式如下。

数据类型？ 变量名称[=变量初值或 null];

例如，声明一个字符串型变量 StudentName，并设定其值为空，代码的书写格式为 string？StudnetName=null;

4. 变量应用实例

变量的应用分布在整个程序的每一个片断中，表 3-11 为变量应用实例。

表 3-11 变量实例

代 码	注 释
int number; number=36;	定义整型变量 number 为整型变量 number 赋值 36
int number=36;	定义整型变量 number 并同时赋值 36
decimal price=29M;	定义实数 price，同时赋值 29
string StudnetName="张丽娜";	定义字符串变量 StudentName，同时赋值
bool isMan; isMan=true;	定义布尔变量 isMan 为布尔变量 isMan 赋值 true，即真值

3.3.3 运算符

C#的运算符与 C++基本相同，C#支持的运算符如表 3-12 所示。

表 3-12 C#支持的运算符

类 别	运 算 符
算术运算符	+ - * / %
逻辑运算符	& | ^ ~ && || !
字符串连接运算符	+
增量和减量运算符	++ --
移位运算符	<< >>
比较运算符	== != < > <= >=
赋值运算符	= += -= *= /= %= &= |= ^= <<= >>=
成员访问运算符（用于对象和结构）	.
索引运算符（用于数组和索引器）	[]
数据类型转换运算符	()
条件运算符（三元运算符）	?:
委托连接和删除运算符（见第 6 章）	+ -
对象创建运算符	new

3.4 数组

常量和变量都只能存储一个值，数组则可以简单地理解为一次存储多个值的变量。数组可以简化繁重的变量定义工作。例如，有 100 名学生的姓名需要存入变量中，如果用逐一定义变量的方式，则需要依次定义 name1，name2，name3，……，需要重复定义 100 次，如果采用数组的方式，只要一句简单的语句，就可以一次全部完成定义工作，而且以后的赋值，使用同样简单，节省的何止是99%的劳动。

3.4.1 数组的有关概念

数组即一组数据的集合，数组本质上也是一个变量，但这个变量与普通变量不同，普通变量只能存储一个数值，数组则能存储具有同一类型的多个数值。需要存储多个相同类型的变量。如 30 个学生的姓名，如果使用 30 个变量，不但定义烦琐，同一操作必须进行 30 次，更为烦琐。有了数组，可以把他们定义为一个数组变量 Stu_Name，而用 Stu_Name[1]，Stu_Name[2]，……代表每一个学生了。

使用 C#的数组之前，必须了解几个基本概念。

1．一维数组与多维数组

数组由数组名称和下标组成。只有一个下标的数组称为一维数组，如 Student[4]，Day[7]。有两个下标的数组称为二维数组，如 myArray[2,3]。以此类推，有几个下标的数组称为几维数组，二维及二维以上的数组统称为多维数组。

2．数组的长度

数组的长度是指数组由多少个元素组成。数组中的元素必须具有相同的类型，如数组中的数据全部都是整数或全部都是字符串。Student[4]表示该数组有 4 个元素，数组的长度为 4，myArray[2,3]则表示该数组由 2×3 个元素组成，该数组的长度为 6。

3．数组索引运算符

数组的索引也叫数组的下标，数组的索引从 0 开始，到数组长度减 1 结束。[]为数组索引运算符，[]里面的数值为数组的下标。例如，数组 Student[4]，其元素为 Student[0]、Student[1]、Student[2]、Student[3]。

4．C#中表示数组的类

C#中的 System.Array 类是所有数组的基类，该类中提供了一些属性和方法用来实现有关数组的各种操作，如 Copy 方法可实现数组的复制，Sort 方法可实现对一维数组元素的排序等。

3.4.2 数组的定义

一般而言，数组都必须先声明后使用，在 C#中数组是一个引用类型，声明数组只是预留一个存储位置以引用将来的数组实例，实际的数组对象是通过 new 运算符在运行时动态产生的。因此，在数组声明时，可不先给出数组的元素个数。现分别介绍一维数组、二维数组和多维数组，定义形式如下。

1．一维数组

（1）一维数组声明语法形式

```
数据类型 [] 数组名;
```

其中数组元素的数据类型，可以是 C#中任意的数据类型；数组名必须遵循标识符的命名规则。例如，定义整型数据的数组 Stu，

语法格式为：int [ ] Stu;

定义 double 类型数据的数组 money;

语法格式为 double [ ] money；

（2）创建数组对象

用 new 运算符创建数组实例，有两种基本形式。

第一种是声明数组和创建数组分别进行，语法格式如下。

```
type [ ] arrayName ;                // 数组声明
arrayName = new type [size];        // 创建数组实例
```

第二种是声明数组和创建数组实例合在一起书写。

```
type [ ] arrayName = new type [size] ;
```

创建数组经常的用法如表 3-13 所示。

表 3-13　一维数组类型举例

代　码	注　释
int [ ] a1; a1 = new int [10];	定义数组 a1 数组有 10 个 int 类型元素
string [ ] b1 = new string [5];	定义数组 b1，含有 5 个 string 类型元素

2．多维数组

多维数组就是指能用多个下标访问的数组。在声明时方括号内加逗号，表明该数组是多维数组。

（1）多维数组声明语法形式

数据类型　[,[,…]]　数组名;

例如，定义 int 类型的二维数组 Student，其语法格式为

```
int [ , ] Student;
```

定义数据为双精度类型的三维数组 Number，其语法格式为

```
double [ , , ] Number;
```

（2）创建数组对象

创建多维数组对象语法格式同创建一维数组对象相同，也是使用 new 运算符，声明数组和创建数组也是既可分行书写，也可合在一起书写，程序举例如表 3-14 所示。

表 3-14　多维数组类型举例

代　码	注　释
int [,] number ; number= new int [3, 4] ;	创建二维数组 number 数组 number 是一个 3 行 4 列的二维数组
float [, ,] Student=new float [2, 3, 4]	Student 是三维数组，每维分别是 2、3、4

3.4.3　数组的使用

1．数组的赋值

数组中元素的赋值即可以逐一进行赋值，也可以一次性全部赋值。

1）单独赋值。单独赋值就是通过关键字 new 对数组进行初始化之后逐个指定数组中各元素的值。

2）一次性全部赋值。在声明数组的同时对数组进行初始化赋值，此时可省略数组的大小，如表 3-15 所示。

表 3-15　数组赋值举例

代　码	注　释

Int[] number1=new int[3];
number1 [0]=112;
number1 [1]=3;
number1 [2]=19;
	定义数组 number1,其类型为整型，有三个元素
	为第 1 个元素赋值为 112
	为第 2 个元素赋值为 3
	为第 3 个元素赋值为 19

Int[]number1=new int[3]{112,3,19};	定义数组 number1，同时为其三个元素分别赋值

2．数组内容的读取

数组元素可以当成普通变量一样使用，所以其内容读取方法与普通变量读取方法完全相同。只需要在数组名后面加上索引值就可以使用。例如，读取 number[2]的值可以使用 S_number= number[2]。

3.4.4　与数组有关的操作

数组除了可以进行与变量相同的各种操作之外，系统还提供了许多有关数组的函数和方法，极大地扩充了数组的功能。

1．数组的长度

在 C#中有两种方法可以求得数组的长度，一种是通过数组的 Length 属性，另一种可以通过 GetLength()方法。现举例说明，如表 3-16 所示。

表 3-16　数组长度举例

代　码	注　释
String[] str=new String[2]{"CLH" ,"ZCC"}; Int strlen1=str.Length;	定义数组并赋值 用 Length 取得数组的长度，值为 2
String[] str=new String[2]{"CLH" ,"ZCC"}; Int strlen2=str.GetLength();	定义数组并赋值 用 GetLength 取得数组的长度，值为 2

2．使用 foreach 遍历数组元素

在 C#中可用 foreach 循环语句遍历数组中的每个元素，foreach 语句的使用规则将在 3.5.3 节介绍，通过一个找出数组中的最大值及最小值实例说明遍历数组元素的方法。

【操作实例 3-6】 求数组中的最大数和最小数。

新建网站文件，在设计视图中添加一个按钮 Button1，并将其 Text 属性改为“遍历数组”，然后添加一个文本框 Text1Box1，双击按钮 Button1 后添加如表 3-17 所示代码。

表 3-17　用 foreach 语句遍历数组

代　码	注　释
protected void Button1_Click(object sender, EventArgs e) {	Button1 的单击事件
int MaxNumber,MinNumber;	定义变量 MaxNumber，MinNumber
int [] number=new int[8]{23,1,2,67,83,34,9,10};	定义数组 number 并赋值
MaxNumber=MinNumber=number[0];	为 MaxNumber，MinNumber 赋初值
foreach(int x in number) {	Foreach 循环开始
if(x>MaxNumber) {MaxNumber=x;}	判断 x 值是否大于 MaxNumber，如果大于 MaxNumber 则将 x 值赋给它

if(x<MinNumber)
{MinNumber=x;}
}
	判断 x 值是否小于 MinNumber，如果小于 MinNumber 则将 x 值赋给它

TextBox1.Text = "数组 number 中最大数是" + MaxNumber ToString+ ",最小数是:" + MinNumber ToString; }	在 TextBox1 中显示最大数与最小数

程序编写完成后，按〈Ctrl+F5〉运行后，单击“遍历数组”按钮出现如图 3-2 所示的最终运行结果界面。

图 3-2　用 foreach 遍历数组执行效果图

3．数组元素的查找

在 C#中，可以通过数组类的方法 Array.IndexOf 和 Array.LastIndex 来查找指定的元素在数组中出现的位置。例如：

```
String[] name=new String[3] {“李涵”, “胡少坤”, ”祖国鑫”};
int pos=Array. IndexOf ( name, “胡少坤”) ;
```

上述语句中将用整数类型变量 pos 返回“胡少坤”在数组 name 中第一次出现的索引值。

4．数组元素的排序

C#中用以实现数组排序的方法为 Array.Sort()。

【操作实例 3-7】 将一个数组按照从小到大排序。

新建网站文件，在设计视图中添加一个按钮 Button1，并将其 Text 属性改为“数组排序”，然后添加一个文本框 Text1Box1，双击按钮 Button1 后添加如表 3-18 所示代码。

表 3-18　用 ArraySort()实现数组排序

代　码	注　释
int[] SortArray = new int[6] { 12, 98, 31, 56, 55, 111 };	定义数组 SortArray,并赋初值
Array.Sort(SortArray, 0, 5);	用 Array.Sort 为数组排序，括号内依次是数组名 SortArray，排序起点下标 0，排序终点下标 5
foreach (int s in SortArray)	用 foreach 循环显示已经排序的每一个数组元素
{ TextBox1.Text = TextBox1.Text + s.ToString()+","; }	将排序后的数组元素依次显示出来

程序编写完成后，按〈Ctrl+F5〉运行后，单击“数组排序”按钮出现如图 3-3 所示的最终运行结果界面。

图 3-3　数组排序程序执行界面

3.5 C#程序控制结构

C#语言与其他语言一样，其控制结构有顺序结构、选择结构和循环结构三种。顺序结构是由从上到下的语句逐条执行；选择结构则类似路上的行人走在三岔路口，需要做出选择的程序结构；而循环结构则在满足条件的情况下周而复始地循环执行某段语句。

3.5.1 顺序结构

顺序结构是程序中使用最多的结构方式，也是程序中大量代码存在的主要形式。

在顺序结构中程序始终按照语句排列顺序依次逐条地执行。顺序结构的代码示例如表 3-19 所示。

表 3-19 顺序结构实例

代码	注释
int i;	定义变量 i
int j;	定义变量 j
int k;	定义变量 k
k=i+j;	将 i+j 的和赋给 k
Text1.text=k.toString();	在 Text1 中显示 k 的值

3.5.2 选择结构

所谓选择结构，是指在程序运行时，根据不同的条件转向不同的语句执行。使得程序可以跳过某些语句不执行转而执行某些特定的语句。

选择结构主要有 if 与 switch 两种。其中，if 主要用于简单选择判断，共有四种形式；switch 则主要用于多分支选择判断。

1. if 语句

if 语句是选择结构中使用频率最高的语句，其表现形共有四种。

（1）格式 1

```
if  (条件表达式) 语句;
```

执行时先判断“条件表达式”的值，如果为 true，则执行“语句”，否则什么也不做。“语句”部分既可以是单独的一条语句，也可以是用{}括起来的多条语句组成的复合语句。

（2）格式 2

```
if (条件表达式)语句 1;
  else 语句 2;
```

执行时先判断“条件表达式”的值，如果为 true，则执行语句 1，否则执行语句 2。语句 1 和语句 2 即可以是一条语句，也可以是多条语句组成的复合语句。

（3）格式 3

```
if  (条件表达式 1) 语句 1;
else if (条件表达式 2)语句 2;
else if (条件表达式 3)语句 3;
……
else 语句 n;
```

执行时先判断条件表达式 1 的值，如果是 true，则执行语句 1，否则就判断表达式 2 的值，如果是 true，就执行语句 2，否则就判断条件表达式 3……以此类推，继续执行，直到最后一个 else 为止，如果前面的条件都不满足，就执行语句 n。语句既可以是一条语句，也可以是多条语句组成的复合语句。

（4）格式 4（多层嵌套 if 语句）

```
if  (条件表达式 1) 语句 1;
{
if (条件表达式 2)语句 2;
else  语句 3;

}
else 语句 n;
```

执行时先判断条件表达式 1 的值，如果是 true，则接着判断条件表达式 2 的值，如果是 true，就执行语句 2，否则就执行语句 3；如果条件表达式 1 的值是 false，就执行语句 n。

在多层嵌套语句的编写过程要特别注意大括号的一一对应，有几个“{”就要有几个“}”，每个 else 都和距它最近的 if 相匹配。

【操作实例 3-8】 编写一个简单的登录程序。

新建网站文件，在设计视图中输入三行文字，分别是用户登录、用户名、密码，在用户名和密码后面分别添加一个文本框，名称是 Text1Box1、Text1Box2，继续添加两个按钮，并将其 Text 属性分别改为“确定”、“取消”，双击“确定”按钮后添加如表 3-20 所示代码。

表 3-20　if 结构实例

代　码	注　释
protected void Button1_Click(object sender, EventArgs e)	“确定”按钮事件
{	
if (TextBox1.Text = = "admin") Response.Write("管理员登录");	如果 Text1 中输入 admin，显示“管理员登录”
else if (TextBox1.Text = = "clh") Response.Write("崔老师登录");	否则，如果 Text1 中输入 clh，则显示崔老师登录
else	否则（即不是 admin 也不是 clh）
Response.Write("非法用户，谢绝登录");	显示“非法用户，谢绝登录“
}	

程序运行结果如图 3-4 所示。

图 3-4　if 结构实例运行结果

2．switch

C#中 switch 语句多用于多路分支选择控制结构。当需要从多个备选项中选择一个的时候，使用该语句。该语句格式如下。

```
switch（表达式）
{
        case  常量表达式 1：
              语句 1;
              break;
case  常量表达式 2：
              语句 1;
              break;
        ……
case  常量表达式 n：
              语句 1;
              break;
        [default：
              语句  n+1;
break;]
}
```

switch 语句在执行时首先计算表达式的值，然后与 case 语句中的各个常量表达式的值进行比较，如果相同，则执行该 case 后面的语句，直到执行 break 语句来结束 switch 语句。如果表达式的值与所有常量表达式的值均不匹配，则执行 default 语句块。其中 default 部分是可选的。break 语句的作用是在执行完一个 case 分支后，使程序跳出 switch 语句，并继续执行 switch 后面的语句。C#规定：每个分支必须以 break、return、goto 或 throw 语句来结束，而且语句中的任何代码不得改变表达式的值，否则编译无法通过。

表达式的类型可以是整数类型（包括枚举类型和字符类型）和字符串类型常量，而常量表达式类型必须与表达式类型相同，或者能隐式地转换为表达式类型。表达式 n 的值必须是常量，且各 case 子句中的值应是不同的。如果多个 case 语句都执行同一个分支，则可以把多个 case 语句的表达式合并。例如，

```
case 2009：
case 2011：
{

}
```

一般情况下，switch 语句总是可以和 if 语句互换。如果条件过多或者离散分布，建议使用 switch 语句，switch 语句可以很清晰地把逻辑关系表达清楚。如果标签数量较少，使用 if 语句会使程序比较简洁。表 3-20 中 if 语句代码就可以改写为下面的 switch 语句代码，如表 3-21 所示。

表 3-21　switch 结构实例

代　码	注　释

protected void Button1_Click(object sender, EventArgs e)
{string str = TextBox1.Text;
switch(str)
{
case admin :
　Response.Write("管理员登录");
　break;
case clh :
　Response.Write("崔老师登录");
　break;
Default:
　Response.Write("非法用户，谢绝登录");
break
　　}
	"确定"按钮事件
	
	获取文本框 TextBox1 中输入的文本
	
	如果 Text1 中输入 admin
	显示"管理员登录"
	
	否则，如果 TextBox1 中输入 clh，则显示崔老师登录
	
	否则（即不是 admin 也不是 clh）
	显示"非法用户，谢绝登录"

3.5.3　循环结构

循环结构的作用是反复执行一段代码，直到满足条件跳出循环为止。它共有以下四种格式。

1. 格式 1

```
while(条件表达式) 语句;
```

语句既可以是一条语句，也可以是什么也没有的空语句或由多条语句组成的复合语句，条件表达式作为循环的控制条件。执行过程是：首先判断条件表达式，如果条件表达式的值为 true，那么就执行语句；再次判断条件表达式，直到条件表达式的值为 false，则退出循环。因为该循环要先进行判断，所以 while 循环的执行次数将会是 0 次或者多次。注意，在语句中要写明循环的终止条件，以免造成死循环。

2. 格式 2

```
do {
语句;
}while(条件表达式);
```

执行过程是：首先执行语句，然后判断条件表达式，如果条件表达式的值为 true，那么就再次执行语句；再次判断条件表达式，直到条件表达式的值为 false，则退出循环。与 while 语句不同的是，do…while 语句先执行后判断，所以 do…while 语句至少执行 1 次。

3. 格式 3

```
for(初始化表达式 1;条件表达式 2;迭代表达式 3)语句;
```

执行时先执行初始化表达式 1，然后判断条件表达式 2，如果条件表达式 2 的值为 true，那么就执行语句；接着执行迭代表达式 3，并返回重新判断条件表达式 2，如果为 true，再次执行语句，并执行迭代表达式 3，重复执行，直至条件表达式 2 的值是 false，结束 for 语句的执行。

以上三个表达式都是可选的，并且各个表达式可以有一个或多个。当省略某个表达式时，表达式后面的分号不能省略。for 的使用示例如下。

```
for ( ;  ; )
或者
```

```
for（int i，j=0 ; i<10,j<10; i++,j++）
```

4．格式 4

```
foreach(类型 变量 in 集合)
{
语句;
}
```

该语句用于遍历集合中的各个元素，并让集合中的每一个元素都执行循环语句。其中，变量会依次代表“集合”中的每一个元素。如果不知道一个集合中每个项目的类型是什么，完全可以定义一个 object 类型的临时变量来表示。in 关键字后面指明需要操作的集合，且集合必须是可枚举的，不能为空。语句的内容不能改变集合中的元素。

【操作实例 3-9】 计算 1～100 的和，程序代码如表 3-22 所示。

表 3-22　用 While 计算 1～100 的和

代　码	注　释

protected void Button1_Click(object sender, EventArgs e)
{
int i = 0;
int sum = 0;
while (i < 100)
{
i++;
sum = sum + i;
}
TextBox1.Text = sum.ToString();
}
	定义整型变量 i
	定义整型变量 sum
	循环开始，当 i 小于 100 时执行循环体
	
	变量 i 的值自加 1
	变量 sum 的值加上 i 的值
	
	在文本框 Textbox1 中显示 sum 的值，sum 的值要先用 ToString 转换成字符串

程序运行结果如图 3-5 所示。

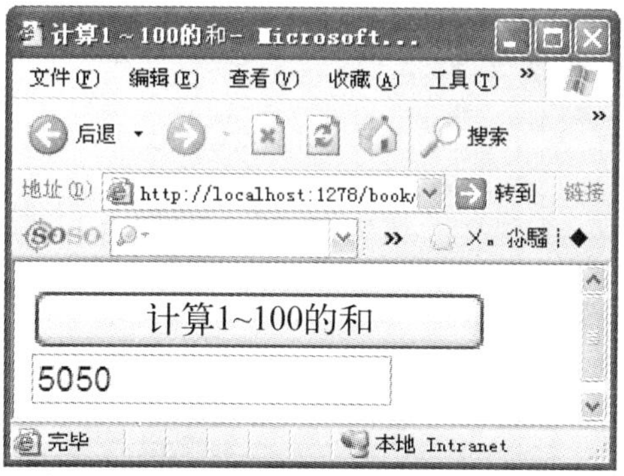

图 3-5　while 循环实例

该程序利用 while 循环计算 1～100 的和，并在屏幕输出结果。

3.6　C#常用系统类

在编写 ASP.NET 程序时，经常会使用一些固定的功能，如数据类型转换、日期时间操作等，为了方便程序员编写程序，C#语言将这些常见的功能以系统类的方式予以提供。C#语言提供了大量的系统类，这些类中包含了许多方法，掌握常用类的方法是编写 ASP.NET 程序必须具备的基本功。本节将对常用类的方法进行集中学习。

3.6.1 字符串操作

C#提供的字符串类功能强大，满足各类字符串操作需要，常用函数及其用法如表 3-23 所示。

表 3-23 字符串函数

函 数	用 法	举 例
ToUpper()	将小写字母转换成大写字母	string str="My Name is Cuilianhe"; string s1 = str.ToUpper();
ToLower()	将大写字母转换成小写字母	string str="My Name is Cuilianhe"; string s1 = str.ToLower();
Trim()	去掉字符串中的前后空格	string str="中华人民共和国 "; string s1 = str.Trim(); //去掉字符串 str 中的空格
Length()	计算字符串的长度	string str="中华人民共和国"; int Len = str.Length ; //测试字符串 str 的长度，并存入整型变量 Len 中

Substing()	截取子字符串	string str="中华人民共和国";
		string s1 = str.Substring(1,2); //截取字串的 str 的一部分，参数 1 为从左起第 1
		//位开始截取，参数 2 为截取的长度

IndexOf()	查找字符串中指定字符或字符串首次出现的位置,返回索引值	str1.IndexOf("中"); //查找“中”在 str1 中的位置
		str1.IndexOf("中国"); //查找“中国”的第一个字符在 str1 中的位置

Replace()	替换字符串的内容	string str="中华人民共和国首都";
		str=str.Replace("首都","北京"); //将“首都”换为“北京”
		Response.Write(str); //输出结果

3.6.2 日期和时间

对日期和时间的操作是 ASP.NET 编程中经常用到的功能，常用函数及其用法如表 3-24 所示。

表 3-24 日期时间函数

函 数	用 法	举 例
DateTime()	取得目前的日期时间	DateTime DT=DateTime.Now; //定义变量 DT 为日期时间型，获得当前的日期时间
Year()	取得年份	DateTime date=Convert.ToDateTime(“06/12/2009 10:08”); Response.Write(date.Year); //输出 date 中的年份 2009
Month()	取得月份	Response.Write(date.Month); //输出 date 中的月份 6 月
Day()	取得日期	Response.Write(date.Day); //输出日期 date 中的当月日期
Hour()	取得小时	Response.Write(DateTime.Now.Hour.ToString()); //输出当前时间中的小时数
Minute()	取得分钟	Response.Write(DateTime.Now.Minute.ToString()); //输出当前时间的分钟数
Second()	取得秒数	Response.Write(DateTime.Now.Sencond.ToString()); //输出当前时刻的秒数
DayOfWeek()	计算当前的星期	DateTime date=Convert.ToDateTime(“10/30/2008 10:08”); Response.Write(date.DayOfWeek()); //输出 2008 年 10 月 30 日是星期几
TryParse()	判断是否为日期时间	String s= “12/10/2008”； s.TryParse(); //判断 12/10/2008 是否为日期格式，返回 true
ToString()	显示格式化的日期时间	DateTime date=Convert.ToDateTime(“6/12/2009 10:30”); Response.Write(date.ToString(“MM”); //以格式化方式输出 date 中的月份 06 月

3.6.3 数据转换

编程时经常使用数据转换，常用的数据转换函数及其用法如表 3-25 所示。

表 3-25　数据转换函数

函　数	用　法	举　例
ToBoolean()	转换为 bool 类型	Int i=3; Bool b=Convert.ToBoolean(i);　//将 int 型值 12 转换成 bool 类型值，结 //果 b 为 true
ToByte()	转换为 byte 类型	Double dn=123.34; Byte bn=dn.ToByte();　//将 Double 值 123.34 转换成 byte 值 123
Tochar()	转换为 char 类型	Int a=98; Char ca=Convert.Tochar(a);　//将 int 型值 98 转换成字符型的'b'
ToDateTime()	转换为 DateTime 类型	String s="12/20/2000"; DateTime ds=Convert.ToDateTime(s);　//将字符串 s 转换成日期 //12/20/2000
ToDouble()	转换为 double 类型	String s="34.678"; Double b=Convert.ToDouble(s);　//将字符串"34.678"转换成双精度数 //34.678
ToDecimal()	转换为 decimal 类型	Int i=67.89; Decimal d=Convert.ToDecimal(i);　//将 int 型值 67 转换成 decimal 型值 //67.89m
ToInt32()	转换为 int 类型	String s="456"; Int i=Conver.ToInt32(s);　//将字符串"456"转换成 int 类型值 456
ToInt64()	转换为 Long 类型	Long a=Convert.ToInt64("1229");　//将字符串"1229"转换成 Long 类型 //值 1229;
ToInt16()	转换为 Short 类型	String s="289"; Short si=Convert.ToInt16(s);　//将字符串 s 转换成 short 型值 289
ToString()	转换为 String 类型	Double b=34.1015; String s=b.ToString();　//将 34.1015 转换成字符串"34.105"

3.7　C#新增功能

C#中新增了很多实用功能，如隐式类型声明、对象初始化器等，这些功能的使用，进一步方便了程序的编写。本节将就这些新功能进行讲解。

3.7.1　可选参数和命名参数

可选参数和命名参数是两个截然不同的概念，不过，它们经常放在一起使用。在调用方法时可以忽略可选参数；命名参数则是可以根据参数的名称来为参数赋值，而不需要根据参数在参数列表中的位置来为其赋值。

1. 可选参数

在定义方法时，只要给参数指定一个默认值，该参数就变成了可选的。在调用该方法时，该参数可以忽略。例如，

```
public void N（int i, int j=0, int k=1）;
```

在这个方法里，i 是必须参数，j 和 k 是可选参数，在调用时可以忽略 j 和 k。如表 3-26 所示。

表 3-26　可选参数示例

代　码	注　释
N(3);	忽略参数 j 和 k
N(3,4); N(3,4,5);	忽略参数 k 没有忽略任何参数

从这里我们可以发现，这个功能和重载函数很像。可选参数类似于重载函数，不过它比重载函数减少了很多的代码。也许会想到，如果程序中还有一个方法，该方法与可选参数不带某个参数的方法相同时，调用该方法时，会出现怎样的情景呢？例如，

```
public void N（int i,int j）;
```

当调用 N(3,4)时，会优先调用没有可选参数的方法。

2. 命名参数

在上面的方法中，除了必须参数外，如果只想传入第三个参数 k，需要怎么做呢？这就需要用到下面要提到的命名参数。

命名参数允许在调用方法时，根据参数的名字传递参数，这种情况下可以忽略参数的顺序，以任意顺序传参。例如，如果只想传入第三个参数 k，可以有以下三种方式，如表 3-27 所示。

表 3-27　命名参数示例

代　码	注　释
N（3,K:5）; N（x:3,K:5）; N（k:5,x:3）;	左边的三种方式都是等价的，不过要注意的是，参数是按照出现的顺序进行调用的，所以在第三种方式中，k 会比 x 先被调用

3.7.2　动态对象

在 C#4.0 中，新增了一个关键字 dynamic，而且新增了一个命名空间 System.Dynamic 来实现对此对象的支持。到底 dynamic 是做什么的呢？先看下面的例子。

在编写类时，通常的写法如下。

```
public class stu
{
private string stuName;
public string _stuName {
        get { return stuName; }
        set { stuName = value; }
}
```

C#3.5 的自动属性简化了这类程序的编写，对使用一些没有业务逻辑编码的属性代码时，使用自动属性简化了编写代码的复杂性，上面的代码改为自动属性方式，代码如下所示。

```
public class stu
{
public string _stuName {get;set;}
}
```

在声明时只需要指明访问范围修饰符、数据类型，同时给属性名称指定两个空的 get 和 set 访问器即可，在编译时系统将自动生成局部变量，并自动添加相应的代码。

3.7.3　对象初始化器

在实际编程时，程序员通常会写出如下代码。

```
Person person = new Person();
```

```
        person.FirstName = "张春才";
        person.LastName = "崔春才";
        person.Age = 36;
```

如果把这样的编码简化成一行，将是多么方便的事情，C#3.5 的对象初始化器就将这一设想变成了现实。使用“对象初始化器（object Initializers）”上面的代码可以简化为如下代码。

```
Person person = new Person { FirstName="张春才", LastName="崔春才", Age=36};
```

一行代码，实现与四行代码同样的功能。使用对象初始化器，开发人员在实例化对象的时候就可以直接进行赋值操作。对象初始化器使程序员进一步感受到了 C#新版本使编程更轻松、更高效这一特点。

3.7.4 匿名类型

匿名类型，是指不具有名称的类型。隐式类型可以不指明变量的类型，而匿名类型则可以使变量不具有名称，这是一个多么奇妙的伟大构想啊！今天这一切都已经成为现实。

有时程序员并不需要任何方法、事件，此时程序员可以不用显式地去定义一个类，直接使用匿名类型完成工作。匿名类型是隐式声明和对象初始化器的结合应用。前例采用匿名类型，可以简写为以下一行代码。

```
var person = new{ FirstName="张春才", LastName="崔春才", Age=36};
```

3.8 综合实例：函数的使用

函数使用的综合实例，详细代码如表 3-28 所示。

表 3-28 函数使用的综合实例

代 码	注 释
protected void Button1_Click(object sender, EventArgs e)	Button1 的单击事件
{	
DateTime DT = DateTime.Today;	定义日期类型的变量 DT, 并赋值为当前日期
TextBox1.Text = DT.ToString();	在 TextBox1 中显示日期变量的值
}	
protected void Button2_Click(object sender, EventArgs e)	
{	定义日期类型的变量 DT, 并赋值为本地时间
DateTime Time1 = DateTime.Now;	
TextBox1.Text = Time1.ToString();	
}	
protected void Button3_Click(object sender, EventArgs e)	
{	
int Year1 = DateTime.Now.Year;	获取日期中的年份
int month1=DateTime.Now.Month;	获取日期中的月份
int day1=DateTime.Now.Day;	获取此日期为该月中的第几天
TextBox1.Text = Year1.ToString()+"年"+month1.ToString()+"月"+day1.ToString()+"日";	在 TextBox1 中显示此日期中年、月、日相连而成的字符串
}	
protected void Button4_Click(object sender, EventArgs e)	获取日期中的分钟
{	
int minute1 = DateTime.Now.Minute;	
TextBox1.Text = minute1.ToString();	

（续）

代　码	注　释

}
protected void Button5_Click(object sender, EventArgs e)
{
　　string　week1 = DateTime.Now.DayOfWeek.ToString();
　　TextBox1.Text = week1;
}
	获取此日期是星期几

protected void Button6_Click(object sender, EventArgs e)
{
　　TextBox1.Text = TextBox2.Text.ToUpper();
}
	把 TextBox1 中的所有字符都转变成大写

protected void Button7_Click(object sender, EventArgs e)
{
　　TextBox1.Text = TextBox2.Text.Length.ToString();
}
	/获取 TextBox2 中的字符长度

protected void Button8_Click(object sender, EventArgs e)
{
　　TextBox1.Text = TextBox2.Text.Substring(1, 4);
}
	截取的 TextBox2 中字符串的一部分，从左边第 2 个字符开始截取，截取的长度为 4

运行结构如图 3-6 所示。

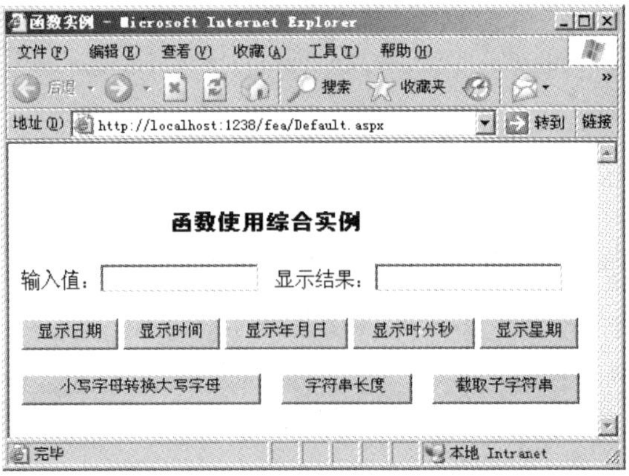

图 3-6　函数使用综合实例程序

【拓展编程技巧】

从一个 18 位的身份证号码中获取其出生日期，并输出。

【提示】18 位身份证号码中第 7～14 位是一个出生日期，则在 C#中应提取该身份证号码字符串的第 6～13 位。代码如表 3-29 所示。

表 3-29　命名参数实例

代　码	注　释
string code="232321199006230829";	code 变量存储了一个身份证号码
string year=code.Substring(6,4);	获取年
string month=code.Substring(10,2);	获取月
string day=code.Substring(12,2);	获取日
DateTime birthday= DateTime.Parse(year+"-"month+"-"+day);	生成日期
Response.write(n_dt.ToString("yyyy 年 MM 月 dd"));	格式化输出日期

本章小结

C#是微软公司发布的一种面向对象的、运行于.NET Framework 之上的高级程序设计语言。C#与 Java 十分相似，是由 C 和 C++衍生出来的面向对象的编程语言。C#具有语法更简洁、面向对象设计和 XML 的支持三大特点。C#程序从编写到运行要经过编写程序源代码、编译程序和运行程序三个步骤。C#有 15 种不同的数据类型，这 15 种数据类型分为两大类：值类型和引用类型。C#语言控制结构有顺序结构、选择结构和循环结构三种。C#中新增了很多实用功能，如隐式类型声明、对象初始化器等，这些功能的使用，进一步方便了程序的编写。

每章一考

一、填空题（20 空，每空 2 分，共 40 分）

1．C#是微软公司发布的一种面向（　　）的，运行于（　　）之上的高级程序设计语言。

2．Main() 方法的返回值有两种，一种是（　　），另外一种是（　　）。

3．C#的注释同 C 语言完全相同，也分为行注释与块注释。行注释用（　　）表示，块注释开头加上（　　），结尾加上（　　）。

4．C#有 15 种不同的数据类型，这 15 种数据类型分为两大类：（　　）和（　　）。

5．枚举类型用于表示一个逻辑相关联的项和组合。使用关键字（　　）来定义。

6．引用类型包括（　　）、（　　）、（　　）和（　　）四种类型。

7．创建类的实例必须使用关键字（　　）来进行声明。

8．复合类型则是简单类型的复合，包括（　　）类型和（　　）类型。

9．编译器即可以把程序编译成（　　）文件，又可把程序编译成（　　）文件。

10．类和结构之间的根本区别在于：结构是（　　），而类是（　　）。

二、选择题（10 小题，每小题 2 分，共 20 分）

1．C#是一种安全的、稳定的、简单的，由（　　）衍生出来的面向对象的编程语言。

A．MASM　　B．Visual Basic　　C．Java　　D．C 和 C++

2．C#每个语句行以（　　）结束。

A．#　　B．句号　　C．逗号　　D．分号

3．C#程序的执行总是从（　　）方法开始。

A．Main()　　B．void　　C．int　　D．#

4．C#中布尔类型取值为（　　）。

A．T　　B．true 或者 false　　C．F　　D．false

5．定义变量时不能使用（　　）开头。

A．字母　　B．下划线　　C．数字　　D．空格

6．程序代码编写完成后，需要用.NET Framework 提供的编译器（　　）进行编译。

A．csc.exe　　B．css.exe　　C．ccs.exe　　D．scs.exe

7．decimal 类型的变量必须在值后面加（　　）予以显式说明。

A．G　　B．M　　C．N　　D．W

8．数组的下标是从（　　）开始。

A．1　　B．-1　　C．0　　D．2

9．数组对象是通过（　　）运算符在运行时动态产生的。

A．new　　B．int　　C．float　　D．void

10．Replace()实现字符串的（　　）功能。

A．替换字符串的内容　　B．截取子字符串

C．计算字符串的长度　　D．去掉字符串中的空格

三、判断题（10 小题，每小题 2 分，共 20 分）

1．C#与 Java 十分相似。（　　）

2．C#没有了 C++中的宏、模版和多重继承。（　　）

3．C#综合了 VB 简单的可视化操作和 C++的高运行效率。（　　）

4．C#语句不区分大小写。（　　）

5．Main 方法必须并且只能包含在一个类中，一个类中只能有一个 Main 方法。（　　）

6．C#每条语句不可以分多行书写。（　　）

7．值类型包括简单值类型和复合值类型。（　　）

8．类是一组具有不相同数据结构和相同操作的对象集合。（　　）

9．变量不可以使用 C#中的关键字命名。（　　）

10．数组都必须先声明后使用。（　　）

四、综合题（共 4 小题，每小题 5 分，共 20 分）

1．C#程序从编写到运行要经过哪几个步骤?

2．值类型和引用类型有哪些区别？

3．装箱和拆箱的区别有哪些?

4．隐式声明的规则有哪些？

第4章 ASP.NET常用控件

程序员的优秀品质之四：好问则裕，独学无友

出自《颜氏家训》：《书》曰：“好问则裕”，《礼》云：“独学而无友，则孤陋而寡闻。”盖须切磋相起明也。见有闭门读书，师心自是，稠人广坐，谬误差失者多矣。

《尚书》上说：“只有喜爱提问的人，方能够获得更多的知识。”《礼经》上则说：“独自学习而不与朋友共同商榷，便会孤陋寡闻。”学习软件开发如同学习其他任何一门知识，都需要共同切磋、互相启发，这是很明显的道理。学识渊博者之言，有很强的启示性，追寻他们的思想，理解会更透彻。好问之人，不止于上问，要不耻下问，下问又何妨，得知识自得乐趣，得认知自有收获。从事软件开发的人不要闭门读书、自以为是。要广交天下友，不断学习别人的经验，才能迅速提升自己的水平。

学习激励

上海盛大网络总裁陈天桥

陈天桥，上海盛大网络总裁，1973出生于浙江新昌，毕业于上海复旦大学，现任中国游戏工作委员会副理事长、上海青少年发展基金会副会长、上海游戏专委会主任委员、上海信息服务业协会副理事长、共青团中央第十五届候补中央委员。

陈天桥于1999年创立了盛大网络有限责任公司，在他的带领下，目前盛大网络已发展成为一个员工近七百人、资产规模数亿元的集互动娱乐产品开发、运营和销售为一体，涉足周边产品、出版物，形成立体化品牌经营平台的大型集团化企业。盛大网络在网络游戏领域已经取得了世界级的成就。目前其自主研发、代理运营产品的累计注册用户超过一亿五千万人次，同时在线人数超过百万人，月平均销售额数千万元，在中国拥有65%以上的市场占有率，是世界上用户规模最大、收益额位居前列的网络游戏企业，被国外媒体誉为世界三大网络游戏企业之一。

陈天桥说：“一个企业发展要经历五个阶段，一是战略上寻找突破点，二是要专注，三是要进行整个产业链的整合，四是适度多元化，五是变成社会企业，承担适度的社会责任。”作为大学生，成功也要经历五个阶段，一要找准学习方向，二要专注学习，三要广泛钻研整合专业，四要广泛阅读全面发展，五要与企业靠拢，逐步走向创业。当前，我们要做的就是努力地在确定的方向上专注学习吧！

4.1 ASP.NET 控件概述

ASP.NET 为程序员提供了许多可视化的控件，这为程序员的开发工作带来了极大的便利。这些控件不仅操作简单而且非常实用。使用者只需从工具箱中双击或拖动控件到设计窗口之后，修改其各种属性，双击需要实现功能的控件即可进入代码编写窗口。

本章将系统的介绍 ASP.NET 中比较常用的几种控件，这些控件在程序设计中用的比较频繁，学好本章是你打开 ASP.NET 大门的钥匙。

4.1.1 ASP.NET 控件的使用方法

ASP.NET 控件的操作非常简单，其操作方法与操作 VB 的控件基本相同，熟悉 VB 的人都会轻松上手。

1．添加控件

在网站的页面中添加控件有两种方法，一是在窗口左侧的工具箱中双击控件，则控件以默认位置、默认风格直接插入到页面中；二是将工具箱中的控件直接拖动到页面指定位置。控件添加步骤如下。

1）启动 Visual Studio 2010，依次选择菜单中的“文件 | 新建 | 网站”命令，ASP.NET 默认的网站首页名称 Default.aspx。

2）在 Default.aspx 编辑窗口的底部有设计、拆分和源三种视图方式，切换到设计视图。

3）鼠标悬停在左侧工具箱上，选中工具箱中的控件，用拖动或双击的方式将控件添加至窗口的设计视图中。

2．属性设置

控件属性的设置是通过属性窗口完成，也可在代码中通过编写的代码的方式设置。按下〈Ctrl+W+P〉即可打开属性设置窗口，也可在主菜单中选择“视图 | 属性窗口”命令。

选中控件后，在属性设置窗口即可对该控件的各个属性进行设置，属性窗口及功能说明如图 4-1 所示。

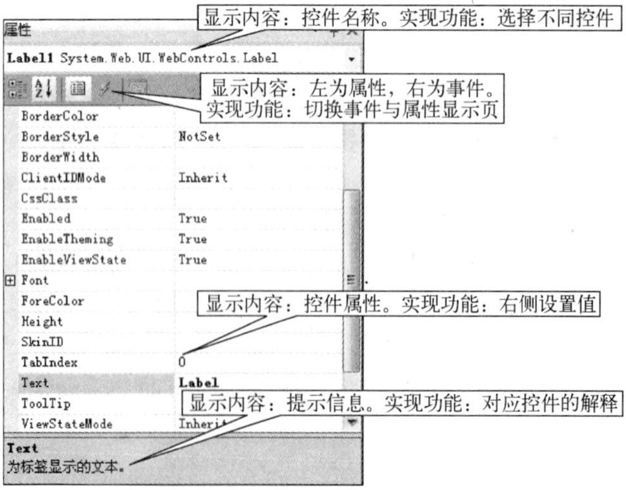

图 4-1 属性窗口及功能说明

3．编写代码

网站功能的实现靠代码完成。编写时，双击控件便进入了代码编写窗口。代码文件名称默认为 Default.aspx.cs，每个 cs 文件都可以通过解决方案资源管理器打开，进入代码编辑窗口有以下两种方法。

1）双击控件，即进入控件编程界面。

2）在属性面板上部单击事件切换图标，选定特定事件后，双击相应事件，即可启动代码编辑窗口。

4.1.2 ASP.NET 控件的分类

ASP.NET 与任何一种网络编程语言相比，拥有大量的控件是其他编程语言无法比拟的特色。这些控件为 ASP.NET 编程者提供了大量的即有资源，节省了大量编写代码的时间。

ASP.NET 为了管理这些控件，在工具栏中采用了分门别类的管理方法，将其分为标准、数据、验证、导航、登录、WebParts、AJAX Extensions、报表、HTML 和常规共十个小类共计数百个控件，图 4-2 是 Visual Studio 2010 中控件分类面板。

1）标准控件。ASP.NET 中最常用的控件合称为标准控件，这些控件是制作网页时使用频率最高的控件,如按钮控件、文本框控件及文字标签控件等。

2）数据控件。在实际编程应用中，离不开数据库，ASP.NET 为大量、频繁地访问数据库提供了丰富的控件，极大地方便了数据库编程操作。数据控件包括数据源控件和数据绑定控件两种。

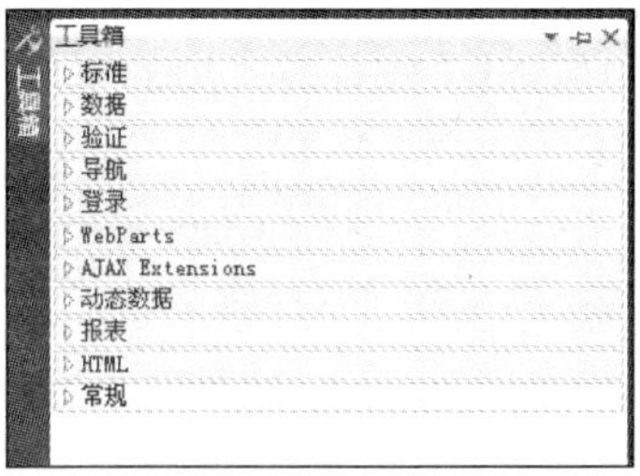

图 4-2 Visual Studio 2010 中控件分类面板

3）验证控件。ASP.NET 提供的验证控件给编程者带来了极大的方便，网页设计人员不再需要编写大量的代码便可检查用户输入数据是否正确，实现数据验证的强大功能。

4）导航控件。提供网站导航功能的相关控件，这些导航控件可以方便地实现站点地图设置，站点树状导航功能、菜单导航功能。

5）登录控件。ASP.NET 提供各种常见的登录控件，实现用户登录界面设计、登录向导和密码找回等功能。

6）WebParts 控件。这部分提供了设计网页组件功能的相关控件。

7）AJAX Extensions 控件。提供用来设计 AJAX 网页功能的相关控件，主要包含 Script Manager、Timer、UpdatePanel 等常用的控件，在后续有关 AJAX 设计章节会进行全面介绍。

除此以外，工具箱上还有报表控件、HTML 控件、常规控件三个标签。其中包含了相关的控件。

4.1.3 ASP.NET 控件的共同属性

每个控件都有大量的属性，而且属性名称多是英文单词及其组合，令初学者望而生畏。自然界中的事物万变不离其宗，都有规律可循。ASP.NET 中绝大部分服务器控件都有一些共同的属性。例如，每个控件都有自己的名字，在 ASP.NET 所有控件中有一个共同属性 ID，用来标明控件的名字。表 4-1 列出了控件常用的共同属性及说明。

表 4-1　控件常用的共同属性及说明

属　性	说　明
BackColor	设置控件的背景颜色
ForeColor	设置控件的前景颜色，即控件上文本的颜色
Enabled	设置控件是否使能，即控件是可用状态，还是禁用状态
BorderColor	设置控件的边框颜色
BorderStyle	设置控件的边框样式
BorderWidth	设置控件的边框宽度
Font	定义与字体有关选项，如字体大小 Font-Size、字体名称 Font-Name、是否加粗 Font-Bold
Visible	设置控件是否可见
Height	设置控件的高度
Width	设置控件的宽度
ToolTip	设置控件的提示文字。当鼠标悬停在控件上时就会显示控件的提示文字
CssClass	用来定义浏览器中控件的 HTML 类属性
TabIndex	设置用户按下〈Tab〉键时焦点沿着页面中控件移动的顺序
AccessKey	允许设置一个键，使用这个键，就可以按下关联的字母在客户机中访问控件
Text	设置在控件中显示的文本标题

ASP.NET 中控件常用的事件及说明如表 4-2 所示。

表 4-2　控件常用的事件及说明

事　件	说　明
Page_Init	在进行页面初始化时触发的事件
Page_Load	当整个页面被浏览器读入时触发的事件
Page_Unload	当整个页面处理完成时触发的事件
控件事件	当页面被浏览器加载时，使控件发挥作用的事件

4.2　标准控件

ASP.NET 所有控件中最基础的是标准控件。这些控件主要包括按钮、列表、图像、超链接、标签等常用控件。这些控件使用频率高，使用方法简单易用。掌握这些控件，既为编写程序打下坚实基础，也是学习其他控件的基础。

4.2.1　Label 控件

1. 使用说明

Label 控件又称标签控件，主要用来显示文本信息。显示的信息可分为静态和动态两种。

2. 属性、事件、方法

Label 控件的常用属性及说明如表 4-3 所示。

表 4-3　Label 控件的常用属性及说明

属　性	说　明
ID	控件的 ID 名称
Text	控件显示的文本
Width	控件的宽度
Visible	控件是否可见
CssClass	控件呈现的样式
BackColor	控件的背景颜色

Label 控件比较常用的属性是 Text，其功能是在 Label 标签控件中显示文本内容，或取得标签上的文本。除了上述的一些属性外，Label 还有很多属性，这里作者会根据日常使用比较频繁的属性加以介绍。

Label 控件常用方法及说明如表 4-4 所示。

表 4-4　Label 控件的常用方法及说明

方　法	说　明
ApplyStyle	将指定样式的所有非空白元素复制到 Web 控件，改写控件的所有现有的样式元素
Focus	为控件设置输入焦点
Dispose	使服务器控件得以在从内存中释放之前执行最后的清理操作
GetType	获取当前实例的 Type
ReferenceEquals	确定指定的 Object 实例是否是相等的实例
RenderEndTag	将控件的 HTML 结束标记呈现到指定的编写器中

Label 控件的常用事件及说明如表 4-5 所示。

表 4-5　Label 控件的常用事件及说明

事　件	说　明
DataBinding	当服务器控件绑定到数据源时引发的事件
Load	当服务器控件加载到 Page 对象时引发的事件

【操作实例 4-1】 本实例主要通过设置 Label 控件的相关属性来控制其显示外观。新建一个网站，默认主页为 Default.aspx，在 Default.aspx 页面上添加一个 Label 控件，其属性设置如图 4-3 所示。

按下〈Ctrl+F5〉组合键运行程序，得到如图 4-4 所示的程序界面。

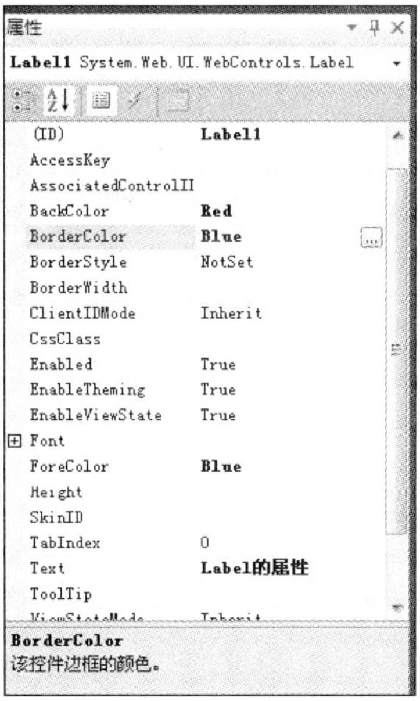

图 4-3　设置 Label 控件的属性

图 4-4　程序界面

4.2.2 TextBox 控件

1．使用说明

TextBox 控件用于创建用户可输入文本的文本框。文本框控件是最常用的控件之一，从工具箱“标准”选项卡中，通过鼠标拖放或双击操作，添加对象

2．属性、事件、方法

TextBox 控件的常用属性及说明如下表 4-6 所示。

表 4-6　TextBox 控件的常用属性及说明

属　性	说　明
AutoCompleteType	规定 TextBox 控件的 AutoComplete 行为
AutoPostBack	布尔值，规定当内容改变时，是否回传到服务器。默认是 false
Text	Textbox 的内容
TextMode	规定 TextBox 的行为模式（单行、多行或密码）
ValidationGroup	当 Postback 发生时，被验证的控件组
BackColor	控件的背景颜色
Rows	多行文本框中显示的行数
Wrap	指示多行文本框内的文本内容是否换行

【操作实例 4-2】 在.aspx 页面中插入了一个 TextBox 控件，一个 Button 控件以及一个 Label 控件。双击按钮图标，输入表 4-7 所示代码。

表 4-7　程序代码

程 序 代 码	对 应 解 释

{
Label1.Text = "您的名字是：<strong>" + TextBox1.Text + "</strong>";
}
	将文本框中的信息加粗并显示到标签的文本中

按下〈Ctrl+F5〉组合键运行程序，得到如图 4-5 所示的程序界面。输入名字如图 4-6 所示的程序界面。

图 4-5　程序界面

图 4-6　输入名字

单击“确定”按钮，出现如图 4-7 所示的结果。

图 4-7　结果界面

4.2.3 Button 控件

1. 使用说明

Button 是标准按钮控件，派生于 ButtonBase 类。Button 控件既可以显示文本，又可以显示图像。当单击该按钮时，它看起来像是先被按下，然后被释放。

LinkButton 和 ImageButton 则是另外两种形式的按钮控件，与 Button 的用法基本相同。LinkButton 控件是一个超文本按钮，在外观上表现为超链接形式，但不会在客户端显示出链接地址。ImageButton 控件是一个可以用来显示图片的按钮，在外观上呈现为图片形式，可作为地图控件使用。

2. 属性、事件、方法

Button 控件的一些常见属性及说明如表 4-8 所示。

表 4-8 Button 控件的常见属性及说明

属　性	说　明
CausesValidation	规定当 Button 被单击时是否验证页面
CommandArgument	有关要执行的命令的附加信息
Text	按钮文本
ValidationGroup	当 Postback 发生时，被验证的控件组
UseSubmitBehavior	指示 Button 控件使用浏览器的提交机制，还是使用 ASP.NET 的 Postback 机制
ValidationGroup	当 Button 控件回传服务器时，该 Button 所属的哪个控件组引发了验证
CommandName	按钮被单击时，该值来指定一个命令名称
CommandArgument	按钮被单击时，将该值传递给 Command 事件

Button 控件以及 LinkButton 和 ImageButton 控件常用的事件有 Click 和 Command。Click 事件表示当按钮被单击并且包含此按钮的表单被提交到服务器时，引发此事件；Command 事件表示当按钮被单击时引发此事件。

【操作实例 4-3】 以下是按钮控件的应用实例，操作步骤如下。

1）在工具箱上拖拽标签图标 Label、按钮图标 Button 至设计窗口。

2）双击按钮 Button1 图标，输入如下代码。

```
ScriptManager.RegisterStartupScript(this, this.GetType(), "", "alert('您单击了按钮');", true);
```

3）按下〈Ctrl+F5〉组合键运行程序，得到如图 4-8 程序界面。

图 4-8 Button 控件应用实例

4.2.4 HiddenField 控件

1．使用说明

HiddenField 控件是隐藏输入框的服务器控件，它可以保存那些不需要显示在页面上的且对安全性要求不高的数据。一般用于控制页面的一些隐藏变量信息。因为 HiddenField 的值将呈现给客户端浏览器，所以它不适用于存储安全敏感的值。

2．主要属性

HiddenField 控件的属性界面如图 4-9 所示，从图中可以看出 HiddenField 控件的属性不多，比较常用的是 Value 属性，该属性可以设置隐藏字段的值。可以通过改变 Value 属性的值来实现 HiddenField 控件的功能。

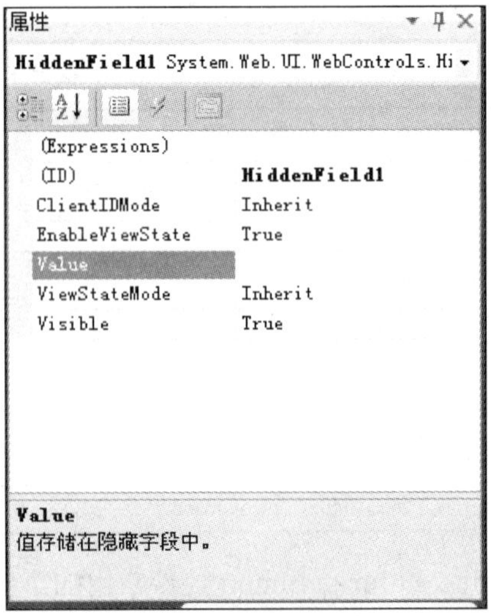

图 4-9　属性界面

【操作实例 4-4】 下面根据具体的实例来实现 HiddenField 控件的功能，通过观察读者会了解 HiddenField 控件的作用与效果。具体操作步骤如下。

1）在工具箱上拖拽 HiddenField 控件、按钮 Button 控件至设计窗口。

2）双击按钮 Button1 图标，输入表 4-9 所示代码。

表 4-9　HiddenField 控件实例程序代码及解释

程 序 代 码	对 应 解 释
protected void Page_Load(object sender, EventArgs e)	页面载入 Page_Load 方法声明
{	
HiddenField1.Value = "你好:这里是 HiddenField 控件!;"	
}	设置隐藏字段控件的 value 值
protected void Button1_Click(object sender, EventArgs e)	
{	声明按钮的单击响应事件
Response.Write(HiddenField1.Value);	
}	当单击按钮控件时在浏览器显示隐藏字段控件的 Value 属性值
}	

3）按下〈Ctrl+F5〉组合键运行程序，得到如图 4-10 所示的程序界面。

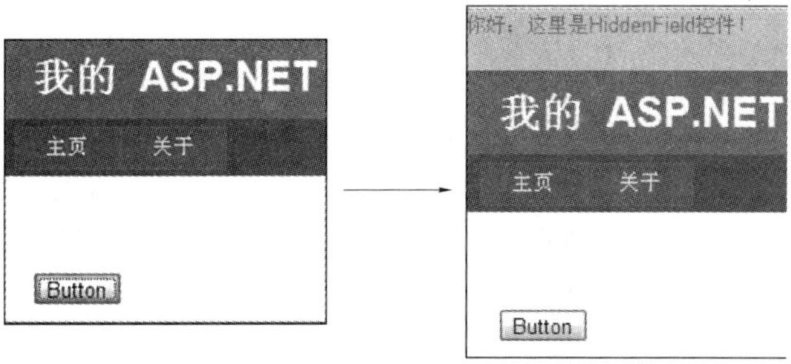

图 4-10　HiddenField 控件实例程序结果

4.2.5　HyperLink 控件

1. 使用说明

HyperLink 控件用于创建超链接。也就是说 HyperLink 控件可使用户能够方便地在网站的不同页面之间实现跳转。

2. 属性、事件和方法

HyperLink 控件的属性界面如图 4-11 所示。

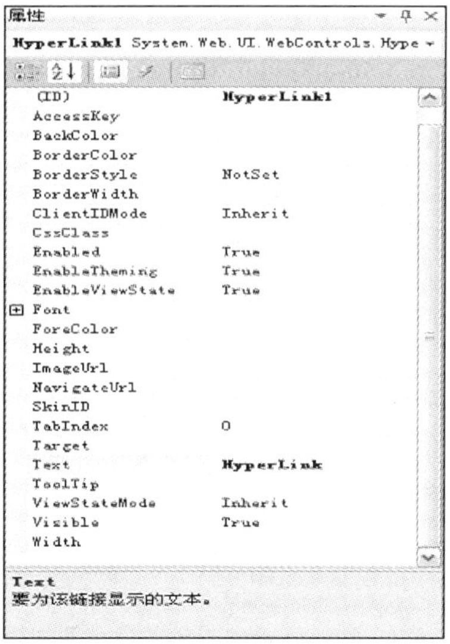

图 4-11　HyperLink 控件的属性界面

各个属性的作用如表 4-10 所示。

表 4-10　Hyperlink 控件的属性及说明

属　性	说　明
ImageUrl	显示此链接的图像的 URL
NavigateUrl	该链接的目标 URL
Text	显示该链接的文本
runat	规定该控件是服务器控件。必须被设置为“server”
Target	URL 的目标框架

【操作实例 4-5】 下面是该控件的典型应用案例，操作步骤如下。

1）在工具箱上拖拽 HyperLink 控件、按钮 Button 控件至设计窗口。

2）将其 NavigateUrl 属性设置为 http://www.sohu.com/，Text 属性设置为“欢迎访问搜狐网站”。

3）按下〈Ctrl+F5〉组合键运行程序，得到如图 4-12 所示的程序界面。

图 4-12 Hyperlink 控件实例

4.2.6 Image 控件

1. 使用说明

Image 控件只用于显示图片，不能作为其他控件的容器。Image 控件只需在 ImageUrl 属性中设定要显示的图片的地址就可实现相应图片的显示。

2. 属性、事件和方法

Image 控件的属性界面如图 4-13 示。

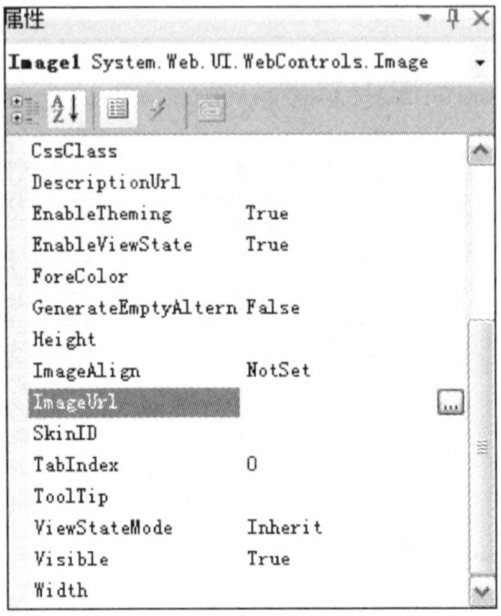

图 4-13 Image 控件的属性界面

表 4-11 所示是 Image 控件的属性及说明。

表 4-11 Image 控件的属性及说明

属　性	说　明
BorderStyle	返回或设置对象的边框样式
AlternateText	获取或设置当图像不可用时，Image 控件中显示的替换文本。支持工具提示功能的浏览器将此文本显示为工具提示
ImageAlign	获取或设置 Image 控件相对于网页上其他元素的对齐方式
ImageUrl	获取或设置在 Image 控件中显示的图像的位置
GenerateEmptyAlternateText	获取或设置一个值，该值指示控件是否生成空字符串值的替换文字属性

【操作实例 4-6】 图 4-14 是 Image 控件的典型应用实例，操作步骤如下。

1）在工具箱上拖拽 Image 控件至设计窗口。

2）将其 ImageUrl 属性设置为要显示图像的位置。属性界面如图 4-14 所示。

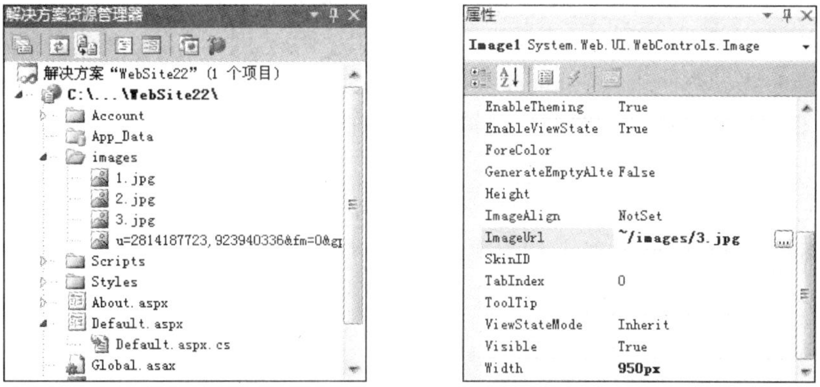

图 4-14　Image 控件的应用实例

3）按下〈Ctrl+F5〉组合键运行程序，得到如图 4-15 所示的程序运行界面。

图 4-15　程序运行界面

4.2.7 ImageMap 控件

1. 使用说明

ImageMap 控件是热点图片服务器控件。用户可以在图片上定义热点，用户可以通过单击这些热点区域进行回发操作或者定向到某个链接地址。该控件一般用于对某张图片的局部范围进行互动操作。

2. 属性、事件和方法

ImageMap 控件的常用属性及说明如表 4-12 所示。

表 4-12　ImageMap 控件的常用属性及说明

属　性	说　明
HotSpotMode	设置作用点的模式
ImageAlign	获取或设置 Image 控件相对于网页上其他元素的对齐方式
ImageUrl	获取或设置在 ImageMap 控件中显示的图像的位置

ImageMap 控件常用的事件为 Click。例如，当将控件的 HotSpotMode 属性设置为 PostBack 时，则在程序执行时，单击控件的不同区域时，就会自动回传回服务器进行响应事件的处理。

【操作实例 4-7】 本例是 ImageMap 控件的典型应用案例，综合用到了各种属性，页面中包含一个 ImageMap 控件和一个 Label 控件，ImageMap 控件内包含了一幅中国地图，地图上含有四个矩形作用点将中国地图划分成四部分，当单击作用点区域时，在控件中就会显示相应的提示信息。操作步骤如下。

1）在工具箱上拖拽图标 ImageMap、按钮图标 Button 至设计窗口。

2）双击按钮图标，输入表 4-13 代码。

创建 ImageMap 控件和图像上的四个作用点区域的 HTML 代码如下。

```
<asp:ImageMap ID="ImageMap1" runat="server" ImageUrl="~/china.gif"
        onclick="ImageMap1_Click">    //ImageMap 创建控件
    <asp:RectangleHotSpot Bottom="200" Right="300"
        HotSpotMode="PostBack" PostBackValue="NW" />   //创建左上作用点区域
    <asp:RectangleHotSpot Bottom="200" Left="400" Right="550"
        HotSpotMode="PostBack" PostBackValue="NE" />   //创建右上作用点区域
    <asp:RectangleHotSpot Bottom="450" Right="300" Top="200"
        HotSpotMode="PostBack" PostBackValue="SW" /> //创建左下作用点区域
    <asp:RectangleHotSpot Bottom="450" Left="300" Right="550"
        Top="200" HotSpotMode="PostBack" PostBackValue="SE" />  //创建右下作用点区域
</asp:ImageMap>
```

单击 ImageMap 控件时，将触发 Click 事件，程序将根据单击的区域不同而进行不同的处理过程，具体的程序代码和解释如下表所示。

表 4-13　ImageMap 控件单击事件程序代码及解释

程序代码	对应解释
string region = "";	定义一个字符串变量，并初始化为空串
switch (e.PostBackValue)	用 Switch 分支结构对各个作用点区域依次进行判断和处理
{	
case "NW":	当单击的区域为"NW"即左上时
region = "新疆";	当左上区域被单击时，设置提示字符串为"新疆"
ImageMapl.ImageUrl="~/xj.gif" ;	
break;	跳出 switch 结构
case "NE":	其他三个区域的处理类似，在此不再详述
region = "黑龙江";	
ImageMapl.ImageUrl="~/hlj.gif" ;	
break;	
case "SE":	
region = "福建";	
ImageMapl.ImageUrl="~/fj.gif" ;	
break;	
case "SW":	在标签控件中显示最终的提示信息
region = "西藏";	
ImageMapl.ImageUrl="~/xz.gif" ;	
break;	
}	

3）按下〈Ctrl+F5〉组合键运行程序，得到如图 4-16 程序界面。

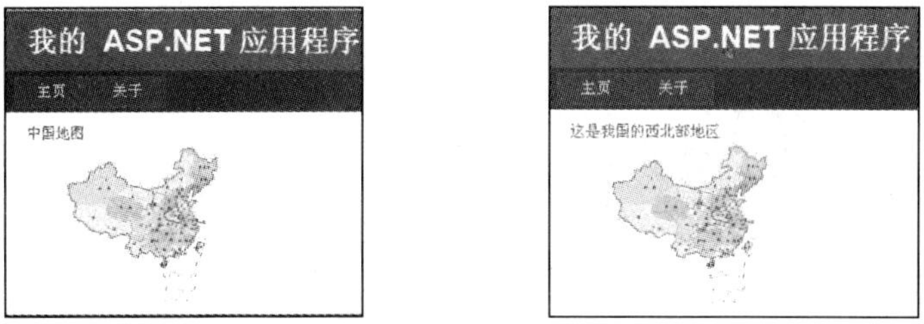

a)　　　　b)

图 4-16　ImageMap 控件实例效果图

a) 未单击时效果　b) 单击左上区域时效果

4.2.8　FileUpload 控件

1. 使用说明

文件上传是网页中经常会用到的操作之一，在 ASP.NET 中不必再专门编写数百行的上传代码，一个 FileUpload 控件即可快捷地实现文件的上传，实现将客户端文件上传到服务器端的指定目录下。该控件允许用户上传图片、文本文件或其他类型的文件。

2. 主要属性

在程序开发中经常使用的 FileUpload 控件的属性及说明如表 4-14 所示。

表 4-14　FileUpload 控件的重要属性及说明

属　性	说　明
FileName	获取上传文件的名称
FileContent	获取指向要利用 FileUpload 控件上传的文件的 Stream 对象
HasFile	指示 FileUpload 控件中是否包含文本
PostedFile	获取上载的文件的对象

【操作实例 4-8】 图 4-17 是一个 FileUpload 文件上传的简单实例，页面内包含一个 FileUpload 控件和一个 Button 控件，当选定要上传的文件后，单击按钮开始上传。若上传成功，则在页面显示“上传成功”的提示信息，否则显示“上传失败”的提示信息，在程序中使用了 try-catch 块捕获文件上传过程中的异常。操作步骤如下。

1）在工具箱上拖拽图标 FileUpload、按钮图标 Button 至设计窗口。

2）双击按钮图标，输入表 4-15 所示的代码。

表 4-15　FileUpload 控件实例程序代码及解释

程 序 代 码	对 应 解 释
try {	捕获异常开始的 try 语句
string path = Server.MapPath(".");	保存 FileUpload 中的文件到服务器端的根目录下
FileUpload1.PostedFile.SaveAs(path+FileUpload1.FileName);	调用 FileUpload1.PostedFile.SaveAs 将文件另存到指定的路径，然后通过 FileUpload1.FileName 方法获取上传文件的文件名作为保存的文件名
Response.Write("上传成功"); }	若成功，显示“上传成功”
catch (Exception ex) {	发生异常时，处理异常的 catch 块
Response.Write("上传失败"); }	若上传异常，显示“上传失败”提示信息

3）按下〈Ctrl+F5〉组合键运行程序，得到如图 4-17 所示的程序运行界面。

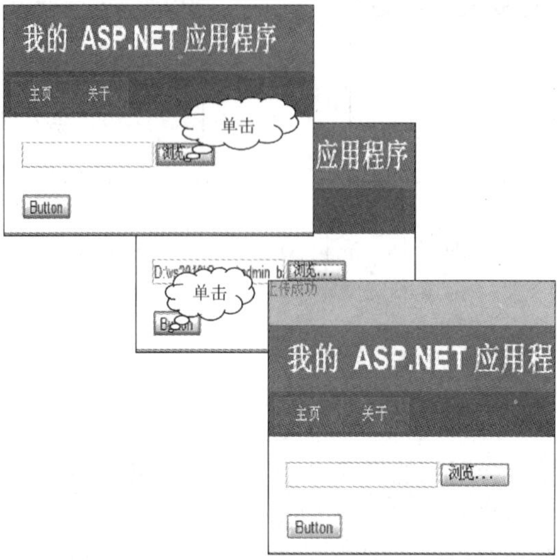

图 4-17　FileUpload 控件实例的程序运行界面

4.2.9　容器类控件

在 ASP.net 的标准控件中，有的控件只是作为其他控件的容器，其本身并不产生任何输出，实现这类功能的控件统称为容器类控件。常用容器类控件有 Literal 控件、Panel 控件和 PlaceHolder 控件。

1. Literal 控件

Literal 控件主要用作页面上其他控件的容器，常用于向页面动态添加内容。将静态文本呈现在 Web 页上并使用服务器代码操纵该文本。与 Label 控件不同，Literal 控件不将任何 HTML 元素添加到文本上。Literal 控件的常用属性及说明如表 4-16 所示。

表 4-16　Literal 控件的重要属性及说明

属　性	说　明
Mode	用于指定控件对所添加的标记的处理方式
Text	用于获取或设置在 Literal 控件中显示的标题

Literal 控件可通过其 Mode 属性获取或设置一个枚举值，该值可指定如何显示 Literal 控件中的内容，这里 Mode 属性可设置为以下值。

1）PassThrough：添加到控件中的任何标记都将按照原样显示在浏览器中。

2）Transform：添加到控件中的任何标记都将进行切换，以适应所请求的浏览器协议。

3）Encode：添加到控件中的任何标记都将使用 HtmlEncode 方法进行编码，该方法将把 HTML 编码转换为文本表示方式。

【操作实例 4-9】 下面是使用 Literal 控件按照不同的方式显示文本的实例，页面内有两个 RadioButton 控件，用以表示 PassThrough 和 Encoder 方式，一个 Literal 控件，包含了要显示的文本。

定义两个 RadioButton 控件的 HTML 代码如下。

```
<asp:RadioButton ID="radioEncode" runat="server" GroupName="LiteralMode"
          Checked="true"   Text="Encode"   AutoPostBack="true" />
<asp:RadioButton ID="radioPassthrough"   runat="server"   GroupName="LiteralMode"
          Checked="true" Text="Passthrough"   AutoPostBack="true" />
```

定义 Literal 控件的 HTML 代码如下

```
<asp:Literal ID="Literal1" runat="server"></asp:Literal>3
```

实现 Literal 按照选定的方式显示文本的代码如表 4-17 所示。

表 4-17　Literal 控件实例程序代码及解释

程 序 代 码	对 应 解 释

Literal1.Text = "齐齐哈尔市 <b>齐齐哈尔大学</b> ";
if (radioEncode.Checked == true)
{ Literal1.Mode = LiteralMode.Encode;}
if(radioPassthrough.Checked == true)
{ Literal1.Mode =LiteralMode.PassThrough;}
	设置 Literal 控件中要显示的文本
	判断单选按钮 radioEncode 是否被选中
	若单击了 radioEncode 按钮则将 Literal 控件的显示方式设置为 Encode
	判断 radioPassthrough 按钮是否被选中
	若单击了 radioPassthrough 按钮，则将 Literal 控件显示方式设置为 PassThrough

按下〈Ctrl+F5〉组合键运行程序，当选中“Encode”单选按钮时，显示文本如图 4-18a 所示，当选中“PassThrough”单选按钮时，显示文本如图 4-18b 所示。

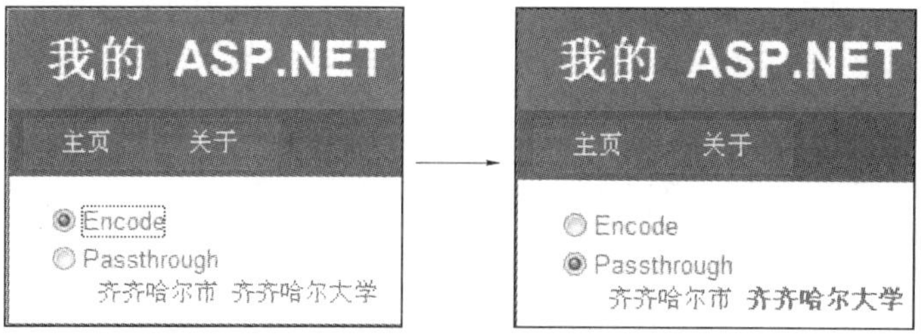

a)　　　　b)

图 4-18　Literal 控件实例效果图

a) 选中“Encoder”单选按钮　b) 选中“Pass4hrough”按钮

2. Panel 控件

Panel 控件可作为 Web 窗体内的一种容器控件，可以将它用作静态文本和其他控件容器。Panel 控件的属性及说明如表 4-18 所示。

表 4-18　Panel 控件的重要属性及说明

属　性	说　明
BackImageUrl	背景图像的 URL
Direction	在 Panel 控件中显示包含文本的控件的方向
HorizontalAlign	水平对齐方式
ScrollBars	控件中滚动条的可见性及其位置
Wrap	指示控件中的内容是否换行

【操作实例 4-10】 编写用户注册程序

1）在工具箱上拖拽图标 Panel、文本框图标 TextBox 和按钮图标 Button 至设计窗口。

2）设计按钮 RadioButtonList 的 SelectedIndexChanged 事件，输入表 4-19 所示代码。

表 4-19　Panel 控件实例程序代码及解释

程序代码	对应解释
if (MyRbv.Items[0].Selected = = true)	判断 RadioButtonList 对象 MyRbv 的第一个选项是否被选中
{	
Panel1.Visible = true;	Panel1 可见
Panel2.Visible = false;	Panel2 不可见
}	
else	否则
Panel1.Visible = false;	Panel1 不可见
if (MyRbv.Items[1].Selected = = true)	判断 RadioButtonList 对象 MyRbv 的第二个选项是否被选中
{ Panel2.Visible = false; }	

3）按下〈Ctrl+F5〉组合键运行程序，该程序运行的效果如图 4-19 所示。

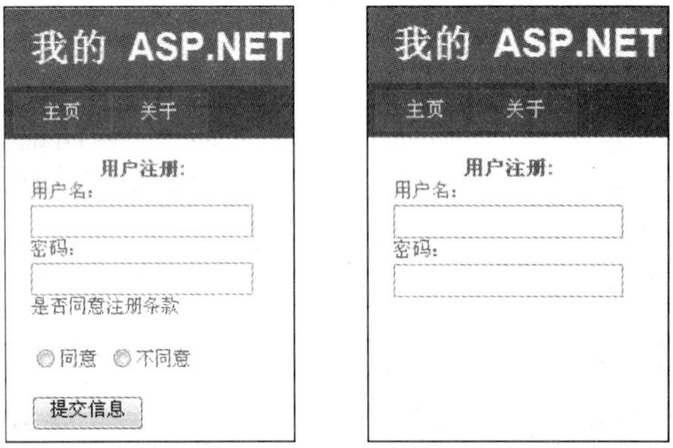

图 4-19　Panel 控件实例效果图

3. PlaceHolder 控件

PlaceHolder 控件可以实现运行时动态添加或移除其他控件的操作。例如，从一个 Web 页面转换到另一个 Web 页面时，ASP.NET 应用程序的用户界面的某些部分常常是保持不变的，如页眉处的 GIF 图片、水平工具条或导航条、左侧的链接等。使用 PlaceHolder 控件可以使它们保持不变，而不必为每个页面重建。

【操作实例 4-11】 下例页面中声明了一个 PlaceHolder 控件，在程序运行时将会在 PlaceHolder 控件中动态添加一个控件和一个图像超链接控件，单击图像超链接控件时，将会链接到定义的网址处。操作步骤如下。

1）在工具箱上拖拽 PlaceHolder 控件、按钮 Button 控件至设计窗口。

2）双击按钮图标，输入表 4-20 所示代码。

表 4-20　PlaceHolder 控件实例程序代码及解释

程序代码	对应解释
HyperLink HyperLink1 = new HyperLink();	声明一个超链接控件
HyperLink1.ImageUrl ="~/about_logo.gif";	用 ImageUrl 定义与超链接相关联图像地址
HyperLink1.NavigateUrl= "http://www.google.cn";	图像超链接的目标网址为"http://www.google.cn"
Label label = new Label();	定义一个标签控件
label.Text ="要搜索就来 Google 吧！";	设置标签的显示文本
PlaceHolder1.Controls.Add(label);	将标签控件添加到 PlaceHolder1 控件中
PlaceHolder1.Controls.Add(HyperLink1);	将超链接控件添加到 PlaceHolder1 控件中

3）按下〈Ctrl+F5〉组合键运行程序，该程序运行的效果如图 4-20 所示，当单击浏览器中的 Google 图片时将链接到 Google 网站。

图 4-20　PlaceHolder 实例

4.2.10　Table、TableRow 和 TableCell 控件

1．使用说明

这三个控件是标准的表格控件，Table 控件与 TableCell 控件和 TableRow 控件配合使用，可以创建各种表格。其中，TableRow 用来创建表格中的行。TableCell 用于创建表格单元。

2．属性、事件、方法

1）Table 控件常用属性及说明，如表 4-21 所示。

表 4-21　Table 控件常用属性及说明

属　性	说　明
BackImageUrl	Table 控件所使用的背景图片的 URL
Cellpadding	设置单元格的边框和内容之间的距离（以像素为单位）
CellSpacing	表示表格中单元格之间的距离（以像素为单位）
Rows	打开 TableRows 集合编辑器以添加表格中的行
Caption	设置表格的标题

2）TableRow 控件常用属性及说明如表 4-22 所示。

表 4-22　TableRow 控件常用属性及说明

属　性	说　明
Cells	TableCell 对象的集合，这些对象表示 Table 控件中的行的单元格
HorzontalAlign	表格行中内容的水平对齐方式
TableSection	Table 控件中 TableRow 对象的位置
VerticalAlign	行内容的垂直对齐方式

3）TableCell 控件常用属性及说明，如下表 4-23 所示。

表 4-23　TableCell 常用属性及说明

属　性	说　明
ColumnSpan	与 TableCell 控件关联的表标题单元格列表
HorizontalAlign	单元格中内容的水平对齐方式
RowSpan	单元格跨越的行数
VerticalAlign	单元格中内容的垂直对齐方式

【操作实例 4-12】 下面是一个简单的 Table 控件应用的实例，程序仅在 HTML 代码中对 Table 以及 TableRow 和 TableCell 控件的相关属性进行设置即可实现数据的显示，该程序演示了一个三行三列的学生基本信息数据的显示，表格的标题设置为“学生基本信息表”，三个列标题设置为：姓名、年龄和班级，该表格的部分 HTML 代码如下。

```
<asp:Table ID="Table1" runat="server" BorderColor="#006666" BorderStyle="Solid"
BorderWidth="1px" Caption="学生基本信息表" CaptionAlign="Top" CellPadding="2"
    CellSpacing="2" GridLines="Both" Height="29px" Width="271px">
  //创建表格，并设置边框颜色、样式和宽度，表格标题，标题位置等属性
   <asp:TableRow runat="server" BackColor="#006699" ForeColor="White"
        HorizontalAlign="Center" TableSection="TableHeader">
        <asp:TableCell runat="server">姓名</asp:TableCell>
        <asp:TableCell runat="server">年龄</asp:TableCell>
        <asp:TableCell runat="server">班级</asp:TableCell>
   </asp:TableRow>
  //设置表格的第一行为列表题行，并设置该行的背景色，前景色，文本对齐方式以及列标题
  文本等属性
   <asp:TableRow runat="server" BorderColor="#009999" BorderStyle="Solid"
          BorderWidth="1px" HorizontalAlign="Left">
     //设置第二行为表格内容行，并设置背景色、边框样式和宽度等属性
        <asp:TableCell runat="server">戚友香</asp:TableCell>
        <asp:TableCell runat="server">23</asp:TableCell>
        <asp:TableCell runat="server">软件 081</asp:TableCell>
   //设置一行中的三个单元格的显示文本
   </asp:TableRow>
   ------------------------------------------------
  //另外两个内容行的设置与上相同，在此不再详述
   </asp:Table>
```

按下〈Ctrl+F5〉组合键运行程序，该程序运行的效果如图 4-21 所示。

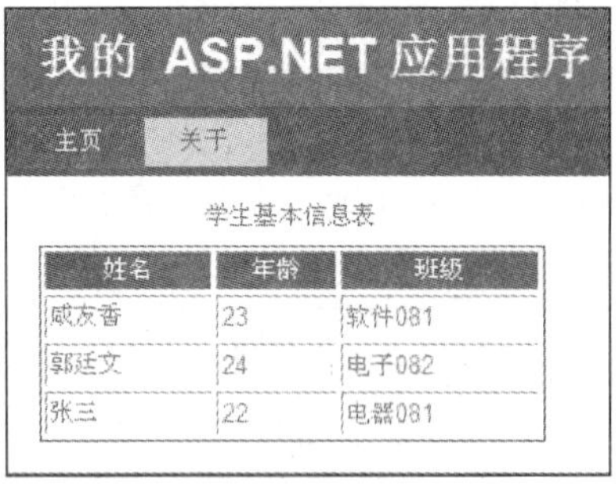

图 4-21 Table 控件显示效果

4.2.11 Subsitution 控件

Subsitution 控件主要应用在需要进行缓存的 ASP.NET 页面上。该控件允许在页面上创建一些区域，这些区域可以用动态方式进行更新，然后集成到缓存页。 在实际开发应用中，主要用到 Subsitution 的 MethodName 属性，通过该属性可以获取或设置要在 Subsitution 控件执行时调用的方法名称。

4.3 验证控件

申请 QQ 号的时候，如果输入的信息不符合规定，页面会立即出现相应提示，这就是网页的验证功能。学过 ASP 或 JSP 的人都有体会，实现验证功能必须编写大量代码，而 ASP.NET 中提供了一类特殊的控件——验证控件，用以检验 Web 窗体内输入框中的内容是否符合预定的规则，极大地方便了程序员，大大提高了编程效率。图 4-22 是网易博客申请的验证界面。

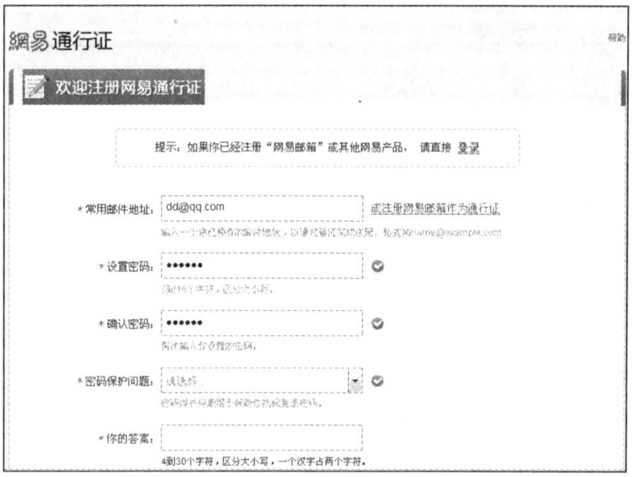

图 4-22 网易博客申请的验证界面

4.3.1 验证控件概述

验证控件是一种特殊的 Web 控件，用来检验用户输入数据的合法性，如果数据合法，则页面可以正常提交，否则验证控件会将定义好的错误信息显示到页面上，提示用户修改错误。ASP.NET 中的验证服务器控件可以同时支持客户端验证和服务器端验证，既可以在服务器端编译后生成 JavaScript 和 DHTML 发送给客户端进行验证，也可以直接在服务器端执行代码进行验证。

在 ASP.NET 中包含六种验证控件，这些验证控件及说明如表 4-24。

表 4-24 验证控件及说明

名 称	功 能 说 明
RequiredFieldValidator	判断控件中是否输入了内容
CompareValidator	将用户输入的内容与给定的内容进行比较
RangeValidator	判断用户输入的内容是否在某个规定的范围之内
RegularExpressionValidator	判断用户输入的内容是否符合规定的格式（正则表达式）
CustomerValidator	用于用户自定义的验证规则
ValidationSummary	显示页面上所有验证控件的所有验证错误时的提示信息

其中，前五个验证控件都共有的属性及说明如表 4-25 所示。

表 4-25　验证控件共有的属性及说明

属　性	说　明
ControlToValidate	指定要进行验证的控件的 ID
Display	设置如何显示 Text 属性中包含的错误信息(可选值为 Static,Dynamic 和 None，默认为 Static)
ErrorMessage	设置在 ValidationSummary 控件中要显示的错误信息
Text	设置控件出错时显示的错误信息
Type	获取或设置比较值时所使用的数据类型。可选值有：Currency、Date、Double、Integer 和 String
EnableClientScript	设置是否启用客户端验证，默认值为 True
Enabled	该属性用以表示同时启用或禁用服务器端和客户端的验证，默认值为 True
IsValid	当控件成功通过检验时，该属性的值为 True

验证控件公有的方法一般只有 Validate 一个，其功能是用于执行检验，并且更新 IsValid 的值。

4.3.2　RequiredFieldValidator 控件

1. 使用说明

在网页上填写信息时有些项目是必须输入的。例如，用户名、密码等，ASP.NET 提供了 RequiredFieldValidator 控件，用于强制用户输入信息，即必填字段验证控件，用来检查用户是否在控件中输入了数据。RequiredFieldValidator 的使用方法很简单，只需将该控件的 ControlTo Validate 改为欲验证的对应控件名称，ErrorMessage 改为当验证无效时在 RequiredFieldValidator 显示的信息即可。

2. 属性

RequiredFieldValidator 控件除具有验证控件共有的属性之外，还具有一个特殊属性 InitialValue，其含义是获取或设置 ControlToValidate 属性指定的控件初始值。

【操作实例 4-13】 ReguiredFieldValidator 控件在使用时只需在属性对话框中进行简单的设置即可，下面是该控件的一个应用示例，当未在文本中输入内容而按了〈Enter〉键时，用以检验该控件是否输入内容的 ReguiredFieldValidator 就会弹出错误提示信息。

新建网站文件，在设计视图中输入两行文字，分别为用户名、密码，并在文字后面各加一个文本框 TextBox1、TextBox2，继续在两个文本框后各加一个 RequiredFieldValidator 控件，最后添加按钮，并将其 Text 属性改为“确定”。将 RequiredFieldValidator1 控件的 ControlToValidate 属性设置为 TextBox1，ErrorMessage 属性设置为“您还没有输入用户名”。将 RequiredField Validator2 控件的 ControlToValidate 属性设置为 TextBox2，ErrorMessage 属性设置为“您还没有输入密码”。不需要任意一行代码，即实现了验证功能。程序运行效果如图 4-23 所示。

图 4-23　RequiredFieldValidator 控件实例运行效果

4.3.3　CompareValidator 控件

1. 使用说明

申请邮箱时需要两次输入密码，系统将验证第二次输入的密码是否与第一次完全相同，ASP.NET 提供了 CompareValidator 控件实现这一功能，该控件能够将用户输入到一个输入控件中的值与输入到另一个输入控件中的值或某个常数值进行比较。除此以外，它还可以进行数据类型检查，如判断输入的是否为数字、字符串等。

使用时，只需要将要验证的控件 ID 填写在 ControlToValidate 属性上，将要比较的控件 ID 填写在 ControlToCompare 上，再设置一下 ErrorMessage 就可以了。

2. 属性、事件和方法

CompareValidator 控件的属性及说明如表 4-26 所示。

表 4-26 CompareValidator 控件的属性及说明

属　性	说　明
ControlToValidate	指定要进行验证的控件的 ID
ControlToCompare	指定用来做比较值的控件的 ID
Operator	用来设置或获取执行比较时使用的比较运算符。可选值为 Equal、NotEqual、GreatThan、GreatThanEqual、LessThan、LessThanEqual、DataTypeCheck
ValueToCompare	指定执行比较时使用的值

【操作实例 4-14】 下面是一个 CompareValidator 控件应用实例的部分过程，程序中用该控件来判断在两个密码文本框中输入的内容是否一致。

新建网站文件，在设计视图中输入两行文字，分别为“请输入密码”、“请重新输入”，并在文字后面各加一个文本框 TextBox1、TextBox2，继续在第一个文本框后加一个 Compare Validator 控件，将 ErrorMessage 属性设置为“密码不一致”，将 ContorToCompare 属性设置为 TextBox1,将 ContorToValidate 属性设置为 TextBox2。最后添加按钮，并将其 Text 属性改为“确定”。不需要任意一行代码，即实现了验证功能。

程序运行效果如图 4-24 所示。

图 4-24　CompareValidator 控件实例效果

4.3.4 RangeValidator 控件

1. 使用说明

RangeValidator 控件用来检验一个控件中的值是否在设定的最小值和最大值之间，其中设定的最小值和最大值可以是日期、数值、货币或字符串等类型。

2. 属性、事件和方法

RangeValidator 控件的属性及说明如表 4-27 所示。

表 4-27　RangeValidator 控件的属性及说明

属　性	说　明
MaximumValue	指定比较值范围的最大值
MinimumValue	指定比较值范围的最小值

【操作实例 4-15】 下面是一个 RangeValidator 控件应用的一个实例的部分关键代码，该控件用来检查在文本框中输入的年龄是否在 1～100 之间，其中 1 由 RangeValidator 控件的 MinimumValue 属性指定，而 100 由 MaximumValue 属性设定，当输入的值不在该范围内时，将弹出错误信息。

```
<!--程序名称：ValidatorCtr_03.aspx 的部分代码-->
    <!--程序功能：RangeValidator 控件示例 -->
<form id="form1" runat="server">
    <div>
        <asp:Label ID="Label1" runat="server" Text="RangeValidator 控件"></asp:Label>
        <br /><br />
        请输入年龄：<asp:TextBox ID="TextBox1" runat="server"></asp:TextBox>
        <asp:RangeValidator ID="RangeValidator1" runat="server"
            ControlToValidate="TextBox1"  ErrorMessage=" 请 输 入  1 ～ 100  之 间 的 整 数 "
MaximumValue="100"   MinimumValue="1" Type="Integer">
    </asp:RangeValidator>
        </div>
    </form>
```

程序运行结果如图 4-25 所示。

图 4-25　RangeValidator 控件实例运行效果

4.3.5　RegularExpressionValidator 控件

1. 使用说明

RegularExpressionValidator 控件可用来检查指定控件中的数据值是否与设定的正则表达式相匹配。常用的正则表达式字符及说明如表 4-28 所示。

表 4-28　常用正则表达式字符及说明

字　符	说　明
*	零次或多次匹配前面的字符或子表达式
+	一次或多次匹配前面的字符或子表达式
?	零次或一次匹配前面的字符或子表达式
{n}	长度是 n 的字符串

（续）

字　符	说　明
[0-n]	0 到 n 之间的整数值
|	分隔多个有效的模式
\	后面是一个命令字符
\w	匹配任何单词字符
\d	匹配数字字符
\.	匹配点字符

2. 属性、事件和方法

RegularExpressionValidator 控件的属性及说明如表 4-29 所示。

表 4-29　RegularExpressionValidator 控件属性及说明

属　性	说　明
ValidationExpression	用来设置或获取确定字段验证模式的正则表达式

【操作实例 4-16】 以下是一个 RegularExpressionValidator 控件的实例，该控件用来检验在文本框中输入的内容是否是一个 E-Mail 地址的字符串，邮件地址的正则表达式由该验证控件的 Validation Expression 属性值设定。

```
<!--程序名称：ValidatorCtr_04.aspx 的部分代码-->
    <!--程序功能：RegularExpressionValidator 控件示例 -->
<form id="form1" runat="server">
    <div>
    <asp:Label ID="Label1" runat="server" Text="RegularExpressionValidator 控件"></asp:Label>
        <br /><br />
        请输入您的 E-Mail：<asp:TextBox ID="TextBox1" runat="server"></asp:TextBox>
        <asp:RegularExpressionValidator ID="RegularExpressionValidator1" runat="server"
            ErrorMessage="您的邮件地址不正确！" ControlToValidate="TextBox1"
            ValidationExpression="\w+([-+.']\w+)*@\w+([-.]\w+)*\.\w+([-.]\w+)*">
</asp:RegularExpressionValidator>
    </div>
    </form>
```

该程序运行效果如图 4-26 所示。

图 4-26　RegularExpressionValidator 控件实例运行效果

4.3.6 CustomValidator 控件

1. 使用说明

CustomValidator 控件用自定义的验证规则来创建验证控件。

2. 属性、事件和方法

CustomValidator 控件的属性及说明如表 4-30 所示。

表 4-30　CustomValidator 控件的属性及说明

属　性	说　明
ClientValidationFunction	该属性用于设定或获取用于验证的自定义客户端脚本函数的名称
ValidateEmptyText	该属性用以获取或设置一个布尔值，该值表示是否应该验证空文本

CustomValidator 控件的特殊方法和事件及说明如表 4-31 所示。

表 4-31　CustomValidator 控件的特殊方法和事件及说明

名　称	说　明
ServerValidate	该事件表示用于执行服务器端检验的函数
OnServerValidate	该方法引发 ServerValidate 事件

【操作实例 4-17】 下面是自定义验证规则控件 CustomValidator 控件应用实例程序的部分代码，该控件用来判断在文本框中输入的是否是一个小写字母，该验证控件采用的是服务器端验证，与该验证控件关联的服务器端验证事件程序为 CustomValidator1_ServerValidate。

```
<!--程序名称：ValidatorCtr_05.aspx 的部分代码-->
   <!--程序功能：CustomValidator 控件示例 -->
<form id="form1" runat="server">
   <div>
      <asp:Label ID="Label1" runat="server" Text="CustomValidator 控件"></asp:Label>
       <br /> <br />
      请输入小写字母：<asp:TextBox ID="TextBox1" runat="server"></asp:TextBox>
      <asp:CustomValidator ID="CustomValidator1" runat="server"
       ControlToValidate="TextBox1" ErrorMessage="请输入一个小写字母!"
       onservervalidate="CustomValidator1_ServerValidate"></asp:CustomValidator>
</div>
</form>
```

下面是服务器端验证事件 ServerValidate 的程序代码。

```
<!--程序名称：ValidatorCtr_05.aspx.cs 的部分代码-->
   <!--程序功能：ValidationSummary 控件示例 -->
using System;
using System.Web.UI.WebControls;
public partial class ValidatorCtl_05 : System.Web.UI.Page
{
    protected void Page_Load(object sender, EventArgs e)
    {
    }
    protected void CustomValidator1_ServerValidate(object source, ServerValidateEventArgs args)
    {
        char c = Convert.ToChar(args.Value);
        if (c >= 'a' && c <= 'z')
            args.IsValid = true;
        else
```

```
                args.IsValid = false;
            }
        }
```

程序运行效果如图 4-27 所示。

图 4-27　CustomValidator 控件实例运行结果

4.3.7　ValidationSummary 控件

1. 使用说明

ValidationSummary 控件用于展示验证结果，该控件与其他验证控件组合使用。

2. 属性、事件和方法

ValidationSummary 控件的属性及说明如表 4-32 所示。

表 4-32　ValidationSummary 控件的属性及说明

属　性	说　明
DisplayMode	设置控件显示错误信息的格式，可选值为 BulletList、List 和 SingleParagraph
HeaderText	设置在页面顶部显示的错误汇总文本
ShowMessageBox	该属性的值为 true 时，将在一个弹出式消息框中显示错误信息
ShowSummary	用于设置启用或禁用错误信息的汇总

【操作实例 4-18】 以下是 ValidationSummary 控件应用实例程序的部分关键代码，该程序中共有三个验证控件 RequiredFieldValidator1、RangeValidator1 和 RegularExpression Validator1 分别用来检查三个文本框中的内容是否符合验证规则，若不符合相应的检验规则，当单击“确认”按钮时，错误信息将集中显示在 ValidationSummary 控件中，由于 Validation Summary 控件的 Show MessageBox 的属性设置为 true，所以，错误信息会同时显示在一个弹出对话框中。

```
<!--程序名称：ValidatorCtr_06.aspx 的部分代码-->
   <!--程序功能：ValidationSummary 控件示例 -->
<form id="form1" runat="server">
      <div>
       <asp:Label ID="Label1" runat="server" Text="ValidationSummary 控件"></asp:Label>
         <br /> <br />
         请输入注册信息：<br /><br />
         姓名：  <asp:TextBox ID="TxtName" runat="server"></asp:TextBox>
         <asp:RequiredFieldValidator ID="RequiredFieldValidator1" runat="server"
              ErrorMessage="姓名不能为空！" ControlToValidate="TxtName" Display="None"></
```

```
asp:RequiredFieldValidator><br /><br />
                    年龄：  <asp:TextBox ID="TxtAge" runat="server"></asp:TextBox>
                    <asp:RangeValidator ID="RangeValidator1" runat="server"
                         ControlToValidate="TxtAge" ErrorMessage="您输入的年龄不正确！" Maximum
Value="100" MinimumValue="1" Type="Integer" Display="None">
          </asp:RangeValidator> <br /><br />
                    E-Mail：<asp:TextBox ID="Txtmail" runat="server"></asp:TextBox>
                    <asp:RegularExpressionValidator ID="RegularExpressionValidator1" runat="server"
                         ErrorMessage="邮件地址不正确！" ControlToValidate="Txtmail"
                         ValidationExpression="\w+([-+.']\w+)*@\w+([-.]\w+)*\.\w+([-.]\w+)*"
                         Display="None"></asp:RegularExpressionValidator><br />
                    <asp:Button ID="Button1" runat="server" Text="确定" Width="69px" /><br />
                    <asp:ValidationSummary ID="ValidationSummary1" runat="server" Height="59px"
                         Width="294px" ShowMessageBox="True" /> <br />
               </div>
          </form>
```

该程序运行的效果如图 4-28 所示。

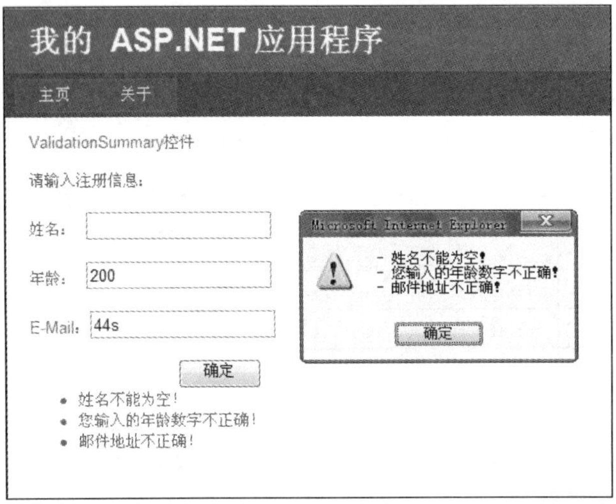

图 4-28　ValidationSummary 控件实例程序执行效果

4.4　列表控件

列表框控件常用的有七个，分别是 ListBox 控件、CheckBox 控件、CheckBoxList 控件、RadioButton 控件、RadioButtonList 控件、BulletedList 控件和 DropDownList 控件，这些控件是实际编写企业管理软件过程中必不可少的控件，在开发中起着举足轻重的作用。

4.4.1　ListBox 控件

1. 使用说明

ListBox 即列表框控件，可用来实现单选或多选。列表框可以为用户提供所有选项的列表。虽然也可设置列表框为多列列表的形式，但在默认情况下，列表框单列垂直显示所有的选项，如果项目数目超过了列表框可显示的数目，控件上将自动出现滚动条。

2. 属性、事件和方法

ListBox 控件也具有 BorderColor、BorderStyle 和 BorderWidth 等属性，ListBox 控件的属性及说明表 4-33 所示。

表 4-33 ListBox 控件的属性及说明

属　性	说　明
Rows	设置或获取列表框中显示的行数
SelectionMode	设置列表框的选中模式
ColumnWidth	在包含多个列的列表框中，指定列的宽度
Items	Items 集合包含列表框中的所有选项
MultiColumn	获取或设置列表框中列的个数
SelectedIndex	这个属性是一个集合，包含列表框中选中项的索引
SelectedItem	在只能选择一个选项的列表框中，这个属性包含选中的选项。在可以选择多个选项的列表框中，这个属性包含选中项中的第一项
SelectedItems	这个属性是一个集合，包含当前选中的所有选项
SelectionMode	选择模式：（1）None：不能选择任何选项；（2）One：一次只能选择一个选项；（3）MultiSimple：可以选择多个选项。（4）MultiExtended：可以选择多个选项，用户还可以使用 Ctrl、Shift 和箭头键进行选择。它与 MultiSimple 不同，如果先单击一项，然后单击另一项，则只选中第二个单击的项
Sorted	列表框包含的选项是否按照字母顺序排序
Text	如果设置列表框控件的 Text 属性，它将搜索匹配该文本的选项，并选择该选项。如果获取 Text 属性，返回的值是列表中第一个选中的选项。如果 SelectionMode 是 None，就不能使用这个属性
CheckedIndicies	（只用于 CheckedListBox）这个属性是一个集合，包含 CheckedListBox 中状态是 checked 或 indeterminate 的所有选项
CheckedItems	（只用于 CheckedListBox）这是一个集合，包含 CheckedListBox 中状态是 checked 或 indeterminate 的所有选项
CheckOnClick	（只用于 CheckedListBox）如果这个属性是 true，则选项就会在用户单击它时改变它的状态
ThreeDCheckBoxes	（只用于 CheckedListBox）设置这个属性，就可以选择平面或正常的 CheckBoxes

ListBox 控件常用的事件是 SelectedIndexChanged。

【操作实例 4-19】 下面是使用 ListBox 控件创建下拉列表框的应用实例，当用户从列表中选择某个或多个项时将触发 SelectedIndexChanged 事件，将选中项内容在标签中显示。具体步骤如下。

1）在设计窗口中创建 ListBox 控件和一个 Label 控件，设置 ListBox 的 SelectionMode 属性为 Multiple，并添加如图 4-29 所示列表项。

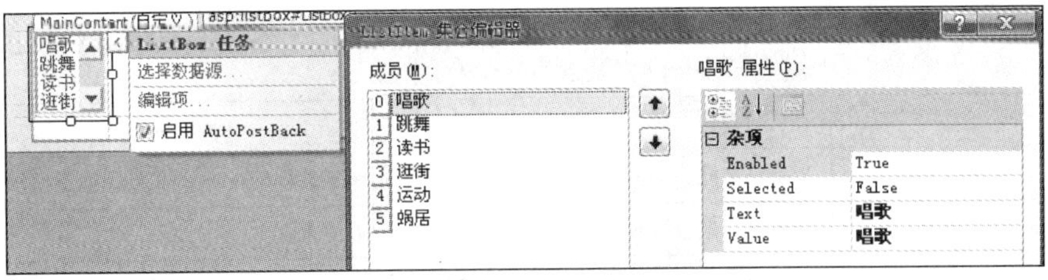

图 4-29 ListBox 控件操作

2）双击列表框 ListBox1，进入 SelectedIndexChanged 事件代码编写界面，编写如下代码。

程 序 代 码	对 应 解 释
`string strHobby = "";`	声明一个字符串变量
`foreach (ListItem item in ListBox1.Items)`	遍历 ListBox 的所有项
`{`	
`  if (item.Selected)`	判断项的选中状态
`  {`	
`   strHobby += item.Value + " ";`	拼接字符串
`  }`	
`}`	
`Label1.Text = strHobby;`	为 Label 赋值

3）按下〈Ctrl+F5〉组合键运行程序，得到如图 4-30 所示的程序界面。

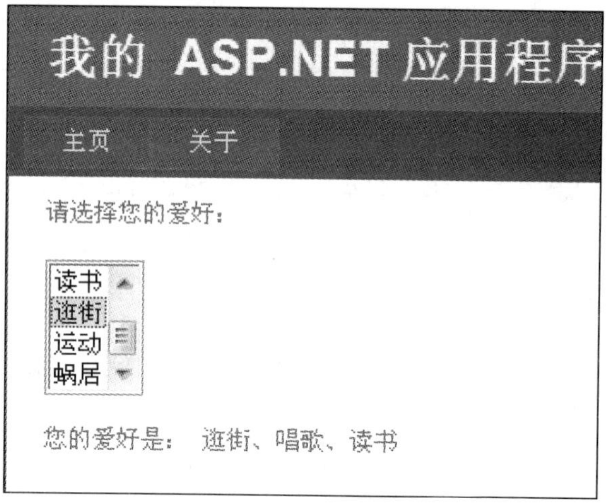

图 4-30　ListBox 控件运行效果

提示：通过〈Ctrl〉与〈Shift〉键可进行多选。

4.4.2　CheckBox 与 CheckBoxList 控件

1. 使用说明

CheckBox 控件即复选框控件，CheckBoxList 控件是一组被封装到一起的 CheckBox 控件集合。位于同一个 CheckBoxList 中的复选框允许同时选中几个或全部选项。

2. 属性、事件和方法

CheckBox 控件的属性及说明如表 4-34 所示。

表 4-34　CheckBox 控件的属性及说明

属　性	说　明
CausesValidation	表示 CheckBox 控件被选中时是否执行检验
Text	设置与复选框相关联的文本标签
Checked	表示复选框的状态，若选定，则其值为 true，否则为 false
TextAlign	设置此单选按钮的文本标签相对于单选按钮如何对齐
ValidationGroup	获取或设置在 CheckBox 控件回送到服务器时要进行验证的控件组

CheckBoxList 控件的属性及说明如表 4-35 所示。

表 4-35　CheckBoxList 控件的属性及说明

属　性	说　明
RepeatColumns	获取或设置要在 CheckBoxList 控件中显示的列数
RepeatDirection	获取或设置组中复选按钮的显示方向
RepeatLayout	获取或设置组内复选按钮的布局
TextAlign	设置此复选按钮的文本标签相对于复选按钮如何对齐
CellPadding	表示单元格的边框和内容之间的距离（以像素为单位）
CellSpacing	表示单元格之间的距离（以像素为单位）

CheckBox 控件常用的事件为 CheckedChanged，它表示当复选框的选中状态发生变化时的事件。CheckBoxList 控件常用的事件为 SelectedIndexChanged，表示选项发生变化时的引发的事件。

【操作实例 4-20】 以下是一个 CheckBoxList 实例的部分代码，该部分代码展示了 CheckBoxList 控件的一些重要属性的使用方法，操作步骤如下。

1）在工具箱上拖拽 CheckBoxList 控件、Button 控件至设计窗口。

2）双击按钮 Button1，输入表 4-36 中的代码。

表 4-36　CheckBoxList 控件实例程序代码及解释

程 序 代 码	对 应 解 释

for (int i = 0; i < CheckBoxList1.Items.Count; i++)
{
if (CheckBoxList1.Items[i].Selected)
{
Response.Write(CheckBoxList1.Items[i].Text);
Response.Write("
");
}
}
	1）使用 for 循环对复选框列表中的项目逐一进行判断，CheckBoxList1.Items.Count 表示 CheckBoxList 中的项目总数
	2）判断第 i 项是否被选中,若选中，则 Selected 属性值为 True
	3）将选中项目的文本在浏览器中输出

3）按下〈Ctrl+F5〉组合键运行程序，得到如图 4-31 所示的程序界面。

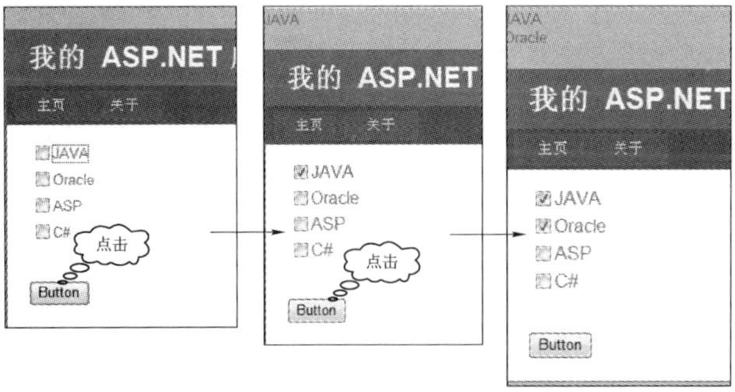

图 4-31　CheckBox 标签实例

4.4.3　RadioButton 与 RadioButtonList 控件

1. 使用说明

RadioButton 为一个单选按钮。RadioButtonList 控件呈现为一组互相排斥的单选按钮。每个单选按钮可以被选中或不选中，在任意时刻，只有一个单选按钮被选中，RadioButtonList 控件常用来显示一个来自数据库或集合的单选按钮。

2．属性、事件、方法

RadioButton 与 RadioButtonList 控件的属性、事件和方法与 CheckBox 和 CheckBoxList 控件基本相同，在此不再详述。

【操作实例 4-21】 下面是一个 RadioButton 实例的部分代码，该部分代码展示了 Radio Button 控件的一些重要属性的使用方法，操作步骤如下。

1）在工具箱上拖拽三个 RadioButton 控件、一个按钮 Button 控件和标签 Label 控件至设计窗口。

2）双击按钮图标，输入表 4-37 中代码。

表 4-37　RadioButton 控件实例程序代码及解释

程 序 代 码	对 应 解释
if (Radio1.Checked){	判断 Radio1 的状态
MyLabel.Text = "您选择的是： " + Radio1.Text;}	在标签 MyLabel 上显示 Radio1 的文本
else if (Radio2.Checked){	判断 Radio2 的状态
MyLabel.Text = "您选择的是： " + Radio2.Text;}	在标签 MyLabel 上显示 Radio2 的文本
else if (Radio3.Checked){	判断 Radio3 的状态
MyLabel.Text = "您选择的是： " + Radio3.Text;}	在标签 MyLabel 上显示 Radio3 的文本

3）按下〈Ctrl+F5〉组合键运行程序，得到如图 4-32 所示的程序界面。

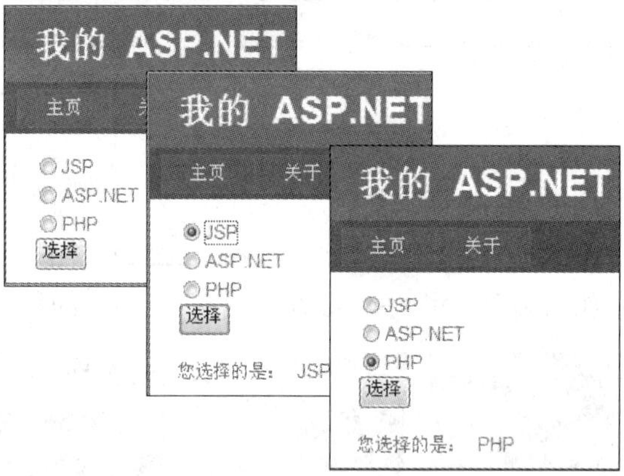

图 4-32　RadioButton 控件应用实例

4.4.4　BulletedList 控件

1．使用说明

BulletedList 控件是创建项列表的控件，可实现列表型数据的显示。在 BulletedList 控件中添加项目集合的方法主要有以下四种。

1）通过 BulletedList 控件的智能标签的“配置数据源”选项与数据源绑定，显示数据列表。

2）通过 Bulleted List 控件的智能标签中的“编辑项”选项，逐个添加项目。

3）在 aspx 文件中利用<asp:ListItem>标签编写代码添加项目。

4）在程序执行过程中，通过程序代码动态添加项目。

2. 属性、事件和方法

BulletedList 控件常用的属性及说明如表 4-38 所示。

表 4-38　BulletedList 控件的属性及说明

属　性	说　明
BulletImageUrl	获取或设置为 BulletList 控件中的每个项目符号显示的图像的路径
BulletStyle	获取或设置 BulletList 控件的项目符号样式
DisplayMode	获取或设置 BulletList 控件中的列表内容的显示模式，其显示模式可以为普通文本、超链接或按钮形式
FirstBulletNumber	获取或设置排序 BulletList 控件中开始列表项编号的值
SelectedIndex	获取或设置 BulletList 控件中当前选定项的从零开始的索引
SelectedItem	获取 BulletedList 控件中的当前选定项
SelectedValue	获取或设置 BulletedList 控件中选定 ListItem 对象的 Value 属性

当 BulletedList 控件的显示模式设置为按钮或超链接时，其常用的事件是 Click，当用户单击 BulletedList 中的项目时将触发该事件。

【操作实例 4-22】 图 4-33 是标签的典型应用案例，综合用到了标签的各种属性，通过该例题在 BulletedList 控件中以按钮形式展示了一个项目列表，项目符号为数字形式，当单击项目集合中的某项时，该项对应的 Value 值显示在页面上，操作步骤如下。

1）在工具箱上拖拽控件 BulletedList、按钮 Button 至设计窗口；将 ButtletdList 的 BulletStyle 属性设置为“Numbered”，DisplayMode 属性设置为“LinkButton”，并为其添加四个选项：语言一、语言二、语言三和语言四。

2）双击按钮 BulletedList1，输入表 4-39 所示的代码。

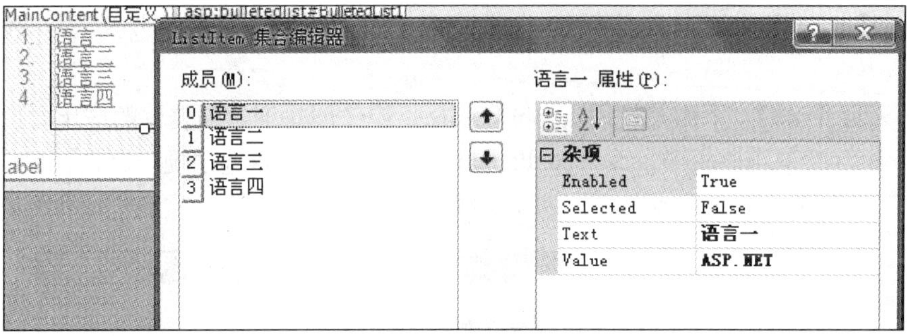

图 4-33　BulletedList 控件案例

表 4-39　BulletedList 控件实例程序代码及解释

程 序 代 码	对 应 解 释
ListItem list=BulletedList1.Items[e.Index]; Label1.Text = "您喜欢的动态网页编程语言为：" + list.Text + "　即" + list.Value;	当点击 BulletedList 控件中的某项时，将对应项目赋予 list 变量 在浏览器输出含有选中项目的 Text 和 Value 值的字符串

3）按下〈Ctrl+F5〉组合键运行程序，得到如图 4-34 所示的程序界面。

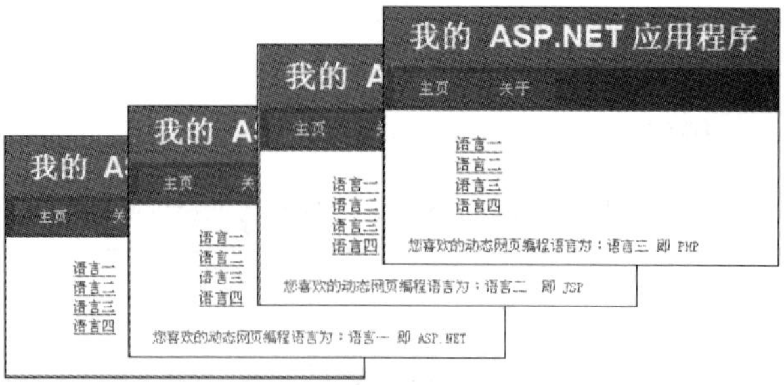

图 4-34　BulletedList 控件实例

4.4.5　DropDownList 控件

1. 使用说明

DropDownList 下拉列表框控件，该控件类似于 ListBox 控件。不同之处在于它只在框中显示选定项，同时还显示下拉按钮。当用户单击此按钮时，将显示项的列表。

2. 属性、事件和方法

下拉列表框的常用属性包括 BorderColor、BorderStyle 和 BorderWidth，分别表示控件的边框颜色、样式和宽度，除此之外，还包括表 4-40 所示的重要属性及说明。

表 4-40　DropDownList 控件的属性及说明

属　性	说　明
SelectedIndex	表示 DropDownList 中被选中项的索引值
SelectedItem	可获取控件中索引值最小的选中项目
SelectedValue	可获取 DropDownList 控件中被选定项的值

DropDownList 控件常用的事件为 SelectedIndexChanged，当从下拉列表框中选中某一项时将触发该事件。

【操作实例 4-23】 下面是使用 DropDownList 控件创建下拉列表框的应用实例，当用户从下拉列表中选择某项时将触发 SelectedIndexChanged 事件，将选中项内容在标签中显示。在设计窗口中创建 DropDownList 控件，并添加如图 4-35 所示列表项。

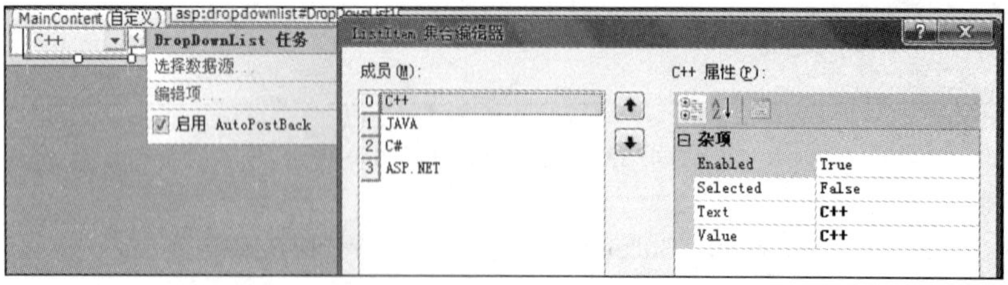

图 4-35　DropDownList 控件操作

双击下拉列表框 DropDownList1，进入 SelectedIndexChanged 事件代码编写界面，编写如下代码，程序执行时的运行效果如图 4-36 所示。

```
Label.Text=DropDownList1.SelectedItem.Value.ToString();
```

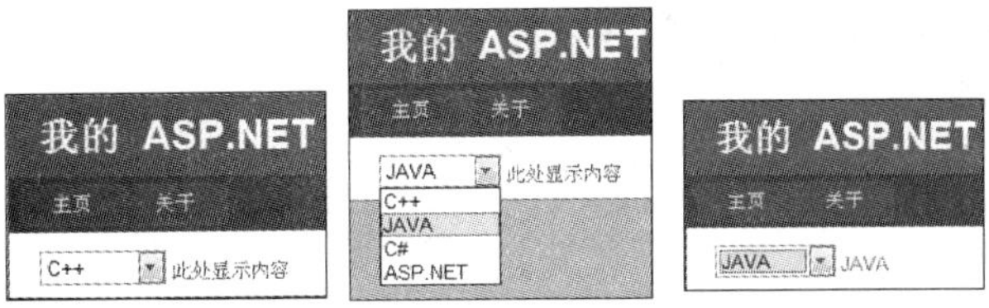

a) b) c)

图 4-36 DropDownList 控件实例效果图

a) 未选择前的效果 b) 选中时的效果 c) 选中后的效果

4.5 用户控件

有时可能需要的控件在 ASP.NET 中没有提供，在这种情况下，就需要用户自己创建控件，在 ASP.NET 中这类控件称为用户控件。程序员可以编写具有自己指定功能和特征的控件，并像普通控件一样在程序中重复使用。

4.5.1 用户控件概述

用户控件是被转换成控件的 ASP.NET 页面，文件扩展名为 ascx。用户控件可以包含几乎所有网页可以包含的内容，包括静态的 HTML 内容和 ASP.NET 控件，而且还可以加入自己的属性、事件和方法。用户控件的好处是一旦创建就可以在同一个 Web 应用程序的多个页面内重复使用。

用户控件虽然是由 ASP.NET 页面转换而成，但用户控件与 Web 窗体不同。用户控件以 Control 指令开头而不是 Page 指令；用户控件文件扩展名是 ascx 而不是 aspx；用户控件不能被客户端直接请求，必须被嵌入在其他的网页里。

4.5.2 创建用户控件

【操作实例 4-24】 下面通过一个具体的实例来演示一个用户控件的创建和调用的过程。

1）首先，在“解决方案资源管理器”中右击项目名称，在弹出的菜单中选择“添加新项”命令；也可以通过选择菜单的“网站 | 添加新项”命令，打开添加新项对话框。

2）在“添加新项”对话框中，在模板中选择“Web 用户控件”项，在“名称”后的文本框中输入合适的控件文件的名称，该文件的扩展名为 ascx，在“语言”列表框中选中 Visual C#。“添加新项”对话框中的设置如图 4-37 所示。

3）单击“添加”按钮，即可打开控件文件的编辑窗口，然后对所添加的用户控件进行设计即可。下面是一个简单的用户控件的示例代码，控件中包含一个 Label 和一个 FileUpload 控件。

```
<!--程序名称：MyControl.ascx-->
    <!--程序功能：一个用户控件：文件上传-->
<%@ Control Language="C#" AutoEventWireup="true" CodeFile="MyControl.ascx.cs" Inherits="My
Control" %>
<asp:Label ID="Label1" runat="server" Text="请选择要上传的文件：   ">
    </asp:Label>
<asp:FileUpload ID="FileUpload1" runat="server" />
```

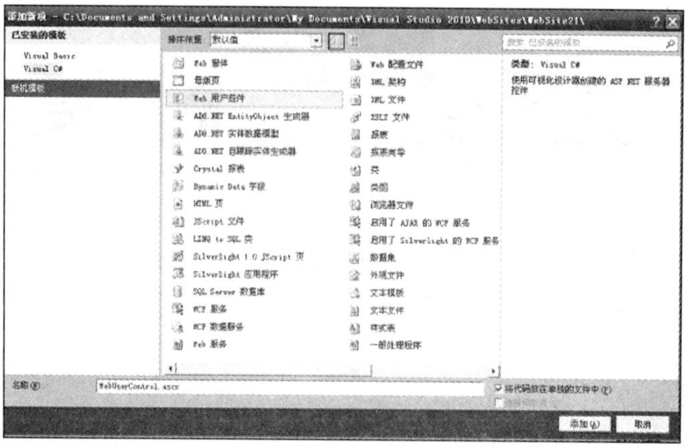

图 4-37 “添加新项”对话框

4）用户控件：新建一个 Web 页面 UserControl01.aspx，将上述的用户控件 MyControl.ascx 从“解决方案资源管理器”中拖到该 Web 页面内，即可调用该用户控件。UserControl01.aspx 的程序代码如下。

```
<!--程序名称：UserControl01.aspx -->
    <!--程序功能：调用上述的用户控件-->
<%@ Page Language="C#" AutoEventWireup="true" CodeFile="UserControl01.aspx.cs" Inherits="User
Control01" %>
<%@ Register src="MyControl.ascx" tagname="MyControl" tagprefix="uc1" %>
<!DOCTYPE html PUBLIC "-//W3C//DTD XHTML 1.0 Transitional//EN" "http://www.w3.org/TR/
xhtml1/DTD/xhtml1-transitional.dtd">
<html xmlns="http://www.w3.org/1999/xhtml">
<head runat="server">
        <title>无标题页</title>
</head>
<body>
        <form id="form1" runat="server">
         <div>
          <uc1:MyControl ID="MyControl1" runat="server" />
        </div>
       </form>
</body>
</html>
```

程序运行结果如图 4-38 所示。

图 4-38 调用用户控件

这里要注意需要测试用户控件，必须把它放到一个 Web 窗体内，而且必须首先通过 Register 指令对该用户控件进行注册，Register 代码如下。

```
<%@ Register src="MyControl.ascx" tagname="MyControl" tagprefix="uc1"%>
```

其中 src 是指向用户控件的资源文件，要使用相对路径，如“MyControl.ascx”或“/path/MyControl.ascx”的形式；Tagname 是标记名，指向所使用的用户控件文件名；Tagprefix 是标记前缀，定义控件的命名空间。

4.5.3 将 ASP.NET 网页转换为用户控件

ASP.NET 页面可以直接换成用户控件，将一个 ASP.NET 网页转换成用户控件需进行以下操作。

1）删除所有的<html>、<head>、<body>和<form>标签。

2）如果页面上有 Page 指令，把它改为 Control 指令并删除 Control 指令不支持的特性，如 ClientTarget、CodePage 和 ErrorPage 等。

3）如果 Web 网页是代码隐藏模型，必须在 Control 指令中包含 ClassName 属性。

4）修改对应的后台代码 cs 文件，修改继承的类为 System.Web.UI.UserControl。

5）把文件扩展名从 aspx 改为 ascx。

4.6 Rich 控件

Rich 控件为 ASP.NET 编程提供了更丰富的内容，主要包括 Wizard 控件、Calendar 控件、AdRotator 控件、View 和 MultiView 控件，这些控件的使用使得程序编写更容易、功能更齐全。

4.6.1 Wizard 控件

1. 使用说明

Wizard 控件为用户提供了呈现一连串步骤的基础架构，这样可以访问所有步骤中包含的数据，并方便地进行前后导航。Wizard 控件与 MultiView 控件和 View 控件具有类似的功能，也可以创建多个视图的窗体，并且每次只显示一个窗体。

2. 属性、事件和方法

Wizard 控件的属性及说明如表 4-41 所示。

表 4-41 Wizards 控件的属性及说明

属 性	说 明
ActiveStep	获取 WizardSteps 集合中当前显示给用户的步骤
CanceButtonStyle	获取对定义“取消”按钮外观的样式属性集合的引用
CanceButtonText	获取对定义“取消”按钮显示的文本标题
CellPadding	获取或设置单元格内容和单元格边框之间的空间量
CellSpacing	获取或设置单元格间的空间量
DisplaySideBar	获取或设置一个布尔值，该值指示是否显示 Wizard 控件上的侧栏区域
StepStyle	获取一个对 Style 对象的引用，该对象定义 WizardStep 对象的设置
WizardSteps	获取一个包含为该控件定义的所有 WizardStepBase 对象的集合

Wizard 控件的方法及说明如表 4-42 所示。

表 4-42　Wizards 控件的方法及说明

方　法	说　明
GetHistory	返回已经被访问过的 WizardStepBase 对象的集合
GetStepType	返回指定的 WizardStepBase 对象的 WizardStepType 值
MoveTo	将指定的 WizardStepBase 派生的对象设置为 Wizard 控件的 ActiveStep 属性的值

4.6.2　AdRotator 控件

1. 使用说明

AdRotator 控件用于显示图像序列。AdRotator 控件提供了一种在页面上显示广告的简便方法，该控件能够显示图形图像。当用户单击广告时，会将用户导向指定的 URL，并且该控件能够从数据源自动读取广告信息。

2. 属性、事件和方法

AdRotator 控件是类 AdRotator 的对象，AdRotator 类的属性及说明如表 4-43 所示。

表 4-43　AdRotator 控件的属性及说明

属　性	说　明
AdvertisementFile	获取或设置包含广告信息的 XML 文件的路径
AlternateTextField	获取或设置一个自定义数据字段，使用它代替广告的 Alt 文本使用的数据字段
ImageUrlField	代替广告的 ImageURL 属性而使用的数据字段
Target	在何处打开 URL
ImageUrl	要显示的图像的 URL
AltermateText	图像不可用时显示的文本

4.6.3　Calendar 控件

1. 使用说明

Calendar 控件用于在浏览器中显示日历，并显示与特定日期关联的数据。

2. 属性、事件和方法

Calendar 控件的常用属性及说明如表 4-44 所示。

表 4-44　Calendar 控件的属性及说明

属　性	说　明
Caption	日历的标题
CaptionAlign	日历标题文本的对齐方式
CellPadding	单元格边框与内容之间的空白，以像素计
CellSpacing	单元格之间的空白，以像素计
DayHeaderStyle	显示一周中某天的名称的样式
DayNameFormat	显示一周中各天的名称格式
DayStyle	显示日期的样式
NextMonthText	显示下一月链接的文本
NextPrevFormat	下一月和上一月链接的格式
NextPrevStyle	显示下一月和上一月链接的样式

日历控件除了上表所列的部分属性外还有很多其他属性可以用来设置样式，还可以用鼠标右键单击该控件，在弹出的智能中选中“自动套用格式”，从中可以选择 Calendar 控件的预定义的外观样式。

下面是“自动套用格式”方法的实现。

1）把一个 Calendar 控件拖拽到页面并选中，可以看到右上角有一个小按钮，单击这个按钮打开“Calendar 任务”菜单，如图 4-39 所示。

2）在“Calendar 任务”菜单中选择“自动套用格式”，则会打开“自动套用格式”对话框，如图 4-40 所示。

图 4-39 “Calendar 任务”菜单

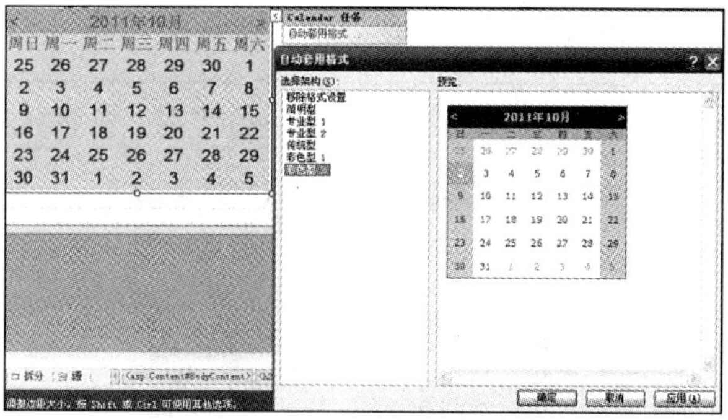

图 4-40 “自动套用格式” 对话框

3）在“自动套用格式”对话框中选中提供的外观格式模板，单击“确定”按钮即可，如图 4-41 所示。

图 4-41 设置的外观效果

Calendar 控件的常用方法及说明如表 4-45 所示。

表 4-45 Calendar 控件的方法及说明

方　法	说　明
AddDays	返回与指定的 DateTime 相距指定天数的 DateTime
AddHours	返回与指定的 DateTime 相距指定小时数的 DateTime
AddMilliseconds	返回与指定的 DateTime 相距指定毫秒数的 DateTime
AddMinutes	返回与指定的 DateTime 相距指定分钟数的 DateTime
AddMonths	返回与指定的 DateTime 相距指定月数的 DateTime
AddSeconds	返回与指定的 DateTime 相距指定秒数的 DateTime
AddWeeks	返回与指定的 DateTime 相距指定周数的 DateTime

日历控件除了上表所列的方法外还有很多其他方法可以用来设置 Calendar 控件的外观。

【操作实例 4-25】 下面是 Calender 一个简单的日历控件应用的代码，程序中只有一个日历控件，当在日历上选择一个日期后，浏览器页面上就会显示选定的日期。操作步骤如下。

1）在工具箱上拖拽图标 Calender 至设计窗口。

2）双击按钮图标，输入表 4-46 中的代码。

表 4-46　Calender 控件实例程序代码及解释

程 序 代 码	对 应 解 释

{
Response.Write(string.Format("您选中的日期为{0}",
Calendar1.SelectedDates[0].ToString("yyyy-MM-dd")));
}
	在日历上选择一个日期后，就把选择的日期显示在页面上

3）按下〈Ctrl+F5〉组合键运行程序，得到如图 4-42 所示的程序界面。

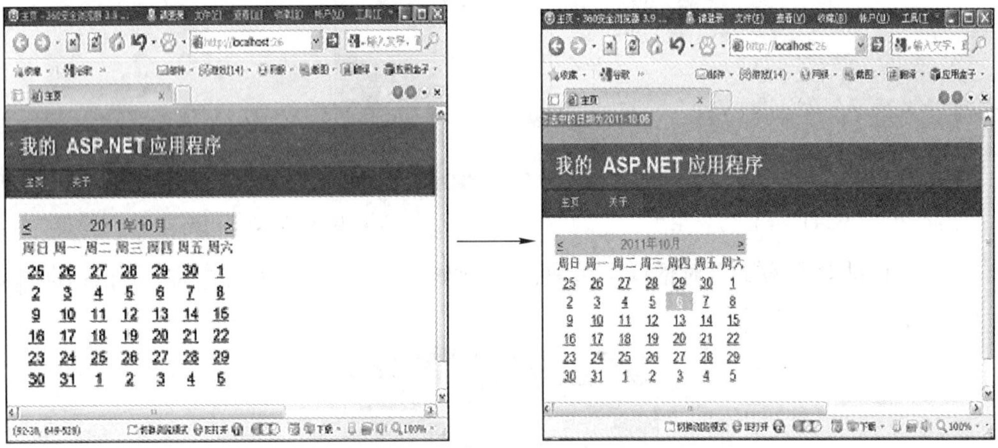

图 4-42　Calender 控件应用实例

4.6.4　MultiView 和 View 控件

1. 使用说明

MultiView 和 View 控件主要用作其他控件和标记的容器，并提供一种可方便地显示信息替换视图的方式。其中，MultiView 控件作为 View 控件的容器控件，每一个 MultiView 控件中可添加多个 View 控件，而 View 控件又可包含其他控件和标记的任意组合。

2. 属性、事件和方法

MultiView 控件的属性及说明如表 4-47 所示。

表 4-47　MultiView 控件的属性及说明

属　性	说　明
ActiveViewIndex	该属性用来获取或设置 Multi 控件的活动 View 控件的索引
Views	该属性可获取 MultiView 控件的 View 控件的集合
EnableTheming	获取或设置一个值，该值指示是否向 MultiView 控件应用主题

View 控件的属性及说明如表 4-48 所示。

表 4-48　View 控件的属性及说明

属　性	说　明
EnableTheming	获取或设置一个值，该值指示是否向 View 控件应用主题
Visible	获取或设置一个值，该值指示 View 控件是否可见

MultiView 控件的方法及说明如表 4-49 所示。

表 4-49　MultiView 控件的方法及说明

方　法	说　明
AddParsedSubObject	通知 MultiView 控件已分析了一个 XML 或 HTML 元素，并将该元素添加到 MultiView 控件的 ViewCollection 集合中
OnInit	引发 Init 事件
Render	将 MultiView 控件内容写入指定的 HtmlTextWriter，以便在客户端显示
SaveControlState	保存 MultiView 控件的当前状态
SetActiveView	将指定的 View 控件设置为 MultiView 控件的活动视图

View 控件的方法及说明如表 4-50 所示。

表 4-50　View 控件的方法及说明

方　法	说　明
OnActivate	引发 View 控件的 Activate 事件
OnDeactivate	引发 View 控件的 OnDeactivate 事件

4.7　第三方控件的使用

ASP.NET 虽然提供了近 90 种内置控件，但程序员的实际编程需求远不止这些，这些控件也难以满足实际快速开发程序的需要。为此，有些厂家专门开发了一些可以添加到 ASP.NET 中的控件，我们统称其为第三方控件。

4.7.1　FreeTextBox 控件

FreeTextBox 控件以树形结构来对网站进行导航。FreeTextBox 是一款免费的 ASP.NET 网页编辑器，官方默认为英文版，目前网上已经有免费的中文版供下载，该控件实现的功能类似 Word，可以进行文字的输入、编辑和排版，可以设置文字样式、在线排版和图片上传等。

1. FreeTextBox 的取得

FreeTextBox 的官方网址是 http://www.freetextbox.com，互联网上也提供了大量的 FreeTextBox 供免费下载，目前 http://www.51aspx.com/CV/FreeTextBox 提供了中文版，可以直接下载使用。

2. 使用的方法

网站后台都有一个内容录入页面，有了 FreeTextBox，内容录入变得更轻松，程序编写更容易。实质上，只需要把 FreeTextBox 控件与数据库相对应字段建立关联即可完成，数据录入程序的编写，具体实现过程如下。

1）将下载文件的 bin 文件夹下的 FreeTextBox.dll 文件复制到自己站点的 bin 文件夹下。

2）将第三方控件添加到工具箱，如图 4-43 所示。

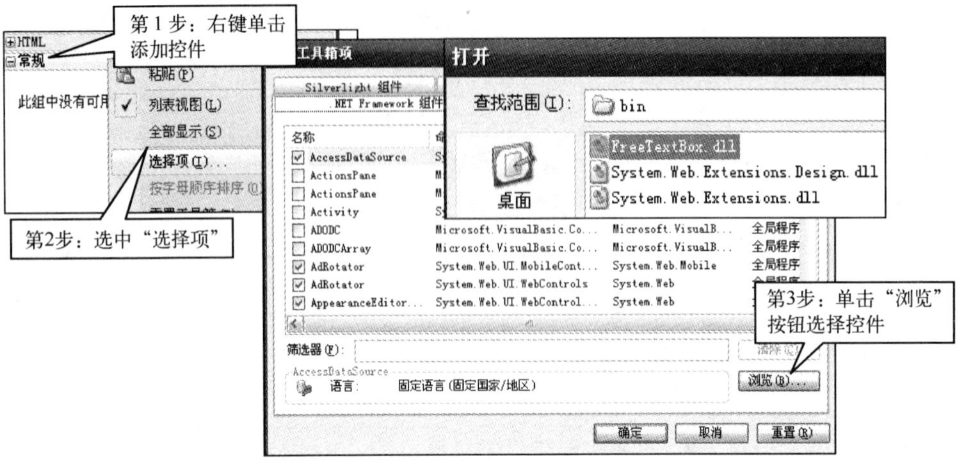

图 4-43　使用 FreeTextBox 控件

3）使用控件。将 FreeTextBox 拖入设计窗口，此时可以正常显示，如图 4-44 所示。它的操作就如同常用的 TextBox 一样，通过操作 Text 属性即可完成对数据的绑定和读取。不过需要注意，使用的时候需要在网页的@Page 标记中添加 ValidateRequest="false"，否则无法正常提交。

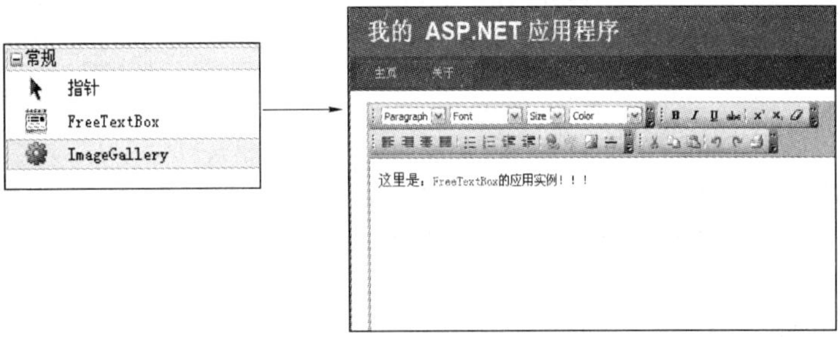

图 4-44　使用 FreeTextBox 控件

4.7.2　GoogleMap 控件

GoogleMap 控件是一款开源控件。现在，越来越多的企业开始注重 GoogleMap 的应用。但是，在 ASP.NET 页面中使用 Google 地图的 API 并不是一件很容易的事，而 GoogleMap 控件恰恰是为了解决这个问题而出现的。可以轻松地对 GoogleMap 进行标注、设置显示交通路线及设置自定义图标等，丝毫不会感觉到蹩脚。

1．GoogleMap 控件的取得

GoogleMap 控件的官方网址是 http://www.shabdar.org，但此网址并不提供下载。在 http://www.51aspx.com/CV/GoogleMapControl 可以下载到。

2．使用的方法

1）要确保自己的项目是 ASP.NET AJAX 网站项目。

2）将压缩包中的 App_Code 目录复制到自己的项目中。

3）将压缩包中的 GoogleMapForASPNet.ascx、GoogleMapForASPNet.ascx.cs 和 GService.

asmx 三个文件复制到自己项目的根目录下。

【操作实例 4-26】 使用 GoogleMap。

1）在“解决方案资源管理器”中，可以将 GoogleMapForASPNet.ascx 拖拽到到网页上，如图 4-45 所示。

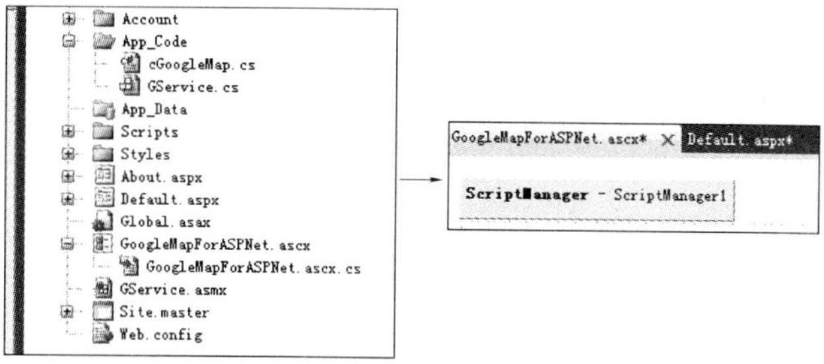

图 4-45　将 GoogleMap 控件拖拽到网页

2）在页面加载方法中设置所需的属性，如图 4-46 所示。

```
using System.Linq;
using System.Web;
using System.Web.UI;
using System.Web.UI.WebControls;

public partial class Google : System.Web.UI.Page
{
    protected void Page_Load(object sender, EventArgs e)
    {
        GoogleMapForASPNet1.GoogleMapObject.Width = "800px";
        GoogleMapForASPNet1.GoogleMapObject.Height = "600px";

        GoogleMapForASPNet1.GoogleMapObject.ZoomLevel = 14;

        GoogleMapForASPNet1.GoogleMapObject.CenterPoint = new GooglePoint("1", 39.909012, 116.3974);
    }
}
```

图 4-46　设置 GoogleMap 控件的各种属性

4.7.3　PopupWin 控件

PopupWin 控件是十分常用的弹出框控件，这个弹出框控件可以实现很多常用功能，最为典型的是 MSN 的消息弹出提示框，使用 PopupWin 控件不但能实现 MSN 的消息弹出提示框，而且还支持多种弹出效果。

在论坛里，当有新回复帖子时，系统会自动弹出消息提示框，在电子政务系统里，当收到新的邮件或者工作单时，可以使用系统弹出消息框提示。在 ASP.NET 构建的 Web 应用中，PopupWin 控件可以实现通知消息窗口的效果。

【操作实例 4-27】 使用 PopupWin。

1）在左侧的工具箱中将 PopupWin 拖拽到网页上，如图 4-47 所示。

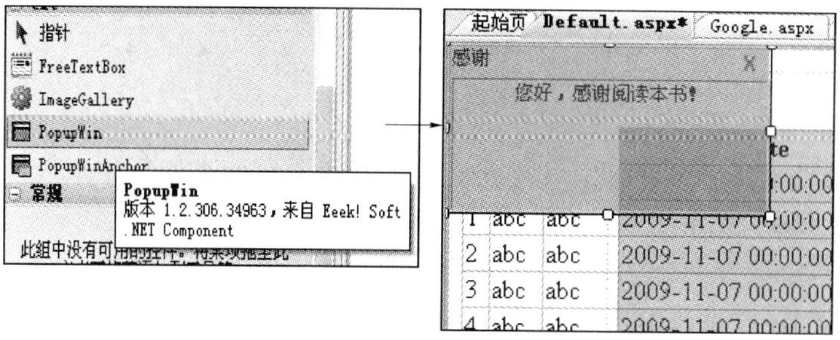

图 4-47　将 PopupWin 控件拖拽到网页

2）设置好有关属性，按〈F5〉键运行，结果如图 4-48 所示。

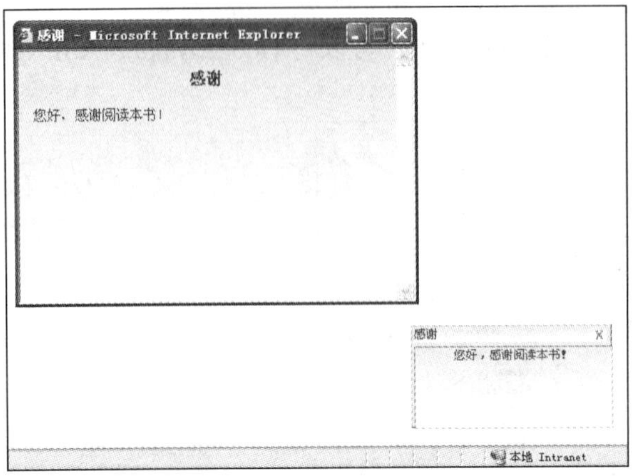

图 4-48　PopupWin 控件的运行效果

4.8　综合实例：ASP.NET 控件的综合使用

实训说明

1）实训目标：练习各种控件的使用，熟练地掌握各种控件的应用。

2）实训界面：如图 4-49 和图 4-50 所示。

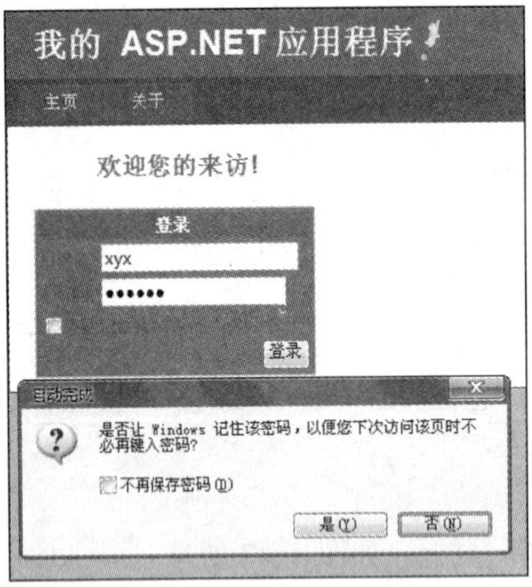

图　4-49

图　4-50

【拓展编程技巧】

动态创建用户控件——只需一点网页代码就能实现！动态加载用户控件的过程如下。

1）在 Page_Load 事件发生时加入用户控件。

2）使用容器控件或 PlaceHolder 控件来确保用户控件出现的位置。

3）通过设置 ID 属性来给用户控件一个唯一的标识符。

4）调用 Page.LoadControl()方法初始化相应的子控件对象。

下面的示例动态加载 CalenderControl 用户控件并通过 PlaceHolder 控件把它添加到页面上。定义 CalenderControl 用户控件的程序代码如下。

```
<!--程序名称：CalenderControl.ascx-->
   <!--程序功能：一个用户控件：选择日期-->
<%@ Control Language="C#" AutoEventWireup="true" CodeFile="CalenderControl.ascx.cs" Inherits="CalenderControl" %>
<asp:Label ID="Label1" runat="server" Text="请选择日期:"></asp:Label>
<asp:Calendar ID="Calendar1" runat="server" Width="213px"></asp:Calendar>
```

动态加载 CalenderControl 用户控件的程序代码如下。

```
<!--程序名称：UserControl02.ascx-->
   <!--程序功能：动态加载 CalenderControl 用户控件 -->
using System;
public partial class UserControl02 : System.Web.UI.Page
{
    protected void Page_Load(object sender, EventArgs e)
    {
        CalenderControl ctrl = (CalenderControl)Page.LoadControl("CalenderControl.ascx");
         PlaceHolder1.Controls.Add(ctrl);
    }
}
```

程序运行效果如图 4-51 所示。

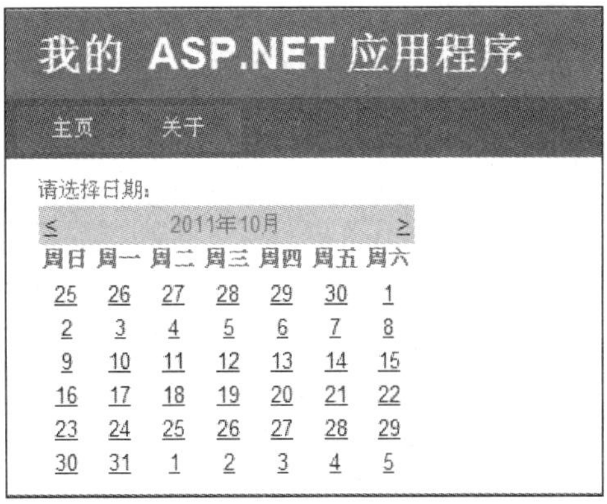

图 4-51 动态加载用户控件

本章小结

ASP.NET 拥有大量的控件，这些控件为 ASP.NET 编程者提供了大量的编程资源，节省了大量编写代码的时间。ASP.NET 的控件共分为 HTML 控件、服务器端控件两大类。ASP.NET 为了管理这些控件，将其分为标准、数据、验证、导航、登录、WebParts、AJAX Extensions、报表、HTML 和常规共十个小类共计数百个控件。ASP.NET 中绝大部分服务器控件都有一些共同的属性。

4.2 节重点讲解标准控件，通过大量的实例讲解了各个控件的使用方法；4.3 节则讲解了自定义控件的使用方法；4.4 节则讲解了扩展编程思路的利器——第三方控件的使用。介绍了常用控件的使用，每个控件都详细地列出了其属性，并且以实例方式进行了详细讲解。

每章一考

一、填空题（20 空，每空 2 分，共 40 分）

1．对 ASP.NET 控件的操作主要有（　　）、（　　）、（　　）、（　　）四种。

2．Label 控件即（　　），用于在页面上显示文本。

3．（　　）控件是创建项列表的控件，可实现列表型数据的显示。

4．CheckBox 控件即（　　）控件。

5．CheckBoxList 控件常用的事件为（　　），代表选项发生变化时的引发的事件。

6．RadioButton 是（　　）。RadioButtonList 控件呈现为一组互相（　　）的单选按钮。在任一时刻，只有（　　）个单选按钮被选中。

7．DropDownList 是下拉列框控件，该控件类似于（　　）控件。

8．HiddenField 控件可实现（　　），一般用于控制页面的一些隐藏变量信息。

9．AdRotator 控件即（　　）控件，该控件可实现按（　　）显示带有（　　）或（　　）形式的广告。

10．RangeValidator 控件设定的最小和最大值可以是（　　）、（　　）或（　　）等类型。

二、选择题（10 小题，每小题 2 分，共 20 分）

1．下面（　　）是单选按钮。

A．ImageButton　　B．LinkButton　　C．RadioButton　　D．RadioButton

2．CheckBox 是常用的控件，它是指（　　）。

A．列表框　　B．文本框　　C．复选框　　D．标签

3．RegularExpressionValidator 控件的功能是（　　）。

A．用于验证规则

B．用于展示验证结果

C．用于判断输入的内容是否满足制定的范围

D．用于判断输入的内容是否符合指定的格式

4．用于在页面上显示文本的控件是（　　）。

A．Label　　B．TextBox　　C．Button　　D．LinkButton

5．下列（　　）按钮可以同时被选中多个。

A．RadioButton　　B．CheckBox　　C．ListBox　　D．TextBox

6．下列（　　）为 ListBox 外观设置属性。

A．SelectedIndex　　B．CausesValidation　　C．BorderColor　　D．Checked

7．可使用户能够方便地在网站的不同页面之间实现跳转的控件是（　　）。

A．CausesValidation　　B．HyperLink　　C．Checked　　D．SelectedIndex

8．用于在 ASP.NET 页面上显示图像的控件是（　　）。

A．BorderColor　　B．BorderColor　　C．RadioButton　　D．Image

9．AccessKey 的功能是（　　）。

A．变量　　　B．存取键　　　C．关键字　　　D．快捷键

10．当整个页面被浏览器读入时触发的事件是（　　）。

A．Page_Load　　　B．Page_Unload　　　C．Page_Init　　　D．Click

三、判断题（10 小题，每小题 2 分，共 20 分）

1．Label 控件显示的信息可分为静态和动态两种。（　　）

2．LinkButton 控件是一个超文本按钮，它的功能不同于 Button 控件。（　　）

3．位于同一个 CheckBoxList 中的复选框允许同时选中几个或全部选项。（　　）

4．单选按钮在任一时刻，可以有多个单选按钮被选中。（　　）

5．DropDownList 控件与 ListBox 控件的不同之处在于它只在框中显示选定项，同时还显示下拉按钮。（　　）

6．列表框可以为用户提供所有选项的列表。（　　）

7．AdRotator 控件中要显示的信息需通过 XML 类型的配置文件进行设定。（　　）

8．MultiView 和 View 控件主要用作其他控件和标记的容器。（　　）

9．TextBox 常用的事件有 TextChanged，该事件在文本框被点击时发生。（　　）

10．Response.Write("<script>alert('您已单击')</script>")显示一个标签。（　　）

四、综合题（共 4 小题，每小题 5 分，共 20 分）

1．在网站的页面中添加控件有哪两种方法？操作步骤是什么?

2．进入代码编辑窗口有哪两种方法?

3．在 BulletedList 控件中添加项目集合的方法主要有哪四种方法?

4．用 ListBox 控件编写一个程序，要求能够实现向 ListBox 中添加项目、删除项目。

第5章　ASP.NET内置对象

程序员的优秀品质之五：业精于勤，行成于思

出自唐代韩愈《进学解》，原文为：国子先生晨入太学，招诸生立馆下，诲之曰：“业精于勤，荒于嬉；行成于思，毁于随。方今圣贤相逢，治具毕张。拔去凶邪，登崇畯良。占小善者率以录，名一艺者无不庸。”

学业由于勤奋而精通，但它却荒废在嬉笑声中，事情由于反复思考而成功，但它却能毁灭于随随便便。古往今来，多少成就事业的人来自于“业精于勤，荒于嬉”。学习编程技术最重要的就是勤奋，编程技术不是一朝一夕就能学会的本领，需要持久的积累，需要不断地学习，才能成就程序员的梦想。每时每刻勤学不辍，每事每行反复思考，日夜求索，终将成功。

学习激励

“一介书生，半个农民”王永民

王永民，中国民营科技实业家协会副理事长、北京王码电脑公司总裁。1943 年 12 月生于河南省南阳地区南召县，毕业于中国科技大学。1978～1983 年，以五年之功研究并发明被国内外专家评价为“其意义不亚于活字印刷术”的“五笔字型”；1983 年后，又以 15 年之力推广普及，使之覆盖国内 90%以上的用户；曾五次应邀赴联合国讲学，以“五笔字型”在全世界的广泛影响和应用，为祖国赢得了荣誉；1984 年又荣获“五一劳动奖章”、“国家级专家”、“全国优秀科技工作者”等称号；1988 年 4 月成为国务院特别命名的十名“全国劳动模范”之一。1993 年成为北京市十位杰出共产党员之一。1994 年后陆续发明“98 王码”、“阅读声译器”和“名片管理器”等五项开创性专利技术。于 1998 年 2 月“十年磨一剑”发明了我国第一个符合国家语言文字规范、能同时处理中、日、韩三国汉字、具有世界领先水平的“98 规范王码”，同时推出世界上第一个汉字键盘输入的“全面解决方案”及其系列软件，成为我国汉字输入技术发展应用的里程碑。

精通一门编程语言，掌握一手过硬技术，发挥自己聪明的才智，独树一帜，开发属于自己的软件产品，一招鲜吃遍天，你的人生将如王永民一样精彩。面对一个个程序员创造的辉煌，面对世人感叹创业的艰辛！作为大学生一定明白，刻苦努力地学习，拥有过硬的本领，有朝一日，也会和他们一样，气宇轩昂地走在成功的大道上！

5.1 ASP.NET 内置对象概述

ASP.NET 是基于互联网的编程语言，在互联网所有编程语言中都有一个内置对象的概念，这些功能各异的内置对象完成了服务器与客户机之间交流的大部分功能。ASP.NET 中常用内置对象主要有 Request、Response、Application、Session、Server 等。这些对象使得用户可以收集通过浏览器请求的信息、存储用户信息，以实现页面之间信息的传递。

5.1.1 对象的概念

世界是由许多不同种类的对象构成的，每一个对象都有自己的运动规律和状态。面向对象程序设计是用机器语言模拟客观世界的方法，与面向过程相比，所有的对象被赋予属性和方法，使编程更富有人性化。对于如何区分类、对象、属性和方法，下面用生活中的实物来举例说明。

高速上正在行驶一辆红色的奇瑞 QQ，乘车人数五人，可以用于基本交通使用，由于超速行驶，交警当场开了罚单，并登记了车牌号码、违规类型、开单日期和车主信息。如表 5-1 所示。

表 5-1 对象的概念

实 例	概念	说 明
车辆	类	相同类别事物的抽象化表示，并不存在于现实中的时间和空间里，是对象的模板。例如房子、人都是类
奇瑞 QQ	对象	对象是一个实实在在存在的东西，对象是类的实例化。就像奇瑞 QQ 是车的一个实例化，小李是人的一个实例化
颜色是红色、乘车人数为五人	属性	属性是对象的特征描述。排气量、车重和耗油量等，都是这辆车的属性
用于基本交通使用	方法	对象能做什么，称为对象的方法
被交警开了罚单、立即停车、以正常速度继续行驶	事件	事件是由外部实体作用在对象上的动作

1．类（Class）

类是对具有相同特征的一类事物所做的归纳。类的概念来源于人们认识自然、认识社会的过程，现实世界中的类是错综复杂、种类繁多，聪明的人类学会了将复杂的事物进行分类。例如，由大小各异的汽车抽象出车的概念，由各式各样的鸟儿抽象出鸟类的概念等。

2．对象（Object）

一切皆为对象。客观世界由各种各样的实体组成，这些实体就称为对象，可以指具体事物也可以指抽象的事物，它是由数据加动作组成。对象是类的实例化，是实实在在存在的。例如，一只黄鹂鸟，一座房子，都是对象。对象是对具有某些特性的具体事物的抽象，对象之间的相互作用是通过发送消息进行的。

3．属性（Property）

属性就是对象状态的描述，每个对象具有各自的属性。例如，小猫的体重是 1.5kg，椅子的颜色是红色，沙发的价格是 2000 元，这些都是它们的属性，体现了个体对象的性质。

4. 方法（Method）

方法反映了对象本身可以完成的动作。例如一个学生，他会听课、做笔记、打篮球等，总结为一句话：方法就是行为。

5. 事件（Event）

事件是指对象本身对外部变化所作出的响应。在表 5-1 中，可以看出，交警令司机停车，这就是一个外部变化，而对象做出的反应是停车，也就是说，停车的动作就是一个事件。

5.1.2 ASP.NET 常用内置对象

ASP 内置对象提供了很多网络开发必不可少的功能，甚至可以说，离开这些对象就不能使用 ASP 进行开发。ASP.NET 继承了这些对象并且增强了其功能，各个对象的属性和方法都在不同程度上得到了加强。这些对象使用户更容易收集通过浏览器请求发送的信息、响应浏览器以及存储用户信息，以实现其他特定的状态管理和页面信息的传递。他们不需要声明，可以直接使用。

在 ASP.NET 提供了 Request、Response、Application、Session，Server 和 Cookie 等对象。表 5-2 是 ASP.NET 提供的对象及说明。

表 5-2　ASP.NET 提供的对象及说明

对 象 名	说　明	ASP.NET 类
Response	服务器端将数据作为请求的结果发送到浏览器（输出）	HttpResponse
Request	浏览器端对当前页请求的访问发送到服务器端（输入）	HttpRequest
Application	存储跨网页程序的变量或对象（为所有用户提供共享信息）	HttpApplicationState
Server	定义一个与 Web 服务器相关的类提供对服务器上方法和属性的访问	HttpServerUtility
Session	存储跨网页程序的变量或对象，终止与联机离线或有效时间（单一用户对象）	HttpSessionState
Context	页面上下文对象，使用此对象共享页之间的信息	HttpContext
Cookie	存储用户的相关信息，也用于处理与当前用户会话相关的信息	HttpCookie

熟练地掌握 ASP.NET 内置对象，可大大降低程序编写的难度，提高效率。本章将介绍 ASP.NET 内置对象的有关概念，并结合实例介绍它们的使用方法。

5.2 Request 对象

Request 对象是 ASP.NET 众多内置对象中最常用的一个，其作用是在服务器与客户端进行交互，收集客户端的有关数据。Request 对象是从客户端向服务器发出请求，包括用户提交的信息以及客户端的一些信息。

5.2.1 Request 对象概述

在学习 Request 对象之前，先讨论一个邮件收发的实例。在浏览器上输入 http://

www.126.com，出现如图 5-1 所示的窗口。

图5-1 126邮箱登录界面

在图 5-1 所示的窗口中输入用户名、密码，单击“登录”按钮后，浏览器将向网易所在的服务器发出请求，服务器核对用户名及密码准确无误后，返回用户邮箱操作界面，用户才能进行后续的邮件收发等操作。

在这个实例中，用户填写完用户名、密码后单击“确定”按钮，此时浏览者（即客户端）向服务器发出打开邮箱请求，这里使用的便是 Request 对象。

Request 对象主要是让服务器取得客户端浏览器的一些数据，包括 HTML 表单是 Post 或者 Get 方法传递参数、Cookie 和用户认证。因为 Request 对象是 Page 对象的成员之一，所以在程序中不需要做任何的声明即可直接使用，它是 HttpRequest 类的一个实例，能够读取客户端在 Web 请求期间发送的 HTTP 值。

在访问网站，登录账户的时候，都需要先填写注册名和密码等信息，这些信息的获得都是服务器通过 Request 对象完成，在窗口中输入用户名、密码后，浏览器向所在的服务器发出请求，服务器核对用户名及密码准确无误后，用户才能进行进一步的操作。

Request 对象的功能是从客户端得到数据，可以使用 Request.Form 和 Request.QueryString 属性，Request.From 用于表单提交方式为 Post 的情况，而 Request.QueryString 用于表单提交方式为 Get 的情况。如果使用不当，则无法获得数据，也可以利用 Request（“元素名称”）来简化操作，从而避免用错。

5.2.2 Request 对象的属性和方法

Request 对象的属性和方法比较多，下面将介绍几种常用的属性和方法。如表 5-3 和表 5-4 所示，经常用到的属性有 QueryString、Path、UserHostAddress 和 Browser 等，方法有 BinaryRead 和 MapPath。

表 5-3 Request 对象的属性及说明

属 性	说 明
QueryString	获取 HTTP 查询字符串变量的集合
Path	获取当前请求的虚拟路径
UserHostAddress	获取远程客户端 IP 主机的地址
Browser	获取有关正在请求的客户端的浏览器功能的信息
Form	获取窗体变量集合

表 5-4 Request 对象的方法及说明

方 法	说 明
BinaryRead	执行对当前输入流指定字节数的二进制读取
Path	获取当前请求的虚拟路径

（1）QueryString：请求参数

QueryString 属性是用来获取 HTTP 查询字符串变量的集合，通过 QueryString 属性能够获取页面传递的参数。在超链接中，往往需要从一个页面跳转到另外一个页面，跳转的页面需要获取 HTTP 的值来进行相应的操作。

【操作实例 5-1】 通过 QureyString 属性接收传递的 HTTP 的值，代码见表 5-5。

表 5-5 程序代码及注释

程 序 代 码	对 应 注 释
public partial class _Default : System.Web.UI.Page	
{	
protected void Page_Load(object sender, EventArgs e)	页面加载方法
{	
if(!String.IsNullOrEmpty(Request.QueryString["id"])) {	如果传递的 ID 值不为空
Label1.Text = Request.QueryString["id"];	将传递的值赋予标签中
}	
else	否则提示没有传递的值
{	
Label1.Text = "没有传递的值";	如果传递的 TYPE 值不为空
}	
if(!String.IsNullOrEmpty(Request.QueryString["type"]))	获取传递 TYPE 的值
{	
Label2.Text = Request.QueryString["type"];	否则提示没有传递的
}	
else	
{	
Label2.Text = "没有传递的值";	
}	
}	
}	

上述代码使用 Request 的 QueryString 属性来接收传递的 HTTP 的值，当通过访问页面路径为“http://localhost:1173/Default.aspx”时，传递的参数为空，因为其路径中没有对参数的访问。而当访问的页面路径为“http://localhost:1173/Default.aspx?id=1&type=QueryString&action=get”时，就可以从路径中看出该地址传递了三个参数，这三个参数和值分别为 id=1、type=QueryString 以及 action=get。

（2）Path：获取路径

Label3.Text = Request.Path.ToString();//获取请求路径

当在应用程序开发中使用 Request.Path.ToString()时，就能够获取当前正在被请求的文件的虚拟路径的值，当需要对相应的文件进行操作时，可以使用 Request.Path 的信息进行判断。

（3）UserHostAddress：获取 IP 记录

Label4.Text = Request.UserHostAddress;//获取客户端 IP

在客户端主机 IP 统计和判断中，可以使用 Request.UserHostAddress 进行 IP 统计和判断。在有些系统中，需要对来访的 IP 进行筛选，使用 Request.UserHostAddress 就能够轻松的判断用户 IP 并进行筛选操作。

（4）Browser：获取浏览器信息

Label5.Text = Request.Browser.Type.ToString(); //获取浏览器信息

通过使用 Browser 的方法，可以判断正在浏览网站的客户端的浏览器的版本，以及浏览器的一些信息。如图 5-2 所示。

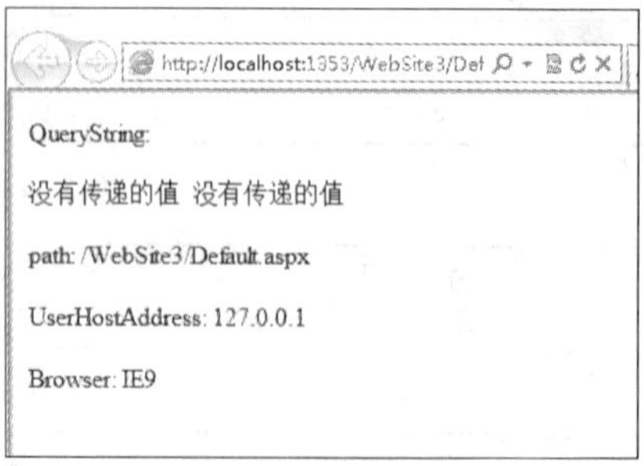

图5-2 Request属性实例运行效果图

5.2.3 Request 基本应用

1. 获取表单传递值

HTTP 通信协议是客户与服务器之间的一种提交信息与响应信息（Request/Respoonse）的通信协议。在 ASP.NET 中，内置对象 Request 封装了用户提交的信息，那么该对象调用相应的方法可以获取封装的信息。表单应用如图 5-3 所示。

图5-3　办公自动化登录界面

语法格式：

```
String getParameter(String name)
```

【操作实例 5-2】 使用 Request 的方法获取表单传递的姓名，可以应用在网站或应用程序的登录界面等。程序代码见表 5-6，程序运行后的效果如图 5-4 所示。

表 5-6　程序代码及注释

程 序 代 码	对 应 注 释
//提交页面	
<html>	HTML 代码开始
<head>	头部开始
<title>request</title>	页面标题为 request
</head>	头部结束
<body>	体部开始
<form method="post" action="common.aspx">	表单提交方法为 post，执行页面为 common.aspx
请您输入用户名:<input id="Text1" name="txtUserName"type="text" />	
<input id="Button1" type="button" value="提交" /> 	
</form>	
</body>	
</html>	
//获取页面	
protected void Button1_Click (object sender, EventArgs e)	页面装入事件
{	
string userName = Request["txtUserName"].ToString();	取得提交页面输入文本
Response.Write("欢迎您！ " + userName);	显示获取的提交页面的信息
}	

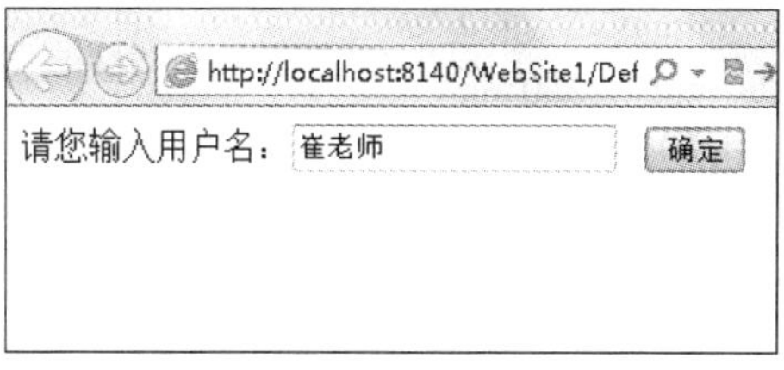

图5-4　表单实例运行效果图

【操作实例 5-3】 应用 Request 的方法获取表单的传递值的数值，进而进行计算。程序代码见表 5-7，执行后效果如图 5-5 所示。

表 5-7　程序代码及注释

代　码	注　解
protected void Button1_Click(object sender, EventArgs e)	单击 Button 按钮
{	
int a = int.Parse(Request.Form["TextBox1"].ToString());	从前台接收字符串并转换成整型
int b = a * a;	计算平方
Label1.Text ="平方为" + b.ToString();	
}	输出结果

图5-5　Request实例运行效果图

表单数据上传有两种方式，Get 和 Post。主要区别是：使用 Get 方法提交的信息会在提交过程中显示在浏览器的地址栏中，而使用 Post 方法提交的信息不会显示在地址栏中。

Get 安全性非常低，Post 安全性较高，但是 Get 执行效率却比 Post 好。Get 传送的数据量较小，不能大于 2KB。Post 传送的数据量较大，一般被默认为不受限制。

2. 获取服务器的变量值

用户向服务器请求信息或者服务器对用户的请求做出应答时，响应信息都包含在 HTTP 的头部中。HTTP 提供了浏览器生成请求和服务器做出响应的过程信息。

【操作实例 5-4】 通过 Request 对象的 ServerVariables 属性来获取当前环境的信息。程序代码见表 5-8，运行效果图如图 5-6 所示，ServerVariables 属性集合的常用变量及说明如表 5-9 所示。

表 5-8　程序代码及注释

程 序 代 码	对 应 注 释
protected void Page_Load(object sender, EventArgs e)	装入事件
{ Label1.Text = Request.ServerVariables["SERVER_NAME"];	服务器主机名
Label2.Text = Request.ServerVariables["REMOTE_ADDR"];	远程主机的 IP 地址
Label3.Text = Request.ServerVariables["SERVER_PORT"];	发送请求的端口号
Label5.Text = Request.ServerVariables["SERVER_PROTOCOL"];	请求信息协议的名称
Label5.Text = Request.ServerVariables["PATH_TRANSLATED"];	物理路径
}	

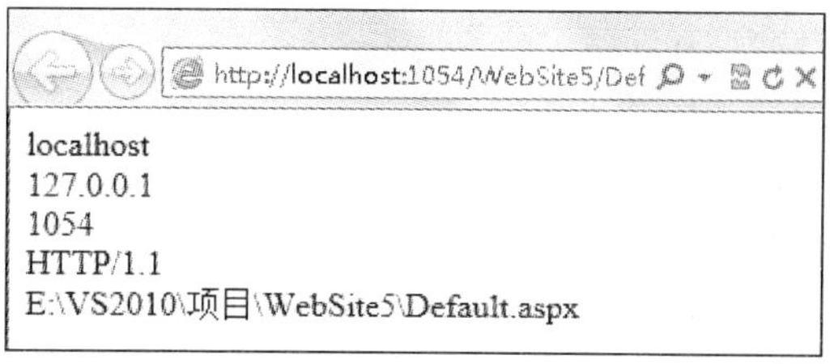

图5-6　服务器变量值运行效果图

表 5-9　ServerVariables 集合的常用变量及说明

变　量	说　明
AUTH_TYPE	用户访问受保护的脚本时，服务器用于检验用户的验证方法
CONTENT_LENGTH	客户端发出内容的长度
CONTENT_TYPE	内容的数据类型
GATEWAY_INTERFACE	服务器使用的 CGI 规格的修订，格式为 CGI/revision
PATH_INFO	客户端提供的额外路径信息
QUERY_STRING	查询 HTTP 请求中问号（?）后的信息
REMOTE_ADDR	发出请求的远程主机的 IP 地址
REMOTE_HOST	发出请求的主机名称
REQUEST_METHOD	该方法用于提出请求。相当于用于 HTTP 的 GET、HEAD 或 POST 等
SCRIPT_NAME	执行脚本的虚拟路径。用于自引用的 URL
SERVER_NAME	出现在自引用 URL 中的服务器主机名、DNS 化名或 IP 地址
SERVER_PORT	发送请求的端口号
SERVER_PORT_SECURE	包含 0 或 1 的字符串。如果安全端口处理了请求，则为 1，否则为 0
SERVER_PROTOCOL	请求信息协议的名称和修订。格式为 protocol/revision
SERVER_SOFTWARE	应答请求并运行网关的服务器软件的名称和版本。格式为 name/version
URL	提供 URL 的基本部分
HTTP_USER_AGENT	指示了用户访问站点所用的网络浏览器的类型，当需要了解网站主要客户群使用何种浏览器时，就可以利用这个变量进行了解
PATH_TRANSLATED	PATH_INFO 转换后的版本，获取路径并进行必要的由虚拟至物理的映射

5.2.4　Request 对象方法举例

【操作实例 5-5】 Request 常用方法比较少，通常操作它的属性，应用示例源程序及代码对应的注释如表 5-10 所示。

表 5-10　Request 对象常用方法举例

实　例	详　解
Request.MapPath("~/");	将指定的虚拟路径映射成物理路径，此处参数为“ /”则可以获得服务器端应用程序物理根目录

5.3　Response 对象

Response 对象与 Request 对象的功能正好相反，主要用于响应客户端的请求。在实际编程时 Response 与 Request 的使用一样频繁。其主要功能实际只有两种：页面文本输出和页面跳转。

5.3.1 Response 对象概述

Response 对象是 ASP.NET 内置对象中可以直接向客户端发送数据的对象。Response 对象用于动态响应客户端请求，并将动态生成的响应结果返回给客户端浏览器。

5.3.2 Response 对象的属性和方法

Response 对象常用的方法包括 Response.Write()、Response.End()等。Response 对象的属性和方法见表 5-11 和表 5-12。

表 5-11 Response 对象的属性及说明

属　性	说　明
BufferOutput	获取或设置一个值，该值指示是否缓冲输出，并在完成处理整个页之后将其发送
ContenType	设置输出内容的类型
Charset	获取或设置输出流的 HTTP 字符集
Expires	过期前的不活动时间（分钟）
ExpiresAbsolute	指定的过期时间（日期时间）

表 5-12 Response 对象的方法及说明

方　法	说　明
Write	向客户端输出数据
Redirect	转到其他 URL 地址
BinaryWrite	输出二进制数据
Clear	清除缓冲区中所有信息。前提是 Response.Buffer 设为 True
End	终止输出
AddHeader	设置 HTML 标题
AppendTolog	在 Web 服务器的日志文件中记录日志
Flush	将缓冲区中信息输出。前提是 Response.Buffer 设置为 True

5.3.3 Response 基本应用

1. 输出文本

Response 对象的 Write 方法是其常用的响应方法，它的作用是将指定的字符串信息直接输出到客户端，实现在客户端动态地显示内容。Write 方法的功能很强大，可以输出几乎所有的对象和数据。

语法格式：

```
Response.write("输出内容")
```

【操作实例 5-6】 应用 Response 的 Write 方法进行文本输出。实例见表 5-13。

表 5-13　Response 对象输出文本举例

实　例	注　解
Response.Write(" ");	在浏览器中显示一个换行符号
Response.Write("齐齐哈尔大学软件工程 08");	在浏览器中显示“齐齐哈尔大学软件工程 08”
object OB = (object)10; Response.Write(OB);	Write()方法将对象 OB 显示在浏览器中
string dengw = "My name is DengWei."; char[] buffer = dengw.ToCharArray(); Response.Write(buffer,0,buffer.Length);	首先创建一个字符串变量 dengw，值为“My name is DengWei.”。然后将其转换为字符数组 buffer。最后调用 Write()方法将字符数组 buffer 显示在浏览器中

2．页面跳转

Response 对象另外一个功能是指示客户端浏览器重定向到另一个 Web 页面。其主要靠 Redirect()方法完成该功能。

语法格式：

```
Response.Redirect(string url,bool endResponse)
```

url 参数表示欲跳转目标页面的链接地址。endResponse 参数表示是否终止当前页面的响应。如果该参数的值为 true，则终止当前页面的响应。

【操作实例 5-7】 应用 Response 的 Redirect 方法进行页面间跳转。实例见表 5-14。

表 5-14　Response 对象页面跳转举例

实　例	说　明
Response.Redirect("~/Index.aspx");	从当前页面跳转到当前网站的根目录下的 Index.aspx 页面"~/"表示当前网站的根目录
Response.Redirect("http://www.baidu.com");	跳转到“百度”主页
Response.Redirect("stu.aspx");	跳转到当前目录的 stu.aspx 页面

5.3.4 Response 对象方法举例

【操作实例 5-8】 新建一个扩展名为 aspx 的页面，页面中只有一个 Button，点击按钮，便从该页跳转到“百度主页”，源程序及代码对应的注释见表 5-15。运行效果如图 5-7 所示。

表 5-15　Response 对象综合实例一

代　码	注　解

protected void Button1_Click(object sender, EventArgs e)
{
Response.Redirect("http://www.baidu.com",true);
}
	页面跳转至百度主页，如果只有一个参数，则第二个参数默认为 true

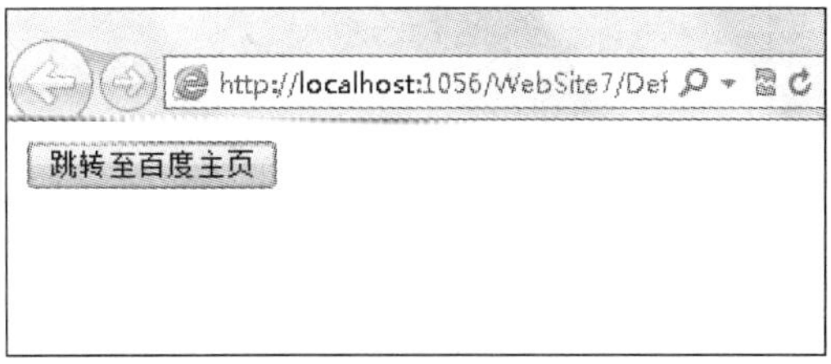

图5-7　Redirect方法实例运行效果图

【操作实例 5-9】 新建一个 Default.aspx 文件，简单的绘制一个登录窗体，包括一个

TextBox 控件，如果输入用户名，则提示登录成功，否则提示用户名不为空。还包括两个 Button 按钮，分别为登录和退出。程序代码见表 5-16，运行效果如图 5-8 和图 5-9 所示。

表 5-16　Response 对象综合实例二

代　码	注　解
protected void Button1_Click(object sender, EventArgs e)	单击“登录”按钮
{	
if (TextBox1.Text == "")	如果 TextBox1 文本框为空
{	
Response.Redirect("Default1.aspx");	
}	重定向到 Default1. aspx 页面
else	
{	
string name = Request["textbox1"].ToString();	
Response.Write(name + "欢迎光临~~~");	定义一个字符串 name 来接收用户名，并提示“欢迎光临”
}	
}	
protected void Button2_Click(object sender, EventArgs e)	
{	
Response.Write("<script>window.close()</script>");	
}	如果单击“退出按钮”
//重定向 Default1.aspx 页面	
protected void Page_Load(object sender, EventArgs e)	则关闭窗体
{	
Response.Write("<script>alert('用户名不能为空 ')</script>");	
}	如果用户名为空，则给出提示

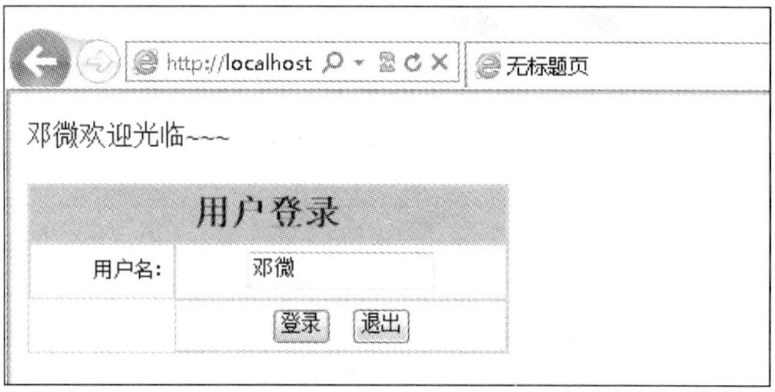

图5-8　Redirect和Write方法实例运行效果图一

图5-9　Redirect和Write方法实例运行效果图二

5.4 Application 对象

Request 对象和 Response 对象用来实现服务器端与客户端浏览器数据的交换，而 Application 对象与 Session 对象则被用来在服务器端与用户之间或 ASP.NET 文件之间传递数据。创建一个 ASP.NET 网站后，可以通过 Application 对象在程序的所有用户之间共享信息，并且可以在网站运行期间持久的保持数据。

形象地说，Request 对象和 Response 对象恰似服务器与客户之间传送信息的邮差，而 Request 对象和 Response 传送的数据则是被传送的包裹。Application 对象与 Session 对象的关系类似于高级语言中全局变量与局部变量的关系。

5.4.1 Application 对象概述

Application 对象是一个公有变量，允许多个用户对它访问。Application 对象的所有数据可以在整个应用程序内部共享，并且对所有用户都是可见的。网上广泛应用的聊天室、计数器及网站的在线人数等都是利用 Application 对象编写而成。

由于 Application 对象创建之后不会自己注销，它会一直占用内存，所以使用时要特别小心。

5.4.2 Application 对象的属性和方法

Application 对象的属性和方法比较少，应用最多的是 Lock 方法和 Unlock 方法，具体如表 5-17 和表 5-18 所示。

表 5-17 Application 对象的属性及说明

属　性	说　明
ALLKeys	获取 Application 集合中的访问键
Count	获取 Application 对象变量的数量
Contents	获取对 Aplication 对象的引用

表 5-18 Application 对象的方法及说明

方　法	说　明
Add	将新的对象添加到 Application 集合中
Remove	从 Application 集合中移除命名对象
Set	更新 Application 集合中的对象值
Lock	锁定对 Application 变量的访问以促进访问同步
UnLock	取消锁定对 Application 变量的访问以促进访问同步。此方法与 Lock()方法经常在多线程的应用中被使用

5.4.3 Application 基本应用

1. 保存信息

Application 对象保存用户输入的数据，并在另一个页面接收 Application 对象中的值。常量、字符串，甚至任何合法的表达式都可以作为 Application 对象的存储内容。

语法格式：

```
Application["Application 名称"]=变量|常量|字符串表达式;
```

【操作实例 5-10】 利用 Application 对象来保存用户输入的数据。实例代码见表 5-19。

表 5-19 实例 5-10 程序代码及解释

程 序 代 码	对 应 注 释
Application["count"]=Application["count"]+2	将变量 count 值加 2 后存入原变量中
Application["str"]=TextBox1.Text	将 TextBox1 的文本存入变量 str
Application["name"]= “张民”	将字符串 “张民 “存入字串 name 中

2. 读取信息

语法格式：

Application 对象被整个应用程序所共享，变量值可以在使用时随时读取，读取的语法格式如下。

```
变量名=Application["Application 名称"];
```

【操作实例 5-11】 获取 Application 对象中的值。代码及解释见表 5-20。

表 5-20 Application 示例代码及解释

程 序 代 码	对 应 注 释
ReadNum=Application["name"]	将变量 num 值读出并存入 ReadNum 中
TextBox1.Text =Application["str"]	将变量 Addr 的值读出显示在 TextBox1 中

3. 加锁与解锁

Application 对象被整个应用程序所共享，因此在使用 Application 对象存储或读取数据时，为了保证数据的一致性，必须对 Application 对象进行加锁，即在同一时刻只允许一个用户对 Application 对象中的数据进行修改。引入了 Lock 和 Unlock，在使用前对 Application 加锁，使用后对其解锁，可以防止其他用户修改存储在 Application 对象中的变量，直到用户使用 Unlock 方法或超时才可再次修改。

语法格式：

```
加锁：Application.Lock()
解锁：Application.Unlock()
```

【操作实例 5-12】 Application 对象的加锁与解锁的应用。代码及解释见表 5-21。

表 5-21 程序代码及解释

程 序 代 码	对 应 注 释
Application.Lock(); Application["addr"] = "齐齐哈尔"; Application.UnLock();	保证同一时刻只能一个用户对 Application 操作 取消 Lock 方法的限制

5.4.4 Application 对象方法举例

【操作实例 5-13】 默认页面 default.aspx 用来接收文本信息，添加的 default1.aspx

页面用来获取 Application 对象中的值。程序代码见表 5-22，运行效果如图 5-10 和图 5-11 所示。

表 5-22　程序代码及解释

程序代码	对应注释
//default.aspx 页面	
protected void Button1_Click(object sender, EventArgs e)	单击提交按钮
{	
Application.Lock();	锁定 Application
Application["application_name"] = this.TextBox1.Text;	存储数据
Application.UnLock();	解锁 Application
Response.Redirect("Default1.aspx");	跳转 Default1.aspx 页面
}	
//default1.aspx 页面	
protected void Page_Load(object sender, EventArgs e)	装入事件
{	
Application.Lock();	锁定 Application
this.Lable1.Text = Application["application_name"].ToString();	读取数据
Application.UnLock();	解锁 Applicaiton
}	

图5-10　Application实例一运行效果图一

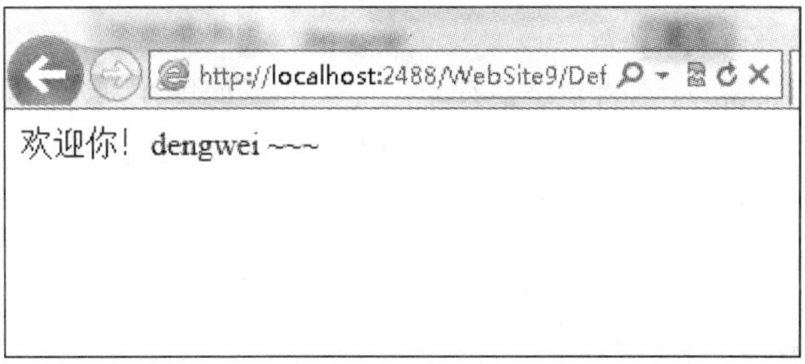

图5-11　Application实例一运行效果图二

【操作实例 5-14】 用 Application 对象编写网页在线人数计数器，源程序及代码对应的注释见表 5 23。运行效果如图 5-12 所示。

表 5-23　程序代码及解释

程序代码	对应注释
protected void Page_Load(object sender, EventArgs e)	点击页面代码
{	
Label1.Text = Application["count"].ToString();	将在线访问人数赋值给 Label1
}	

图5-12　Application实例二运行效果图

5.5　Session 对象

用户对网站的一次访问称为一个会话。从打开浏览器输入网址、呈现网站开始到关闭该网站结束，即称为一个会话。ASP.NET 用 Session 对象存贮用户会话信息。ASP.NET 应用程序为每一个用户维护一个 Session。Session 对象功能就是用来存储用户的私有数据，Session 中的数据保存在服务器端，在客户端需要的时候创建 Session，在客户端不需要的时候销毁 Session，使它不再占用服务器内存。

使用 Session 对象存储特定用户会话所需的信息。这样，当用户在应用程序的 Web 页之间跳转时，存储在 Session 对象中的变量将不会丢失，而是在整个用户会话中一直存在下去。

5.5.1　Session 对象概述

Session 对象就是服务器给客户端的一个编号。当一台 Web 服务器运行时，可能有若干个用户正在浏览这台服务器上的网站。当每个用户首次与这台服务器建立连接时，他就与这个服务器建立了一个 Session，同时服务器会自动为其分配一个 SessionID，用以标识这个用户的唯一身份。特别说明的是，Session 对象的变量只是对一个用户有效，不同的用户的会话信息用不同的 Session 对象的变量存储。

在网络环境下 Session 对象的变量是有生命周期的，如果在规定的时间没有对 Session 对象的变量刷新，系统会终止这些变量。在 ASP.NET 中 Session 的默认生命周期是 20min。

ASP.NET 的 Session 非常好用，能够利用 Session 对象来对 Session 全面控制，如果需要在一个用户的 Session 中存储信息，只需要简单地直接调用 Session 对象就可以了。

5.5.2　Session 对象的属性和方法

Session 对象的属性和方法如表 5-24 和表 5-25 所示。

表 5-24　Session 对象的属性及说明

属　性	说　明
CodePage	获得或设置字符集标识
Count	获取会话状态集合中的项数
Keys	获取存储在会话状态集合中所有值的键的集合
SessionID	获取会话的唯一标识符
Timeout	获取并设置在会话状态提供程序终止会话之前各请求之间所允许的时间（以分钟为单位）。系统默认时间为 20min

（续）

属　性	说　明
IsReadOnly	该值指示会话是否为只读
IsSynchronized	该值指示对会话状态值的集合的访问是否是同步（线程安全）的
IsNewSession	该值指示会话是否是与当前请求一起创建的
LCID	现场标识
Keys	获取存储在会话状态集合中所有值的键的集合

表 5-25　Session 对象的方法及说明

方　法	说　明
Add	向会话状态集合添加一个新项
Clear	从会话状态集合中移除所有的键和值
Abandon	取消当前会话
CopyTo	将会话状态值的集合复制到一维数组中
RemoveAll	从会话状态集合中移除所有的键和值
Remove	删除会话状态集合中的项

5.5.3　Session 基本应用

1. 保存信息

Session 对象与 Application 对象的用法基本相同，在第一次给 Session 对象赋值时，会自动创建一个 Session 对象，再次对该 Session 对象赋值时，则是在修改其中的值。存储的信息可以是变量、常量、字符串或表达式。

Session 对象和 Application 对象最大的最大区别在于，Application 对象被整个应用程序的所有用户共享，而 Session 对象被每一个用户所独享。因此，在读写 Session 对象时，不需要任何加锁机制。

语法格式：

```
Session["Session 名称"]=变量|常量|字符串|表达式;
```

【操作实例 5-15】 Session 对象保存信息的操作，见表 5-26。

表 5-26　Session 常用操作举例

程 序 代 码	对 应 注 释
Session["count"]=Session["count"]+2	将变量 count 值加 2 后存入原变量中
Session["Addr]=textBox1.Text	将 TextBox1 的文本存入变量 Addr
Session["name"]= “张民”	将字符串“张民”存入字串 name 中

2. 读取信息

语法格式：

Session 变量值可以在使用时随时读取，读取的语法格式如下。

```
变量名=Session["Session 名称"];
```

【操作实例 5-16】 Session 对象读取所保存的信息，见表 5-27。

表 5-27　Session 变量读取信息实例

程 序 代 码	对 应 注 释
ReadNum=Convert.ToInt32(Session["count"])	将变量 count 值读出并存入 ReadNum 中
TextBox1.Text =Session["Addr"].toString()	将变量 Addr 的值读出显示在 TextBox1 中

3. 设置页面有效期

大家都有这样的经历，当成功登录 126 邮箱，长时间没有操作后再次操作时，页面将提示要求用户重新登录，这就是页面的有效期，它的设置由 Session 完成。其原理是用户登录信息存放在 Session 对象中，而该对象默认的有效期是 20min，Session 对象的 Timeout 属性用来设置有效期。

如果客户浏览器在 Timeout 属性规定的时间内没有动作，即没有提交任何请求信息，或者关闭浏览器，或者连接到其他站点上，Web 服务器将自动释放该用户 Session 对象占用的资源。

语法格式：

```
Session.Timeout=分钟;
```

【操作实例 5-17】 对 Session 对象的页面有效期进行设置，见表 5-28。

表 5-28　设置页面有效期实例

程序代码	对应注释
Session.Timeout=20;	Session 对象的有效期修改为 20min
Session.Timeout=100;	Session 对象的有效期修改为 100min

5.5.4 Session 对象方法举例

【操作实例 5-18】 使用 Session 编写聊天室，源程序及代码对应的注释如表 5-29 所示。

表 5-29　Session 综合应用实例一

程 序 代 码	对 应 注 释
`public partial class Chat : System.Web.UI.Page`	
`{`	
`protected void Page_Load(object sender, EventArgs e)`	页面加载方法
`{`	
`if (Session["nickname"] == null)`	判断用户是否登录
`{`	尚未登录则跳转至登录页
`Response.Redirect("~/Login.aspx");`	
`}`	
`}`	
`protected void SendMessage(string words)`	发送聊天信息方法
`{`	组成字符串
`words = Session["nickname"].ToString() + " ：" + words;`	将字符串存入 Application
`Application["chatContent"] = Application["chatContent"] + words + " ";`	
`}`	
`protected void btnSend_Click(object sender, EventArgs e)`	
`{`	
`SendMessage(txtWords.Text);`	按钮调用发送聊天信息方法
`}`	
`protected void Timer1_Tick(object sender, EventArgs e)`	
`{`	
`if (Application["chatContent"] != null)`	通过 Timer 控件对聊天记录进行更新
`{`	
`ltChatContent.Text = Application["chatContent"].ToString();`	
`}`	
`}`	
`}`	

【操作实例 5-19】 Session 对象一个重要的功能就是存取用户信息，下面实例中，主要应用 Session 对象保存用户输入的数据，并在另一个页面接收 Session 对象中的值。程序代码见表 5-30，运行效果如图 5-13 和图 5-14 所示。

表 5-30 Session 综合应用实例二

程序代码	对应注释
// Default.aspx 页面	
protected void Button1_Click(object sender, EventArgs e)	单击提交按钮
{	
Session["UseName"] = this.TextBox1.Text;	读入用户信息，并用 Session 对象存储
Response.Redirect("Default1.aspx");	跳转到 Default1.aspx 页面
}	
// Defauft1.aspx 页面	
protected void Page_Load(object sender, EventArgs e)	装入事件
{	
this.Label1.Text = Session["UseName"].ToString();	提取 Session 对象信息，并显示
}	

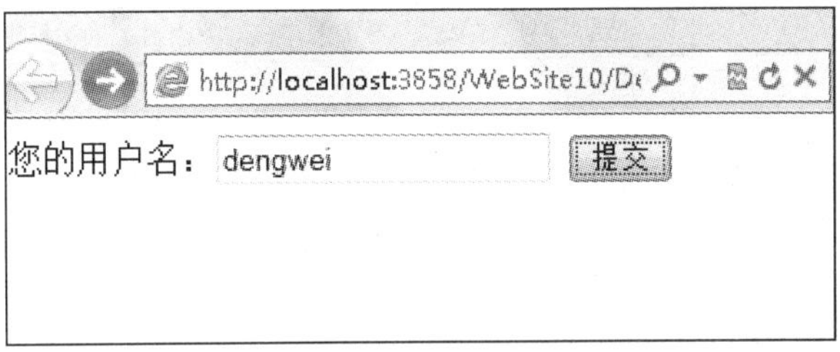

图5-13 Session实例二运行效果图一

图5-14 Session实例二运行效果图二

5.6 Server 对象

Server 对象是 ASP.NET 中一个很重要的对象，熟悉掌握 Server 对象能够实现许多高级功能。Server 对象提供了对服务器的访问技术，一般用来处理 Web 服务器上的特定任务，Server 对象通过属性和方法来访问 Web 服务器，从而实现对数据、网页、外部对象和组件的管理。

5.6.1 Server 对象概述

Server 对象工作在 Web 服务器端，提供了对服务器属性和方法的访问，从而用来获取 Web 服务器的特性和设置。

使用 Server 对象可以创建各种服务器组件实例，从而实现访问数据库，对文件进行输入、输出以及在 Web 页上自动轮换显示广告图像等功能。使用 Server 对象也可以完成调用 ASP.NET 脚本，处理 HTML 和 URL 编码以及获取服务器对象的路径信息等功能。

5.6.2 Server 对象的属性和方法

Server 对象只有两个属性 MachineName、ScriptTimeout。Server 对象的方法却很多，具体如表 5-31 和表 5-32 所示。

表 5-31 Server 对象的属性及说明

属 性	说 明
MachineName	获取服务器的计算机名称，本地计算机的名称
ScriptTimeout	获取和设置请求超时值（以秒计）

表 5-32 Server 对象的方法及说明

方 法	说 明
CreateObject	创建 COM 对象的一个服务器实例
CreateObjectFromClsid	创建 COM 对象服务器实例，该对象由对象的类标识符（CLSID）标识
ClearError	清除前一个异常
GetLastError	获取前一个异常
Execute	使用另一页执行当前请求
Transfer	终止当前页的执行，并为当前请求开始执行新页

5.6.3 Server 基本应用

1. 返回计算机的名称

通过 Server 对象的 MachineName 属性来获取服务器计算机的名称。

```
变量名 = Server.MachineName;
```

【操作实例 5-20】 该语句用于将计算机名称存入指定变量中见表 5-33。

表 5-33 程序代码及注释

程 序 代 码	对 应 注 释
protected void Page_Load(object sender, EventArgs e) { Label1.Text = Server.MachineName.ToLower(); }	获得服务器计算机名称

2. 设置客户端请求的超时期限

用户都有过这样的经验，上网浏览时打开某个页面，由于网速过慢或其他原因，片刻后提示“该页无法显示”，这主要是由于服务器上的某些程序陷入死循环或服务器过载，采用了 ScriptTimeout 属性设置了超时值，在脚本运行超过指定的时间时，做了超时处理。

```
Server.ScriptTimeout=指定的值
```

ScriptTimeout 属性的设置必须在 ASP.NET 程序之前，否则为无效设置，所设置的值单位为秒。例如，Server.ScriptTimeout=60，将客户端请求超时期限设置为 60s，如果 60s 内没有任何操作，服务器将断开与客户端的连接，页面将提示：该页无法显示。

3. 利用 HtmlEncode 和 HtmlDecode 方法对网页内容编码

当想在网页上显示 HTML 标签时，若在网页中直接输出则会被浏览器解译为 HTML 的内容，所以要通过 Server 对象的 HtmlEncode 方法将它编码再输出；若要将编码后的结果译码回原本的内容，则使用 HtmlDecode 方法。

语法格式：

```
Server.HtmlDecode("<b>粗体</b>")
```

【操作实例 5-21】 使用 HtmlEncode 和 HtmlDecode 方法对网页内容编码。程序代码见表 5-34，运行效果如图 5-15 所示。

表 5-34 程序代码及注释

程序代码	对应注释

protected void Page_Load(object sender, EventArgs e)
{
String strHtmlContent = Server.HtmlDecode("<B>HTML 内容</B>");
Response.Write(strHtmlContent +"</br>");
Response.Write(" 使用 HtmlEncode 方法为指定字符串编码： </br>" + Server.HtmlEncode("<b>浏览器中字符串 </b>") + "
" +"使用 HtmlDecode 方法为指定字符串解码：</br>" + Server.HtmlDecode("<b>浏览器中字符串</b>"));
}
	将参数字符串解码成可以在页面上显示效果的 HTML 代码
	
	输出
	使用 HtmlEncode 和 HtmlDecode 对页面内容进行编码

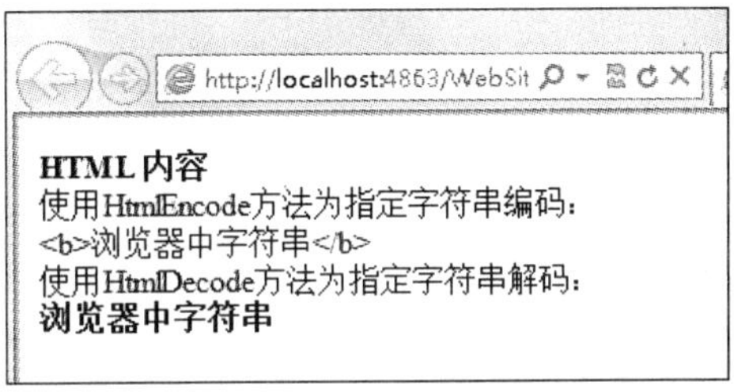

图5-15 HtmlEncode与HtmlDecode实例运行效果

4. 利用 UrlEncode 方法将 URL 中的特殊字符进行编码

就像 HTMLEncode 方法使客户端可以将字符串翻译成可接受的 HTML 格式一样，Server 对象的 URLEncode 方法可以根据 URL 规则对字符串进行正确编码。当字符串数据以 URL 的形式传递到服务器时，在字符串中不允许出现空格，也不允许出现特殊字符。为此，如果希望在发送字符串之前进行 URL 编码，则可以使用 Server.URLEncode 方法。

即将 ASCII 字符转换成 URL 中等效的字符，将在结果中出现空白的字符用“+”符号代替，ASCII 码大于 126 的字符用“%”后跟十六进制代码进行替换。

语法格式：

```
Server.UrlDecode(String);
```

【操作实例 5-22】 使用 Server 的 UrlEncode 方法将 URL 中的特殊字符进行编码见表 5-35。

表 5-35 与程序代码及注释

程序代码	对应注释

protected void Page_Load(object sender, EventArgs e)
{
Response.Write(Server.UrlEncode("http://www.microsoft.com"));
}
	将网址转换成 http%3a%2f%2fwww.microsoft.com 以便通过 URL 从 Web 服务器到客户端进行可靠的 HTTP 传输

5. 建立虚拟路径与服务器物理目录映射

在页面上使用的一般都是虚拟路径，也就是常说的相对路径，相对路径在使用时必须保证目标文件与当前运行的页面文件在同一目录下，对数据进行操作时会使用到文件的物理路径，使用 Server 对象的 MapPath 方法可以将指定的虚拟路径映射到服务器上相应的物理目录上。

参数 Path 表示指定要映射物理目录的相对或虚拟路径。若 Path 以一个正斜杠（/）或反斜杠（\）开始，则 MapPath 方法返回路径时将 Path 视为完整的虚拟路径。若 Path 不是以斜杠开始，则 MapPath 方法返回同页面文件中已有的路径相对的路径。这里需要注意的是，MapPath 方法不检查返回的路径是否正确或在服务器上是否存在。

语法格式：

```
Server.MapPath(路径)
```

【操作实例 5-23】 使用 Server 的 MapPath 方法实现指定虚拟路径映射到服务器上相应的物理目录上见表 5-36。

表 5-36　Server 的 MapPath 方法

程序代码	对应注释
Server.MapPath("~/")	服务器的根目录
Server.MapPath("./")	当前目录
Server.MapPath("Defult.aspx")	获取 Default.aspx 文件的物理路径

6. Server 对象的 CreateObject 方法

CreateObject 用于创建已经在服务器上注册的服务器组件的实例，组件只有在创建实例以后才可以使用。语法格式为：

```
Server.CreateObject(ObjectParameter)
```

ObjectParameter 是要创建的 ActiveX 组件类型。ObjectParameter 的格式是：[出版商名.]组件名[.版本号]。

5.7　综合实例：Server 对象方法举例

本实例使用 Server 对象来获取服务器端的相关信息，Default.aspx 页面的 Page_Load 事件中，分别调用 Server 对象和 Request 对象的相关属性获取客户端和服务器端信息，并将这些信息显示在相应的 Label 控件中。程序代码见表 5-37，运行效果如图 5-16 所示。

表 5-37　Server 对象综合实例一

程序代码	对应注释
protected void Page_Load(object sender, EventArgs e)	
{	
Label2.Text = Request.Browser.Platform;	获取客户端的操作系统信息
Label3.Text = Request.Browser.Type;	获取客户端浏览器信息
Label5.Text = Server.MachineName.ToLower();	获取服务器端计算机名称
Label1.Text = Request.UserHostAddress;	获取客户端 IP 地址
string hostName = Dns.GetHostName();	
IPAddress[] hostip;	
hostip = Dns.GetHostAddresses(hostName);	
foreach (IPAddress ip in hostip)	
{	
Label4.Text = ip.ToString();	
}	获取服务器端 IP 地址信息
}	

图5-16　Server实例一运行效果

使用 Server 对象访问 Web 服务器。在 Default.aspx 页面添加一个 TextBox 控件用来转换用户输入的 HTML 语言。程序代码见表 5-38，运行效果如图 5-17 所示。

表 5-38　Server 综合实例二代码及注释

程 序 代 码	对 应 注 释
public partial class ServerComplex : System.Web.UI.Page	
{	
protected void Page_Load(object sender, EventArgs e)	
{	
Label1.Text = Server.MachineName;	获得服务器计算机名称
Server.Execute("Date.aspx");	执行事先做好的 Date.aspx 页，用于显示日期
}	
protected void Button1_Click(object sender, EventArgs e)	
{	
string sign = TextBox1.Text.Trim();	当单击提交时，获得用户填写的个性签名，如果为空则返回
if (string.IsNullOrEmpty(sign))	
{	
Label2.Text = "";	
return;	并将个性签名解码成可在浏览器中正常显示的字符串
}	
sign = Server.HtmlDecode(sign);	
Label2.Text = "您的个性签名是：" + sign + " ";	
}	
}	

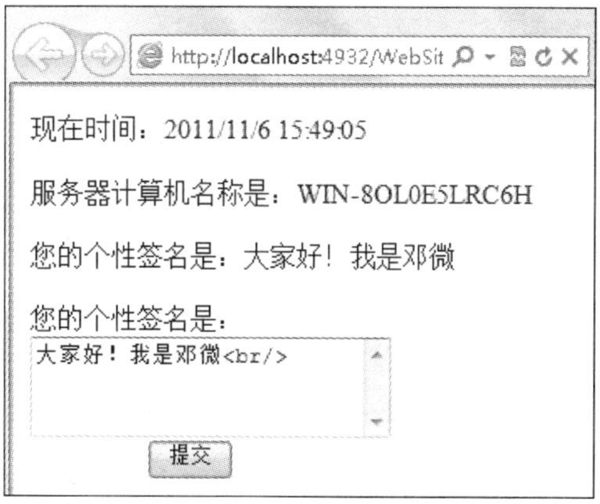

图5-17　Server实例二运行效果

【拓展编程技巧】

脚本入侵是指网络上一些恶意用户在页面提交的信息中，提交包括有特殊脚本程序的信息。如果没有对其特殊处理，服务器将会执行这些脚本程序。Server 对象通过 HtmlEncode 方法就可以防止脚本入侵。HtmlEncode 方法就是把 HTML 元素向字符串进行编码转换。该方法可以把原来的 HTML 转换成可以在浏览器直接显示的字符串程序代码见表 5-39，运行效果如图 5-18 所示。

表 5-39　编程技巧实例代码及注释

程 序 代 码	对 应 注 释
protected void Page_Load(object sender, EventArgs e)	
{	
Response.Write(Server.HtmlEncode("<script>alert(\"脚本入侵?\")</script>"));	进行编码转换
Response.Write("<script>alert(\"脚本入侵\")</script>");	没有编码转换
}	

上述代码第一行对一段含有脚本入侵的字符串进行 HtmlEncode 编码进行转换，结果该字符串包括其字符都以一般文本信息显示到浏览器上。编码采用“\”对双引号进行转义。第二行由于没有进行编码转换，则执行信息的脚本程序，弹出一个对话框。

图5-18　HtmlEncode编码转换

本章小结

面向对象程序设计是当代计算机编程的主流技术，类、对象、方法、事件和属性是面向对象编程必须掌握的基本概念。对象是 ASP.NET 编程的基础，ASP.NET 语言封装了常用的基本对象，他们是 Response、Request、Application、Server、Session、Context 和 Trace 等。Request 对象功能是从客户端得到数据，常用的两种取得数据的方法是：Request.Form，Request.QueryString；Response 对象是 ASP.NET 最基本的对象，与 Request 对象的功能正好相反，专门用来响应客户端的请求，并将响应结果显示在客户端的浏览器中，其主要功能有两种：页面文本输出和页面跳转。Application 对象是一个公有变量，允许多个用户对它访问。Application 对象的所有数据可以在整个应用程序内部共享，并且对所有用户都是可见的。

Session 对象功能就是用来存储用户的私有数据，用于保存会话变量的值。Server 对象提供了对服务器的访问技术，一般用来处理 Web 服务器上的特定任务，Server 对象通过属性和方法来访问 Web 服务器，从而实现对数据、网页、外部对象和组件的管理。

每章一考

一、填空题（20 空，每空 2 分，共 40 分）

1．方法是指对象本身所具有的、反映该对象功能的（　　）或（　　）。

2．Response 对象的最主要的功能就是将请求的信息显示在浏览器上，该功能通过（　　）方法实现。

3．Application 对象应用最多的方法是（　　）和（　　）。

4．常量、字符串、甚至任何合法的（　　）都可以作为 Application 对象的存储内容。

5．Server 对象只有两个常用属性（　　）、（　　）。

6．可以利用（　　）和（　　）方法对网页内容编码。

7．EndResponse 参数表示是否中止当前页面的响应。如果该参数的值为（　　），则中止当前页面的响应。

8．通过 Server 对象的（　　）属性来获取服务器计算机的名称。

9．（　　）对象是用来存储用户的私有数据，保存会话变量的值以及保存全局信息。

10．Form 提交时的两种不同的提交方法：分别是（　　）方法和（　　）方法。

11．（　　）、（　　）、（　　）、（　　）、（　　）是面向对象编程的五个基本概念。

二、选择题（10 小题，每小题 2 分，共 20 分）

1．对象是（　　）的实例化。

A．类　　B．事件　　C．方法　　D．属性

2．（　　）泛指能被对象识别的用户操作动作或对象状态的变化发出的信息，即对象的响应。

A．属性　　B．方法　　C．函数　　D．事件

3．在 ASP.NET 中提供（　　）个对象。

A．2.　　B．7　　C．10　　D．8

4．Response 对象的另外一个功能是实现从当前页面跳转到指定页面，其主要靠（　　）方法完成该功能。

A．Redirect()　　B．MapPath()　　C．End()　　D．Flush()

5．ObjectParameter 是要创建（　　）组件类型。

A．ActiveX　　B．xhtml　　C．Vbscript　　D．C++

6．（　　）是页面上下文对象。

A．Server　　B．Session　　C．Context　　D．Trace

7．Request 对象中获取 Get 方式提交的数据的方法是（　　）。

A．Cookies　　B．ServerVariables　　C．QuerySttring　　D．Form

8．getParameter 主要用于获取由（　　）传过来的参数。

A．主页　　B．对象　　C．控件　　D．表单

9．欲取得发出请求的远程主机的 IP 地址要用 Request 的（　　）变量。

A．REMOTE_ADDR　　B．REMOTE_HOST

C．QUERY_STRING　　D．REQUEST_METHOD

10．页面的有效期应该使用（　　）对象进行设置。

A．Session　　B．Application　　C．Response　　D．Request

三、判断题（10 小题，每小题 2 分，共 20 分）

1．对象是具有某些特性的具体事物的抽象。（　　）

2．Application 对象是一个公有变量，允许多个用户对它访问。（　　）

3．Session 变量值可以在使用时随时读取。（　　）

4.使用 Server 对象的 MapPath 方法可以将指定的虚拟路径映射到服务器上相应的物理目录上。（　　）

5．CreateObject 用于创建已经在服务器上注册的服务器组件的实例，组件在创建实例以后不可以使用。（　　）

6．Server 对象提供了对客户机的访问技术（　　）

7．Cookies 功能是获取客户端浏览器的信息。（　　）

8．Session.Timeout=60 的语句的含义是 Session 会话有效期是 60s。（　　）

9．当在网页上显示 HTML 标签时要通过 Server 对象的 HtmlEncode 方法编码再输出。（　　）

10．Server.MapPath("./")指代当前目录的上一级目录。（　　）

四、综合题（共 4 小题，每小题 5 分，共 20 分)

1．什么是类?

2．ASP.NET 有哪些常用内置对象，他们的功能都是什么？

3．简述 Server 的五项基本应用。

4．简述使用 Application 加锁与解锁。

第6章　数据库操作

程序员的优秀品质之六：海纳百川，有容乃大

出自《管子·霸言》：“海不辞水，故能成其大；山不辞土石，故能成其高；明主不厌人，故能成其众。”。晋朝袁宏《三国名臣序赞》写道：“形器不存，方寸海纳。”李周翰注：“方寸之心，如海之纳百川也。”。《尚书》也写道：“尔无忿疾于顽。无求备于一夫。必有忍，其乃有济。有容，德乃大。”

大海能容纳百川之水，才能成为大海；山不推辞任何土石，才能成为高山；真正有胸怀远长的人，不会厌弃人才，所以才会人才济济，成就大事业。做人要像大海能容纳无数江河水一样的胸襟宽广，要豁达大度。这也是一个人有修养的表现。中国过去有句俗话，叫做“宰相肚里能行船”，做一个程序员一定要具有豁达的胸襟。

学习激励

网易公司首席架构设计师丁磊

丁磊，网易公司首席架构设计师，1971年生于浙江宁波。2007年《福布斯》中国富豪榜排名第63位，资产75亿元。1997年6月创立网易公司。丁磊将网易公司从一个十几个人的私企发展到今天拥有超过一千五百多名员工，在美国公开上市的知名互联网技术企业。据易观国际数据统计，网易在中国网游市场份额中排名第二。

在创立网易公司之前，丁磊曾是中国电信的一名技术工程师，后来担任美国赛贝斯公司(Sybase)中国区的技术支持工程师。他在Internet领域中积累了丰富的经验，是深谙IT产业知识及Internet系统集成技术的出色专业人才。1997年11月网易推出了中国第一个双语电子邮件系统。2000年3月，丁磊辞去首席执行官，出任网易公司联合首席技术执行官。2001年3月，担任首席架构设计师，专注于公司远景战略的设计与规划。2001年6月至9月担任代理首席执行官和代理首席营运官。2005年11月，丁磊再次出任网易首席执行官。

和丁磊一样，很多计算机领域功成名就的人，最初都曾在专业技术领域拼搏多年，丰富的技术开发经验使他们凭借一个软件或一个网站，走向了人生的辉煌。从丁磊的发展，我们应该清醒地意识到欲在网络编程领域有所建树，必须先成为编程高手，努力吧，同学们，功到自然成！

6.1 ASP.NET 数据库操作概述

数据库化是目前网站建设的主流技术，ASP.NET 在网络上的应用也离不开数据库技术，ASP.NET 能使用哪些种类数据库呢？ASP.NET 如何使用每种数据库呢？常说的 ADO.NET 又是什么呢？本节将就这些问题进行详细讲解。

6.1.1 数据库概述

网站已经离不开数据库，数据库已经成为当今程序设计的必需部分。数据库操作与 C#语言基础、常见对象及服务器控件一起组成了 ASP.NET 知识的四大板块。而 ASP.NET 的数据库操作则是这四部分中最重要、应用最频繁的部分。

数据库就是按一定方式把数据组织、储存在一起的集合，就是把各种各样的数据按照一定的规则组织在一起，存放在不同的表中。

数据库管理系统（Database Management System，DBMS）是一种操纵和管理数据库的大型软件，用于建立、使用和维护数据库。它对数据库进行统一的管理和控制，以保证数据库的安全性和完整性。

常用的数据库管理系统有 Oracle、Sybase、Informix、Microsoft SQL Server、Microsoft Access 和 Visual FoxPro 等。目前 ASP.NET 最常用的数据库以 Microsoft SQL Server 为主。

6.1.2 ADO.NET

数据库是独立存在的，各种编程语言都可以使用数据库。但数据库与编程语言之间需要一个接口。ASP.NET 可以使用各种类型的数据库，ADO.NET 是 ASP.NET 与数据库之间的接口。掌握了 ADO.NET 的使用方法便掌握了 ASP.NET 数据库的使用技术，熟悉了 ADO.NET 的常用对象，便可以驾轻就熟地驰骋在 ASP.NET 的疆场。

ADO.NET 本质上是一个类库，其中包含大量的类，利用这些类提供的对象，能够完成数据库的各种操作。ADO.NET 共有五个常用对象，它们是 Connection、Command、DataReader、DataSet 和 DataAdapter，如表 6-1 所示。

表 6-1　ADO.NET 常用对象及功能

对　象	功　能
Connection	数据库连接对象，用于建立数据库的连接
Command	用于执行数据库命令，针对不同的数据库提供了 SqlCommand、OleDbCommand、Odbcommand 和 OracleCommand 几种访问方式，同时也提供从数据库中检索数据、插入数据、修改数据和删除数据的功能
DataReader	用于读取数据库中的数据，其优点是速度比较快，缺点是功能有限
DataSet	DataSet 对象是数据在内存中的表示形式。它包括多个 DataTable 对象，而 DataTable 包含列和行，就像一个普通的数据库中的表一样
DataAdapter	数据库适配器，DataSet 对象与数据库之间的桥梁，它通过 Fill 方法把数据库中的数据映射填充到 DataSet 对象中，通过 Update 方法更新数据库中的数据，使 DataSet 对象中的数据与数据库中的数据保持一致

6.1.3 ADO.NET 中的各类数据库接口

各类数据库与编程语言之间的连接都需要接口，而 ADO.NET 便是 ASP.NET 与数据库之间的接口。ASP.NET 对各类不同的数据库提供了不同的接口。ADO.NET 提供了四种数据驱动程序，分别是 SQL Server.NET、OleDb.NET、OracleDb.NET 和 ODBC.NET 数据驱动程序。其中 SQL Server.NET 用来访问 SQL Server 7 以及更高级版本，OleDb.NET 用来访问包括 SQL Server 以及其他类型的数据库，Oracle Db.NET 专门访问 Oracle 8i DataReader 及以上版本的数据库，ODBC.NET 用来访问 ODBC 数据源。

6.2 数据库的连接

ASP.NET 中使用数据库必须通过 ADO.NET 接口，而数据库使用的第一步便是数据库的连接，如何进行数据库的连接呢？对各种不同的数据库如何区别对待呢？本节将就这一问题进行详细讲解，以开启 ASP.NET 使用数据库的之门。

6.2.1 数据库连接概述

数据库操作的第一步是建立与数据库的连接。在 ADO.NET 中使用 Connection 对象进行数据库连接。该对象的属性和方法如表 6-2 所示。

表 6-2 Connection 对象常用属性及方法

属性及方法	功　能
ConnectionString 属性	读取或设置打开数据库的字符串
ConnectionTimeout 属性	读取数据库尝试连接秒数
DataSource 属性	读取数据库所在位置及所在位置的服务器名称或文件夹名称
Database 属性	读取或设置连接的数据库名称
State 属性	读取当前连接状态
Provider 属性	读取数据库驱动程序
Open()方法	打开数据连接
Close()方法	关闭数据连接

除了 ConnectionString 属性外，其他属性属于只读属性，即用户只能通过连接字符串来配置数据库连接，通过各种属性获取连接信息，而不能更改属性值。

数据库连接并不复杂，只要执行下列步骤即可完成。

1．引入命名空间，各种数据库的命名空间各不相同

1）如果使用的是 SQL Server 数据库，则在编写的程序头部写下如下代码：using System.Data.SqlClient;

2）如果使用的是 Access 数据库，则在编写的程序头部写下如下代码：using System.Data.OleDb;

3）如果使用的是 Oracle 数据库，则在编写的程序头部写下如下代码：using System.Data.OracleClient。

2．Connection 对象实例化

1）SQL Server 数据库：SqlConnection *sqlconstr* = new SqlConnection();

2）ACCESS 数据库：OleDbConnection *oledbconnstr* = new OleDbConnection();

3）Oralce 数据库：OleDbConnection *Oracleconnstr* = new OracleConnection();

其中斜体部分由编程者自行命名，但成熟的程序员多命名为：sqlconstr，即 sql（SQL 数据库）与 connection（连接）及 string（字符串）三个单词的缩写，合起来意为 SQL 数据库连接字符串。

小提示：对象实例化：初学者往往不理解什么是对象实例化，众所周知，在 C 语言中使用变量要先声明，让计算机知道这是一个变量。同样在使用对象的时候也要先声明，告诉计算机 sqlconstr 是代表数据库连接的一个特殊“变量”。

3．设置连接语句

设置连接语句，通过 ConnectionString 来实现，其中 sqlconstr 是第二步建立的数据库连接实例名。

（1）SQL Server 数据库

1）sqlconstr.ConnectionString = "server =localhost;

database =test;uid=sa;pwd =‘’"，也可以用 sqlconstr.ConnectionString = "Data Source=localhost;Initial Catalog=test;User ID=sa;Password=‘’";

2）在 web.config 文件中配置连接，在<configuration></configuration>标记中添加以下连接字符串。

```
<connectionStrings>
<add name="ConnectionString(可变)"connectionString="Data Source=服务器名;Initial Catalog=数据库名;Integrated Security=True"
        providerName="System.Data.SqlClient" />
    </connectionStrings>
```

或

```
<add name="ConnectionString(可变)"connectionString="Data Source=服务器名;Initial Catalog=数据库名;User ID=sa;Password=”"
        providerName="System.Data.SqlClient" />
    </connectionStrings>
```

（2）ACCESS 数据库

1）oledbconnstr.ConnectionString = "provider = Microsoft.Jet.OLEDB.4.0;data source = 'c:\\lx\\test.mdb'";

2）在 web.config 文件中配置连接，在<configuration></configuration>标记中添加以下连接字符串。

```
<connectionStrings>
 <add name="ConnStr" connectionString="Provider=Microsoft.Jet.OLEDB.4.0;Data Source= |DataDirectory|\数据库名.mdb"    providerName="System.Data.OleDb" />
  </connectionStrings>
```

注意：此时数据库应放在 App_Data 文件下。

（3）Oracle 数据库

```
Oracleconnstr.ConnectionString = "server=MyOraServer; Provider=MSDAORA; user id=sa;password= ‘’"
```

4．打开连接

打开连接用 sqlconstr.Open()语句，其中 sqlconstr 是第二步建立的数据库连接实例名。打开连接后，就可以对数据库进行各种操作，完成全部操作后使用 sqlconstr.close()关闭数据库。

6.2.2 连接到 Access 数据库

Access 数据库是微软 Office 办公软件中的一个产品，是编程者入门级的桌面数据库，一般初学者可以使用这种数据库进行编程练习，其特点是简单易用，在 ASP.NET 中连接也极其方便。在 ASP.NET 中使用 OleDb.NET 数据接口连接 Access 数据库。Access 数据库的连接字符串的属性如表 6-3 所示。

表 6-3 OleDb.NET 数据库连接字符串属性

属 性	说 明
Data source	数据源，一般为数据库文件的物理路径
Provider	数据源的驱动程序，一般使用 Microsoft.jet.OLEDB.4.0 驱动程序。还可以使用 SQLOLEDB 驱动程序连接到 SQL Server 6.5 及以上版本数据库，使用 MSDAORA 驱动程序可以连接到 Oracle 7 数据库
Database	数据库的名称，一般为应用程序使用的数据库名称
Connection Timeout	表示连接超时的时间，默认为 15s

6.2.3 连接到 SQL Server 数据库

SQL Server 数据库是微软公司力推的数据库系统，也是 ASP.NET 首选数据库系统，由于 SQL Server 与 ASP.NET 同出于一家之门，所以他们配合非常默契，使用非常方便。在 ASP.NET 中使用 SqlClient 数据接口连接 SQL Server 数据库。连接 SQL Server 数据库的字符串相关属性如表 6-4 所示。

表 6-4 SQL Server 数据库连接字符串常用属性

属 性	说 明
Data source	SQL Server 数据源，即服务器所在机器名称或者是服务器 IP 地址
Server	数据库所在服务器名称
Database	数据库名称
User ID	SQL Server 数据库的用户 ID
Password	SQL Server 数据库的用户密码
Pooling	设置是否使用数据库的连接池
Intergrated Security	设置登录数据库时是否使用系统集成验证
Connection Timeout	表示连接超时的时间，默认为 15s

6.2.4 连接到 Oracle 数据库

Oracle 数据库是甲骨文公司主推的数据库系统，它同 SQL Server 一样，也是 ASP.NET 常用的数据库系统。Oracle 数据库具有较强的可用性、扩展性、安全性、稳定性、移植性和兼容性，因此，它在数据库系统中占有重要地位。在 ASP.NET 中使用 OracleClient 数据接口连接 Oracle 数据库。OracleClient 数据接口的连接字符串与 SqlClient 数据接口的连接字符串的相关属性类似，Oracle 数据库的连接字符串相关属性如表 6-5 所示。

表 6-5　Oracle 数据库连接字符串常用属性

属　性	说　明
Data source	Oracle 数据库的数据源，即服务器名称也可以是服务器 IP 地址
Server	数据库所在服务器名称
Database	数据库名称
User ID	Oracle 数据库的用户 ID
Password	Oracle 数据库的用户密码
Pooling	设置是否使用数据库的连接池
Intergrated Security	设置登录数据库时是否使用系统集成验证
Connection Timeout	表示连接超时的时间，默认为 15s

6.2.5　数据库连接实例

【操作实例 6-1】 表 6-6 是使用 Connection 对象连接 SQL Server 数据库的应用案例，综合用到了 Connection 对象的各种属性和方法，通过该例题还可以掌握如何打开数据库连接和关闭数据库连接，操作步骤如下。

1）启动 Visual Studio 2010，在菜单依次选择"文件|新建|网站|ASP.NET 网站"命令。

2）在工具箱中拖拽 Button 控件到设计窗口，在设计窗口页面上单击右键，选择查看代码。

3）在 Button1_Click 事件输入表 6-6 中的代码。

表 6-6　使用 Connection 对象连接数据库代码及解释

程 序 代 码	对 应 注 释
using System.Data.SqlClient;	引用 SqlClient 命名空间
protected void Button1_Click(object sender, EventArgs e)	按钮单击事件
{	
SqlConnection con = new	
SqlConnection("DATA SOURCE=WAVE\\SQLEXPRESS;Integrated	Connection 对象实例化
Security=TruE;INITIAL CATALOG=DB_SM;");	通过 ConnectionString 来获取或设置连接语句
con.Open();	打开数据库连接
if (con.State== ConnectionState.Open)	判断是否打开
{	
Response.Write("数据库已打开");	
}	
con.Close();	
}	关闭数据库连接

4）〈Ctrl+F5〉组合键运行程序，得到如图 6-1 所示程序界面。

图6-1　数据库连接实例

6.3 连线式操作数据库

数据库连接完成后，接下来就要进行数据库操作了。数据库操作有两种方法使用，一种是连线方式，另外一种是离线方式。连线方式对数据库只能执行读操作，而不能进行修改、增添记录等操作。离线方式具有比连线方式更强大的功能。

6.3.1 连线式操作数据库概述

连线式操作数据库就如同使用手机进行通话。首先通过基站建立两部手机之间的连接，然后进行通话。在通话的过程中，两部手机之间必须保持连接状态，直到通话结束才能够挂断。如果一方挂断，将无法继续通话。连线式数据库操作同样也需要应用程序与数据库先建立连接，然后才能够传输数据，并且需要在传输数据的过程中一直保持与数据库之间的连线状态。最后，当数据传输完毕后，才能够断开与数据库的连接。如果中间连接断开，则应用程序会出现错误。手机之间通话是会出现占线的现象，也就是说在同一时间内，通话的手机数量是有限的。对于数据库来说这也是一样的。对于同一个数据库，它在同一时间仅能够接收有限的连接。如果超过数据库连接个数的限制，则应用程序将无法连接到数据库。在网站的使用中，大多数情况下会出现多个用户同时浏览和操作数据，因此，上述连线式数据库操作并不是很适合网站设计。但是，连线式数据库操作也有它自身的优点，那就是它能够高效快速的访问数据库。对于非网站设计方面的应用，它是非常不错的选择。

连线式数据库操作所涉及的组件主要由 ADO.NET 中的 Framework 数据提供程序提供。它主要包括 Connection、Command 和 DataReader 三个对象。一般情况下，连线式数据库操作通过联合使用上述三个对象完成。

6.3.2 连线式操作数据库的流程

1）设定数据库连接字符串。

2）打开数据库。

3）使用 Command 对象向数据库下达操作命令。

4）使用 DataReader 对象进行各种读取操作。

5）关闭数据库。

6.3.3 连线式操作数据库所使用的 Command 对象详解

Command 对象在连线式操作数据库中起到定义数据库可执行命令的作用。这些可执行命令包括 SQL 语句、数据表、存储过程和其他数据提供者支持的文本格式。可以通过 Command 对象实现以下两个功能。

1）使用 Command 对象执行 SQL 语句，并返回相应的结果。

2）使用 Command 对象执行存储过程。

使用 Command 对象执行 SQL 语句时，首先需要创建 Command 对象，然后将完成数据库连接操作的 Connection 对象指定给 Command 对象的 ActiveConnection 属性，接着再把 SQL

命令语句指定给 CommandText 属性，最后调用 Execute 方法向数据库下达命令。

使用 Command 对象调用存储过程时，首先需要创建 Command 对象，然后将 Command 对象的 CommandType 属性设置为 StoredProcedure，并使用 Command 的 Parameters 属性访问输入及输出参数和返回值，最后通过 Command 对象的 Execute 方法执行存储过程。

表 6-7 给出了 Command 对象常用属性及方法。

表 6-7 Command 对象常用属性及方法

属　性	说　明
CommandText	读取或设置要执行的 SQL 语句或存储过程
CommandTimeout	读取或设置执行命令需要等待的时间
CommandType	读取或设置 CommandType 命令的类型
Connection	读取或设置命令所使用的连接对象
Parameters	读取与该命令关联的参数集合
Transaction	读取或设置执行命令的任务
ExecuteReader()	执行查询，并返回查询数据
ExecuteScalar()	执行查询，并返回查询数据第一行第一列数据值
ExecuteNonQuery()	执行非查询命令，并返回受影响的行数
ExecuteXmlReader	执行查询，返回 XML 数据
Cancel	取消执行命令

1. 创建 Command 对象

创建 Command 对象的方式包括两种。

1）先声明一个 Command 对象，然后设置相应的 CommandText 和 Connection 属性。

2）创建 Command 对象时直接对 CommandText 和 Connection 属性进行赋值。由于第一种方式可读性较好，因此，一般采用第一种方式创建 Command 对象。

以下语句给出了两种创建 Command 对象的方式。

```
    //第一种方式
    SqlCommand myCommand = new SqlCommand();
    //第二种方式
    SqlCommand catCMD = new SqlCommand("SELECT CategoryID, CategoryName FROM Categories",
nwindConn);
```

2. 使用 Command 对象

使用 Command 对象操作数据库的方法主要有以下四种。

（1）读取整个数据表

【操作实例 6-2】 使用 Command 对象读取数据表需要使用 ExecuteReader 方法。该方法返回一个只读的数据表。它的功能主要是用来执行基本的 SQL 数据查询。

表 6-8 是通过 ExecuteReader 方法执行读取整个数据表，并绑定 GridView 控件的应用案例，运用到了 Command 对象的 ExecuteReader 方法，操作步骤如下。

1）启动 Visual Studio 2010，在菜单上依次选择“文件|新建|网站|ASP.NET 网站”命令。

2）在工具箱上拖拽或双击 DataView 图标和 Button 按钮至设计窗口。

3）在设计窗口页面上单击鼠标右键，选择查看代码，在 Page_Load 事件输入表 6-8 所示代码。

表 6-8　读取整个数据表程序代码及解释

程 序 代 码	对 应 注 释
using System.Data.SqlClient;	引入命名空间
public partial class _5_02 : System.Web.UI.Page	
{	
protected void Page_Load(object sender, EventArgs e)	
{	
SqlConnection con = new SqlConnection();	
con.ConnectionString="DATA	设置数据库连接字符串
SOURCE=WAVE\\SQLEXPRESS;INTEGRATEDSecurit	
y=TRUE;INITIAL CATALOG=DB_SM;";	
string Sql = "SELECT * FROM STUDENT";	设置 SQL 语句
SqlCommand cmd = new SqlCommand(Sql, con);	Command 对象实例化
con.Open();	
SqlDataReader sdr = cmd.ExecuteReader();	打开数据库
this.GridView1.DataSource = sdr;	执行查询命令
GridView1.DataBind();	
con.Close();	绑定数据源
}	关闭数据库
}	

4）按〈Ctrl+F5〉组合键运行程序，得到如图 6-2 所示程序界面。

图6-2　读取数据表实例

（2）执行 SQL 命令

【操作实例 6-3】 使用 Command 对象执行 SQL 命令需要使用 ExecuteNonQuery 方法。该方法不返回结果，一般使用该方法对表以及表中的数据进行创建、修改或删除。

表 6-9 是通过 ExecuteNonQuery 将一条记录插入数据库，并更新到 GridView 控件的应用案例，运用到了 Command 对象的 ExecuteNonQuery 方法，操作步骤如下。

1）启动 Visual Studio 2010，在菜单依次选择“文件|新建|网站|ASP.NET 网站”命令。

2）在工具箱上拖拽或双击 DataView 图标，添加五个标签 Label1、Label2、Label3、Label4 和 Label5，并将相应的 Text 属性修改为：“学号”、“姓名”、“性别”、“年龄”及“院系”，五个文本框 TextBox1、TextBox2、TextBox3、TextBox4 和 TextBox5，一个按钮 Button1 至设计窗口。设计窗口如图 6-3 所示。

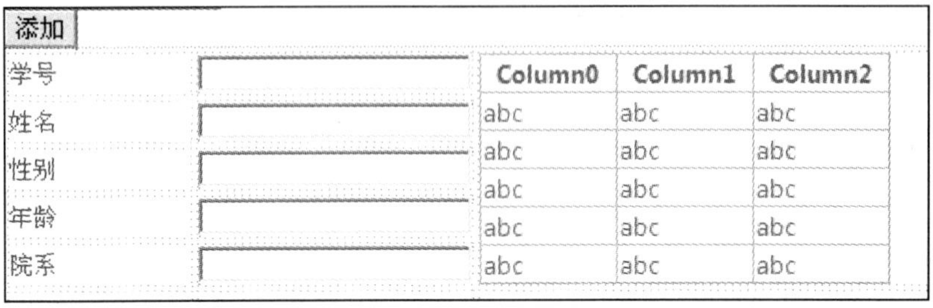

图6-3　执行SQL命令实例设计

3）双击按钮 Button1，编写代码如表 6-9 所示。

表 6-9　执行 SQL 命令程序代码及解释

程 序 代 码	对 应 注 释
protected void Button1_Click(object sender, EventArgs e)	
{	
SqlConnection con = new SqlConnection();	
con.ConnectionString = "DATA SOURCE=WAVE\\SQLEXPRESS;INTEGRATED Security=TRUE;INITIAL CATALOG=DB_SM;";	设置数据库连接字符串
string Sql = "INSERT INTO STUDENT Values('" + TextBox1.Text.ToString().Trim() + "','" + TextBox2.Text.ToString().Trim() + "','" + TextBox3.Text.ToString().Trim() + "','" + TextBox4.Text.ToString().Trim() + "','" + TextBox5.Text.ToString().Trim() + "')";	设置插入语句
string sql1 = "select * from STUDENT";	
SqlCommand cmd = new SqlCommand(Sql, con);	Command 对象实例化
SqlCommand cmd1 = new SqlCommand(sql1, con);	Command 对象实例化
con.Open();	打开连接
cmd.ExecuteNonQuery();	执行插入语句
SqlDataReader sdr = cmd1.ExecuteReader();	关闭连接
this.GridView1.DataSource = sdr;	
GridView1.DataBind();	绑定 DataView
sdr.Close();	关闭 sdr
con.Close();	关闭连接
}	

4）按〈Ctrl+F5〉组合键运行程序，得到如图 6-4 所示程序界面。

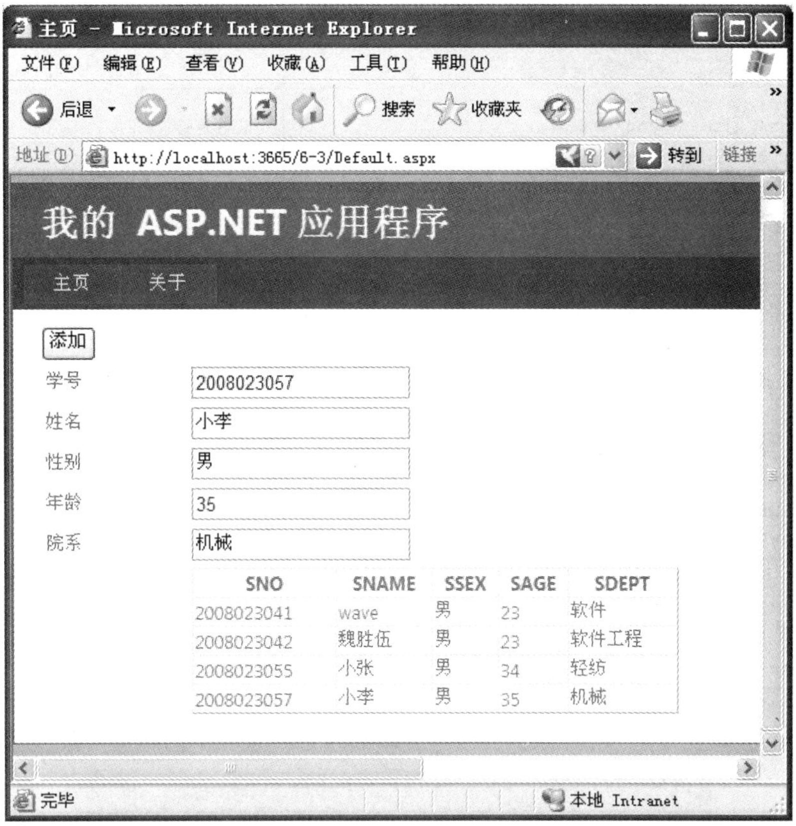

图6-4 执行SQL命令实例

（3）调用存储过程

【操作实例 6-4】 使用 Command 对象调用存储过程类似于执行 SQL 语句。它除了需要使用 ExecuteNonQuery 方法外，还需要使用设置 CommandType 属性为 StoreProcedure，并设置 Command 对象的 Parameters 属性。

表 6-10 是调用带参数的存储过程查询数据库，并更新到 GridView 控件的应用案例，综合运用了 Command 对象的各种属性和方法，操作步骤如下。

1）启动 Visual Studio 2010，在菜单依次选择“文件|新建|网站|ASP.NET 网站”命令。

2）在工具箱上拖拽或双击 DataView 图标。

3）在设计窗口页面上单击右键，选择查看代码，在 Page_Load 事件输入表 6-10 所示程序代码。

表 6-10 调用存储过程程序代码及解释

程 序 代 码	对 应 注 释

using System.Data.SqlClient;
public partial class _5_04 : System.Web.UI.Page
{
    protected void Page_Load(object sender, EventArgs e)
    {	

（续）

程 序 代 码	对 应 注 释
SqlConnection con = new SqlConnection();	创建连接
con.ConnectionString = "DATA	设置连接字符串
SOURCE=WAVE\\SQLEXPRESS;INTEGRATED	
Security=TRUE;INITIAL CATALOG=DB_SM;";	指定存储过程
SqlCommand cmd = new	
SqlCommand("Pro_name", con);	
cmd.CommandType =	
CommandType.StoredProcedure;	设置命令类型为 StoredProcedure
SqlParameter myParm =	
cmd.Parameters.Add("@SNO",SqlDbType.VarChar);	设置存储过程的参数
myParm.Value = "2008023041";	设置存储过程参数的值
con.Open();	
SqlDataReader sdr = cmd.ExecuteReader();	创建 DataReader 对象，并输出查询结果
this.GridView1.DataSource = sdr;	绑定 DataView
GridView1.DataBind();	关闭连接
con.Close();	
}	
}	

4）按〈Ctrl+F5〉组合键运行程序，得到如图 6-5 所示程序界面。

图6-5 调用存储过程实例

（4）返回单一结果

【操作实例 6-5】 使用 Command 对象返回单一结果需要使用 ExecuteScalar 方法。该方法仅返回单个值。一般使用该方法执行 SUM（求字段值的和）、AVG（计算字段值的平均数）、COUNT（计算记录的个数）、MAX（计算某个字段的最大值）、MIN（计算某个字段的最小值）等函数。

表 6-11 是使用 Count 函数来返回表中的记录数的应用案例，运用了 Command 对象的 ExecuteScalar 方法，操作步骤如下。

1）启动 Visual Studio 2010，在菜单依次选择“文件|新建|网站|ASP.NET 网站”命令。

2）在设计窗口页面上单击右键，选择查看代码，在 Page_Load 事件输入表 6-11 所示代码。

表 6-11　返回单一结果程序代码及解释

程 序 代 码	对 应 注 释
using System.Data.SqlClient;	
public partial class _5_05 : System.Web.UI.Page	
{	
protected void Page_Load(object sender, EventArgs e)	
{	
SqlConnection con = new SqlConnection();	创建连接
con.ConnectionString = "data source = WAVE\\SQLEXPRESS;initial catalog=DB_SM;integrated security=true;";	设置连接字符串
con.Open();	打开数据库
String sql = "SELECT Count(*) FROM STUDENT";	设置 SQL 语句
SqlCommand cmd = new SqlCommand(sql, con);	Command 对象实例化
Int32 count = (Int32)cmd.ExecuteScalar();	
Response.Write("数据行数" + count);	检索单个值，返回结果
con.Close();	输出结果
}	关闭数据库
}	

3）按〈Ctrl+F5〉组合键运行程序，得到如图 6-6 所示程序界面。

图6-6　返回单一结果实例

6.3.4　连线方式操作数据库所使用的 DataReader 对象

当使用 Command 对象执行完命令后，将获得一些返回结果。ADO.NET 中，DataReader 对象起到了获取这些返回结果的作用。通过 DataReader 对象，可以获取返回结果的记录集、返回值和输出参数。DataReader 对象从数据库中检索只读、只进的数据流，而且 DataReader 对象每次只获取一行数据。因此，使用 DataReader 对象能够降低系统开销。

DataReader 对象提供的属性以及方法见表 6-12 所示。

表 6-12　DataReader 对象常用属性及方法

属　性	说　明
FieldCount	读取当前行中的列数
HasRows	读取指示 DataReader 是否包含一行或多行的值
IsClosed	读取指示数据读取器是否已关闭的值
Close	关闭 DataReader 对象
GetBoolean	读取指定列的布尔值形式的值
GetByte	读取指定列的字节形式的值
GetChar	读取指定列的单个字符串形式的值
GetDateTime	读取指定列的 DateTime 对象形式的值
GetDecimal	读取指定列的 Decimal 对象形式的值
GetDouble	读取指定列的双精度浮点数形式的值
GetFieldType	读取指定对象的数据类型
GetFloat	读取指定列的单精度浮点数形式的值
GetInt32	读取指定列的 32 位有符号整数形式的值
GetInt64	读取指定列的 64 位有符号整数形式的值
GetName	读取指定列的名称
GetSchemaTable	返回描述 SqlDataReader 的列数据的 DataTable
GetSqlBoolean	读取指定列的 SqlBoolean 形式的值
GetString	读取指定列的字符串形式的值
GetValue	读取以本机格式表示的指定列的值
NextResult	读取批处理 Transact-SQL 语句的查询结果时，数据读取器前进一步
Read	使 SqlDataReader 前进到下一条记录

1. 创建 DataReader 对象

创建 DataReader 对象只能通过 Command 对象的 ExecuteReader 方法进行，而不能像其他的类那样直接使用 New 关键字创建。

以下语句创建了一个 SqlDataReader 对象：

```
SqlDataReader myReader = myCommand.ExecuteReader();
```

2. 使用 DataReader 对象

使用 DataReader 对象的 Read 方法可从查询结果中获取行。通过向 DataReader 传递列的名称或序号引用，可以访问返回行的每一列。不过，为了实现最佳性能，DataReader 提供了一系列方法，它们能够访问其本机数据类型（GetDateTime、GetDouble、GetGuid、GetInt32 等）形式的列值。

使用 DataReader 对象的 Read 方法可从查询结果中获取行数据。根据获取数据方法的不同，该操作可以分为以下四种。

（1）使用类型访问数据列

DataReader 对象可以使用不同类型数据的方法查询返回行的每一列。具体语句如下。

```
while (myReader.Read())
Response.Write ("ID:"+myReader.GetInt32(0) + ", "+"书名： " + myReader.GetString(1)+"<br>");
myReader.Close();
```

小提示：使用 DataReader 对象时尽量使用和数据库字段类型匹配的方法来取得相应的值，例如对于整形的字段使用 GetInt32，对字符类型的字段使用 GetString。

（2）使用索引访问数据列

DataReader 对象可以直接使用列的索引查询返回行的每一列。具体语句如下。

```
while (myReader.Read())
Response.Write ("ID： " myReader[0].ToString()+ ", "+"书名： " myReader[1].ToString()+"<br>");
myReader.Close();
```

（3）使用列名访问数据列

DataReader 对象还可以直接使用列的名称查询返回行的每一列。具体语句如下。

```
while (myReader.Read())
     Response.Write("ID： "+myReader[“id”] + ", "+"书名： " + myReader[“Title”]+"<br>");
myReader.Close();
```

（4）访问数据列的名称和属性

DataReader 对象进一步提供了 GetName 和 GetDataTypeName 方法获取返回行每一列的列名和数据类型。具体语句如下。

```
Response.Write (myReader.GetName(i), myReader.GetDataTypeName (i));
```

【操作实例 6-6】 表 6-13 是 Command 对象执行查询命令，通过 DataReader 对象读取全部数据，最后将结果更新到 GridView 控件的应用案例，综合运用了 Command 对象和 DataReader 对象的各种属性和方法，操作步骤如下。

1）启动 Visual Studio 2010，在菜单上依次单击“文件|新建|网站|ASP.NET 网站”命令。

2）在设计窗口页面上单击右键，选择查看代码，在 Page_Load 事件中输入表 6-13 所示代码。

表 6-13　通过 DataReader 读取数据程序代码及解释

程 序 代 码	对 应 注 释
using System.Data.SqlClient;	
public partial class _5_06 : System.Web.UI.Page	
{	
protected void Page_Load(object sender, EventArgs e)	
{	
SqlConnection sqlconstr = new SqlConnection();	创建连接
sqlconstr.ConnectionString = "DATA SOURCE=WAVE\\SQLEXPRESS;INITIAL CATALOG=DB_SM;INTEGRATED SECURITY=TRUE;";	设置连接字符串
String mySelectQuery = "SELECT * FROM STUDENT";	设置 SQL 命令
SqlCommand myCommand = new SqlCommand(mySelectQuery, sqlconstr);	创建 Command 对象
sqlconstr.Open();	

（续）

程序代码	对应注释
SqlDataReader myReader =	打开连接
myCommand.ExecuteReader();	创建 DataReader 对象
while (myReader.Read())	
{	循环读取数据
Response.Write("SNO:" +	
myReader.GetString(0) + ", " + "SNAME：" +	
myReader.GetString(1) + " ");	
}	
myReader.Close();	关闭 DataReader 对象
sqlconstr.Close();	断开连接
}	
}	

3）按〈Ctrl+F5〉组合键运行程序，得到如图 6-7 所示程序界面。

> 小提示：在同一时间内，一个 Connection 对象只能打开一个 DataReader 对象。在该 DataReader 对象关闭之前，无法打开其他 DataReader 对象，直到该 DataReader 对象调用 Close 方法为止。 因此，应该尽早地关闭 DataReader 对象。

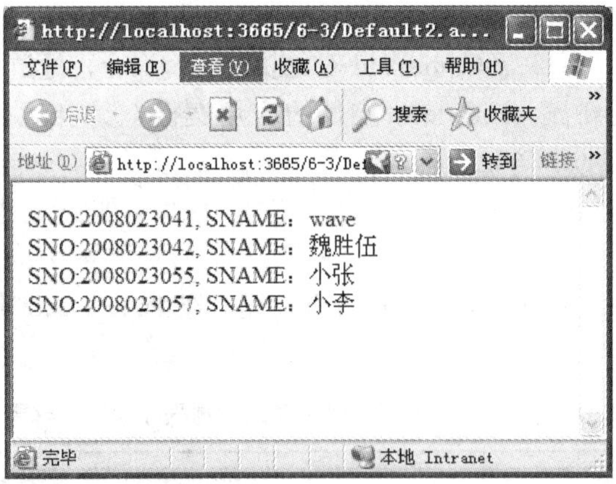

图6-7　使用DataReader对象读取数据实例

6.3.5　连线方式操作数据库实例

【操作实例 6-7】 本例是使用连线式数据库操作的应用案例，综合运用了 Connection 对象、Command 对象和 DataReader 对象的各种属性和方法，并包括编辑、添加和删除等数据库操作，具体操作步骤如下。

1）启动 Visual Studio 2010，在菜单依次选择“文件|新建|网站|ASP.NET 网站”命令。

2）在工具箱上拖拽一个 Table 控件，在 Table 中放入一个 GridView、一个 CheckBox，三个按钮，分别将 CheckBox 和三个按钮的 Text 属性修改为“全删”、“取消”和“添加”。右键单击 GridView，选择显示智能标记，将 GridView 的数据列分别绑定 SNO、SNAME、SSEX

和 SAGE，SDEPT，并将 HeaderText 属性修改为：“学号”、“姓名”、“性别”、“年龄”和“学院”；添加两个 CommandField，并分别将 ShowEditButton 和 ShowDeleteButton 属性选择为 True；添加一个 TemplateField，在里面放入一个 CheckBox。在工具箱上拖拽一个 Table，将 Table 中放入五个标签 Label1～Label5，四个文本框 Textbox1～Textbox4，一个 DropdownList 控件，两个按钮 Button1 和 Button2 至设计窗口。将 Label1～Label5 相应的 Text 属性修改为“学号”、“姓名”、“性别”、“年龄”和“学院”，Button1 和 Button2 的 Text 属性修改为“确定”和“取消”。设计窗口如图 6-8 所示。

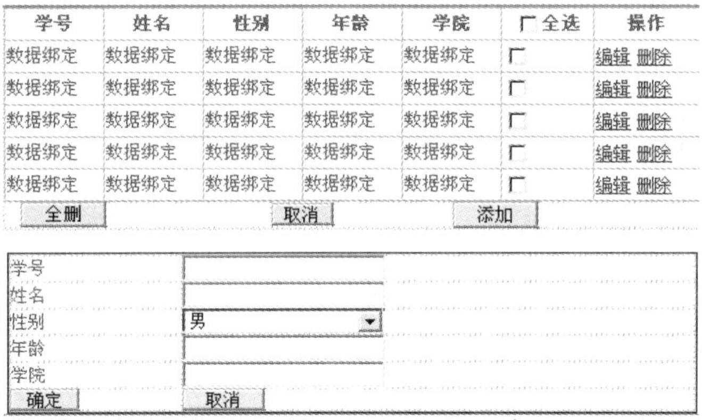

图6-8　连线式数据库操作实例设计

3）在设计窗口页面上单击右键，选择查看代码，在 Page_Load 事件输入表 6-14 中程序代码，并创建函数 BindData 读取整张数据表和绑定 GridView 控件。

表 6-14　读取整张表程序代码及解释

程 序 代 码	对 应 注 释
protected void Page_Load(object sender, EventArgs e)	
{	
if (!IsPostBack)	
{	
BindData();	调用绑定数据库函数
}	
}	
protected void BindData()	
{	
SqlConnection con=new SqlConnection("DATA	创建连接
SOURCE=WAVE\\SQLEXPRESS;INITIAL	设置连接字符串
CATALOG=DB_SM;INTEGRATED SECURITY=TRUE;");	
SqlCommand cmd=new SqlCommand("Select	设置 SQL 命令
* from STUDENT",con);	创建 Command 对象
con.Open();	打开连接
SqlDataReader sdr=cmd.ExecuteReader();	创建 DataReader 对象并执行
GridView1.DataSource=sdr;	
GridView1.DataKeyNames = new string[] { "SNO" };	
GridView1.DataBind();	绑定数据源
con.Close();	关闭连接
}	

4）双击 GridView 控件，编辑 RowEditing、RowCancelingEdit 和 RowUpdating 事件，输入表 6-15 中程序代码。

表 6-15　修改数据行程序代码及解释

程 序 代 码	对 应 注 释
protected void GridView1_RowEditing(object sender,	
GridViewEditEventArgs e)	
{	
GridView1.EditIndex = e.NewEditIndex;	将当前行设为编辑状态
BindData();	重新绑定数据库
}	
protected void GridView1_RowCancelingEdit(object	
sender, GridViewCancelEditEventArgs e)	
{	
GridView1.EditIndex = -1;	取消编辑状态
BindData();	重新绑定数据库
}	
protected void GridView1_RowUpdating(object sender,	
GridViewUpdateEventArgs e)	
{	
string ID =	读取 ID 值
GridView1.DataKeys[e.RowIndex].Value.ToString();	
string sdept =	
((TextBox)(GridView1.Rows[e.RowIndex].Cells[4].	读取学院值
Controls[0])).Text.ToString().Trim();	
SqlConnection con = new	
SqlConnection("DATA SOURCE=WAVE\\SQLEXPRESS;INITIAL	创建连接
CATALOG=DB_SM;INTEGRATED	设置连接字符串
SECURITY=TRUE;");	
con.Open();	
string update = "update STUDENT set	
SDEPT='"+sdept+"' where SNO='"+ID+"'";	设置 SQL 命令
SqlCommand cmd = new SqlCommand(update,con);	
cmd.ExecuteNonQuery();	创建 Command 对象
con.Close();	
cmd.Dispose();	打开连接
GridView1.EditIndex = -1;	执行更新命令
BindData();	关闭连接
}	重新绑定数据

5）双击“添加”按钮（Button5）、“确定”按钮（Button1）和“取消”按钮（Button2），分别输入如表 6-16 所示代码。

表 6-16　添加数据行程序代码及解释

程 序 代 码	对 应 注 释
protected void Button5_Click(object sender, EventArgs e)	
{	
Panel1.Visible = true;	显示添加面板

（续）

程 序 代 码	对 应 注 释
this.TextBox1.Text = "";	将 TextBox 值设为空
this.TextBox2.Text = "";	
this.TextBox3.Text = "";	
this.TextBox4.Text = "";	
}	
protected void Button1_Click(object sender, EventArgs e)	
{	
SqlConnection con = new SqlConnection("DATA	创建连接
SOURCE=WAVE\\SQLEXPRESS;INITIAL	设置连接字符串
CATALOG=DB_SM;INTEGRATED	
SECURITY=TRUE;");	
con.Open();	打开连接
string insertsql = "insert into STUDENT	设置插入字符串
values('"+TextBox1.Text.Trim().ToString()+"','"+TextB	
ox2.Text.Trim().ToString()+"','"+DropDownList1.SelectedValue.	
ToString()+"','"+TextBox3.Text.Trim().ToString()+"','"+	
TextBox4.Text.Trim().ToString()+"')";	
SqlCommand cmd = new SqlCommand(insertsql,con);	创建 Command 对象
cmd.ExecuteNonQuery();	
con.Close();	执行更新命令
BindData();	关闭连接
Panel1.Visible = false;	重新绑定数据
}	隐藏添加面板
protected void Button2_Click(object sender, EventArgs e)	
{	
Panel1.Visible = false;	
}	隐藏添加面板

6）双击 GridView 的 RowDeleting 事件，输入如表 6-17 所示代码。

表 6-17　删除数据行程序代码及解释

程 序 代 码	对 应 注 释
protected void GridView1_RowDeleting(object sender, GridViewDeleteEventArgs e)	
{	
SqlConnection con = new SqlConnection("DATA	
SOURCE=WAVE\\SQLEXPRESS;INITIAL　CATALOG=DB_SM;INTEGRATED	创建连接
SECURITY=TRUE;");	设置连接字符串
string	
sno=GridView1.DataKeys[e.RowIndex].Value.ToString();	
SqlCommand cmd = new	获得 sno 值
SqlCommand("delete from STUDENT where	
SNO='"+sno+"'", con);	创建 Command 对象
con.Open();	
cmd.ExecuteNonQuery();	
con.Close();	打开连接
BindData();	执行命令
}	关闭连接
	重新绑定数据

7）按〈Ctrl+F5〉组合键运行程序，得到如图 6-9 所示程序界面。

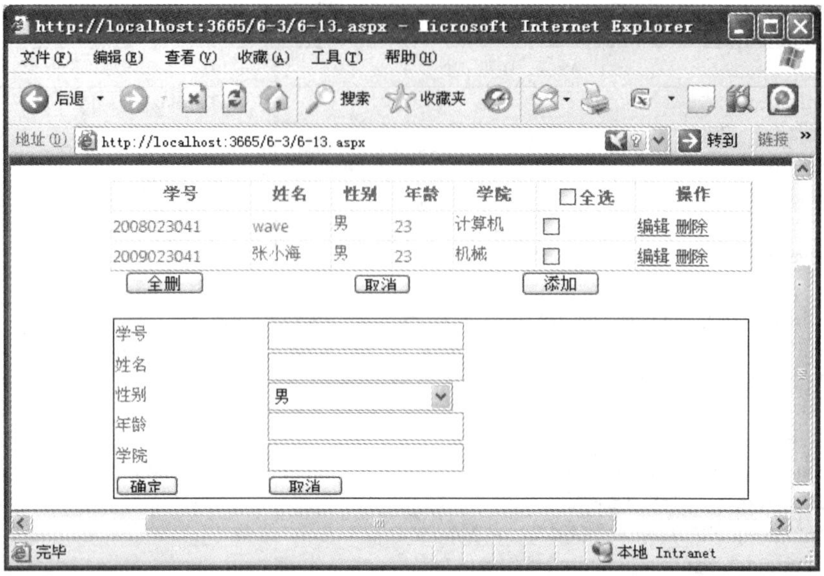

图6-9 数据库操作实例

6.4 数据库的离线操作

前面介绍了连线式数据库操作。在使用连线方式访问数据库时，应用程序需要一直与数据库保持连线状态，并且需要等到整个数据传输完毕才能断开数据库连接。ADO.NET 除了提供上述连线式数据库操作，还提供了离线式数据库操作。

6.4.1 离线方式操作数据库概述

离线式数据库操作恰似发送短信，可以将对方的发来的信息保存在手机中，然后再编辑相应的信息发送给对方。在上述发短信的过程中，两者之间并不需要两部手机一直保持连接状态，而仅在发送的过程中才将两部手机连接起来。离线式数据库操作同样也不需要应用程序一直与数据库保持连接状态，它将数据从数据库读取过来，保存到数据集中，然后对数据集进行操作，操作完毕后再将数据的变更更新到数据库。这样就可以实现数据库连接断开的情况下对数据的进行本地操作。

离线式数据库所涉及的组件也主要由 ADO.NET 中的 Framework 数据提供程序提供。它主要包括 Connection、DataAdapter、DataSet 三个对象，这三个对象联合使用将完成数据库的离线式访问。

6.4.2 离线方式操作数据库的流程

1）设定数据库连接字符串。

2）使用 Command 对象向数据库下达查询命令。

3）使用 DataAdapter 对象的 Fill 方法填充 DataSet 对象。

4）使用 DataSet 命令进行各种数据操作。

5）使用 DataAdapter 对象的 Update 方法更新数据库。

6.4.3 离线方式操作数据库所使用的 DataAdapter 对象详解

DataAdapter 对象在 ADO.NET 中扮演着数据库和 DataSet 之间桥梁的角色。DataAdapter 对象通过 Fill 方法将数据填充到 DataSet 中，当完成对数据的添加、删除或者修改等操作后通过 Update 方法更新数据库中的数据。

小提示：DataAdapter对象和DataSet对象之间没有直接的数据库连接。当通过DataAdpater对象Fill方法完成DataSet 填充后，两者之间就没有连接了。当进行更新、删除等操作时，DataAdpater会自动建立连接，完成操作后再关闭连接。

DataAdapter 对象和数据库以及 DataSet 对象之间的关系如图 6-10 所示。

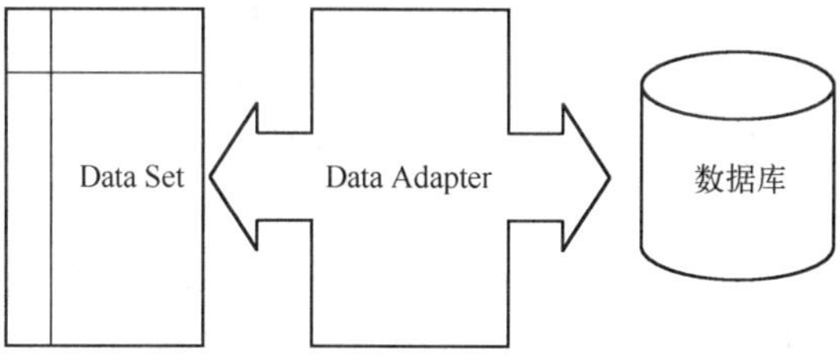

图6-10 DataAdapter对象和数据库以及DataSet对象关系图

DataAdapter 对象常用的属性和方法见表 6-18。

表 6-18 DataAdapter 对象常用的属性和方法

属 性	说 明
DeleteCommand	读取或设置删除记录相关的 Transact-SQL 语句或存储过程
InsertCommand	读取或设置添加新记录相关的 Transact-SQL 语句或存储过程
IsClosed	读取指示数据读取器是否已关闭的值
SelectCommand	读取或设置查询记录的 Transact-SQL 语句或存储过程
TableMappings	读取提供源表和 DataTable 之间的主映射的集合
UpdateCommand	读取或设置更新记录的 Transact-SQL 语句或存储过程
Fill()	在 DataSet 中添加或刷新行，匹配 DataSet 对象的行
Update()	为 DataSet 中已插入、已更新或已删除的行调用相应的 INSERT、UPDATE 或 DELETE 语句

1. 创建 DataAdapter 对象

创建 DataAdapter 对象的方式包括四种。

1）先声明一个 DataAdapter 对象，然后将 DataAdapter 对象的 SelectCommand 属性设置为一个有效的 Command 对象。

2）创建 DataAdapter 对象时指定 Command 对象。

3）创建 DataAdapter 对象时指定 Select 语句或者存储过程和 Connection 对象。

4）创建 DataAdapter 对象时指定 Select 语句或者存储过程和连接字符串。

以下语句给出了四种创建 DataAdapter 对象的方式。

```
    //第一种方式
```

```
SqlDataAdapter myadapter = new SqlDataAdapter();
myadapter.SelectCommand = cmd;
//第二种方式
SqlDataAdapter myadapter = new SqlDataAdapter(cmd);
//第三种方式
SqlDataAdapter myadapter = new SqlDataAdapter(strSQL , cn);
//第四种方式
SqlDataAdapter myadapter =new SqlDataAdapter(strSQL, strConn);
```

2. 使用 DataAdapter 对象

DataAdapter 对象在数据库和 DataSet 对象之间起到桥梁的作用。因此，使用 DataAdapter 对象对数据库的操作主要分为针对 DataSet 对象和数据库的两种。

（1）填充 DataSet

使用 DataAdapter 对象填充 DataSet 对象需要使用 Fill 方法。该方法将 SelectCommand 的查询结果填充到 DataSet 对象，并需要指定填充的 DataSet 和 DataTable 对象。填充 DataSet 对象时，如果 DataSet 对象中不存在查询结果对应的数据表和数据列时，则 DataSet 对象创建相应的数据表和数据列；否则，DataAdapter 对象将按照现有的 DataSet 对象的结构进行填充。

【操作实例 6-8】 本例是使用 DataAdapter 对象填充 DataSet，并绑定 GridView 控件的应用案例，应用到了 DataAdapter 对象的 Fill 方法，操作步骤如下。

1）启动 Visual Studio 2010，在菜单依次选择“文件|新建|网站|ASP.NET 网站”命令。

2）在工具箱上拖拽或双击 DataView 至设计窗口。

3）在设计窗口页面上单击鼠标右键，选择查看代码，在 Page_Load 事件输入表 6-19 中的代码。

表 6-19 使用 DataAdapter 填充 DataSet 程序代码及解释

程 序 代 码	对 应 注 释
using System.Data.SqlClient;	
public partial class _5_08 : System.Web.UI.Page	
{	
protected void Page_Load(object sender, EventArgs e)	
{	
SqlConnection con = new SqlConnection("DATA SOURCE=WAVE\\SQLEXPRESS;INITIAL CATALOG=DB_SM;INTEGRATED SECURITY=TRUE;");	创建 Connection 对象
SqlCommand cmd = new SqlCommand("Select * from STUDENT", con);	创建 Command 对象
con.Open();	
SqlDataAdapter sda = new SqlDataAdapter();	创建 DataAdapter 对象
DataSet ds = new DataSet();	创建 DataSet 对象
sda.SelectCommand = cmd;	
sda.Fill(ds);	使用 DataAdapter 对象填充 DataSet 对象
GridView1.DataSource =ds.Tables[0];	
GridView1.DataBind();	绑定 GridView
con.Close();	关闭数据库
}	
}	

4）按〈Ctrl+F5〉组合键运行程序，得到如图 6-11 所示程序界面。

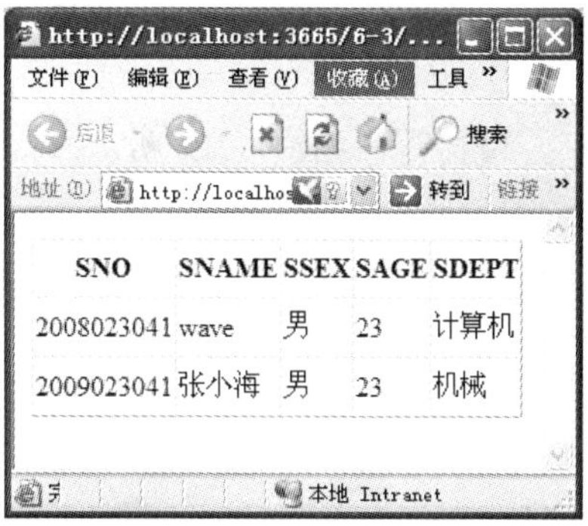

图6-11　使用DataAdapter对象读取数据实例

小提示：使用 DataAdapter 对象时，不需要使用 Connection 对象的 Open 方法，因为 DataAdapter 对象会自动连接数据库，提交查询，并关闭连接。如果已经打开数据库连接，则 DataAdapter 对象不会影响连接状态。

（2）更新数据库

使用 DataAdapter 对象更新数据库需要调用 Update 方法。该方法将 DataSet 对象中的更改内容通过 SQL 语句更新到数据库。DataAdapter 对象可以通过四种形式使用 Update 方法。1）指定更改的 DataSet 对象。2）指定更改的 DataSet 和 DataTable 对象。3）指定更改的 DataTable。4）指定更改的 DataRow。

DataAdapter 对象调用 Update 方法时，它将根据每个记录的状态执行相应的 SQL 语句。由于 DataTable 中的 DataRow 对象能够记录每个记录的状态，DataAdapter 对象将分析 DataTable 的每个记录，判断该记录是否更改。如果该记录已更改，则它将根据更改的内容使用 InsertCommand、UpdateCommand 或 DeleteCommand 产生相应的 SQL 语句，并更新到数据库。值得注意的是，在使用 Update 方法之前，必须设置相应的更新命令。例如，如果 DataTable 对象已修改，则在调用 Update 之前必须设置相应的 UpdateCommand。如果调用 Update 方法之前未设置相应命令，则调用 Update 方法将产生异常。如果在修改过程中需要相应的参数，则需要通过设置相应的 Parameters 对象。

【操作实例 6-9】 本例是设置 DataAdapter 的 UpdateCommand 来执行对已修改行的更新，并绑定 GridView 控件的应用案例，应用到了 DataAdapter 对象的 Update 方法，操作步骤如下。

1）启动 Visual Studio 2008，在菜单依次选择“文件|新建|网站|ASP.NET 网站”命令。

2）在工具箱上拖拽或双击 DataView 至设计窗口。

3）在工具箱上拖拽一个 Table 控件，在 Table 中放入一个 GridView 控件、一个 CheckBox 控件，三个按钮，分别将 CheckBox 和三个按钮的 Text 属性修改为“全删”、“取消”和“添加”。右键单击 GridView，选择显示智能标记，将 GridView 的数据列分别绑定 SNO、SNAME、SSEX、SAGE 和 SDEPT，并将 HeaderText 属性修改为“学号”、“姓名”、“性别”、“年龄”和“学院”；添加两个 CommandField，并分别将 ShowEditButton 和 ShowDeleteButton 属性选择为 True；添加一个 TemplateField，在里面放入一个 CheckBox 控件。在工具箱上拖拽一个

Table 控件，在 Table 中放入五个标签 Label1～Label5，四个文本框 Textbox1～Textbox4 控件，一个 DropdownList 控件，两个按钮 Button1 和 Button2 至设计窗口。将 Label1～Label5 相应的 Text 属性修改为“学号”、“姓名”、“性别”、“年龄”和“学院”，Button1 和 Button2 的 Text 属性修改为“确定”和“取消”。设计窗口如图 6-12 所示。

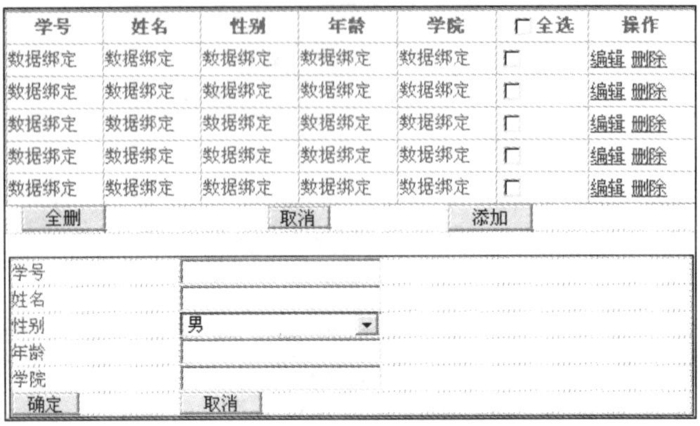

图6-12　使用DataAdapter对象更新数据实例设计

4）双击 Button1 按钮，输入如表 6-20 中所示代码。

表 6-20　更新数据库程序代码及解释

程 序 代 码	对 应 注 释
protected void Button1_Click(object sender,	
EventArgs e)	
{	
String id = SnoTxt.Text;	获取 id 值
ds.Tables[0].DefaultView.Sort = "id ASC";	
int hid = ds.Tables[0].DefaultView.Find(id);	查找 id 值对应行号
DataRow dr = ds.Tables[0].Rows[hid];	创建 datarow 对象
dr.BeginEdit();	编辑 datarow 对象
dr["sname"] =	
Convert.ToDouble(SnameTxt.Text);	
dr.EndEdit();	
SqlConnection con = new	创建 Connection 对象
SqlConnection("DATA	设置连接字符串
SOURCE=WAVE\\SQLEXPRESS;INITIAL	
CATALOG=DB_SM;INTEGRATED SECURITY=TRUE;");	
string UpdateSql = "update STUDENT set	
SNAME=@SANEM where SNO =@id";	创建 DataAdapter 对象
SqlDataAdapter da = new SqlDataAdapter();	设置 UpdateCommand 属性
da.UpdateCommand = new	
SqlCommand(UpdateSql, sqlconstr);	添加参数并 UpdateCommand 设置参数的值
SqlParameter workParm =	
da.UpdateCommand.Parameters.Add("@id",	
SqlDbType.Int);	
workParm.SourceColumn = "id";	
da.UpdateCommand.Parameters.Add("@sname",	调用 DataAdapter 的 Update 方法
SqlDbType.Money, 0, "sname");	
da.Update(ds);	
GridView1.EditIndex = -1;	更新数据源
BindData();	
}	

5）按〈Ctrl+F5〉组合键运行程序，得到如图 6-13 所示程序界面。

小提示： InsertCommand、UpdateCommand 或 DeleteCommand 产生相应的 SQL 语句中的 where 子句的参数设置需为 DataTable 对象原有列的属性值。这是因为进行更新时可能修改了 DataTable 对象列的属性值，从而可能出现数据不匹配的现象。

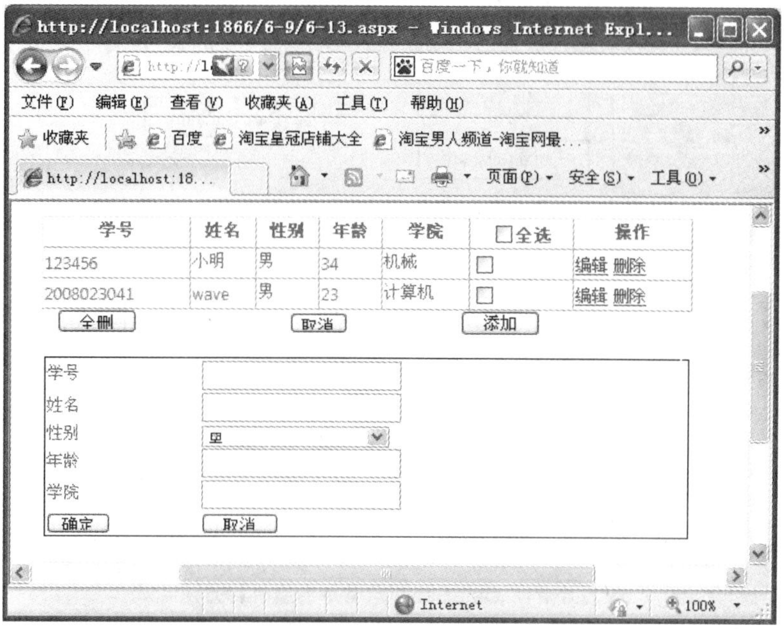

图6-13　使用DataAdapter对象更新数据实例

6.4.4　离线方式操作数据库所使用的 DataSet 对象详解

DataSet（数据集）对象在 ADO.NET 的离线式数据库操作中的扮演着最重要的角色。它起到临时存放数据的作用。可以将 DataSet 对象看做一个内存中的数据库映射。它完全独立于原始的数据源，可以在离线连接状态下对 DataSet 对象进行各种操作，并在对 DataSet 对象执行完数据操作后，连接数据库写入。因此，使用 DataSet 对象能够有效地提高数据库访问操作的效率。

DataSet 对象具有丰富的结构，可以包括多个数据表、关系和约束等。图 6-14 是 DataSet 对象模型。

DataSet 对象主要由 DataTableCollection 对象和 DataRelationCollection 组成。DataTable Collection 对象是表示 DataSet 对象中数据表的 DataTable 对象的集合。它可以包含一个 DataTable 对象，也可以包含多个 DataTable 对象。DataTable 对象是由表示数据列的 DataColumn 对象，表示数据行的 DataRow 对象和表示约束的 Constraint 对象集合组成的。其中，DataColumn 对象和 Constraint 对象定义了 DataTable 对象对应数据表的结构。DataRow 对象表示了数据表中的数据。DataRelationCollection 则是表示 DataSet 对象中数据表之间的关系 DataRelation 的集合。

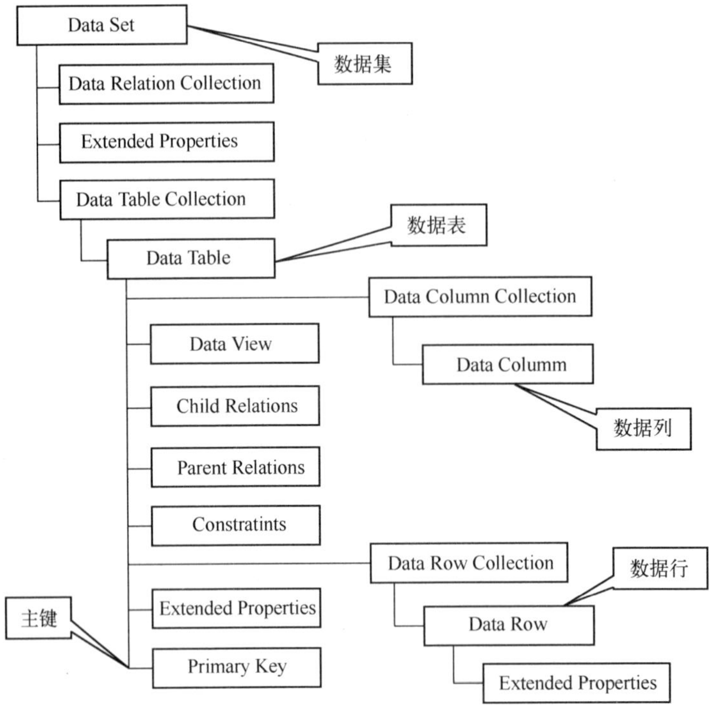

图6-14　DataSet对象模型

DataSet 对象常用的属性和方法见表 6-21。

表 6-21　DataSet 对象常用的属性和方法

属　性	说　明
CaseSensitive	读取或设置指示 DataTable 对象中的字符串比较是否区分大小写的值
DataSetName	读取或设置当前 DataSet 的名称
Relations	读取通过表链接从父表浏览到子表的关系的集合
Tables	读取包含在 DataSet 中的表的集合 DataTableCollection
Clear	通过移除所有表中的数据行，清除任何数据
Clone	复制 DataSet 对象的结构，包括 DataTable 架构、关系和约束，但不包括数据
Copy	复制 DataSet 对象的结构和数据
HasChanges	用于读取一个值，该值指示 DataSet 是否有更改
ReadXml	读取 XML 架构和数据
GetXml	以 XML 表示形式返回储存在 DataSet 中的数据

1. 创建 DataSet 对象

创建 DataSet 对象的方式相对简单，仅需要采用 new 关键字声明 DataSet 对象即可。进一步，还可以在创建时增加 DataSet 对象的名称。

以下语句给出了两种创建 DataSet 对象的方式。

```
第一种方式：Dataset ds = new Dataset ();
第二种方式：Dataset ds = new Dataset (“Customers”);
```

2. 使用 DataSet 对象

DataSet 对象是离线式数据库操作的核心。可以通过使用 DataSet 对象达到操作数据库的目的。根据操作对象的不同，使用 DataSet 对象的操作可以划分为以下三种。

（1）针对 DataTable 对象的操作

DataTable 对象是 ADO .NET 的核心对象，它表示 DataSet 对象里的数据表。创建 DataTable 对象的方法可以分为两种。

1）独立创建 DataTable 对象。

2）作为 DataSet 对象的成员进行创建。

以下语句给出了创建 DataTale 对象的两种方式。

第一种方式：DataTable tbCustomers=new DataTable("Customers");

第二种方式：DataSet dsNorthwind=new DataSet("Northwind");

创建 DataTable 对象后，DataTable 对象是一个空的数据表，它不包括数据表的结构。因此，必须定义数据表的结构才能使用 DataTable 对象。数据表的结构是由数据列和约束定义的。其中数据列是必需的，而约束可以视条件而定义。

创建 DataTable 对象的结构包括两种方式。

1）使用 DataAdapter 对象的 Fill 方法或者 FillSchema 方法进行填充。这样就能够自动生成相应的结构。

2）使用 DataColumn 对象、ForeiginKeyConstraint 对象和 UniqueConstraint 对象创建 DataTable 对象。

如下语句演示了如何使用 DataColumn 对象定义 DataTable 对象的结构。

```
DataTable dtCustomers =new DataTable("Customers");
DataColumn col1;
Col1=new DataColumn("ID");
dtCustomers.Columns.Add(col1);
```

DataTable 对象除具有结构外还需要相应的数据，即数据行。在 ADO.NET 中 DataRow 对象表示数据行。由于涉及 DataRow 对象的数据库操作较多，将在下面的部分进行介绍。

小提示：DataTable 对象内部可以存在名称相同但大小写不同的数据列、约束和关系。这时，引用相应对象时需要区分大小写。如果 DataTable 对象内部不存在名称相同但大小写不同的数据列、约束和关系时，则引用相应对象时不需要区分大小写。

DataTable 对象除上述介绍的对象外还包括其他一些集合。表 6-22 描述了这些重要的集合。

表 6-22　DataTable 对象包含的重要集合

集　合	集合中对象的类型	集合中对象的描述
Columns	DataColumns	包含表中列的数据元素
Rows	DataRow	包含表中的数据行
Constraints	Constraint	表示 DataColumn 对象上的约束条件
ChildRelation	DataRelation	表示与 DataSet 中表之间的列相互关系

（2）针对 DataRow 对象的操作

DataRow 对象是 DataSet 对象中保存数据的对象。在操作 DataSet 对象时，主要针对 DataRow 对象进行。

DataRow 的操作主要包括以下 5 种。

1）创建 DataRow 对象。DataRow 对象不能够使用 new 关键字创建，必须使用 DataTable 对象的 NewRow 方法进行创建。具体语句如下。

```
DataRow mydr = mydt.NewRow();
```

2）查询 DataRow 对象。查询 DataRow 对象的内容比较方便，可以使用数据列的索引或数据列的列名查询。具体语句如下。

```
第一种方式：stBookStore = mydr[0];dr [0]=12;
第二种方式：stBookStore = mydr[ "StoreName"];
```

3）编辑 DataRow 对象。编辑 DataRow 对象较为复杂。在编辑 DataRow 对象时，需要先挂起数据，然后编辑数据，最后恢复 DataRow 对象原有状态。因此，编辑它需要使用 BeginEdit、EndEdit 和 CancelEdit 三种方法。当开始编辑 DataRow 对象时，首先使用 BeginEdit 方法起到挂起当前数据行的作用。编辑 DataRow 对象过程中，也同样可以用数据列的索引或数据列的列名进行操作。当结束编辑时，则采用 EndEdit 方法恢复数据行状态或者使用 CancelEdit 方法回滚修改。

以下语句为程序中编辑 DataRow 对象的部分，如表 6-23 所示。

表 6-23　编辑 DataRow 对象程序代码及解释

程序代码	对应注释
DataRow dr = ds.Tables[0].Rows[hid];	创建 DataRow 对象
dr.BeginEdit();	挂起数据行
dr["UnitPrice"] = Convert.ToDouble(UnitPriceTxt.Text);	修改数据
dr.EndEdit();	恢复数据行状态

小提示： 也可以直接编辑 DataRow 对象，这时，BeginEdit 方法被隐式调用，原始值保存在 DataRow 对象原有版本中，修改值保存在 DataRow 对象当前版本中。直到调用 EndEdit 方法时，数据才会更新到原有 DataRow 对象。

4）添加 DataRow 对象。添加 DataRow 对象需要使用 DataRowCollection 对象的 Add 方法。该方法在 DataRow 对象数据赋值结束后，将 DataRow 对象添加到 DataTable 对象。具体语句如下。

```
dtCustomers.Rows.Add(dr);
```

5）删除 DataRow 对象。删除 DataRow 对象包括两种方式。① 使用 DataRowCollection 对象的 Remove 方法从数据行集合中移除 DataRow 对象。② 使用 DataRow 对象的 delete 方法将 DataRow 对象的行状态标记为删除。然后使用 DataTable 对象的 AcceptChanges 方法实际删除 DataRow 对象。具体语句如下。

```
//第一种方法
dtCustomers.Rows.Remove(dr);
```

```
//第二种方法
dr.delete();
dtCustomers.AcceptChanges();
```

小提示：Delete 方法仅是将 DataTable 对象中的 DataRow 对象行状态标记为 Deleted，而并不会移除它。直到调用 DataAdapter 对象的 Update 方法时，才会将该行从数据库中删除。使用 Remove 删除 DataRow 对象时，该行仅在 DataTable 对象中完全删除，但调用 DataAdapter 对象的 Update 方法时，不会在数据库中删除该行。

（3）针对 DataRelation 对象的操作

DataRelation 对象表示了 DataSet 对象中 DataTable 对象之间的关系。使用 DataRelation 对象可以创建 DataTable 对象之间的关联。然后就可以使用 DataRelation 对象返回相关联的子数据行或者父数据行。

创建 DataRelation 对象包括多种方式，一般常使用两个 DataTable 对象相匹配的数据列进行创建。具体语句如下。

```
//第一种方式
dr = new DataRelation("CustOrders",ds.Tables["Customers"].Columns["CustID"]);
//第二种方式
ds.Tables["Orders"].Columns["CustID"]);
```

添加 DataRelation 对象的方法可以使用 DataRelationCollection 的 Add 方法将创建好的 DataRelation 对象添加到 DataTable 对象，也可以在添加 DataRelation 对象时直接创建。具体语句如下。

```
//第一种方式
ds.Relations.Add(dr);
//第二种方式
ds.Relations.Add("CustOrders",ds.Tables["Customers"].Columns["CustID"],
ds.Tables["Orders"].Columns["CustID"]);
```

（4）针对 DataView 对象的操作

DataView 对象的作用类似于数据库中的视图，它表示 DataTable 对象中数据子集。它可以对 DataTable 对象进行搜索、排序和筛选等操作。

创建 DataView 对象包括三种方式。

1）使用 new 关键字进行创建。

2）指定 DataTable 对象进行创建。

3）指定 DataTablc 对象、RowFilter 属性、Sort 属性和 DataViewRowState 属性进行创建。其中，RowFilter 属性对应筛选条件，Sort 属性对应排序条件，DataViewRowState 属性对应数据行的状态条件。具体语句如下。

```
//第一种方式
DataView mydv = new DataView();
//第二种方式
```

```
DataView mydv = new DataView(myds.Tables["Customers"]);
//第三种方式
DataView mydv = new DataView(myds.Tables["Customers"], "Country = 'USA'", "ContactName",
DataViewRowState.CurrentRows);
```

使用 DataView 对象包括排序、筛选和搜索三种操作。它的操作类似于 SQL 语句的 Select 命令。

1）排序操作。DataView 对象的排序操作是根据排序标准针对特定数据列的值进行操作。它需要设定 DataView 对象的 Sort 属性。该属性值是一个字符串，它包含数据列和排序标准。其中排序标准分为升序和降序。具体语句如下。

```
mydv.Sort = "CustomerID ASC"
```

2）筛选操作。DataView 对象的筛选操作是根据筛选标准针对特定数据列的值进行操作。它需要设定 DataView 对象的 RowFilter 属性。该属性值为一个条件表达式。它表示了数据列的筛选标准，并以字符串的形式出现。具体语句如下。

```
//通过条件表达式设置筛选标准
dataView1. RowFilter = "CustomerID>2"
//通过布尔运算条件表达式设置筛选标准
dataView1. RowFilter = " LastName='Simith' AND FirstName='Jones'"
```

3）搜索操作。DataView 对象搜索操作是根据主键值查找数据。它需要使用 DataView 对象的 Find 方法，并返回数据行的索引值。具体语句如表 6-24 所示。

表 6-24 根据主键查找数据程序代码及解释

程序代码	对应注释
int id = Convert.ToInt32(IDTxt.Text);	设置 id 值
ds.Tables[0].DefaultView.Sort = "Id ASC";	执行排序
int hid = ds.Tables[0].DefaultView.Find(id);	执行搜索

小提示：DataView 对象搜索操作仅可以根据主键列进行搜索，如果要根据其他数据列值查找数据，应使用 DataView 对象筛选操作实现。

6.5 综合实例：离线方式实例

本例是使用离线式数据库操作的应用案例，综合运用了 Connection 对象、DataAdapter 对象和 DataSet 对象的各种属性和方法，并包括编辑、添加和删除等数据库操作，具体操作步骤如下。

1）启动 Visual Studio 2010，在菜单上依次选择“文件|新建|网站|ASP.NET 网站”命令。

2）在工具箱上拖拽一个 Table 控件，将 Table 中放入一个 GridView 控件、一个 CheckBox 控件，三个按钮，分别将 CheckBox 和三个按钮的 Text 属性修改为“全删”、“取消”和“添加”。鼠标右键点击 GridView 控件，选择显示智能标记，将 GridView 控件的数据列分别绑定

SNO、SNAME、SSEX、SAGE 和 SDEPT，并将 HeaderText 属性修改为“学号”、“姓名”、“性别”、“年龄”和“学院”；添加两个 CommandField，并分别将 ShowEditButton 和 ShowDeleteButton 属性选择为 True；添加一个 TemplateField，将里面放入一个 CheckBox。在工具箱上拖拽一个 Table，将 Table 中放入五个标签 Label1～Label5，四个文本框 Textbox1～Textbox4，一个 DropdownList 控件，两个按钮 Button1 和 Button2 至设计窗口。将 Label1～Label5 相应的 Text 属性修改为学号、姓名、性别、年龄和院系，Button1 和 Button2 的 Text 属性修改为“确定”和“取消”。设计窗口如图 6-15 所示。

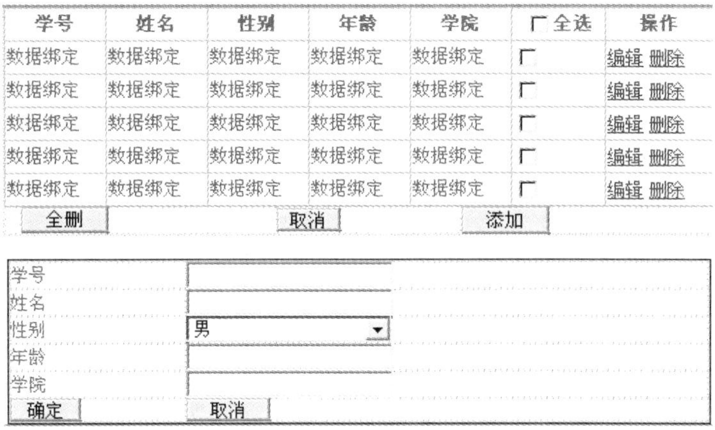

图6-15　离线式数据库操作实例设计窗口

3）在设计窗口页面上单击鼠标右键，选择查看代码，在 Page_Load 事件输入表 6-25 所示代码，并添加函数 BindData，从而填充 DataSet，并绑定到 GridView。

表 6-25　DataSet 对象程序代码及解释

程 序 代 码	对 应 注 释
protected void BindData()	
{	
SqlConnection con=new	创建连接
SqlConnection("DATA	设置连接字符串
SOURCE=WAVE\\SQLEXPRESS;INITIAL	
CATALOG=DB_SM;INTEGRATED SECURITY=TRUE;");	
SqlCommand cmd=new	创建 Command 对象
SqlCommand("Select * from STUDENT",con);	设置 SQL 语句
con.Open();	
SqlDataAdapter sda = new	创建 DataSet 对象
SqlDataAdapter();	创建 DataAdapter 对象
DataSet ds = new DataSet();	填充 DataSet 对象
sda.SelectCommand = cmd;	
sda.Fill(ds);	
GridView1.DataSource=ds.Tables[0];	
GridView1.DataKeyNames = new string[] { "SNO" };	
GridView1.DataBind();	绑定 GridView 对象
con.Close();	关闭数据库
}	

4）双击 GridView 控件选择 RowEditing 事件和 Button1 按钮的 Click 事件，输入表 6-26

所示代码。

表 6-26　数据行程序代码及解释

程 序 代 码	对 应 注 释

protected void GridView1_RowEditing(object sender,
GridViewEditEventArgs e)
{
GridView1.EditIndex = e.NewEditIndex;
BindData();
}	

5）双击 GridView 的 RowDeleting 事件，输入表 6-27 所示代码。

表 6-27　除 DataSet 对象数据行程序代码及解释

程 序 代 码	对 应 注 释
protected void GridView1_RowDeleting(object sender, GridViewDeleteEventArgs e) {	
SqlConnection con = new SqlConnection("DATA SOURCE=WAVE\\SQLEXPRESS;INITIAL CATALOG=DB_SM;INTEGRATED SECURITY=TRUE;");	连接数据库
string sno=GridView1.DataKeys[e.RowIndex].Value.ToString();	
SqlCommand cmd = new SqlCommand("delete from STUDENT where SNO='"+sno+"'", con);	创建 cmd 对象

con.Open();
cmd.ExecuteNonQuery();
con.Close();
BindData()
}	

6）按〈Ctrl+F5〉组合键运行程序，得到如图 6-16 所示程序界面。

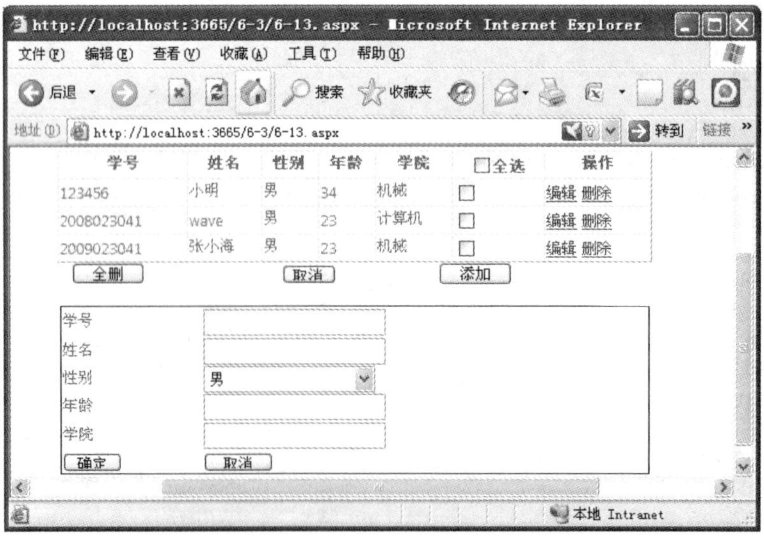

图6-16　离线式操作数据库实例

【拓展编程技巧】

密码加密技术。

1）启动 Visual Studio 2010，在菜单上依次选择“文件|新建|网站|ASP.NET 网站”命令。

2）在工具箱上拖拽一个 Table，3 个 TextBox 控件分别命名为 txtname、txtpwd 和 txtemail，一个 Dropdownlist 控件、一个 Button 控件、3 个 RequiredFieldValidator 控件及一个 RegularExpressionValidator 控件，设计窗口如图 6-17 所示。

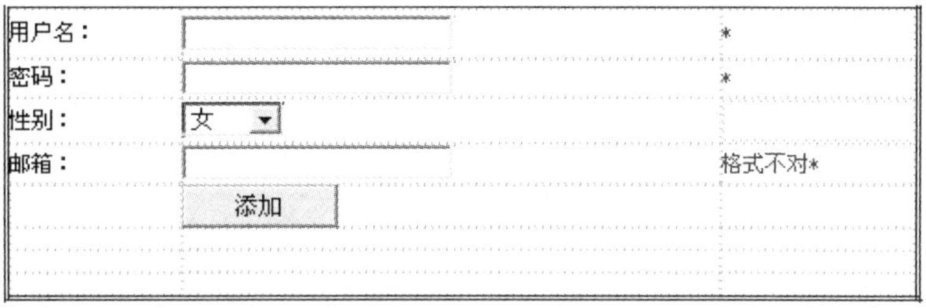

图6-17　密码加密窗口

3）在设计界面双击按钮、添加如表 6-28 所示代码。

表 6-28　密码加密技术代码及解释

程序代码	对应注释
protected void Button1_Click(object sender,	
EventArgs e)	
{	
string name = txtname.Text.Trim();	
string password = txtpwd.Text.Trim();	
string pwd =FormsAuthentication.HashPasswordForStoringInConfigFile	
(password,"MD5");	
string sex = DropDownList1.SelectedValue.ToString();	将密码加密
string email = txtemail.Text.Trim();	
SqlConnection con = new SqlConnection(ConfigurationManager.	
ConnectionStrings["constring"].ConnectionString);	
con.Open();	
SqlCommand cmd = new SqlCommand("insert into tb_user values('" +	获取连接字符串
name + "','" + pwd + "','" + sex + "','" + email + "')", con);	
cmd.ExecuteNonQuery();	创建 Command 对象
con.Close();	执行插入操作
}	关闭数据库

本章小结

数据库就是按一定方式把数据组织、储存在一起的集合，是把各种各样的数据按照一定的规则组织在一起，存放在不同的表中。ADO.NET 充当 ASP.NET 与数据库之间的接口。ADO.NET 本质上是一个类库，其中包含大量的类，利用这些类提供的对象，能够完成数据库的各种操作。ADO.NET 共有 5 个常用对象，它们是 Connection、Command、DataReader、DataSet、和 DataAdapter。ADO.NET 提供了四种数据驱动程序，分别是 SQL Server.NET、OleDb.NET、

Oracle Db.NET 和 ODBC.NET 数据驱动程序。数据库操作有两种方法使用，一种是连线方式，另外一种是离线方式。连线方式对数据库只能执行读操作，而不能进行修改、增添记录等操作。离线方式具有比连线方式更强大的功能。

每章一考

一、填空题（20 空，每空 2 分，共 40 分）

1．ADO.NET 的常用对象是（　　）对象、（　　）对象、（　　）对象、（　　）对象和（　　）对象。

2．ADO.NET 的数据库操作包括（　　）方式和（　　）方式。

3．使用 SQL Server 数据库时需要引用（　　）命名空间；使用 Access 数据库时需要引用（　　）命名空间；使用 Oracle 数据库时需要引用（　　）命名空间。

4．Connection 对象通过（　　）方法打开数据库，通过（　　）方法关闭数据库。

5．连线式数据库操作主要使用（　　）对象、（　　）对象和（　　）对象。

6．使用 Command 对象读取数据表需要使用（　　）方法；使用 Command 对象执行 SQL 命令需要使用（　　）方法；使用 Command 对象返回单一结果需要使用（　　）方法。

7．使用 DataReader 对象读取双精度浮点数形式的值使用（　　）方法；读取单精度浮点数形式的值使用（　　）方法。

二、选择题（10 小题，每小题 2 分，共 20 分）

1．ADO.NET 中使用（　　）对象进行数据库连接。

A．DataReader　　B．DataSet　　C．Connection　　D．Command

2．Command 对象调用存储过程需要将 Command 对象的（　　）属性设置为 StoredProcedure。

A．StoredProcedure　　B．CommandType

C．CommandText　　D．Parameters

3．DataReader 对象的（　　）方法读取时间形式的值。

A．Date　　B．Time　　C．DateTime　　D．GetDateTime

4．DataReader 对象的（　　）方法返回列名。

A．GetName　　B．GetColumnName

C．GetRowName　　D．GetColumn

5．创建 DataAdapter 对象方式是错误的是（　　）。

A．SqlDataAdapter myadapter = new SqlDatadapter();

B．SqlDataAdapter myadapter = new SqlDataAdapter(cmd);

C．SqlDataAdapter myadapter = new SqlDataAdapter(strSQL , cn);

D．SqlDataAdapter myadapter = new SqlDataAdapter(cn);

6．DataTable 对象查询数据时，需要设置 DataAdapter 对象的（　　）属性。

A．DeleteCommand　　B．InsertCommand

C．SelectCommand　　D．UpdateCommand

7．DataTable 对象更新数据时，需要设置 DataAdapter 对象的（　　）属性。

A．DeleteCommand　　B．InsertCommand

C．SelectCommand　　D．UpdateCommand

8．DataTable 对象删除数据时，需要设置 DataAdapter 对象的（　　）属性。

A．DeleteCommand　　B．InsertCommand

C．SelectCommand　　D．UpdateCommand

9．DataTable 对象插入数据时，需要设置 DataAdapter 对象的（　　）属性。

A．DeleteCommand　　B．InsertCommand

C．SelectCommand　　D．UpdateCommand

10．（　　）对象是 ADO .NET 的核心对象。

A．DataReader　　B．DataSet

C．DateAdapter　　D．Command

三、判断题（10 小题，每小题 2 分，共 20 分）

1．可以同时建立多个 Connection 对象连接数据库。（　　）

2．Connection 对象使用完毕后可以不关闭。（　　）

3．可以使用 new 关键字创建 DataReader 对象。（　　）

4．可以使用 DataReader 对象更新数据库。（　　）

5．Connection 对象使用完毕后可以不关闭。（　　）

6．使用 DataAdapter 对象时，可以隐式打开数据库连接。（　　）

7．一个 DataSet 对象中仅可以包含一个 DataTable 对象。（　　）

8．DataReader 对象可以使用列名访问数据行。（　　）

9．一个 Connection 对象可以打开多个 DataReader 对象。（　　）

10．DataRow 对象的 Delete 方法可以直接将该 DataRow 在 DataSet 中删除。（　　）

四、综合题（共 4 小题，每小题 5 分，共 20 分）

1．连线式操作数据库的流程有哪些？

2．Command 对象操作数据库的方法主要有哪些？

3．离线式操作数据库的流程有哪些？

4．DataRow 对象的操作主要有哪些？

第7章　数据绑定控件应用

程序员的优秀品质之七：静以修身，俭以养德

出自诸葛亮的《诫子书》，原文为：夫君子之行，静以修身，俭以养德，非淡泊无以明志，非宁静无以致远。夫学须静也，才须学也，非学无以广才，非志无以成学。淫慢不能励精，险躁则不能冶性。年与时驰，意与日去，遂成枯落，多不接世，悲守穷庐，将复何及！

从事软件开发的人要德才兼备，而德才兼备的人品，是依靠内心安静、精力集中来修养身心的，是依靠俭朴的作风来培养品德的。不看轻世俗的名利，就不能明确自己的志向，不是身心宁静就不能实现远大的理想。学习必须专心致志，增长才干必须刻苦学习。

学习激励

阿里巴巴总裁马云

马云，阿里巴巴集团主席和首席执行官、软银集团董事、中国雅虎董事局主席、亚太经济合作组织（APEC）下工商咨询委员会(ABAC)会员、杭州师范大学阿里巴巴商学院院长、华谊兄弟传媒集团董事。

马云的人生因网络而辉煌，阿里巴巴网站因马云而风靡全球。一个好的项目造就一个成功的人生。从1995年一个普通的英语教师到1999年创办阿里巴巴；从2002年“全年盈利1块钱”的目标到2003年“一天收入一百万”的蓝图；再到2004年“一天盈利一百万”的成就，最后2005年“一天纳税一百万”的惊天之语。马云每走一步都坚若磐石，步步为营，招招大获全胜。

马云的成功最关键的一步是定位。比尔·盖茨将事业的目标定位在“微”小的“软”件，在那个年代，足见其智谋。在这互联网如日中天的现代社会，马云敏锐地嗅到了商机，将自己的人生与电子商务网站的发展紧紧相连，从而缔造了财富的神话。

天之骄子的大学生们，正走在求知大道上，正在迎接美好的人生，需要用心规划、用心去经营自己的人生。“莺花犹怕春光老，岂可教人枉度春”（出自古训《增广贤文》）。珍惜每一寸光阴努力学习吧，时刻用知识武装头脑吧，终究有一天，我们都会像马云一样，豪情万丈地行走在成功的大道上。

7.1 SQL Server 2008 Express

目前，软件所需要的数据多数由数据库提供，基于数据库的网站管理模式已经成为通用的网站模式。编程时要大量用到数据库，程序员不停地在开发语言和数据库管理系统之间切换操作，十分麻烦。Visual Studio 2010 集成了数据库 SQL Server 2008 Express，彻底解决了数据库与编程语言频繁切换这一难解之题。

7.1.1 SQL Server 2008 Express 概述

SQL Server 2008 Express 是 Visual Studio 2010 自带的一个数据库管理系统，是 SQL Server 2008 的免费版本。SQL Server 2008 Express 拥有其他版本 SQL Server 2008 的全部功能，同样可以开发相同安全性能的数据库，与其他版本的区别是 SQL Server 2008 Express 缺乏企业版功能的支持，不支持多 CPU 操作，可使用的存储量最高只有 1GB，数据库的大小限制最大为 4GB，最新版本的 SQL Server 2008 R2 Express 数据库的大小限制最大为 10GB。这个大小的限制只有在数据文件上有效，交易记录则不受此限。对于初学者以及中小型应用人员 SQL Server 2008 Express 已经完全满足需要。

同一台计算机最多可以安装 16 个 SQL Server 2008 Express 实例，并且 SQL Server 2008 Express 可以与 SQL Server 2000、SQL Server 2005 等其他版本的 SQL Server 共存于一台计算机上，也就是说安装了自带 SQL Server 2008 Express 的 Visual Studio 2010 以后，程序员还可以根据需要在同一台计算机上安装其他版本的 SQL Server 数据库管理系统，并且可以同时使用。

7.1.2 SSMSE 的安装与使用

SQL Server 2008 Express 没有提供任何可视化的工具来使用和管理数据库，但微软公司在其网站上提供了免费的 SQL Server Management Studio Express（以下简称 SSMSE）供用户下载使用。SSMSE 类似 SQL Server 2000 中的企业管理器，是一种免费、易用的图形化数据库管理工具，用于管理 SQL Server 2008 Express 和具有高级服务的 SQL Server 2008 Express Edition。该软件在微软官方网站上可以免费下载。双击下载后的安装包就可以启动安装程序，按照安装程序的提示即可完成 SQL Server 2008 Express 的安装工作。

1．启动 SSMSE

在 Windows“开始”菜单中，依次选择“所有程序|Micorsoft SQL Server 2008”命令后，选择“SQL Server Management Studio Express”即可启动 SSMSE。

2．连接服务器

启动 SSMSE 后，将出现“连接到服务器”对话框，输入服务器名称并选择身份验证方式后即可进入 SSMSE 操作窗口。服务器名称可以用圆点“·”来代指默认服务器。如图 7-1 所示。

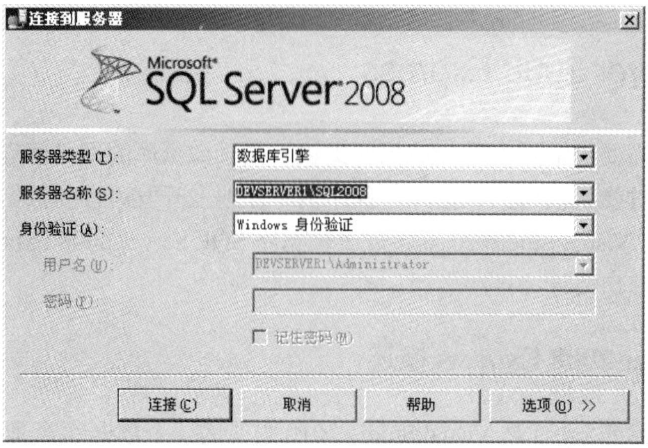

图7-1　SSMSE启动后的窗口

7.1.3　集成开发环境数据库操作

1．添加连接及创建数据库

选择 Viusal Studio 2010 菜单“工具|连接到数据库”命令，将出现“添加连接”对话框，在“服务器名”下拉列表框中选择服务器名称，在“登录到服务器”下拉列表框中选择登录方式，在新数据库名称文本框中输入数据库名。单击“确定”按钮，建立与服务器的连接。如图 7-2 所示。

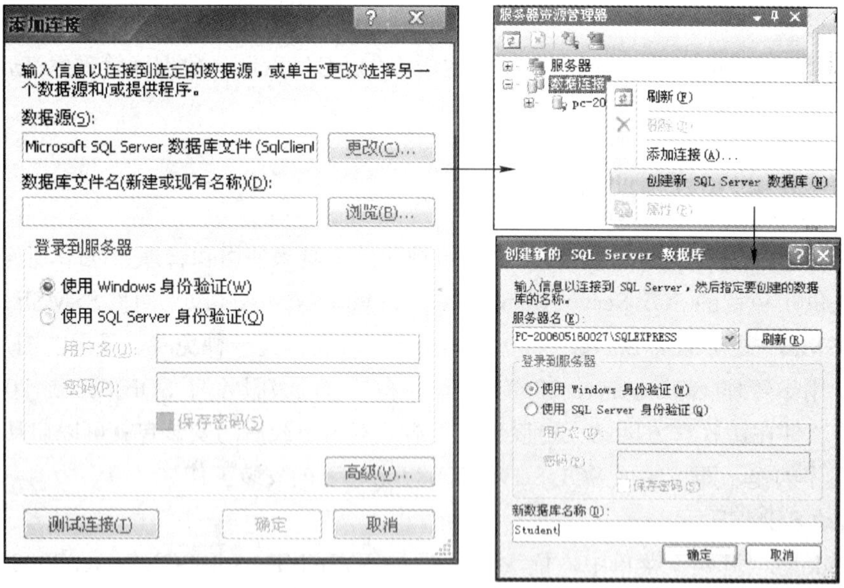

图7-2　添加链接及创建数据库

2．表的创建

展开服务器连接，鼠标右键单击“表”，选择“添加新表”，将出现可视化的创建表窗口，根据需要录入列名、数据类型，同时可以在下方设置列的属性，鼠标右键单击列名，可以设置主键，鼠标右键单击列名上方的表名可以保存表，操作方法如图 7-3 所示。

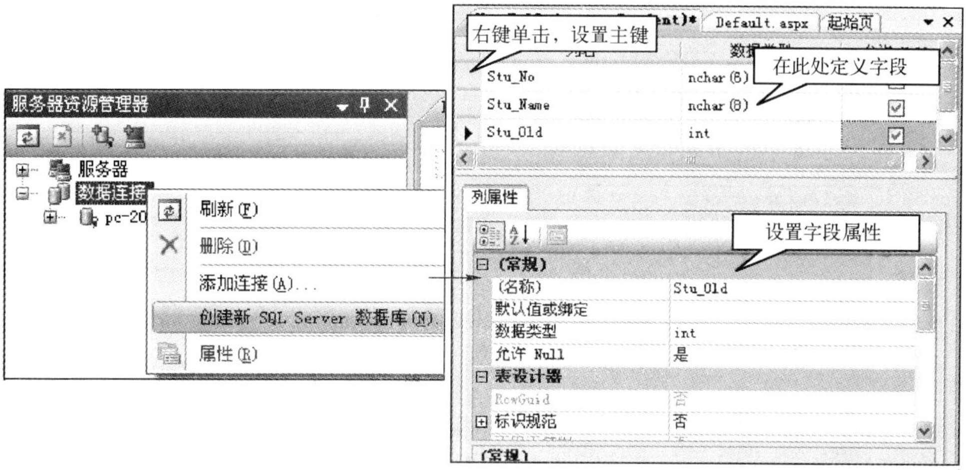

图7-3　表的创建

SSMSE 对数据库的创建、删除、修改以及对表的创建、删除、修改操作与 SQL Server 其他版本基本相同，在此不再赘述。

7.2　数据绑定控件的使用

Visual Studio 2010 提供了七种数据绑定控件，这些控件提供了相当齐全的数据显示及操作功能，它们简单得甚至不需要设置任何属性就能完成十分复杂的功能。这些控件的用法与普通服务器控件相同。

7.2.1　数据绑定控件共有属性

数据绑定控件由于功能相同，都是为绑定数据库，用于数据显示、操作的控件，因此其很多属性都相同，如表 7-1 所示。

表 7-1　数据绑定控件常见通用属性

属　性	说　明
DataKeyNames	数据源中键字段以逗号分隔的列表
DataMember	用于绑定的表或视图
DataSourceID	将被用做数据源的数据提供控件的名称
AllowSorting	是否排序
AutoGenerateColumns	是否自动生成列表
AutoGenerateDeleteButton	是否显示“删除”按钮
AutoGenerateEditButton	是否显示“编辑”按钮
AutoGenerateSelectButton	是否显示“选择”按钮

7.2.2　数据源的设定

在使用数据库控件时一定要先设置数据源，其操作步骤如下。

1）建立数据库的连接，按图 7-2 所示的步骤建立数据库的连接。

2）将数据源控件拖入设计窗口中，并进行设定，将数据源指向某一个数据库。

3）单击数据绑定控件右侧的“<”按钮，“选择数据源”中自动包含了已经建立的所有数据源，在下拉列表框中选中某一个数据源，如图 7-4 所示。

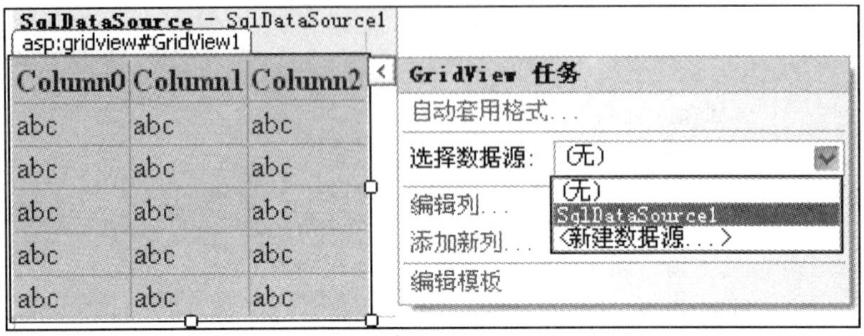

图7-4　设置数据源

特别强调配置 Select 语句时，一定要单击“高级”按钮，否则将不能启用插入、选择、修改和更新等功能。而且要特别注意，表必须设置主键。否则“高级 SQL 生成选项”中的内容将无法使用。如图 7-5 所示。

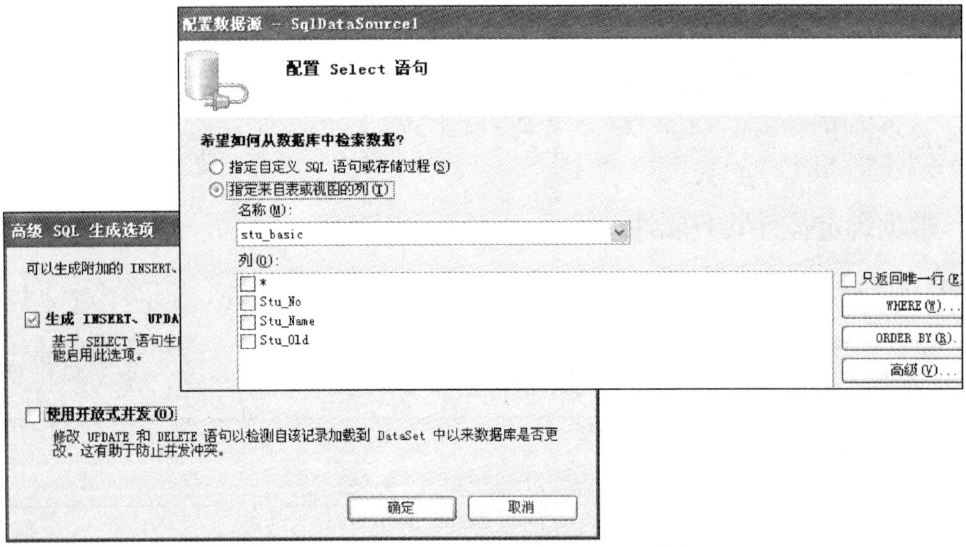

图7-5　配置Select语句

7.2.3　数据控件模板的使用

每一个程序都有若干个操作界面，例如学生管理系统会有数据显示界面、插入数据界面、删除数据界面和检索数据界面。ASP.NET 数据库绑定控件的功能十分强大，不但能够显示数据，而且很多控件都能够对数据库内容进行修改、查询以及更新操作。而各个界面的风格不可能一致，如何在一个控件中分别设置不同界面的风格呢？ASP.NET 为数据库绑定控件提供了模板，每个控件的多个模板对应该控件的不同功能界面。

1. 数据绑定控件常见模板

不同的数据绑定控件的功能各不相同，其模板也不完全相同，表 7-2 是常用的数据绑定模板。

表 7-2　常用的数据绑定模板

模　板	功　能
FooterTemplate	页脚模板，用于设置数据显示区域下部信息
HeaderTemplate	页眉模板，用于设置数据显示区域上部信息
ItemTemplate	项目模板，用于显示数据库数据信息
AlternatingItemTemplate	类似于 ItemTemplate，但在 DataList 控件中隔行（交替行）显示
SeparatorTemplate	分割模板，描述每个记录之间的分隔符
SelectedItemTemplate	选择模板，当用户做了选择操作，显示选择模板
EditItemTemplate	编辑模板，定义编辑页面显示风格

2. 数据绑定的基本语法

ASP.NET 模板中使用的数据既可以自动绑定到数据源，也可以手动绑定到数据源，数据绑定的完整语法如下。

```
DataBinder.Eval(Container.DataItem, FieldName)
```

container、expression 的含义如下。

1）container：表达式根据其进行计算的对象引用。此标识符必须是以页的指定语言表示的有效对象标识符。

2）expression：从 container 到要放置在绑定控件属性中的公共属性值的导航路径。此路径必须是以点分隔的属性或字段名称字符串。

上述写法为 ASP.NET1.0 版定义的完整语法，是标准的数据绑定语法，在 ASP.NET 2.0 中可以简化地写成如下格式。

```
Eval(FieldName)
```

3. 页眉和页脚模板的基本使用方法

页眉和页脚的模板是 HeaderTemplate 模板和 FooterTemplate 模板。这两个模板用于修改数据显示区域顶部及尾部信息，即修改页眉和页脚的显示内容及风格。HeaderTemplate 模板用于修改数据显示区域上部的信息，FooterTemplate 模板修改数据显示区域尾部信息。这两个模板一般用于输入文字，并可以利用 Visual Studio 2010 的“格式”菜单项对字体、字号和字色等进行设置，与 Word 中文字设置方法相同。

【操作实例 7-1】 设置页眉。现以 DataList 控件为例，操作时，首先单击控件右侧“<”按钮，调出该控件的任务栏，然后单击其上面的“编辑模板”，调出“模板编辑模式”窗口。说明如图 7-6 所示。

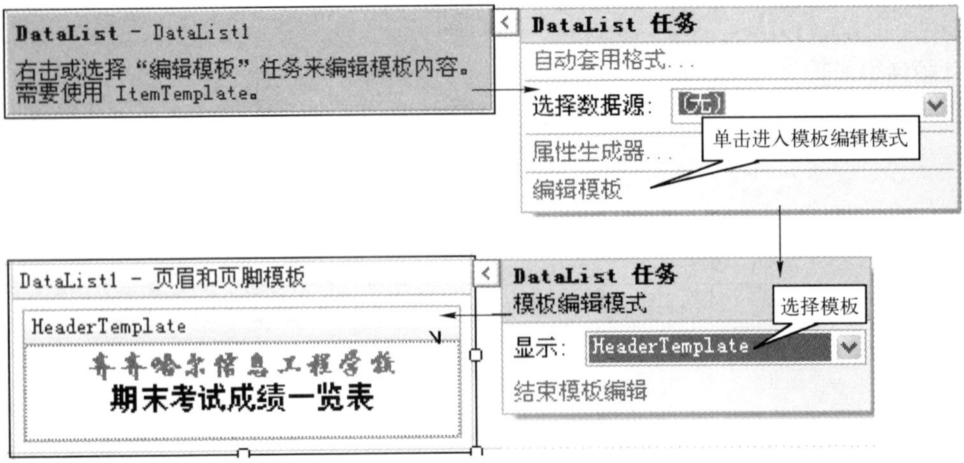

图7-6　设置页眉

【操作实例 7-2】 设置页脚。在上例中选中页脚设置模板，并输入"当前日期是:"，切换到源视图，输入如下代码。

```
<FooterTemplate>
        当前日期是：<%= DateTime.Now.ToShortDateString()%>
</FooterTemplate>
```

运行后将在数据显示区下面显示当前日期。同样也可以在此处添加任意控件，并与数据进行绑定。如图 7-7 所示。

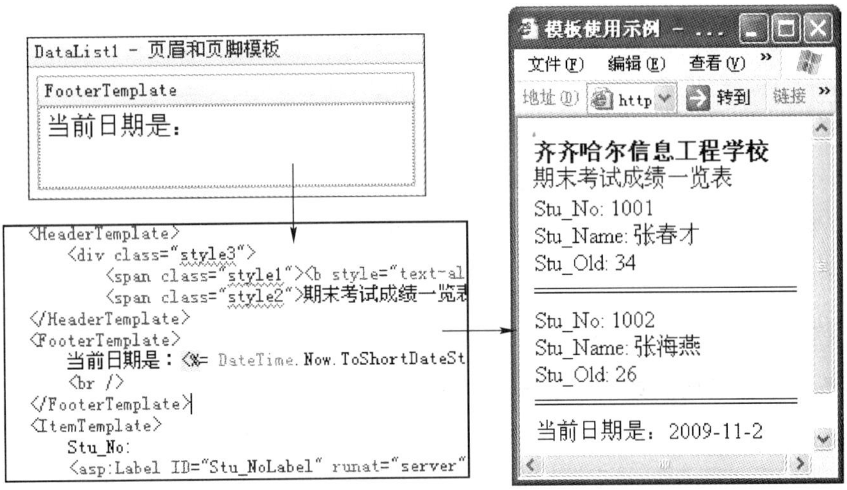

图7-7　在页脚中编写代码

4．项模板的基本使用方法

常见的项模板包括 ItemTemplate、AlternatingItemTemplate、SelectedItemTemplate 和 EditItemTemplate。这些模板主要用来显示数据，其主要操作是对显示的文字内容的修改、显示风格的修改及对齐方式的修改等。

在图 7-8 中，单击左侧标题修改文字，可以对文字进行字体、字号、字色和位置的设定。

当鼠标放在右侧中括号内数据绑定控件时，其右侧将显示一个“<”按钮，单击此按钮后可以对该字段进行编辑。完成修改后，单击“结束模板编辑”返回即可。

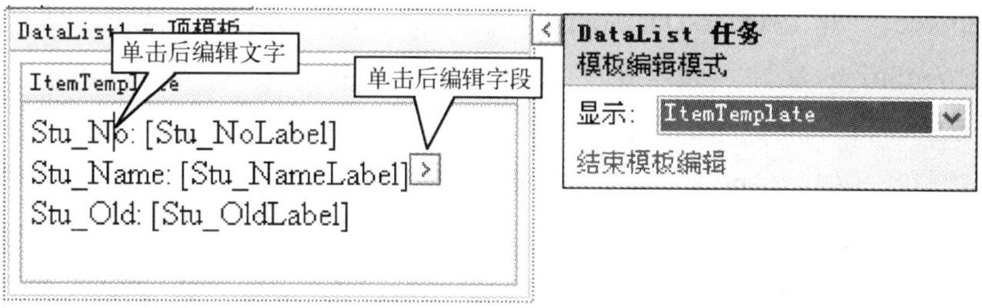

图7-8　编辑模板

7.3　常用数据源控件

ASP.NET 提供了六种用于数据库连接的数据源控件，数据源控件概括了数据存储和可以针对所包含的数据执行的一些操作，如图 7-9 所示。

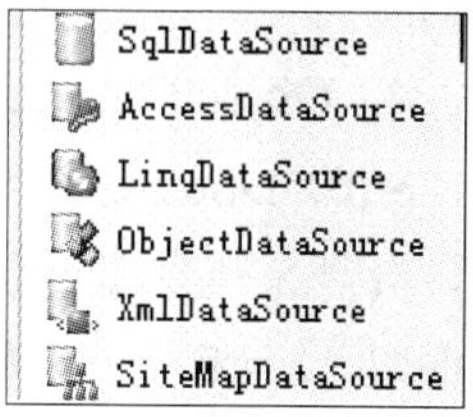

图7-9　数据源控件

7.3.1　数据源控件概述

ASP.NET 的数据源控件包括 SqlDataSource、AccessDataSource、LinqDataSource、ObjectDataSource、XMLDataSource 和 SiteMapDataSource，现简述如下。

1．SqlDataSource

SqlDataSource 可以用来直接访问和修改关系型数据库中的数据，这里要特别强调 SqlDataSource 不是只能访问 SQL Server 数据库，也可以访问其他类型的数据库。比如 Microsoft SQL Server、Microsoft Access、Oracle、MySQL 数据库。其基本原理如图 7-10 所示。

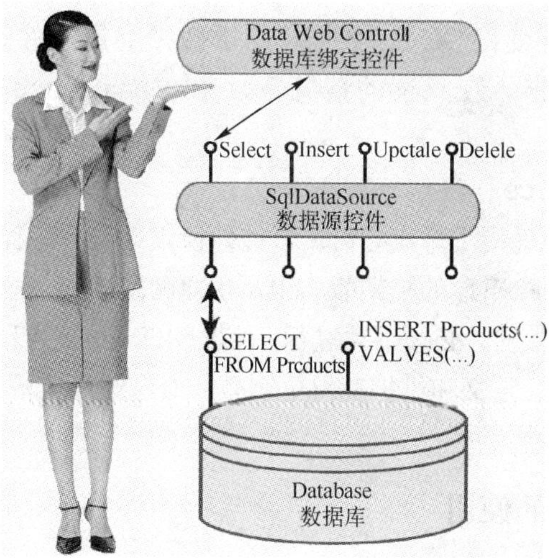

图7-10　数据源控件的基本原理

2．AccessDataSource

AccessDataSource 控件是使用 Microsoft Access 数据库的数据源控件。这个数据源控件与 SqlDataSource 一样，AccessDataSource 控件使用 SQL 查询执行数据检索。该控件不用设置 ConnectionString 属性。只需要在 DataFile 属性中设置 Access (.mdb) 文件的位置，AccessDataSource 将负责维护数据库的连接。Access 数据库应该放在网站的 App_Data 目录中，并用相对路径（如 ~/App_Data/Northwind.mdb）引用。

3．LinqDataSource

LinqDataSource 控件通过 ASP.NET 向 Web 开发人员公开语言集成查询（LINQ）。LINQ 提供一种用于不同类型的数据源中查询和更新数据的统一编程模型，并将数据功能直接扩展到 C# 语言中。

4．ObjectDataSource

SqlDataSource 控件的用户界面层与业务逻辑层混合在一起。随着应用程序规模的扩大，会越来越感觉到混合多个层的做法是不可取的。当生成严格意义上的多层 Web 应用程序时，应该具有清晰的用户界面层、业务逻辑层和数据访问层。SqlDataSource 适合大多数小规模的个人或业余站点，而对于较大规模的企业级站点，在应用程序的呈现页中直接存储 SQL 语句可能很快就会变得无法维护。这些应用程序通常需要用中间层数据访问层或业务组件构成的封装性更好的数据模型，所以大规模的站点使用 ObjectDataSource 控件是一种通用的做法。ObjectDataSource 控件能够继续在数据驱动页面中使用中间层组件。其主要优势在于无需编写任何代码即可绑定到一个组件，从而简化了用户界面。使用 ObjectDataSource 控件，可以在很短的时间内生成一个可以显示数据库表的组件和页面。尽管这种方式花的时间比使用 SqlDataSource 控件长，但这样做时页面的体系结构要好得多。

5．XMLDataSource

XmlDataSource 控件使得 XML 数据可用于数据绑定控件。可以在使用该控件同时显示分层数据和表格数据。在只读的情况下，XmlDataSource 控件通常用于显示分层 XML 数据。

6．SiteMapDataSource

SiteMapDataSource 控件用于站点导航。该控件检索站点程序提供的导航数据，并将该数据传递到导航控件中。ASP.NET 的早期版本中，在向网站添加一个页面后，网站内的其他各页中添加指向该新页的链接时，必须手动进行。ASP.NET 4.0 版为程序员提供了导航控件，这些控件使导航菜单的创建、定义和维护变得更容易，而这些导航数据是由 SiteMapDataSource 控件提供。

7.3.2 SqlDataSource 的使用

1．SqlDataSource 控件常用属性

SqlDataSource 控件是数据源控件中最常用的控件，可以连接各类数据库，其常用属性如

表 7-3 所示。

表 7-3　SqlDataSource 控件常用属性

属　性	说　明
Id	控件的标志
ConnectionString	连接数据源的字符串
ProviderName	SqlDataSource 控件连接数据源时所使用的提供程序名称
SelectCommand	查询的 SQL 语句或者存储过程名称
SelectCommandType	SelectCommand 属性的值的类型，包含 Text（文本型）和 StoreProcedure（存储过程）
UpdateCommand	更新 SQL 语句或者存储过程名称
UpdateCommandType	UpdateCommand 属性的值的类型，包含 Text（文本型）和 StoreProcedure（存储过程）
DeleteCommand	删除用过的 SQL 语句或者存储过程名称
DeleteCommandType	DeleteCommand 属性的值的类型，包含 Text（文本型）和 StoreProcedure（存储过程）
InsertCommand	写入 SQL 语句或者存储过程名称
InsertCommandType	InsertCommand 属性的值的类型，包含 Text（文本型）和 StoreProcedure（存储过程）
DataSourceMode	获取数据后数据返回的模式，包含两个属性值：DataSet 和 DataReader，默认为 DataSet。当 DataSourceMode 属性设置为 DataSet 值时，数据加载到 DataSet 对象中，并存储在服务器的内存中。这使得用户界面控件（例如 GridView）可以提供排序、筛选和分页的功能。当 DataSourceMode 属性设置为 DataReader 值时，数据由 DataReader 对象来检索，该对象为只进且只读的游标

2. SqlDataSource 操作步骤

1）添加控件。从工具箱中拖动 SqlDataSource 控件到设计窗口，单击其右侧“<”按钮，选择“配置数据源”，如图 7-11 所示。

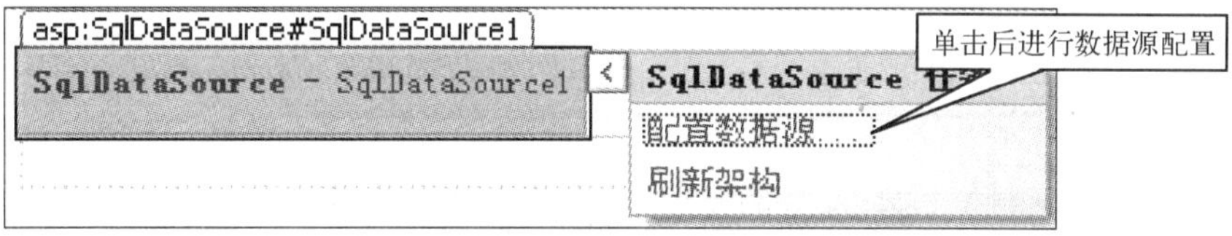

图7-11　添加SqlDataSource控件

2）选择连接数据库。配置数据源的第一步工作就是选择连接的数据库。如图 7-12 所示。

3）配置 Select 语句。在配置 Select 语句时，要选择从数据库检索数据的方法，然后选择表名、设定字段。右侧还有一句“只返回唯一行”，其含义是当检索到多条符合条件的记录时只返回第一行。“Where 按钮”用于设定 Select 的条件语句，指明符合什么条件的记录将被显示，“ORDER BY”按钮用于设定排序子句；“高级”选项用于设定是否生成 Insert、Upadate 和 Delete 语句。如图 7-13 所示。

4）测试查询。完成上述设置后，要在测试查询窗口中直接预览实际效果，如不符合需要则可单击“后退”按钮重新修改。

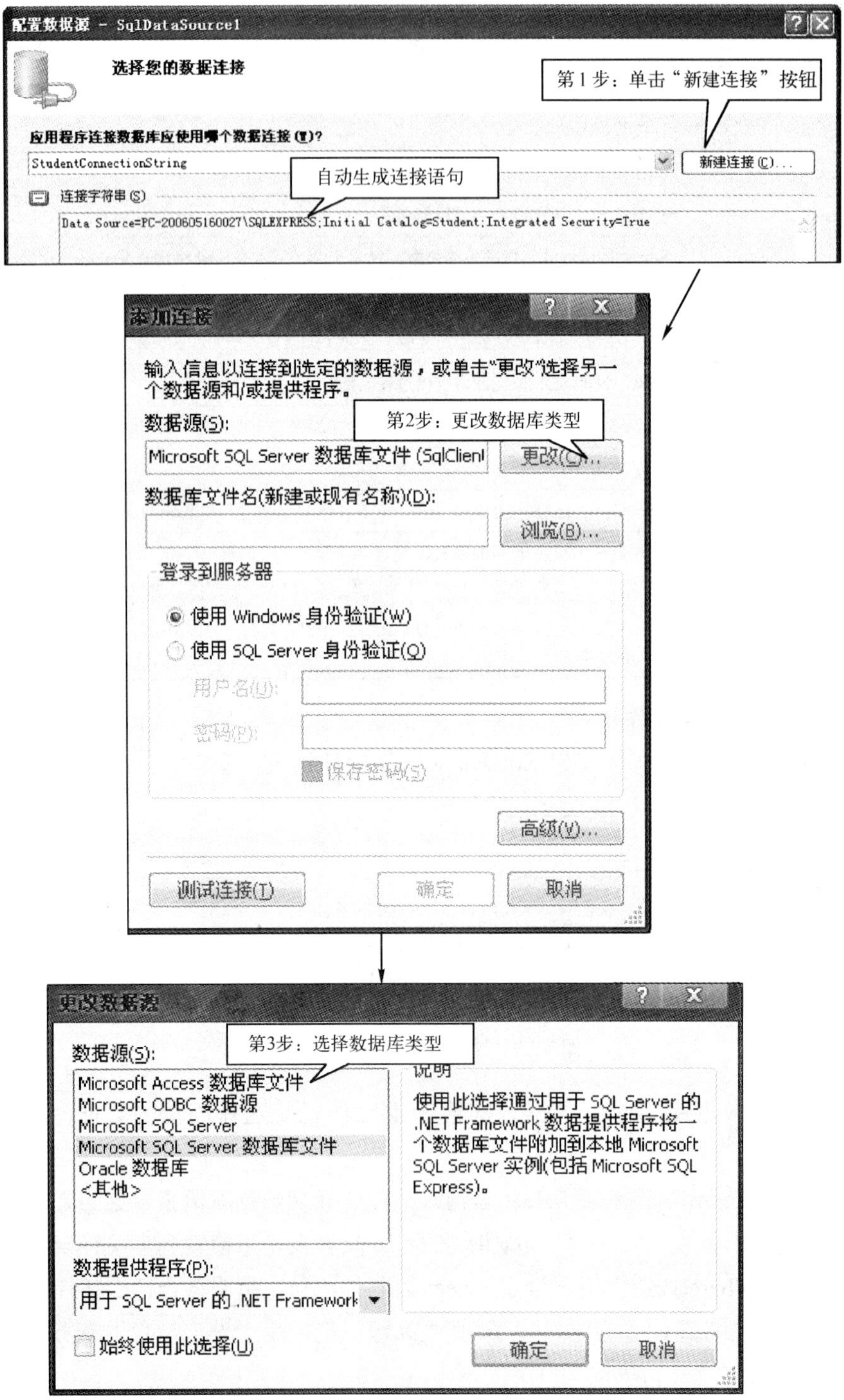

图7-12　SqlDataSource操作步骤示意图

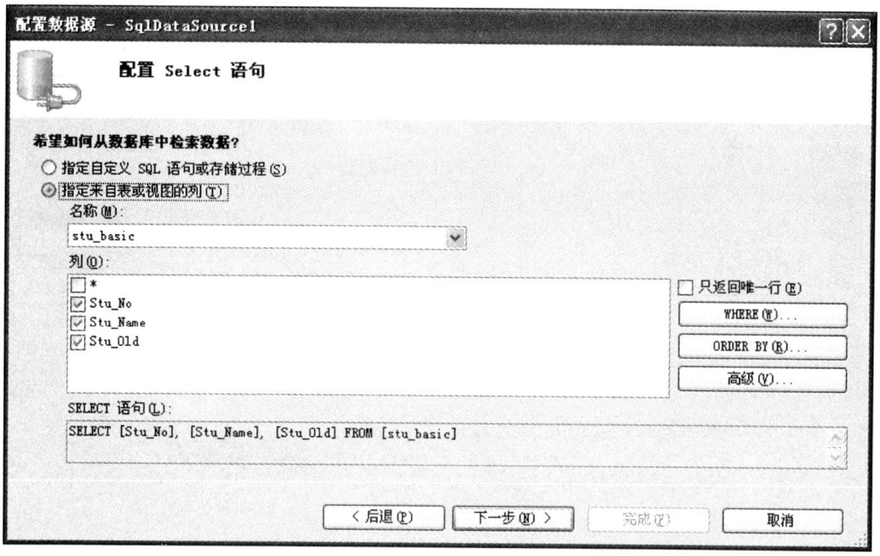

图7-13　配置SqlDataSource数据源的Select语句

7.4　常用数据绑定控件

在 Visual Studio 2010 工具箱中，提供了几个数据绑定控件。这些控件在实际应用中使用频率高、功能强大、使用方便。本节详细介绍 GridView 控件、ListView 控件、FormView 控件、Repeater 控件、DataPager 控件、DataList 控件、DetailsView 控件的使用。

7.4.1　GridView 控件

GridView 控件是以表格的方式显示数据库表中数据的控件。GridView 控件不但能显示数据，该控件还能很方便地对表格数据进行选择、编辑、删除、更新、排序及分页显示等操作。

1．GridView 控件常用属性

除了 Visual Studio 2010 控件的通用属性以及数据绑定控件的共有属性之外，GridView 控件独有的属性不多。最常用的属性是 DataSourceID，用于设置数据源。GridView 控件所有的属性都可以可视化设置。

2．GridView 控件常见功能举例

【操作实例 7-3】 显示表格数据。

依次在设计窗口中添加 SqlDataSource 控件和 GridView 控件，将 GridView 控件的 DataSourceID 属性设置为 SqlDataSource1。不用做其他设置，按下〈Ctrl+F5〉组合键即可运行。如图 7-14 所示。

【操作实例 7-4】 添加选择、编辑、删除、更新、排序及分页显示等功能。

这些功能的实现有两个前提条件，一是数据表必须设置主键，二是数据源配置 Select 语句时必须选中高级选项，勾选“生成 INSETRT、UPDATE 和 DELETE 语句”。

在上例中勾选“启用分页”、“启用排序”、“启用编辑”、“启用删除”和“启用选定内容”，如图 7-15 所示。

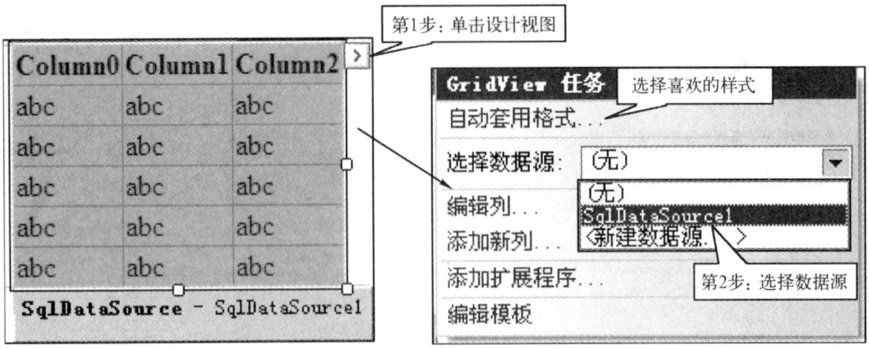

图7-14　显示表格数据

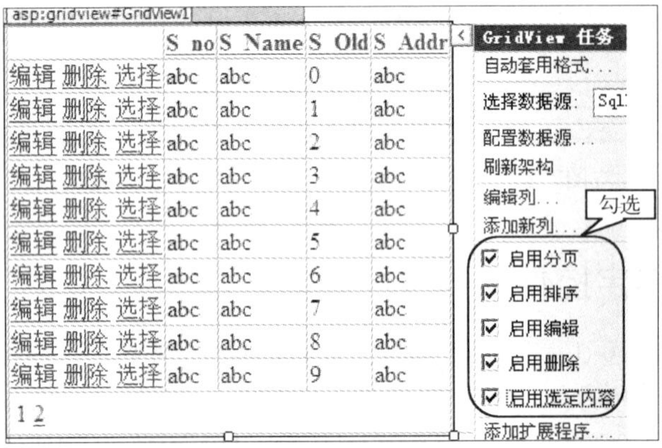

图7-15　启用数据

【操作实例 7-5】 更改列标题。

在例 7-4 中列的标题默认为字段名，而不是汉字 “学号”、“姓名”、“年龄” 等。在图 7-14 所示的菜单中选择“编辑列”命令，将出现图 7-16 所示的对话框，直接修改其属性即可。

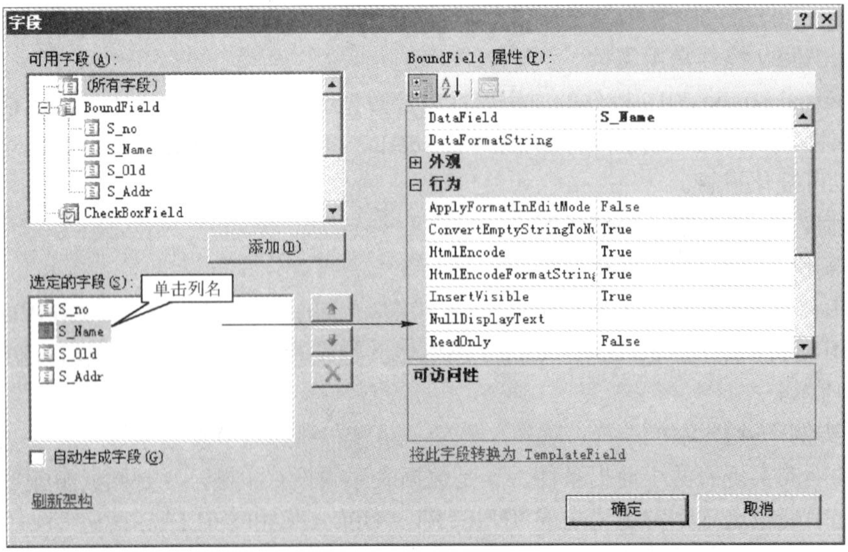

图7-16　编辑字段

【操作实例 7-6】 更改列的位置。

在例 7-5 中可以发现列的“编辑”、“删除”和“选择”在左侧，很不符合习惯，有时也需要人为地改变各列的左右位置。这就需要更改列的位置。其方法是将光标落在需要更改列的位置，然后，在右侧菜单中，单击“左移列”“右移列”即可。这里要特别强调，一定要先选择某列，否则将出现如图 7-17 所示，没有“左移列”、“右移列”选项。

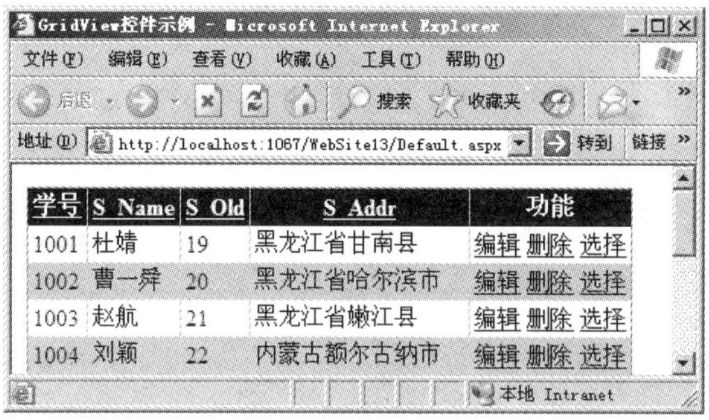

图7-17　更改列位置

7.4.2　ListView 控件

ListView 控件和 DataPager 控件是 ASP.NET 中新增的控件，ListView 控件集成了 DataGrid、DataList、Repeater 和 GridView 控件的所有功能。并且可以像 Repeater 控件那样，在控件内编写任何 HTML 代码。从使用的角度看 ListView 就是 DataGrid 和 Repeater 的结合体，既有 Repeater 控件的开放式模板，又具有 DataGrid 控件的编辑特性。

1．ListView 使用步骤

ListView 的使用先将控件从工具箱中拖入设计窗口，然后选择数据源，进而配置数据源，如图 7-18 所示。

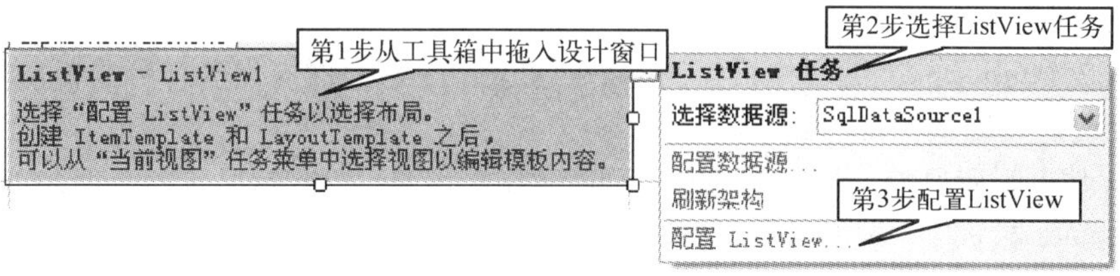

图7-18　ListView使用步骤

2．配置 ListView

ListView 提供了默认的五种布局、三种样式，同时还提供了“启用编辑”、“启用插入”、“启用删除”和“启用分页”四项功能。如图 7-19 所示。

3．ListView 常用属性

除了数据绑定控件共有的属性外，ListView 还有一个 InsertItemPosition 属性，该属性用于设置插入项的位置，主要有 None、FirstItem 和 LastItem 三个选项。分别代表记录可以在默认位置插入、在首行插入及最后一行插入。

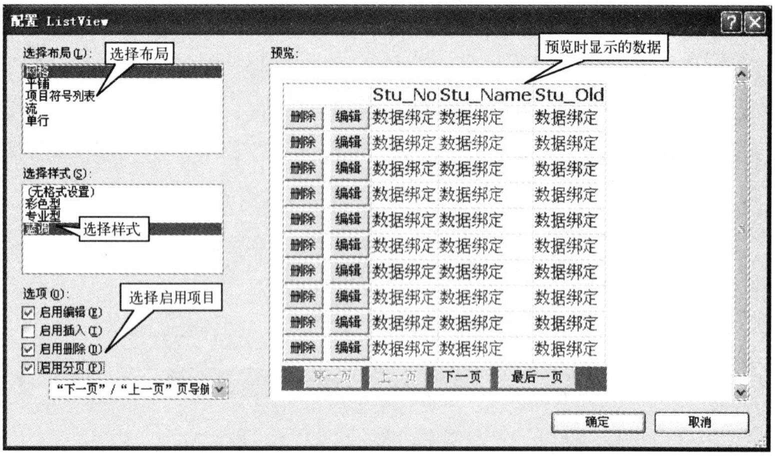

图7-19　配置ListView

7.4.3　FormView 控件

FormView 控件一次显示一条记录，并提供翻阅多条记录以及插入、更新和删除记录的功能。FormView 控件不指定用于显示记录的预定义布局。程序员必须创建包含控件的模板显示记录中的各个字段。用模板设置窗体布局的格式、控件和绑定表达式。

FormView 控件使用时要先添加控件、再设置模板。从工具箱中拖动 FormView 控件到设计窗口；单击其右侧"<"按钮，从"选择数据源"下拉列表中选择数据源，设定数据源。如图 7-20 所示。

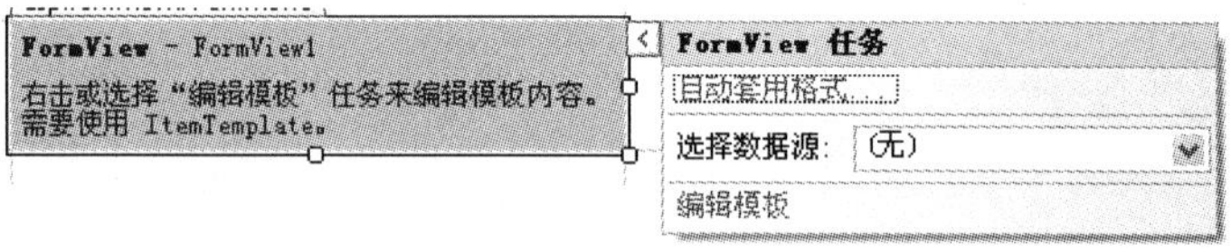

图 7-20　设定数据源

选择图 7-20 所示的"编辑模板"命令，对 FormView 控件提供的各种模板最终显示的各项效果进行设定。现举例说明如下。

1）设置数据显示风格。程序员习惯使用英文做字段名，但实际显示时一般却要改为中文，在 ItemTemplate 模板中，直接将英文的字段名称改为中文即可。不但可以更改字段名称，而且可以将其颜色、字体及背景做修改，人为设定其显示风格。将光标放在每个绑定的字段名上，在其右侧出现"<"按钮，单击后，可以设置绑定的字段及格式。如图 7-21 所示。

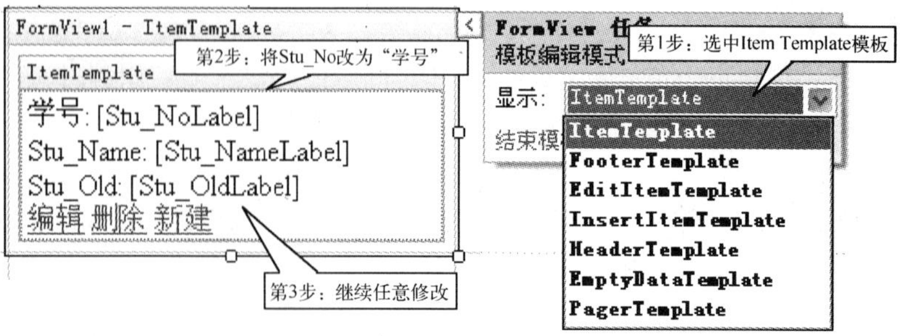

图7-21　ItemTemplate模板中设置数据

2）修改数据显示区域顶部及尾部信息。FormView 提供了 HeaderTemplate 模板用于修改类似表头的信息，提供了 FooterTemplate 模板修改尾部信息。编辑模板时只需要在其中输入相应文本，并利用 Visual Studio 2010 的“格式”菜单设置其字体、字号及字色等风格即可。如图 7-22 所示。

图7-22　HeadTemplate模板

其他模板的使用大同小异，可以根据编程者的喜好以及程序的整体风格自由设置。设定后单击“结束模板编辑”返回即可。

7.4.4　Repeater 控件

上述三个数据控件，他们都有一个共同的特征，就是不必编写代码，即可实现全部功能，所有的样式风格都可以可视化地指定，类似傻瓜型照相机的操作，只要会操作就可以，而 Repeater 控件则与他们完全不同，Repeater 控件必须通过手动输入 HTML 代码，才能完成数据的显示。如果想对 Repeater 中所显示数据进行格式设置，则必须添加 HTML 标记。Repeater 控件要求使用者必须掌握 HTML 代码基础知识，其操作十分简单。例如，欲使头部显示信息“齐齐哈尔信息工程学校教师名册”，则添加如下代码即可。

```
<HeaderTemplate>
    齐齐哈尔信息工程学校教师名册
</HeaderTemplate>
```

如果需要使“齐齐哈尔信息工程学校教师名册”以粗体显示，则将上述代码改为

```
<HeaderTemplate>
    <b>齐齐哈尔信息工程学校教师名册</b>
</HeaderTemplate>
```

Repeater 控件使用的具体步骤包括以下几个。

1）添加控件。从工具箱中拖动 Repeater 控件到设计窗口；单击其右侧“<”按钮，设定数据源。如图 7-23 所示。

图7-23　设定数据源

2）设置模板。切换到源视图，将会看到如下代码。只需要在其中加入各个模板，并进行相关 HTML 设置即可。

```
<asp:Repeater ID="Repeater1" runat="server" DataSourceID="SqlDataSource1">
</asp:Repeater>
```

在这两行代码中输入如下代码。

```
<asp:Repeater runat="server" id="rptEmployees" DataSourceID="SqlDataSource1" >
    <HeaderTemplate>
        <h1>这是头部   <br></h1>
    </HeaderTemplate>
    <ItemTemplate>
        <table border="0" >
          <tr>
          <td width=120>
          <%# DataBinder.Eval(Container.DataItem, "Stu_Name") %>
          </td><td width=90>
        <font color=maroon> <%# DataBinder.Eval(Container.DataItem,"Stu_Old") %>
          <br>    </font></td>
    </ItemTemplate>
    <FooterTemplate>
        这是尾部
    </FooterTemplate>
    </asp:Repeater>
```

此处编辑头部显示信息的模板

此处编辑显示数据的模板

此处编辑尾部显示信息的模板

完成上述操作后，按〈Ctrl+F5〉组合键，将得到如图 7-24 所示的执行效果。

图7-24 Repeater控件示例运行结果

7.4.5 DataPager 控件

DataPager 控件是 ASP.NET 新增的控件，是一个专门协助 ListView 实现分页功能的控件。

把分页的特性单独放到另一个控件里，会给读者带来很多好处，不但可以供其他控件使用，而且可以将其放在页面的任何地方。实质上，DataPager 就是一个扩展 ListView 分页功能的控件。添加 DataPager 控件后，可以如图 7-25 所示那样设置页导航样式。

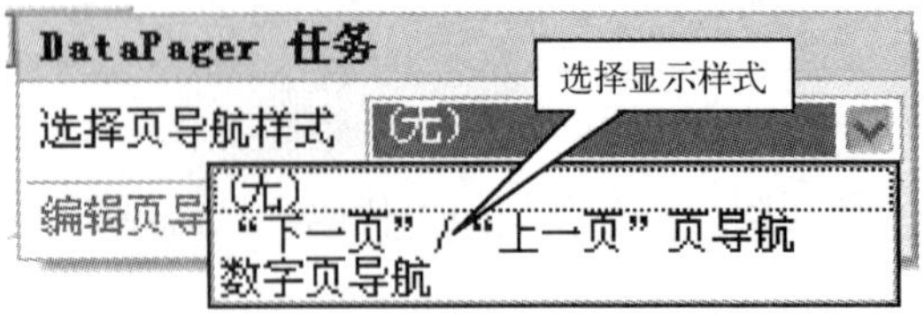

图7-25 DataPager控件页导航样式选择

DataPager 控件的属性主要有三个，分别为 PagedControlID、PageSize 和 QueryStringField。其中，PagedControlID 主要用于设置与其相关联的控件，PageSize 主要用于设置分页控件在一页中显示的记录数目，QueryStringField 主要用于设定当前页面索引的查询字符串字段的名称，设置此属性时，页导航将使用该查询字符串。在实际使用时只需要将 PagedControlID 属性设为 ListView 控件 ID 即可。如图 7-26 所示。

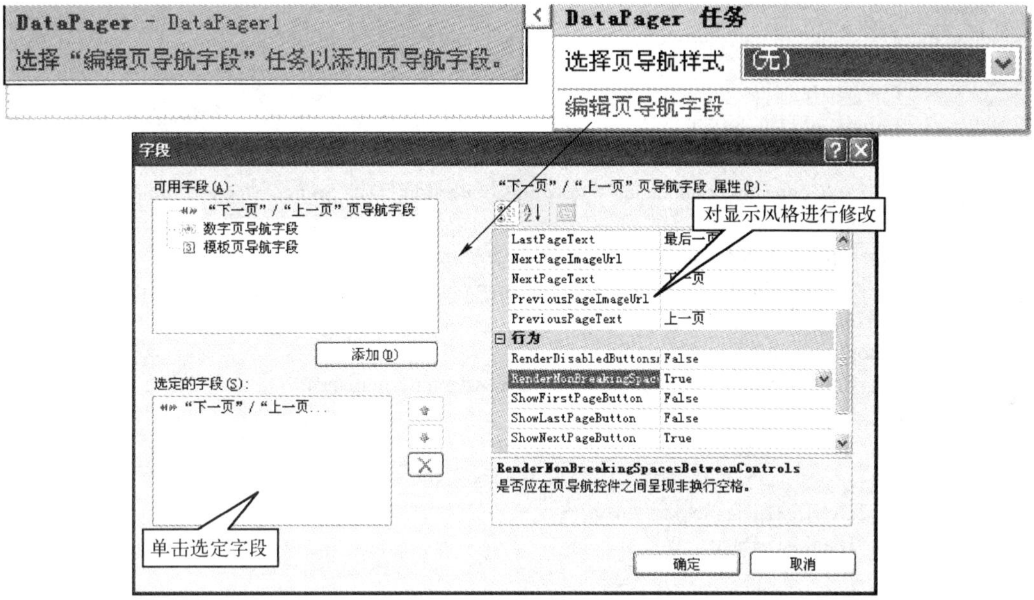

图7-26　DataPager控件设置

7.4.6 DataList 控件

ListView 控件的出现，使 DataList 控件的应用在大部分场合被取代。该控件的使用要经过以下几个步骤。

1）添加控件。从工具箱中拖动 DataList 控件到设计窗口，单击其右侧“<”按钮，选择“选择数据源”，如图 7-27 所示。

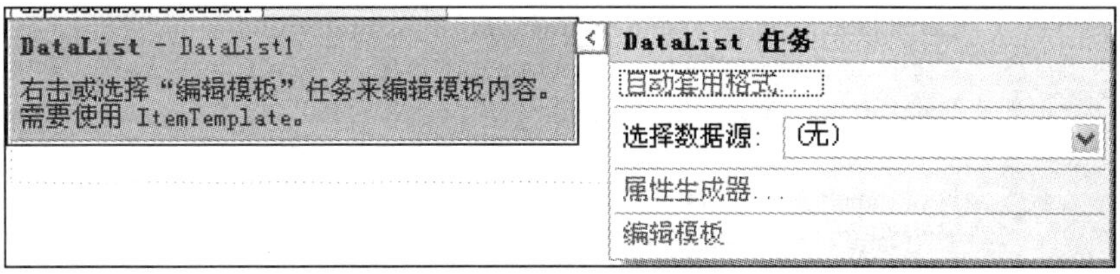

图7-27　DataList控件使用

2）设置风格。点击“属性生成器”可以对该控件的每一个部分的前景色、背景色和字体等显示风格进行设置。也可以选择“自动套用格式”使用系统自带的显示风格。

DataList 控件常用的属性除了共有的属性之外还有 RepeatDirection 用于设定布局方式，主要包括横向和纵向两种。

以下是一个实例的主要代码。

```
public partial class DataListDemo : System.Web.UI.Page
{
    protected void Page_Load(object sender, EventArgs e)
    {
        if (!Page.IsPostBack)
        {
            BindSex();
        }
    }
    //绑定顶级项目
    private void BindSex()
    {
        SqlConnection connection = new SqlConnection("Data Source=(local);Initial

Catalog=AspNetStudy;Persist Security Info=True;User ID=sa;Password=sa");
        SqlCommand command = new SqlCommand("select distinct sex from UserInfo",

connection);
        SqlDataAdapter adapter = new SqlDataAdapter(command);
        DataTable data = new DataTable();
        adapter.Fill(data);

        DataList1.DataSource = data;
        DataList1.DataBind();
    }
    //当绑定 DataList1 中的每一项时的处理方法
    protected void DataList1_ItemDataBound(object sender, DataListItemEventArgs e)
    {
        //如果要绑定的项是交替项或者是普通项
        //注意此外还有脚模板和脚模版
        if (e.Item.ItemType == ListItemType.Item ||
            e.Item.ItemType == ListItemType.AlternatingItem)
        {
            //e.Item 表示当前绑定的那一行
            //利用 e.Item.FindControl("Label1")来找到那一行的 id 为“Label1”的 Label 控件
            Label lbSex = (Label)(e.Item.FindControl("Label1"));
            //利用 e.Item.FindControl("Label1")来找到那一行的 id 为“Label1”的 Label 控件
            DataList dl2 = (DataList)(e.Item.FindControl("DataList2"));

            bool male = bool.Parse(lbSex.Text);
            dl2.DataSource = GetDataTable(male);
            dl2.DataBind();
        }
    }
    /// <summary>
    ///  根据性别来查找符合条件的用户
    /// </summary>
    /// <param name="male">是否为男性</param>
    /// <returns></returns>
    private DataTable GetDataTable(bool male)
```

```
        {
                SqlConnection connection = new SqlConnection("Data Source=(local);Initial

Catalog=AspNetStudy;Persist Security Info=True;User ID=sa;Password=sa");
                SqlCommand command = new SqlCommand("select top 3 RealName from UserInfo

where Sex=@Sex order by UserID", connection);
                command.Parameters.AddWithValue("@Sex", male);//添加 SqlParameter 参数
                SqlDataAdapter adapter = new SqlDataAdapter(command);
                DataTable data = new DataTable();
                adapter.Fill(data);
                return data;
        }
}
```

运行效果如图 7-28 所示。

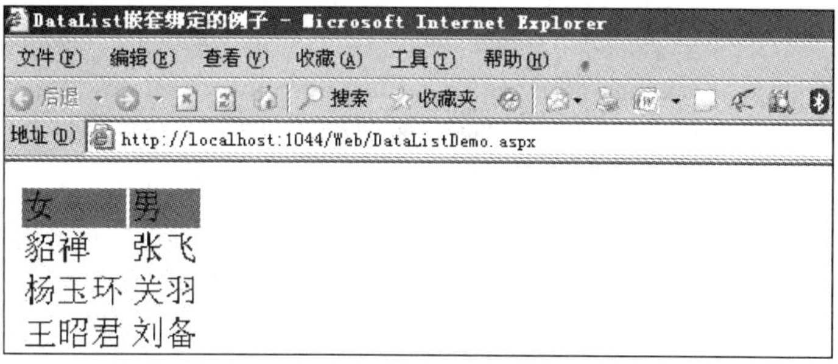

图7-28 运行效果

7.4.7 DetailsView 控件

DetailsView 控件也是单条记录编辑控件，可以实现显示、编辑、删除、插入一条记录，该控件与 GridView 联合使用，可以实现数据的多条显示与单条编辑同步进行的效果。其操作步骤如下。

1）添加控件。从工具箱中拖动 DetailsView 控件到设计窗口，单击其右侧“<”按钮，设置数据源。

2）设置风格。可以使用“自动套用格式”选择显示风格，也可以编辑模板设置显示风格。其他操作与上述的几个数据绑定控件大同小异，参照上述控件即可完成其编程工作。

7.5 综合实例：DetailsView 控件应用实例

以下是实例的前台代码。

```
<%@ Page Language="C#" AutoEventWireup="true" CodeFile="DetailsViewDemo.aspx.cs"
Inherits="DetailsViewDemo" %>

<!DOCTYPE html PUBLIC "-//W3C//DTD XHTML 1.0 Transitional//EN"
"http://www.w3.org/TR/xhtml1/DTD/xhtml1-transitional.dtd">
```

```
<html xmlns="http://www.w3.org/1999/xhtml" >
<head runat="server">
    <title>DetailsView 控件的例子</title>
</head>
<body>
    <form id="form1" runat="server">
    <div>
        <asp:DetailsView ID="DetailsView1" runat="server"  Width="400px"
AutoGenerateRows="False">
        <Fields>
                <asp:BoundField DataField="UserId" HeaderText="编号" />
                <asp:HyperLinkField DataNavigateUrlFields="UserId"
DataNavigateUrlFormatString="ShowUser.aspx?UserId={0}"
                    DataTextField="RealName" HeaderText="查看" />
                <asp:BoundField DataField="UserName" HeaderText="用户名" />
                <asp:BoundField DataField="RealName" HeaderText="真实姓名" />
                <asp:BoundField DataField="Age" HeaderText="年龄" />
                <asp:CheckBoxField DataField="Sex" HeaderText="男" />
                <asp:BoundField DataField="Mobile" HeaderText="手机" />
                <asp:TemplateField HeaderText="电子邮件">
                    <AlternatingItemTemplate>
                        <a href='emailto:<%#Eval("Email") %>'>发电子邮件给<%#Eval
("RealName") %></a>
                    </AlternatingItemTemplate>
                    <ItemTemplate>
                        <%#Eval("Email") %>
                    </ItemTemplate>
                </asp:TemplateField>
            </Fields>
            <EmptyDataTemplate>
                温馨提示：当前没有任何记录哦。
            </EmptyDataTemplate>
        </asp:DetailsView>

    </div>
    </form>
</body>
</html>
```

该实例的后台主要代码如下。

```
public partial class DetailsViewDemo : System.Web.UI.Page
{
    protected void Page_Load(object sender, EventArgs e)
    {
        if (!Page.IsPostBack)
        {
            int userId;
            //当当前 URL 地址中含有“UserId”参数并且能转换成数字时
            if (int.TryParse(Request.QueryString["UserId"], out userId))
```

```
            {
                //实例化 Connection 对象
                SqlConnection connection = new SqlConnection("Data Source=

(local);Initial Catalog=AspNetStudy;Persist Security Info=True;User ID=sa;Password=sa");
                //实例化 Command 对象
                SqlCommand command = new SqlCommand("select * from UserInfo where

UserId=@UserId", connection);
                command.Parameters.AddWithValue("@UserId", userId);//添加 Parameter

参数
                SqlDataAdapter adapter = new SqlDataAdapter(command);
                DataTable data = new DataTable();
                adapter.Fill(data);

                DetailsView1.DataSource = data;
                DetailsView1.DataBind();
            }
            else
            {
                //如果不能转换成数字，生成一个空 DataTable 对象来绑定
                //因为我们在设计代码中定义如果没有符合条件的数据时的显示效果
                //所以此时会显示我们定义的没有数据时的效果
                DataTable data = new DataTable();
                DetailsView1.DataSource = data;
                DetailsView1.DataBind();
            }
        }
    }
}
```

该实例的运行效果如图 7-29 所示。

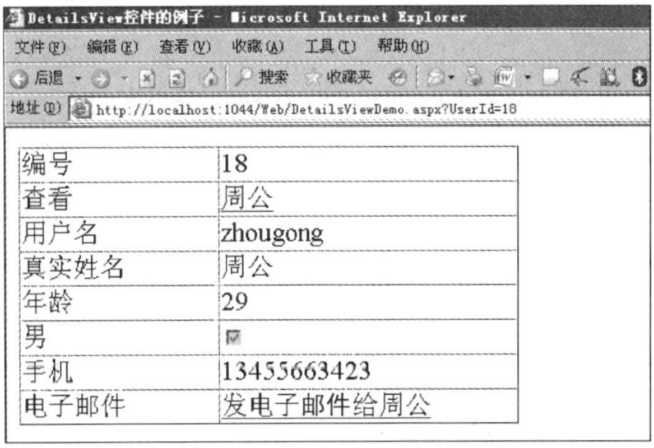

图7-29　运行效果

【拓展编程技巧】

设置日期格式。默认的情况下日期型字段显示的是日期和时间，而实际应用中往往需要

只显示时间，这就需要进行设置。设置时在日期型字段名称右侧对应的属性栏中修改DataFormatString属性为{0:d}即可。DataFormatString 属性提供了列中各项自定义格式。

数据格式字符串由以冒号分隔的两部分组成，形式为 { A:Bxx }。例如，格式化字符串{0:F2} 将显示带两位小数的定点数。

整个字符串必须放在大括号内，表示它是格式字符串，而不是实际字符串。大括号外的任何文本均显示为实际文本。

冒号前的值（常规示例中为 A）指定在从零开始的参数列表中的参数索引。此值只能设置为 0，因为每个单元格中只有一个值。冒号后的字符（常规示例中为 B）指定值的显示格式。下表列出了一些常用格式。

- C：以货币格式显示数值。
- D：以十进制格式显示数值。
- E：以科学记数法（指数）格式显示数值。
- F：以固定格式显示数值。
- G：以常规格式显示数值。
- N：以数字格式显示数值。
- X：以十六进制格式显示数值。

注意：

除 X 以指定的大小写形式显示十六进制字符之外，其他格式字符不区分大小写。格式字符后的值（常规示例中为 xx）指定显示的值的有效位数或小数位数。

本章小结

SQL Server 2008 Express 是 Visual Studio 2010 自带的一个免费的数据库管理系统。SSMSE 是使用和管理 SQL Server 2008 Express 数据库的可视化工具。Viusla Studio 2010 开发环境集成数据库的操作主要有添加连接及创建数据库和创建表。Visual Studio 2010 共提供了七种数据绑定控件，这些控件简单得甚至不需要设置任何属性就能完成十分复杂的功能。ASP.NET 数据库绑定控件的功能十分强大，不但能够显示数据，很多控件都能够对数据库表修改、查询和更新操作。ASP.NET 为数据库绑定控件提供了模板，每个控件的多个模板对应该控件的不同功能界面。ASP.NET 专门提供了六种用于数据库连接的数据源控件，分别是 SqlDataSource 控件、AccessDataSource 控件、LinqDataSource 控件、ObjectDataSource 控件、XMLDataSource 控件和 SiteMapDataSource 控件。

每章一考

一、填空题（20 空，每空 2 分，共 40 分）

1. ASP.NET 的数据源控件包括 SqlDataSource、LinqDataSource、（　　）、（　　）、（　　）和（　　）。

2. XmlDataSource 控件通常用于显示（　　）数据。

3. 数据绑定完整的语法为（　　），在 ASP2.0 中可以简化为（　　）。

4．GridView 控件最常用的属性是 DataSourceID，用于（　　）。

5．GridView 实现选择、编辑、删除、更新、排序和分页等功能必须有两个前提条件，一是（　　），二是数据源配置 Select 语句时必须选中“高级”选项，勾选生成（　　）、（　　）和（　　）语句。

6．ListView 提供了（　　）、启用插入、（　　）及启用分页四项功能。

7．DataPager 控件是 ASP.NET 新增的控件，是一个专门协助 ListView 实现（　　）功能的控件。

8．DataPager 控件主要属性有（　　）、（　　）和（　　）三个。

9．DataAdapter 对象中用于指示数据读取器是否已关闭的值的属性是（　　）。

10．用于建立数据库连接的对象是（　　）。

11．数据绑定控件的属性 DataMember 的功能是（　　）。

二、选择题（10 小题，每小题 2 分，共 20 分）

1．SQL Server 2008 Express 缓冲池内存限制为（　　）GB。

A．1　　B．2　　C．3　　D．4

2．Visual Studio 2010 共提供了（　　）种数据绑定控件。

A．6　　B．2　　C．7　　D．4

3．（　　）是页眉模板。

A．FooterTemplate　　B．HeaderTemplate

C．SeparatorTemplate　　D．ItemTemplate

4．常见的项模板不包括（　　）模板。

A．ItemTemplate　　B．FooterTemplate

C．SelectedItemTemplate　　D．EditItemTemplate

5．以下（　　）不是 ASP.NET 的数据源控件。

A．SqlDataSource　　B．AccessDataSource

C．LinqDataSource　　D．XML

6．SqlDataSource 不可以直接访问（　　）。

A．Microsoft SQL Server　　B．Microsoft Access

C．Oracle　　D．Word

7．ASP.NET 中数据库应该放在网站的（　　）目录中。

A．App_Data　　B．App

C．App_login　　D．以上都不对

8．GridView 控件不支持的操作是（　　）。

A．选择　　B．编辑　　C．删除　　D．上传

9．以下 ListView 控件没有集成的功能是（　　）。

A．DataGrid　　B．DataList

C．Repeater　　D．SqlDataSource

10．FormView 控件一次显示（　　）条记录。

A．1　　B．2

C．多　　D．数据表中全部记录

三、判断题（10 小题，每小题 2 分，共 20 分）

1．Visual Studio 2010 集成了数据库 SQL Server 2008。（　）

2．SQL Server 2008 Express 支持多 CPU 操作。（　）

3．同一台计算机最多可以安装 16 个 SQL Server 2008 Express 实例。（　）

4．AccessDataSource 控件是使用 Access 数据库的数据源控件。（　）

5．SqlDataSource 控件的用户界面层与业务逻辑层分离。（　）

6．ASP.NET 导航控件数据是由 SiteMapDataSource 控件提供。（　）

7．ListView 拥有 Repeater 控件的开放式模板，但不具备 DataGrid 控件的编辑特性。（　）

8．Repeater 控件不必手动输入 HTML 代码，就能完成数据的显示。（　）

9．当用户做了删除操作显示 SelectedItemTemplate 模版。（　）

10．<%= DateTime.Now.ToShortDateString()%>的功能是显示当前日期。（　）

四、综合题（共 4 小题，每小题 5 分，共 20 分)

1．创建 DataAdapter 对象的方式包括哪四种?

2．使用 DataSet 对象的操作可以划分为哪四种?

3．简述 SqlDataSource 的操作步骤。

4．使用 GridView 控件编写学生通讯录管理系统，要求实现录入、删除、查询、排序和显示五项功能。

第 8 章　网站登录与导航

程序员的优秀品质之八：点检克治，做到慎独

出自明代思想家吕坤《呻吟语》，原文为：问“慎独如何解？”曰：“先要认住‘独’字”。‘独’字就是‘意’字。稠人广坐，千军万马中，都有个独。只这意念发出来是在中至正底，这不劳慎，就将这‘独’字做去，便是天德王道。这意念发出来，九分九厘是，只有一厘苟且为人之意，便要点检克治，这便是慎独了。

程序员是低头做事的人，编程序是埋头苦干的工种。程序员要有自律品质，在物欲横流的社会现实下，要不断约束自己，才能在程序路上有所建树。要慎独，在无人管束和监督下，依靠内在的道德信念和力量，自觉约束自己。

学习激励

全球最大的中文搜索引擎百度 CEO 李彦宏

李彦宏，百度 CEO，1991 年毕业于北京大学，随后赴美国布法罗纽约州立大学完成计算机科学硕士学位。在搜索引擎发展初期，李彦宏作为全球最早研究者之一，最先创建了 ESP 技术，并将它成功地应用于 infoseek/go.com 的搜索引擎中。go.com 的图像搜索引擎是他的另一项极具应用价值的技术创新。1999 年底，李彦宏回国创办百度。目前百度已经成为中国人最常使用的中文网站之一，全球最大的中文搜索引擎，同时也是全球最大的中文网站之一。2005 年 8 月百度在美国纳斯达克成功上市，成为全球资本市场最受关注的上市公司之一。在李彦宏的领导下，百度不仅拥有全球最优秀的搜索引擎技术团队，同时也拥有国内最优秀的管理团队、产品设计、开发和维护团队；在商业模式方面，也同样具有开创性，对中国企业分享互联网成果起到了积极的推动作用。

每个上网的人都熟悉百度，简单的页面、专一的主题，却坐上了搜索引擎业界的第一把交椅，让我们走近百度 CEO 李彦宏，看看他成长的足迹，想想我们自己脚下的路吧。努力学习基础知识，牢牢掌握专业技术，为自己的人生奠定基础，为自己的事业做好铺垫。路漫漫其修远兮，吾将上下而求索！年青的大学生朋友们，为自己的理想而努力，为明天的辉煌而奋斗吧！

8.1 网站登录管理技术

在浏览器中输入网址 http://www.163.com，用户可以浏览网易上内容，但却不能查看其邮箱中邮件的内容，若想查看邮件必须输入用户名和密码，这便是网站的登录。很多网站除了可供公开浏览的内容之外，还有一部分只为注册用户或会员提供的内容，这部分内容必须在用户登录后才能查看。ASP.NET 为这一功能的实现专门提供了一系列用户登录技术。使用其他编程语言实现用户登录功能时，必须人工地进行复杂的程序设计才能实现，在 ASP.NET 中运用系统提供的网站登录控件，鼠标轻点之间便可轻松实现全部功能。

8.1.1 ASP.NET 网站登录管理的基本原理

ASP.NET 网站登录管理的基本原理很简单，就是通过系统配置文件管理网站的登录信息，用户不必直接与数据库打交道。网站登录管理要解决有哪些用户、每个用户扮演什么角色以及对该网站中的文件和文件夹有哪些权限三个问题。每个 ASP.NET 网站以及网站中的每个子文件夹都有一个配置文件 web.config，网站的登录管理正是通过这一文件得以实现。用户通过"ASP.NET 网站管理工具"进行有关项目设置，其设置结果被保存在配置文件 web.config 中。网站在运行时，将自动调取配置文件中的数据，并依此进行网站登录管理。

ASP.NET 的这一特性与其他编程语言不同，其他编程语言一般用文本文件或数据库文件保存用户注册信息，不但需要用复杂的编程技术来实现，而且数据库的安全性不是很高，容易导致信息泄露，造成系统安全隐患。

8.1.2 验证类型

ASP.NET 编写的 Web 程序一般有两种应用场合，一种是应用在互联网，既将网站上传到互联网服务器上，供所有的网民浏览使用，例如网易 http://www.126.com、中央电视台网站 http://www.cctv.com 等；而另一种则是供本单位局域网使用，如某单位的 OA 办公系统、生产管理系统等，这种应用无法通过互联网使用系统，只能在本地局域网上使用。ASP.NET 针对这两种应用场合分别提供了两种验证方式：Windows 验证和 Forms 验证。

1．Windows 验证

一般来讲，在打开计算机时可以选择不同的用户名称，并输入密码，才能开启计算机，进行各项操作。图 8-1 是常见的计算机启动后，Windows 的登录界面。ASP.NET 的 Windows 验证正是利用了这个用户名和密码来判断用户身份。换而言之，网站开发人员只需要利用 Windows 已经存在的用户名和密码即可，这种方式比较适合企业内部网络中的应用。

图8-1 Windows验证示例

2. Forms 验证

用户无论在互联网上登录哪个要求登录的网站，都必须输入用户名和密码，用户才能享受网站提供的所有服务，如图 8-2 所示。这种验证方式就是基于 Forms 的验证方式。这种方式在网站制作时必须由程序员自行设计登录页面，用户在登录对话框中输入已注册成功的用户名和密码后，才可以进入网站。

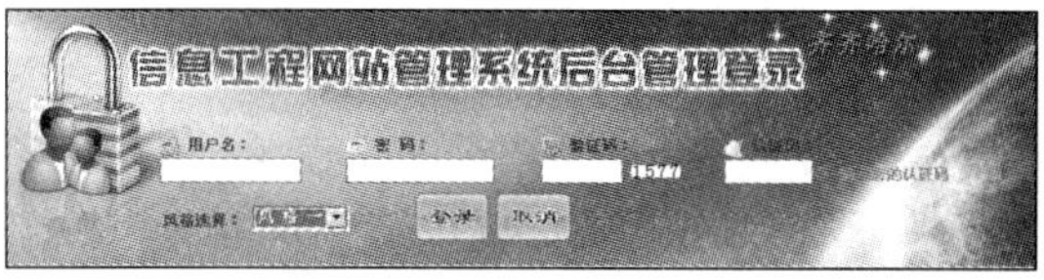

图8-2　Forms验证示例

8.1.3　验证类型的配置

验证类型配置并不复杂，在 Visual Studio 2010 中，系统提供了专门的工具“ASP.NET 网站管理工具”，可以十分方便地供编程者进行验证类型配置。

在 Visual Studio 2010 的主菜单中选择“网站|ASP.NET 配置”命令后，即可以进行。

【操作实例 8-1】 配置验证类型，如图 8-3 所示。

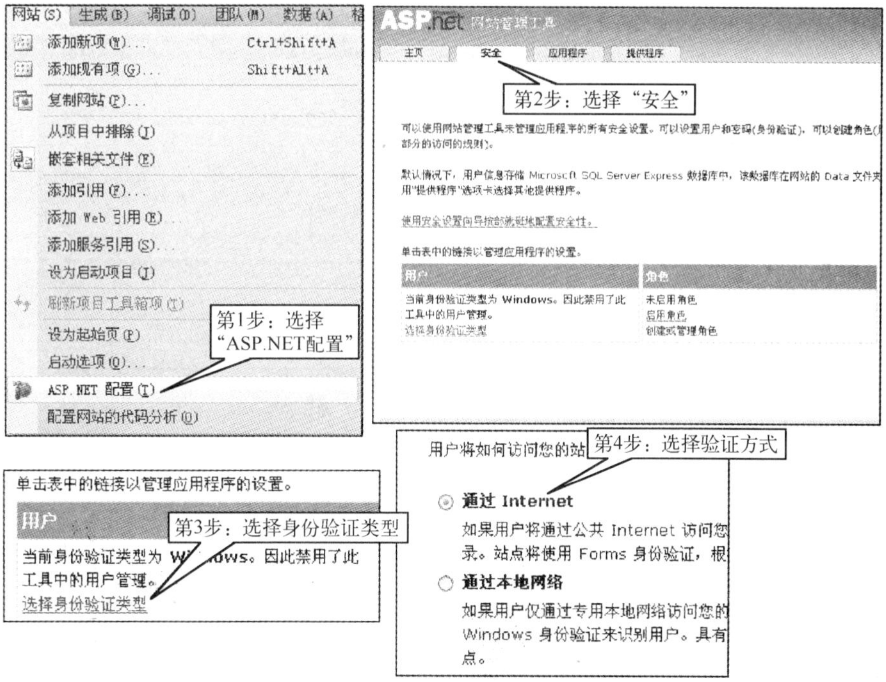

图8-3　配置验证类型

用户第一次配置时尚未创建 SQL Server 数据库，将不能进行各项操作，因此必须退出网站管理工具，选择“开始|程序|Visual Studio 2010|Visual Studio Tools|Visual Studio 2010 命令提示”命令，在提示符下输入“aspnet_regsql”创建和配置数据库。

通过上述方式设置验证类型后，Visual Studio 2010 系统将自动修改 web.config 配置文件中相关的内容，将有关信息存储在 web.config 文件中。例如，用户配置“用户将如何访问您的站点”时选取的是“通过 Internet”，则 Web.config 配置文件的<authentication>项目设置为如图 8-4 所示。

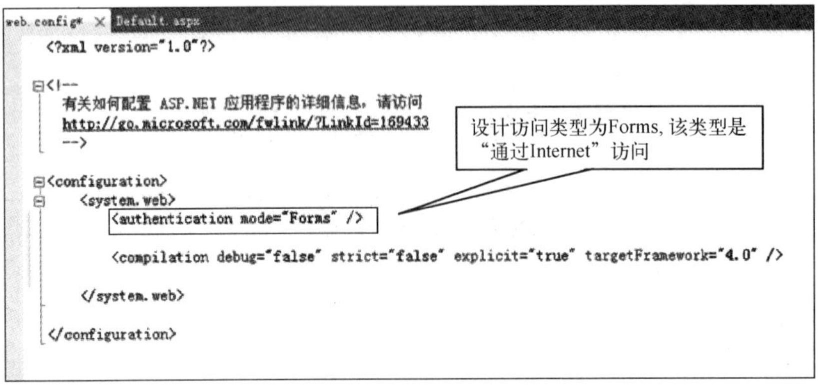

图8-4 “通过Internet”访问网站

如果用户选取的是“通过本地网络”，则可以将 Web.config 配置文件的<authentication>项目设置为 authentication mode="Windows"/>，但计算机默认是缺省的，如图 8-5 所示。

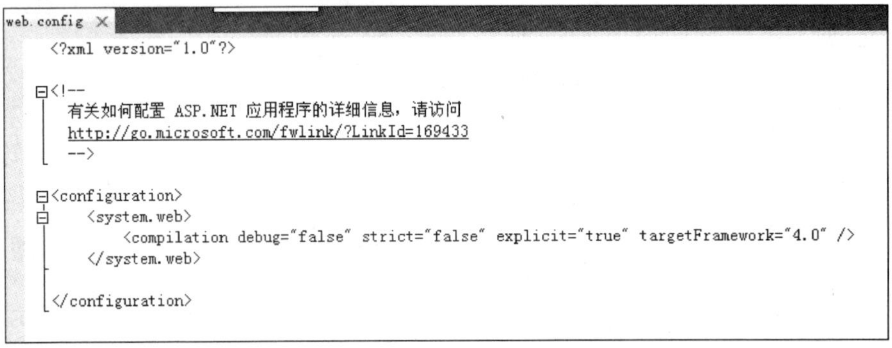

图8-5 “通过本地网络”访问网站

8.1.4 用户管理

登录网站的用户可以用 ASP.NET 网站管理工具很方便地进行管理。新建用户的操作步骤如图 8-6 所示，这里要特别强调密码至少是七个字符，而且必须由数字、英文字母及特殊符号三种字符组成，如 asd@123ab、dujing#12354M 等。这一点要特别注意，目前网站上广泛使用的用户登录系统，密码要求有三者之一即可，而 ASP.NET 则要求三者缺一不可。有别于目前广泛使用的密码要求。

【操作实例 8-2】 新建用户。

在默认情况下，ASP.NET 用户信息存储在 ASPNETDB.MDF 文件中，该文件默认为存储在网站的 App_Data 目录下。网站管理人员可以启用用户、禁用用户，可以编辑用户的信息，还可以删除用户，但要注意编辑用户功能只能编辑用户的电子邮件地址、启用、禁用用户以及改变用户的有关说明。

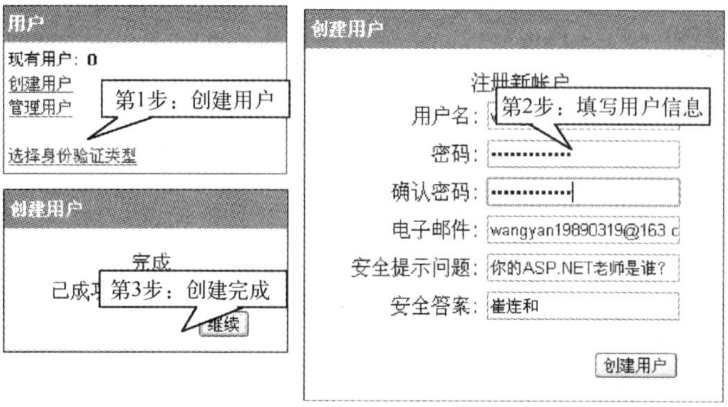

图8-6　新建用户的操作

【**操作实例 8-3**】　管理用户，如图 8-7 所示。

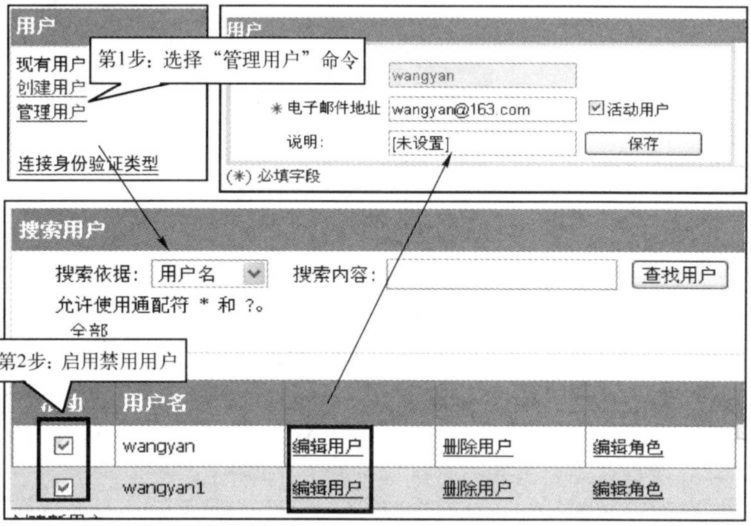

图8-7　管理用户的操作

8.1.5　角色管理

ASP.NET 网站管理工具还可以创建角色和管理角色。

【**操作实例 8-4**】　角色管理，其操作方法如图 8-8 所示。

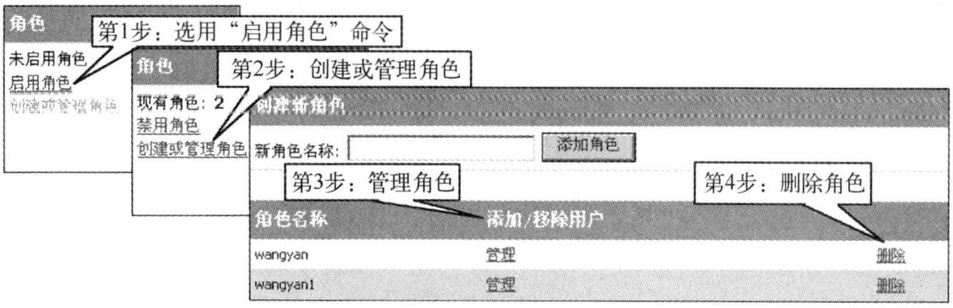

图8-8　角色管理

8.1.6 访问规则设置

ASP.NET 的网站管理工具可以设定访问规则，即哪些用户可以访问网站中的哪些文件或文件夹。其操作步骤十分简单，首先选中目录，然后为该目录选中角色并设定权限，经过这三个步骤，即可以完成访问规则设置。

【操作实例 8-5】

创建及管理访问规则，如图 8-9 所示。

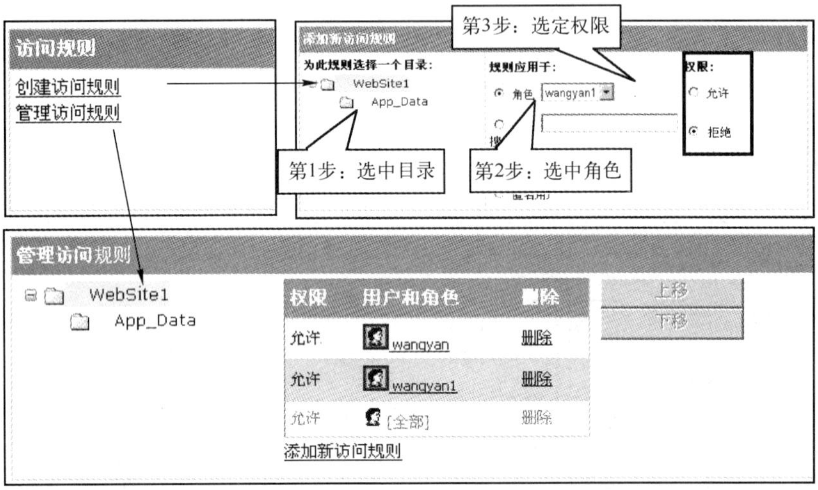

图8-9 角色管理

角色创建后在该目录自动生成配置文件 web.config，该文件中<allow roles="wangyan" />表示允许角色“wangyan”访问该目录，如果拒绝访问该目录则应是<deny roles="wangyan" />，而<deny users="?" />则表示拒绝匿名用户访问该目录。可以直接修改 web.config 文件的内容，Visual Studio2010 同样会自动修改访问规则，如图 8-10 所示。

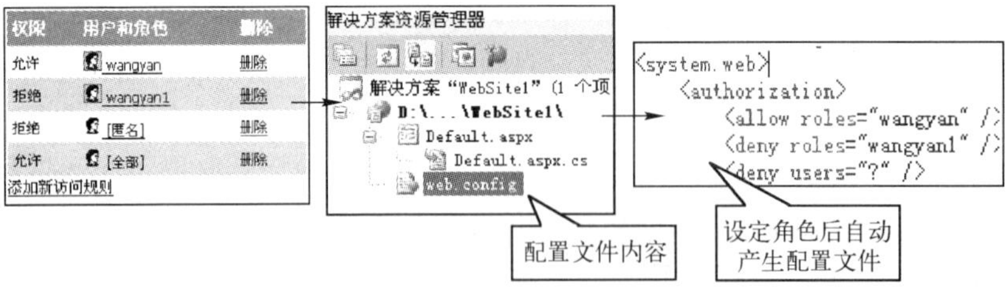

图8-10 角色创建后形成的文件及代码

8.2 登录控件

ASP.NET 3.5 共提供了七种登录控件，用以实现网站登录功能，分别是 Login 控件、LoginName 控件、LoginStatus 控件、LoginView 控件、PasswordRecovery 控件、CreateUserWizard 控件及 ChangePassword 控件。这七种控件完成了网站登录的各个应用，提供了从登录操作、登录状态显示到用户注册、密码恢复等功能的全方位服务。各控件的功能如表 8-1 所示。

表 8-1　ASP.NET3.5 登录控件及功能

名　称	功　能
Login	用户登录窗口
LoginName	显示用户当前登录的名称
LoginStatus	显示用户登录状态
LoginView	根据用户角色的不同而显示不同的登录后内容
PasswordRecovery	该控件可以实现密码提示恢复功能
CreateUserWizar	引导用户进行注册
ChangePassword	用户密码更改

8.2.1　登录控件外观设计

ASP.NET 提供了七个登录控件，其外观设计大同小异，其属性基本相同。在应用中登录控件的实际呈现效果是编程者关注的重要内容，设计一个美观大方的登录界面需要对登录控件进行属性设置。图 8-11 是登录控件共有的外观属性，在下面章节的介绍中，将不再对各个控件的外观设置进行重复讲解。

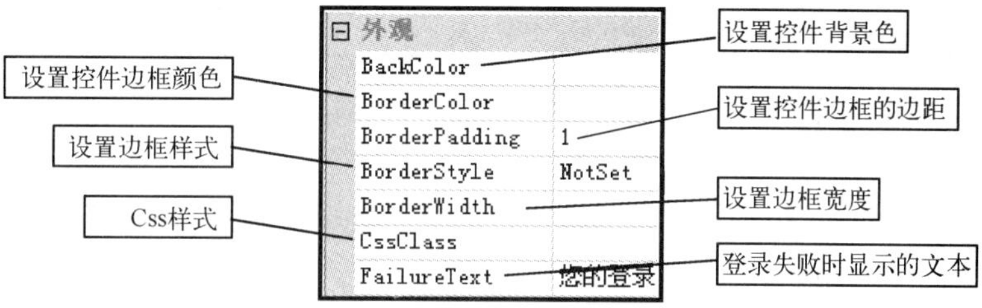

图8-11　登录控件外观属性设置

8.2.2　Login 控件

通常每一个程序都有一个用户登录窗口，很多网站也拥有用户登录对话框，在以往的编程语言中，必须由程序员编写大量复杂的代码才能实现这一功能，而在 ASP.NET 中专门提供了 Login 控件，可以很方便地实现这一功能。

1. Login 控件的常用属性

属性设置如图 8-12 所示，相关说明见表 8-2。

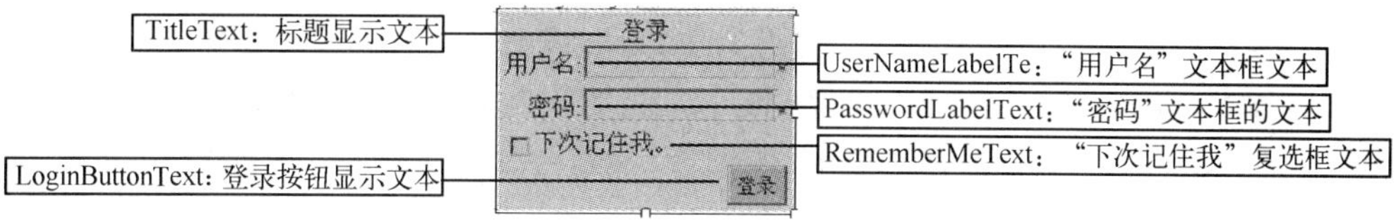

图8-12　登录控件外观属性设置

表 8-2　Login 控件最常用的属性及说明

属　性	说　明
CreateUserIconUrl	创建用户连接的图标 URL
CreateUserText	为“创建用户”连接显示文本
CreateUserUrl	创建用户页的 URL

（续）

属　性	说　明
DestinationPageUrl	用户成功登录时被定向到的 URL
FailureAction	当登录尝试失败时采取的操作
FailureText	获取或设置当登录尝试失败时显示的文本
HelpPageText	帮助页的文本
HelpPageUrl	帮助页的 URL
LoginButtonText	为“登录”按钮显示文本
LoginButtonType	“登录”按钮的类型
MembershipProvider	成员资格提供程序的名称
PasswordLabelText	标识密码文本框的文本
PasswordRecoveryText	为密码恢复连接显示的文本
PasswordRecoveryUrl	密码恢复页的 URL
PasswordRequiredErrorMessage	密码为空时在验证再要中显示的文本
RememberMeText	为“记住我”复选框显示的文本
TitleText	为标题显示的文本
UserName	用户名文本框中的初始值
UserNameLabelText	标识用户名文本框文本

2. Login 控件使用举例

【操作实例 8-6】 Login 控件使用。

1）启动 Visual Studio 2010，新建网站之后，依次选择“添加新项|web 窗体”命令，将新建的窗体命名为 login.aspx。

2）在 login.aspx 的设计窗口添加 Login 控件，如图 8-13 所示，并进行简单的外观属性设置。

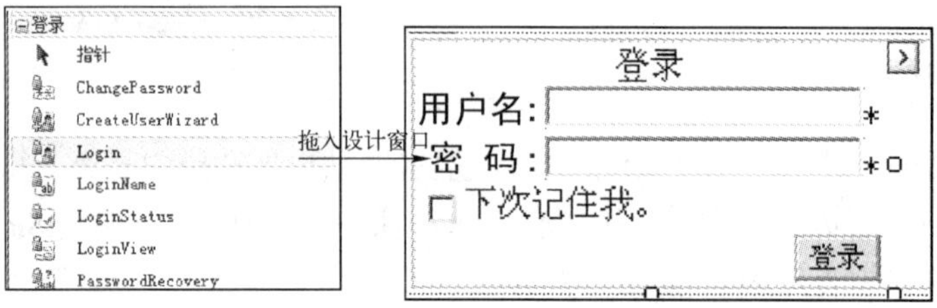

图8-13　将login控件拖入设计窗口

3）添加用户，依次选择“网站|ASP.NET 配置|安全|创建用户”命令，并按提示添加各项新建用户信息，在此用户名为 xxgcclh，密码为 xxgcclh!@#123，具体操作参照 8.14 节。

4）进入 default.aspx 的设计窗口，在上面添加“登录成功!”，并设置成 Login 控件的 DestinationPageUrl 属性的值，保存后按下〈Ctrl+F5〉组合键运行程序，如图 8-14 所示。

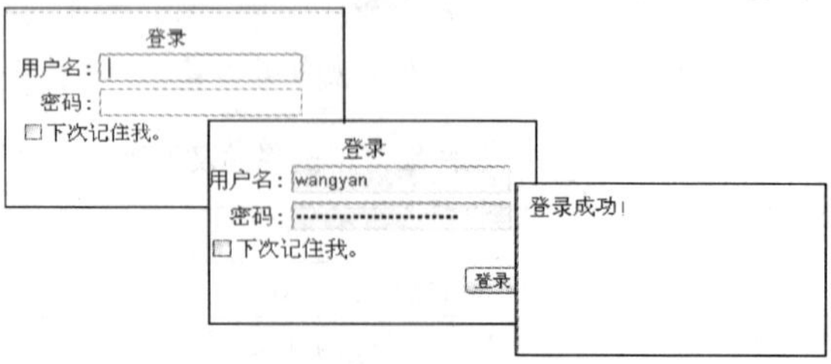

图8-14　login实例运行结果界面

8.2.3 LoginName 控件

1. 使用说明

LoginName 控件显示用户的登录名，如果应用程序使用 Windows 身份验证，该控件则显示用户的域名和账户名；如果应用程序使用 Forms 身份验证，则显示用户登录时填写的名称。

2. 常用属性

LoginName 属性除了一些通用的外观设计属性外，独有的属性很少。主要有 FormatString 属性，该属性主要用于格式化输出用户名，其基本格式如下。

```
FormatString="字符串，{格式序号}"
```

8.2.4 LoginStatus 控件

通常用户在登录成功后，会显示用户当前登录的身份，比如“欢迎 XXX 用户登录”的提示，而同时会显示“退出”字样的提示，在 ASP.NET 中通过 LoginName 和 LoginStatus 控件来实现这样的功能。图 8-15 是网易 126 邮箱登录成功后的界面。

LoginStatus 控件为没有登录成功的用户显示登录链接，为登录成功的用户显示注销链接。登录链接将转到登录页面，注销链接则将消除用户登录的所有信息、关闭所有只对注册用户开放的功能，回到用户未登录状态。

图8-15 网易登录成功界面

1. 常用属性

LoginStatus 控件常用的属性及说明如表 8-3 所示。

表 8-3 LoginStatus 控件常用属性及说明

属　性	说　明
LoginImageUrl	“登录”按钮显示的图像的 URL
LoginText	“登录”显示的文本
LogoutAction	“注销”后执行的操作
LogoutImageUrl	“注销”按钮显示的图像的 URL
LogoutPageUrl	“注销”后重定向到的 URL
LogoutText	“注销”按钮显示的文本

LoginStatus 控件提供了有关用户当前状态的信息。当用户未进行身份验证时，它提供 Login 链接，而用户登录时，提供 Loginout 链接，通过设置 LoginText 和 LoginoutText 属性，可以控制显示出来的文本。最后，可设置 LogoutAction 属性来决定在用户注销时是否刷新当前页面，或是否在用户注销后跳转至另一页面。通过设置 LogoutPageUrl 可以确定这一目标页面。

2. LgoinName 控件与 LoginStatus 控件实例

【操作实例 8-7】 LgoinName 控件与 LoginStatus 控件使用。

继续在 login 控件实例中进行修改，在其 default.aspx 页面中放入 LoginName 控件、LoginStatus 控件，不必做任何设置。如图 8-16 所示。

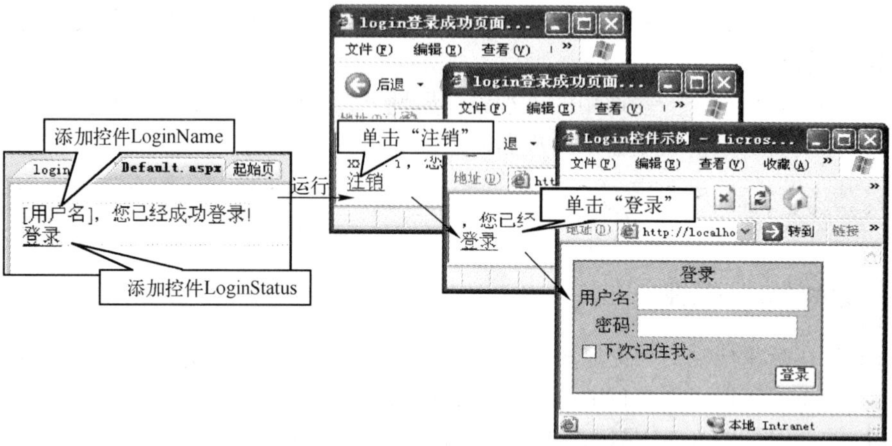

图8-16 login实例运行结果界面

8.2.5 LoginView 控件

某企业网站的管理员登录后，可以看到所有人员的登录信息，而某部门管理员登录后则只能看到属于自己部门的员工信息，LoginView 控件便是用来实现该功能的控件。用户登录后，Loginview 控件将根据用户角色的不同而显示不同的内容。

1. 常用属性

LoginView 控件常用的属性及说明如表 8-4 所示。

表 8-4 LoginView 控件常用属性及说明

属　性	说　明
EnableTheming	提示控件是否有主题
EnableViewState	控件是否自动保存其状态以用于往返过程
RoleGroups	将模板与角色关联

2. LoginView 控件实例

【操作实例 8-8】 LoginView 控件使用。

在 LoginName 控件与 LoginStatus 控件实例的 default.aspx 页面中继续添加 LoginView 控件，并按图 8-17 进行设置。

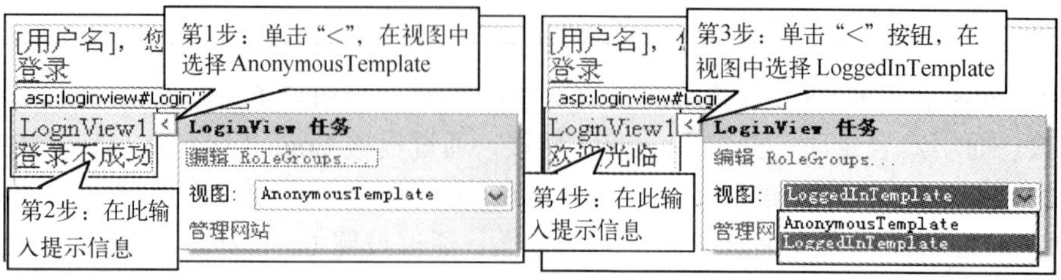

图8-17 LoginView实例操作界面

8.2.6 CreateUserWizard 控件

很多网站需要注册后才能使用其所提供的全部功能，图 8-18 所示的是 www.51aspx.com 网站的会员注册界面。在 ASP.NET 中的 CreateUserWizard 控件，便是实现用户注册的控件。这个控件可以很方便地一步步引导用户进行注册。

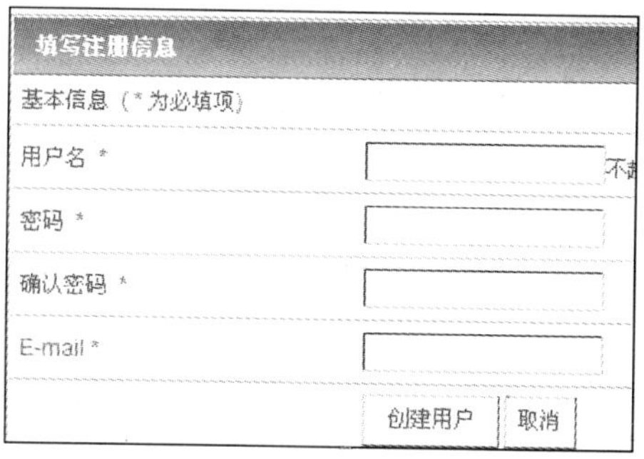

图8-18　CreateUserWizard实例运行结果界面

1. 常用属性

CreateUserWizard 控件常用的属性及说明如表 8-5 所示。

表 8-5　CreateUserWizard 控件常用属性及说明

属　性	说　明
ActiveStep	活动的 WizardSteps 控件的索引
Answer	答案文本框中的初始值
ContinueDestinationPageUrl	单击“取消”按钮时将重定向到的 URL
EmailRegularExpression	有效电子邮件地址的正则表达式的规范
FinishDestinationPageUrl	单击“完成”按钮时重定向的 URL
HelpPageUrl	帮助页的 URL
PasswordRegularExpression	有效的新密码的正则表达式规范
RequireEmail	确定是否需要电子邮件地址才能创建用户

2. CreateUserWizard 控件实例

【操作实例 8-9】 CreateUserWizard 控件使用。

在上例中，添加新项，新建 Web 页面，在页面上添加 CreateUserWizard 控件，不必进行任何设置，按下〈Ctrl+F5〉组合键运行，将出现图 8-19 所示界面。在这里再次提醒，密码必须是数字、字符和特殊符号三者的组合，并且缺一不可。

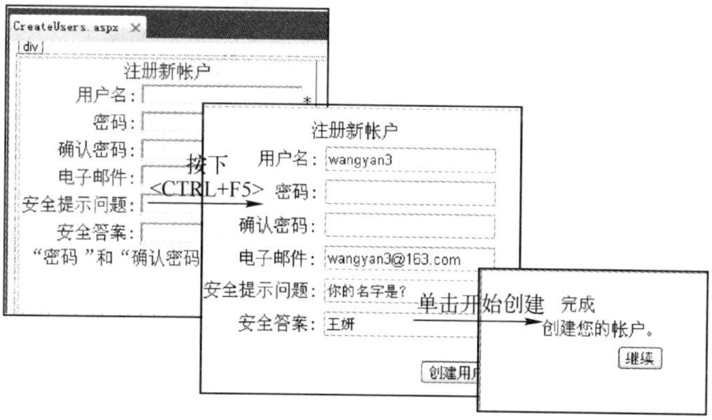

图8-19　CreateUserWizard实例注册完成界面

8.2.7 ChangePassword 控件

ChangePassword 控件用于更改用户密码，该控件可以很方便地对存储在网站中的用户密码进行修改。使用 ChangePassword 控件可以开发出相当专业的密码修改模块。

1．常用属性

ChangePassword 控件常用的属性及说明如表 8-6 所示。

表 8-6　ChangePassword 控件常用属性及说明

属　性	说　明
CancelDestinationPageUrl	设置单击“取消”按钮后显示页面的 Url
ContinueDestinationPageUrl	设置单击“继续”按钮后显示页面的 Url
DisplayUserName	用于设置控件中是否显示用户名文本框
SuccessPageUrl	用于设置修改成功后被定向的 Url
MailDefinition	用于设置发送邮件的内容

2．ChangePassword 控件实例

【操作实例 8-10】 ChangePassword 控件使用。

在上例中，添加新项，新建 Web 页面，并命名为 ChangePassword.aspx，在页面上添加 ChangePassword 控件，不必为该控件进行任何设置。接着打开 default.aspx 页面，向页面上添加 LinkButton 控件，将该控件的 Text 属性设置为“修改口令”，同时将该控件的 PostBack&Url 属性设置为~/ChangePassword.aspx，如图 8-20 所示。

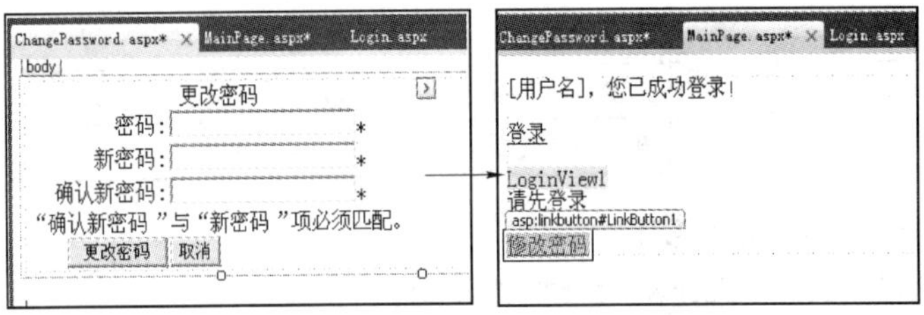

图8-20　密码修改控件应用

按下〈Ctrl+F5〉组合键运行，使用正确口令登录后，将出现如图 8-21 所示界面。

图8-21　ChangePassword实例运行结果界面

8.2.8　PasswordRecovery 控件

很多网站都有找回密码功能，ASP.NET 专门提供了 PasswordRecovery 控件用于实现这一功能。PasswordRecovery 根据用户注册时填写的问题与答案，获取登录密码或重新生成新的密码，成功后会自动将新密码根据用户注册的电子邮件地址发送到用户手中。表 8-7 是 PasswordRecovery 控件的常用属性及说明。

表 8-7　PasswordRecovery 控件的常用属性

属　　性	说　　明
QuestionFailureText	当答案不正确时显示的文本
QuestionInstructionText	提供回答提示问题的说明文本
QuestionLabeLText	标识提示问题文本框的文本
QuestionTitleText	回答问题时为标题显示的文本
SubmitButtonImageUrl	要为“更改密码”按钮显示的图像的 URL
SubmitButtonText	要为“更改密码”按钮显示的文本
SubmitButtonType	提交按钮类型
SuccessPageUrl	操作成功后用户被定向到的 URL
SuccessText	在发送密码电子邮件后显示的文本
UserName	用户名文本框中的初始值
UserNameRequiredErrorMessage	用户名为空时在验证摘要中显示的文本
UserNameTitleText	输入用户名时为标题显示文本

PasswordRecovery 控件实例

【操作实例 8-11】 PasswordRecovery 控件使用。

在例 8-10 中，添加新项，新建 Web 页面，并命名为 PasswordRecovery.aspx，在页面上添加 PasswordRecovery 控件，不必为该控件进行任何设置。打开 Login.aspx 页面，向页面上添加 LinkButton 控件，将该控件的 Text 属性设置为“找回密码”，同时将该控件的 PostBack&Url 属性设置为~/PasswordRecovery.aspx，按下〈Ctrl+F5〉组合键运行，如图 8-22 和图 8-23 所示。

图8-22　PasswordRecovery实例运行结果界面

这里要特别注意，必须在 web.config 中进行密码恢复成功后确认邮件的默认发送邮箱设置，其设置过程是在主菜单中依次单击“网站|ASP.NET 配置”。如图 8-23 所示。

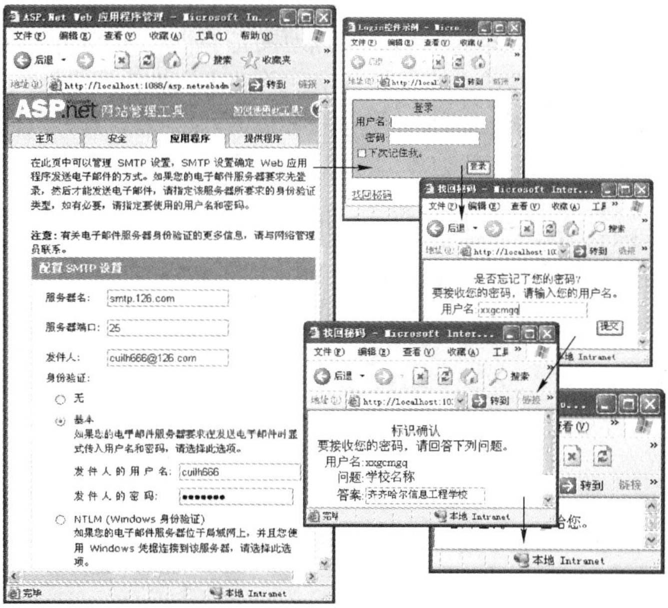

图8-23　找出密码结果界面

8.3 导航技术

美丽的扎龙自然保护区，丹顶鹤的故乡，初来乍到的你，需要一个导游。现代化的医院，迈进大门的一刹那，美丽的导医小姐，会让你的病痛一下子减轻许多。一个成功的网站，也需要一个向导，一个类似导游、导医的功能，能带领网站的浏览者穿梭于网站的各个页面，这便是网站的导航。

ASP.NET 提供了专门的导航技术，程序员可以快速地构建网站的导航系统。导航技术包括三个控件，它们是 SiteMapPath 控件、TreeView 控件和 Menu 控件。这三个控件分别提供了三种样式的导航。如图 8-24 所示。

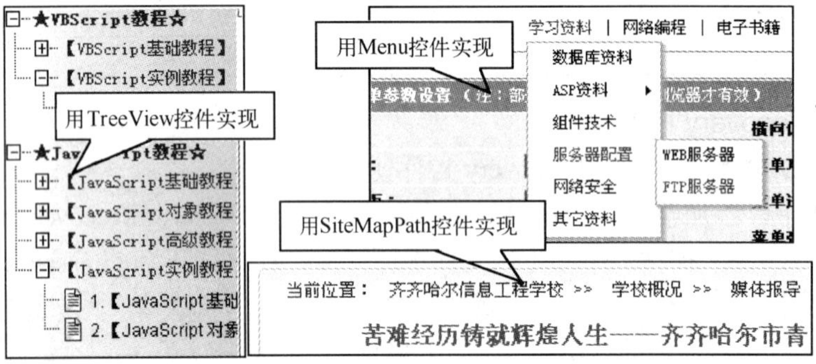

图8-24 三种导航控件实现功能

8.3.1 站点地图

站点地图就像地图一样，用于确定网站中每一个文件的位置，以便快速找到该文件。在 ASP.NET 中专门提供了站点地图技术。站点地图是一个以 sitemap 为扩展名的文件，其默认名为 Web.sitemap，该文件的内容是以 XML 所描述的树状结构文件，其中包括了站点结构信息。站点地图可以用文本编辑器直接创建和修改。

【操作实例 8-12】 站点地图的创建，创建方法如图 8-25 所示。

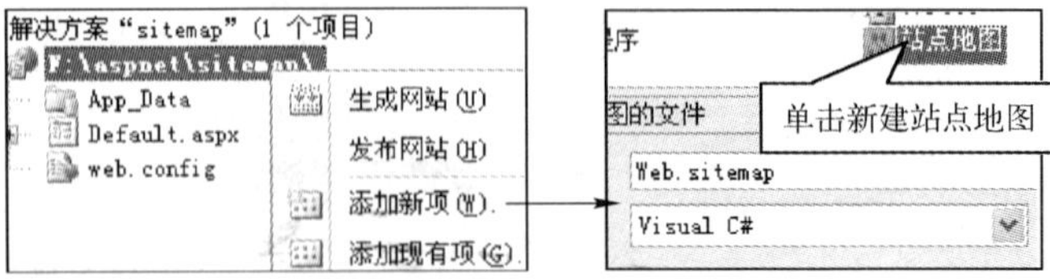

图8-25 站点地图的创建

单击确定后自动生成站点地图文件，如图 8-26 所示，siteMapNode 表示根节点，url 指子节点指向页面的链接。title 关联到的节点简短标题。Description 是对关联到的节点的描述。生成的站点地图文件格式如下。

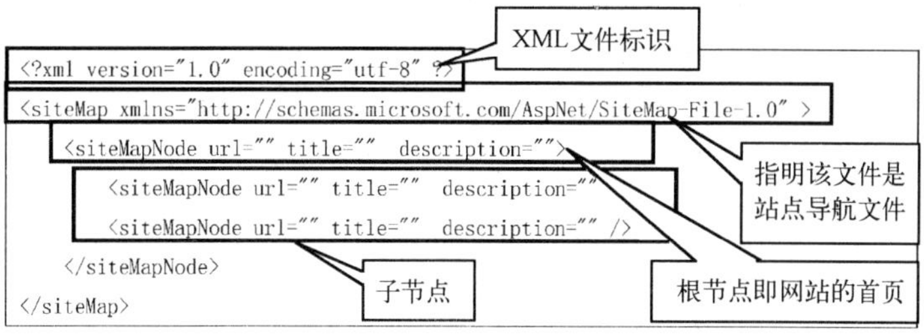

图8-26　站点地图的代码

8.3.2　SiteMapPath 控件

很多网站都有路径导航功能，ASP.NET 提供了 SiteMapPath 控件，用于自动地显示网站的路径，并能确定当前的位置，可以自定义导航的外观。这里要特别提醒，只有在站点地图中列出的页面才能在该控件中显示。如果将 SiteMapPath 控件放置在站点地图中未列出的页面上，该控件将不会显示任何信息。

1．常用属性和重要事件

SiteMapPath 控件常用的属性及说明如表 8-8 所示。

表 8-8　SiteMapPath 控件常用属性及说明

属　性	说　明
PathDirection	设置路径显示的方向，RootToCurrent 根节点到当前节点，CurrentToRoot 当前节点到根节点，默认为 RootToCurrent
PathSeparator	设置节点之间的分隔字符串，默认为“>”
RenderCurrentNodeAsLink	设置当前节点是否显示为超链接
ParentLevelsDisplayed	要显示出来的父节点的数目，默认为-1，表示不限制显示数目
PathSeparatorStyle	应用于路径分隔符样式
RootNodeestyle	应用于根节点的样式
NodeStyle	应用于导航节点的样式
CurrentNodeStyle	应用于当前节点的样式

SiteMapPath 控件重要事件及说明如表 8-9 所示。

表 8-9　SiteMapPath 控件重要事件及说明

事　件	说　明
ItemCreated	用来创建节点，该事件由 OnItemCreated 方法引发
ItemDataBound	主要涉及数据绑定过程，该事件由 OnItemDataBound 方法引发

2．应用范例

【操作实例 8-13】 SiteMapPath 控件应用范例。

1）新建网站，并添加 Student 和 Score 两个文件夹，在其下分别建立 Student.aspx 和 Score.aspx 两个文件。如图 8-27 所示。

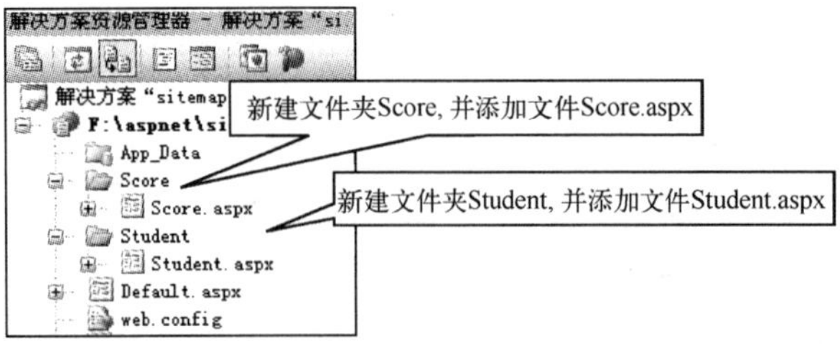

图8-27　新建网站并添加文件及文件夹

2）新建站点地图，并编辑站点地图文件。

```
<?xml version="1.0" encoding="utf-8" ?>
<siteMap xmlns="http://schemas.microsoft.com/AspNet/SiteMap-File-1.0" >
  <siteMapNode url="Default.aspx" title="信息工程学校学生管理"  description="学生管理系统">
    <siteMapNode url="~/Score/Score.aspx" title="成绩管理"  description="成绩页面" />
    <siteMapNode url="~/Student/Student.aspx" title="学籍管理"  description="学籍页面" />
  </siteMapNode>
</siteMap>
```

3）打开 Default.aspx 文件，并切换到设计视图，在其中添加两个 LinkButton 控件，并设置第一个 LinkButton 控件的 Text 属性为“学生管理”，PostBackUrl 属性为“~/Student/Student.aspx”，第二个 LinkButton 控件的 Text 属性为“成绩管理”，PostBackUrl 属性为“~/Student/Score.aspx”。如图 8-28 所示。

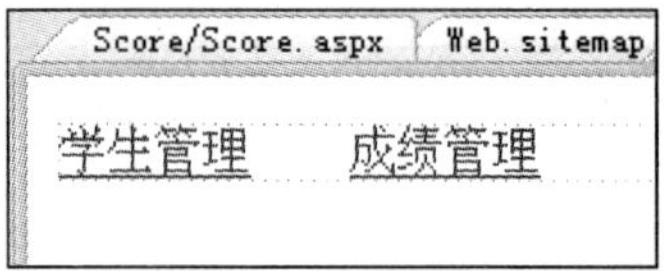

图8-28　Default.aspx页面添加控件

4）在 Score.aspx 和 Student.aspx 两个页面的设计视图中各添加一个 SiteMapPath 控件，不必进行属性设置，这是因为 SiteMapPath 控件会自动读取.Sitemap 站点地图文件中的信息。按下〈Ctrl+F5〉组合键，运行结果如图 8-29 所示。

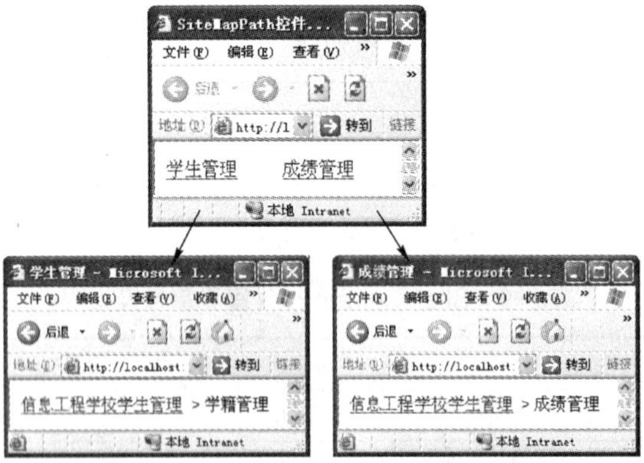

图8-29　SiteMapPath控件示例运行结果

8.3.3　TreeView 控件

TreeView 控件以树形结构显示分层数据。利用 TreeView 控件可以实现站点导航，也可以用来显示 XML、表格或关系数据。凡是树形层次关系数据的显示，都可以用 TreeView 控件。本节将介绍 TreeView 控件及其在导航系统中的应用。

1. TreeView 控件常用属性

TreeView 控件常用属性如表 8-10 所示。

表 8-10　TreeView 控件常用属性

属　性	说　明
DataBindings	树中节点的数据绑定
DataSourceID	将被用作数据源控件的 ID
EnableTheming	指示控件是否可以有主题
ExpandDepth	数据绑定时，树展开的级别设定
ExpandImageUrl	节点展开图像的 URL
LeafNodeStyle	叶节点的样式
LevelStyles	在 Treeview 中每个级别应用的树样式
LineImageFolder	包含 TreeView 线条图像的相对文件夹
Nodes	设置树节点
NodeStyle	应用于所有节点的样式
ParentNodeStyle	应用于父节点的样式
RootNodeStyle	应用于根节点的样式
SelecteNodeStyle	应用于选定节点的样式
ShowCheckBoxes	是否显示复选框
ShowExpandCollapse	是否显示展开/折叠图标
ShowLines	是否显示树节点连接线

2. TreeView 控件示例

【操作实例 8-14】 TreeView 控件使用。

1）新建网站，在 Default.aspx 的设计视图上添加两个 TextBox 控件，TextBox1 用于输入欲添加的节点名称，TextBox2 用于显示单击后的节点，再添加一个 TreeView 控件，两个按钮，设置 Button 控件的属性，并单击右侧 "<" 按钮，然后单击 "编辑节点"，如图 8-30 所示添加节点。

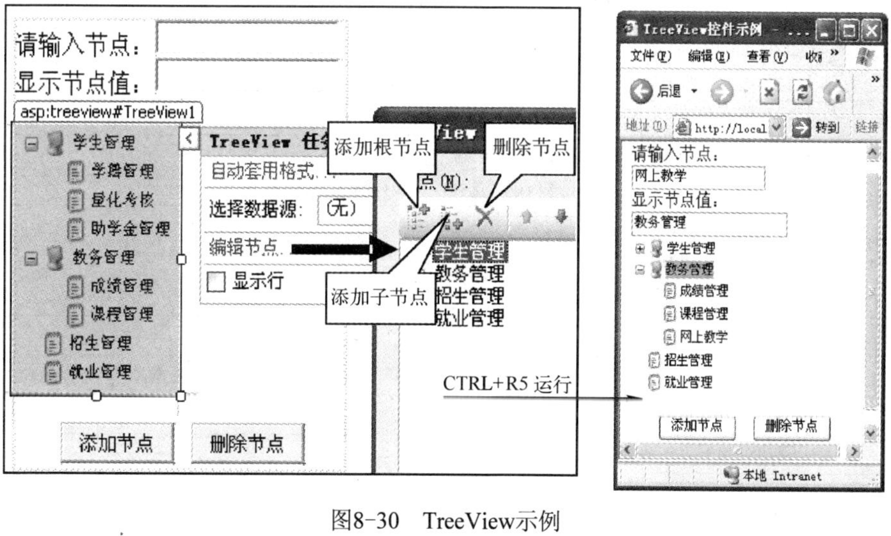

图8-30　TreeView示例

2）单击 TreeView 控件添加代码，以使用户单击该控件任意节点时，在 TextBox2 中显示本节点的名称。

```
TextBox2.Text = this.TreeView1.SelectedNode.Text;
```

3）单击“添加节点”按钮，编写添加节点代码。代码见表 8-11。

表 8-11　程序代码及注释

代　　码	注　　解

if (TextBox1.Text.Trim().Length < 1)
　{ return;}
TreeNode cNode=new TreeNode();
cNode.Value=TextBox1.Text.Trim();
　if(TreeView1.SelectedNode!=null)
　　{TreeView1.SelectedNode.ChildNodes.Add(cNode);}
	如果文本框中输入长度小于 1（既为空），则返回
	建立新节点对象
	文本框的值压缩空格赋给节点对象
	如果已经选中某节点
	在选中的节点下增加子节点

4）单击“删除节点”添加代码，编写删除节点代码。代码见表 8-12。

表 8-12　程序代码及注释

代　　码	注　　解

if (TreeView1.SelectedNode != null
&&TreeView1.SelectedNode.Parent!=null)
　{
TreeNode pNode = TreeView1.SelectedNode.Parent;
　pNode.ChildNodes.Remove(TreeView1.SelectedNode);
　}
	判断当前是否选中某节点
	并且该节点不是根节点
	定义 pNode 指代当前节点的父节点
	移除当前节点

8.3.4　Menu 控件

很多软件都有菜单，ASP.NET 的 Menu 控件是一个专门进行菜单设计的控件，该控件有静态模式和动态模式两种显示模式，静态模式的菜单项始终是完全展开的，而动态菜单则类似 Word 的菜单，只有当鼠标单击后才能显示下一级子菜单。

1. 常用属性

Menu 常用的属性及说明如表 8-13 所示。

表 8-13　Menu 常用属性及说明

属　　性	说　　明
ImageUrl	菜单项的图像链接地址
NavigateUrl	当菜单被选中时，所链接的具体页面
PopoutImageurl	当菜单有子级时显示的图像链接地址
Selectable	选项为 true 时，可以对菜单选项进行选择，否则只能选择其子菜单项
Selected	菜单项的选择状态
SeparatorImageUrl	菜单分隔符的图像链接，一般用直线来分隔
SelectedItem	当前菜单项，即选中的菜单项
SelectedValue	被单击的菜单项值
Target	链接页面的打开目标：blank 在新窗口打开，self 在同一窗口打开，top 在整页窗口打开，parent 父窗口打开
Text	菜单项显示的文本
Value	菜单项的值
Items	菜单项
OnMenuItemClick	菜单被单击后触发的事件
Orientation	菜单呈现方式，Vertical 为垂直显示，Horizontal 为水平显示
DisappearAfter	弹出菜单消失前的时间间隔，单位为 ms

2. 应用举例

【操作实例 8-15】 Menu 控件应用举例。

1）新建网站，在 Default.aspx 的设计视图上添加两个 TextBox 控件，TextBox1 用于输入欲添加的子菜单名称，TextBox2 用于显示单击的菜单项，再添加一个 Menu 控件，两个按钮，设置 Button1 控件的属性，并单击右侧“<”按钮，然后单击“编辑节点”，并按图 8-31 所示添加节点。

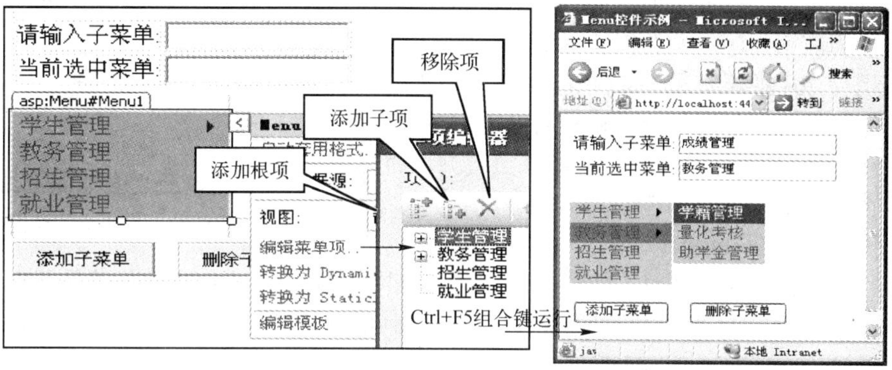

图8-31 添加节点

2）单击 Menu 控件添加代码，以使用户单击该控件任意项时，在 TextBox2 中显示本项的名称。

```
TextBox2.Text = this.Menu1.SelectedValue;
```

3）单击“添加子菜单”按钮，编写添加子菜单代码。代码见表 8-14。

表 8-14 程序代码及注释

代 码	注 解
if (Menu1.SelectedItem != null && !string.IsNullOrEmpty(TextBox1.Text)) {	如果已选中菜单项并且子菜单名不为空，则进入语句块
string childTitle = TextBox1.Text.Trim();	文本框的值压缩空格赋给存储子节点名字的字符串变量
MenuItem item = Menu1.SelectedItem;	获得当前选中菜单项
item.ChildItems.Add(new MenuItem(childTitle)); }	向选中项的子项集合中添加新的子菜单项

4）单击“删除节点”添加代码，编写删除节点代码。代码见表 8-15。

表 8-15 程序代码及注释

代 码	注 解
MenuItem item = Menu1.SelectedItem;	获取当前选中菜单项
if (item != null && item.Parent != null)	如果菜单项不为空且是子菜单则进入语句块
{item.Parent.ChildItems.Remove(item);}	在父项的子项集合中移除此项

8.4 综合实例：登录和导航实例

1. 综合实例目的

通过对用户登录控件和导航控件的学习，读者已经初步的掌握了这些控件的使用，下面通过一个实例把这些知识进行系统整合。

2．实训步骤

（1）整体一览

通过“解决方案资源管理器”来了解网站资源并方便对这些资源进行管理。如图 8-32 所示。

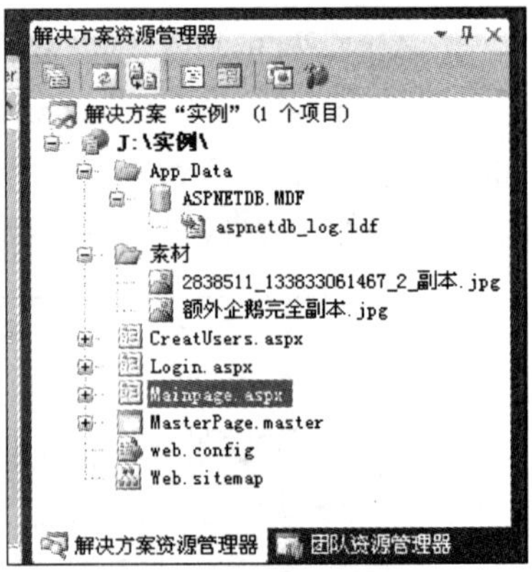

图8-32　解决方案资源管理器

（2）创建母版页

创建母版页是做网站开发的必须步骤，使用 ASP.NET 母版页可以为应用程序中的页创建一致的布局。单个母版页可以为应用程序中的所有页（或一组页）定义所需的外观和标准行为。然后可以创建包含要显示的内容的各个内容页。当用户请求内容页时，这些内容页与母版页合并以将母版页的布局与内容页的内容组合在一起输出。

1）添加母版页（master）。

2）对母版页进行布局设计，如图 8-33 所示。在网页的上下分别添加了两个图片对作为网站的标题和背景。中间的 ContentPlaceHolder1 是在使用母版页的时候添加不重复信息用的“容器”。

3）对菜单进行编辑。

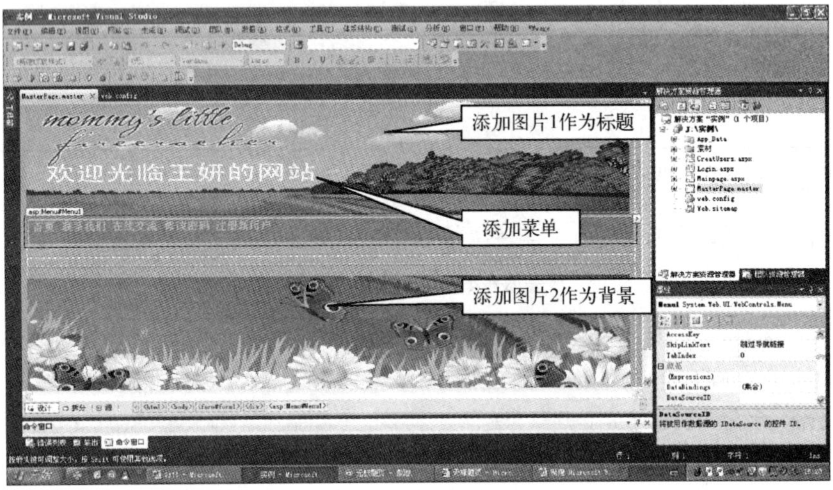

图8-33　编辑母版页

（3）创建登录界面——Login 控件的使用

1）新建一个页面并在创建的时候添加已经建好的母版页（MasterPage.master），命名为 Login.aspx。

2）添加一个 Login 控件在 ContentPlaceHolder1 内。如图 8-34 所示。

3）可以根据实际需要自行添加其他控件到 Login 控件内，如图 8-34 所示，编者新加了一个“注册”按钮。通过设计 Login 的 DestinationPageUrl 属性的值来确定当点击登录时，重新定向的页面，此处定向到 Mainpage.aspx。

（4）创建网站主页并在主页上添加 LoginName 控件、LoginStatus 控件、LoginView 控件及 ChangePassword 控件

1）新建页面，命名为 Mainpage.aspx。

2）向页面中添加四个控件，分别是 LoginName 控件、LoginStatus 控件、LoginView 控件及 ChangePassword 控件，如图 8-35 所示。

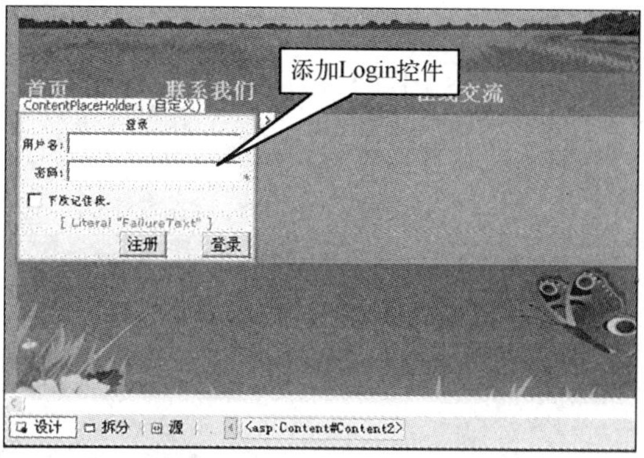

图8-34　添加Login控件

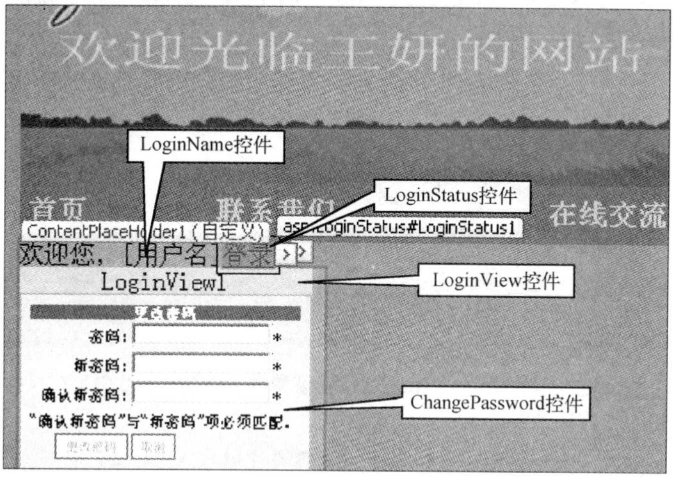

图8-35　添加控件

3）在 LoginView 内添加 ChangePassword 控件需要注意的是，单击 LoginView 任务时，可以看到视图部分有一个下拉列表，除了原有的两个选项外还可以通过“编辑 RoleGroups”来添加新建的选项，每个选项就是一个新的容器，添加的 ChangePassword 控件添加到 LoggedInTemplate 这个容器的意思就是在登录成功的情况下，页面将出现 ChangePassword 控件，而 AnonymousTemplate 容器里所添加的内容是未登录情况下所显示的。如图 8-36 所示。

（5）创建 CreateUsers 界面，即 CreatUserWizard 控件的使用

1）新建页面，命名为 CreateUsers.aspx。

2）向页面中添加 CreateUsersWizard 控件，并编辑其属性。如图 8-37 所示。

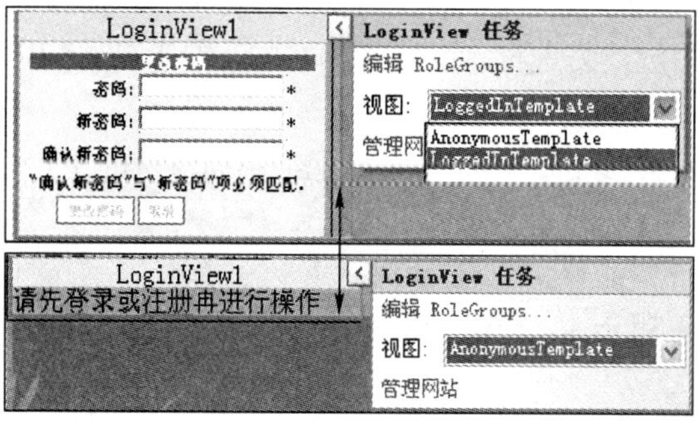

图8-36　LoginView控件的使用

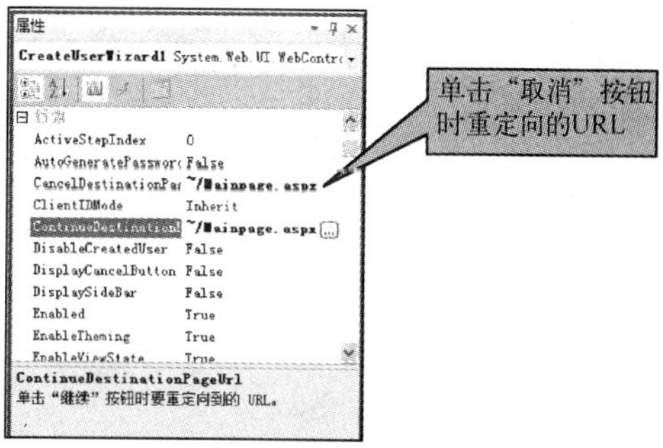

图8-37　CreateUserWizard的属性

（6）运行网站

把 login.aspx 设置为起始页面，〈Ctrl+F5〉，运行网站。

3．网站运行结果

运行结果如图 8-38～图 8-40 所示。

图8-38　登录界面

图8-39　注销登录

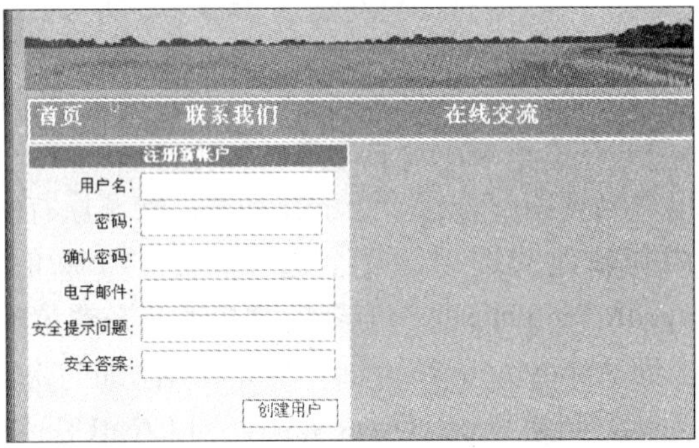

图8-40　注册账号

【拓展编程技巧】

在 ASP.NET 中 CheckBox 控件负责在界面中创建复选框，通过下面的例子，熟悉 CheckBox 控件的使用。

在登录一个网站的时候，常常需要选择不同的身份，同时网站分配给不同身份的用户不同的权限，这些都可以通过复选框来实现。

CheckBox 的主要属性如下。

- Checked：该属性有两个值，分别是 false 和 true，当复选框被选中时，Checked 的值为 true，反之为 false。
- Text：该属性设置的是 CheckBox 控件要显示的文本。

1）创建一个登录界面，如图 8-41 所示。

2）新建三个页面，分别是 Mainpage.aspx、losepage.aspx、losepage2.aspx，分别是当用户选择会员登录，不选择会员登录以及登录失败时的跳转页面。

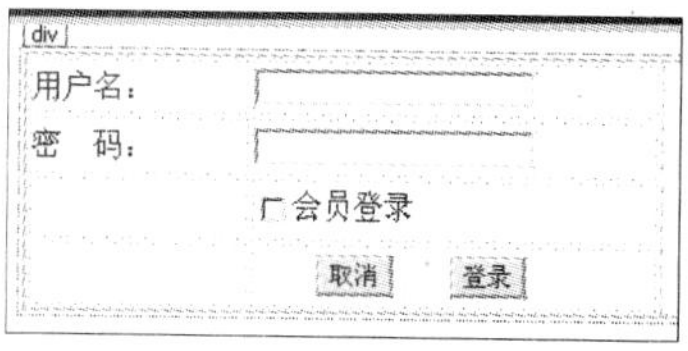

图8-41　登录界面

3）编写“登录”按钮的事件。

```
protected void Button1_Click(object sender, EventArgs e)
    {
        string username = "wangyan";
        string password = "123";
        if (username == TextBox1.Text && password == TextBox2.Text)
        {
            if (CheckBox1.Checked == true)
            {
                Response.Redirect("mainpage.aspx");
            }
            else
            {
                Response.Redirect("losepage.aspx");
            }
        }
        else
        {
            Response.Redirect("losepage2.aspx");
        }
    }
```

4）编写“取消”按钮的事件。

```
protected void Button2_Click1(object sender, EventArgs e)
    {
        TextBox2.Text = "";
        TextBox1.Text = "";
        CheckBox1.Checked = false;
    }
```

本章小结

本章主要讲解了 ASP.NET 的登录技术和导航技术。登录与导航是 ASP.NET 中的两项重要功能，掌握这两项技术将极大地提升编程效率。系统地介绍了网站登录管理的基本原理，网站验证的两个基本类型，即 Windows 验证和 Forms 验证，利用图示的方法讲解了验证类型的配置方法。并对用户管理、角色管理和访问规则设置进行了详细讲解。ASP.NET 3.5 共提供了七种登录控件，用以实现网站登录功能，他们是 Login 控件、Loginname 控件、LoginStatus 控件、LoginView 控件、PasswordRecovery、CreateUserWizard 控件和 ChangePassword 控件。本章对这些控件的功能、属性进行了全面的介绍，并用案例进行了示范。ASP.NET 提供了专门的导航技术，程序员可以快速地构建网站的导航系统。导航技术包括三个控件，它们是 SiteMapPath 控件、TreeView 控件和 Menu 控件。每个导航控件都有其各自的属性。

每章一考

一、填空题（20 空，每空 2 分，共 40 分）

1. 每个 ASP.NET 网站都有一个配置文件，其文件名为（　　　　　　）。

2. ASP.NET 编写的 Web 程序一般有两种应用场合，一种是应用在（　　　　　　）上，另外一种是供本单位（　　　　　　）使用。

3. ASP.NET 提供了两种验证方式：（　　　　　　）和（　　　　　　）。

4. 在 Visual Studio 2010 的主菜单中选中“网站”下拉菜单中的（　　　　　　）后，即可以进行验证类型配置。

5. 在 Visual Studio 2010 命令提示符下输入（　　　　　　）创建和配置数据库。

6. ASP.NET 网站管理工具新建用户密码必须由（　　　　　　）、（　　　　　　）和（　　　　　　）三种字符组成。

7. 在默认情况下，ASP.NET 用户信息存储在（　　　　　　）文件中，该文件默认为存储在网站的（　　　　　　）目录下。

8. ASP.NET 的网站管理工具设定访问规则的三个步骤，第 1 步选中（　　　　　　），第 2 步选中（　　　　　　），第 3 步选定（　　　　　　）。

9. 配置文件 web.config 中<deny roles="dujing" />表示（　　　　　　）角色“dujing”访问该目录，<allow roles="lidandan" />表示（　　　　　　）角色“lidandan”访问该目录，而<deny users="?" />则表示（　　　　　　）访问该目录。

10.如果应用程序使用（　　　　　　）身份验证，则 LoginName 控件显示用户登录时填写的名称。Loginview 控件将根据用户（　　　　　　）的不同而显示不同的内容。

二、选择题（10 小题，每小题 2 分，共 20 分）

1. 以下（　　）不是网站登录管理要解决的问题。

A．有哪些用户　　B．访问权限

C．用什么数据库存储信息　　D．每个用户扮演什么角色

2. 用户配置“用户将如何访问您的站点”时选取的是“通过本地网络”，则 web.config 配置文件的<authentication>项目设置为（　　）。

A．internet　　B．Forms

C．Windows　　D．Lan

3. 设置验证类型后，Visual Studio 2010 系统将自动修改 web.config 配置文件中（　　）项。

A．AdefaultUrl　　B．configuration

C．authentication　　D．system

4. ASP.NET 网站管理工具新建用户密码至少是（　　）个字符。

A．6　　B．7

C．3　　D．8

5. 以下不合理的 ASP.NET 用户密码是（　　）。

A．asd@123ab　　B．a@13ab
C．dujing#12354M　　D．father%M876

6．网站管理人员不得对用户进行的操作是（　　）。
A．启用用户　　B．停用用户
C．分离用户数据　　D．编辑用户的信息

7．编辑用户功能只能编辑用户的（　　）。
A．电子邮件地址　　B．密码
C．用户名　　D．附加信息

8．LoginStatus 的功能是（　　）。
A．引导用户进行注册　　B．显示用户登录状态
C．用户密码更改　　D．用户登录窗口

9．登录控件中“记住我”复选框文本对应的属性是（　　）。
A．PasswordLabelText　　B．RememberMeText
C．UserNameLabelTe　　D．TitleText

10．以下（　　）不是导航技术的控件。
A．Menu 控件　　B．SiteMapPath 控件
C．ListBox　　D．TreeView 控件

三、判断题（10 小题，每小题 2 分，共 20 分）

1．网站的登录管理通过配置文件 web.config 得以实现。（　　）
2．用户对登录信息进行设置，其设置结果被保存在配置文件 web.config 中。（　　）
3．网站在运行时，将自动调取配置文件中的数据。（　　）
4．Windows 登录验证比较适合互联网应用。（　　）
5．ASP.NET 用户第一次进行网站配置时尚未创建 SQL Server 数据库。（　　）
6．ASP.NET 用户登录系统密码由数字、英文字母和特殊符号三种字符之一组成。（　　）
7．ASP.NET 的网站管理工具设定访问规则时不必选中目录。（　　）
8．PasswordRecovery 获取登录密码或重新生成新的密码成功后会自动将新密码根据用户注册的电子邮件地址发送到用户手中。（　　）
9．站点地图的文件名为 Web.Sitemap，其本质是一个普通的 HTML 文件。（　　）
10．站点地图可以用文本编辑器直接创建和修改。（　　）

四、综合题（共 4 小题，每小题 5 分，共 20 分）

1．简述 ASP.NET 网站登录管理的基本原理。
2．简述 ASP.NET 中新建用户的操作步骤。
3．简述 ASP.NET 网站管理工具创建角色、管理角色的方法。
4．用 Menu 控件编写齐齐哈尔大学网站（http://www.qqhru.edu.cn）的导航菜单。

第9章　主题和母版页技术

程序员的优秀品质之九：忠信笃敬，圣人之术

出自南宋袁采《世范》，原文为：言忠信，行敬笃，乃圣人教人取重于乡曲之术。盖财物交加，不损人而益己，患难之际，不妨人而利己，所谓忠也。不所许诺。纤毫必偿，有所期约，时刻不易，所谓信也。处事近厚，处心诚实，所谓笃也。礼貌卑下，言辞谦恭，所谓敬也。若能行此，非惟取重于乡曲，则亦无人自得。

今天是品质和实力并重的时代，程序员既要有编程实力，又要有忠信敬笃的品质。编写程序非一朝一夕之事，客户要约期限，彼此要常沟通。与客户相处的要诀为"忠信笃敬"四字。做事讲诚信，做人要表里如一，编程过程中因一时解决不了的技术难题而影响工期要如实说明，万不可自以为聪明，做事投机取巧。轻诺必寡信，约定工期时要充分考虑到可能出现的特殊情况。

学习激励

我国培养的第一位计算机应用专业博士刘积仁

刘积仁，教授，博士生导师。1955 年 8 月生于辽宁省丹东市，1980 年毕业于东北工学院计算机应用专业，1986 年赴美国国家标准局计算机研究院计算机系统国家实验室留学。他是我国培养的第一位计算机应用专业博士，33 岁时被破格提拔为教授，是当时全国最年轻的教授之一。

刘积仁所创建的东软集团有限公司已成为我国最优秀的软件企业之一，成为中国高科技企业的杰出代表。他作为项目总负责人和执行负责人，先后承担了国家"八五"、"九五"攻关项目、国家火炬计划项目、国家 863 计划项目、国家自然科学基金重点项目、国家技术开发项目等国家级重大科研课题、省市科研项目等 40 多项，有 30 多项科研成果获得了国家、部、省、市级等奖励，并培养博士后、博士、硕士研究生 69 名。

人生短暂，事业征程却漫长；学业有时，学习时光却伴随我们一生，牢牢利用大学生活的每时每刻，时时抓住人生每一个机遇，看看中国第一位计算机应用专业博士刘积仁吧，能否给我们稍许的启迪，助我们更好利用人生最美好的大学时光。年青永远充满朝气，浑身上下血气方刚，上天赋予我们这花样的年华，我们能否也像刘积仁一样，高歌猛进，到达成功的彼岸呢？努力吧，功到自然成！

9.1 CSS 样式

网站页面的布局通常有表格布局和 CSS+DIV 布局两种方式。目前 CSS+DIV 布局已经成为页面布局设计的主流技术。CSS 是用于增强控制网页样式并允许将样式信息与网页内容分离的一种标记语言。引入 CSS 的目的就是把结构与样式分离，减少网页的代码量，加快页面传送速度。它提供了一套丰富的选项，可以修改 Web 页面的各个细微方面并提供了范围广泛的各种样式属性。掌握好 CSS，可以制作出美观大方的 Web 页面。

9.1.1 概述

1. CSS 的含义

CSS 是 Cascading Style Sheet 的简称，翻译成中文的含义就是“层叠样式表单”，一般称做“层叠样式表”，或“样式表”。CSS 实质上是一系列格式设置规则，它们控制 Web 页面内容的外观。使用 CSS 设置页面格式时，内容与表现形式是相互分开的。

使用 CSS 可以非常灵活并更好地控制页面的外观，从精确的布局定位到特定的字体和样式等。之所以称做“层叠”是因为同一段文字可以用多个样式表从不同角度进行修饰，例如可以使用一个样式表设置颜色，使用另外一个样式表设置字体。CSS 样式可以通过内联方式放置在单个 HTML 元素内，也可以在 Web 页 HEAD 部分的<STYLE>块内加以分组，或从单独的 CSS 样式表文件中导入。

举个例子，在 Word 中有一个“格式刷”，选中一段格式设置精美的文字并单击“格式刷”按钮，在欲设置格式的另一段文字上轻轻一刷，这段文字便与刚刚选中文字具有了相同的格式。网页制作中的 CSS 与 Word 中的“格式刷”极为类似，只需要将文字的字体、字号、颜色、行距以及其他风格设置成样式并存储，在需要设置为这一格式的地方，选中欲设置的文本，轻轻一刷即可完成设置工作。

2. CSS 样式的分类

CSS 样式表按其位置的不同可以分为内联样式（Inline Style）、内部样式表（Internal Style Sheet）及外部样式表（External Style Sheet）三类。

1）内联样式（Inline Style）。内联样式是写在 HTML 标记之中的，它只针对自己所在的标记起作用。样式的属性、内容直接包含在将要修饰的文字标记里。

【操作实例 9-1】 内联样式示例。

```
<p style="fontsize:12px;color:green;">美丽的鹤城，我的家</P>
```

上面的实例中，以 p 标记开始，</p>标记结束构成了一个文字段落，其中的 style 定义了样式属性，其作用范围是该 p 标记内部。

2）内部样式表（Internal Style Sheet）。内部样式表是写在<head></head>里面的，它只针对所在的 HTML 页面有效。

【操作实例 9-2】 内部样式示例。如表 9-1 所示。

3）外部样式表（External Style Sheet）。把内联样式表中的<style></style>之间的样式规则定义语句放在一个单独的外部文件中，这个外部文件就是外部样式表文件，其扩展名是 css。

一个外部样式表文件可以通过<link>标签连接到 HTML 文档中。在 Visual Studio 2010 中创建样式表的过程将在下面进行学习。

表 9-1　内部样式表示例

内部样式表示例	说　明
<head runat="server"> <title>内部样应写在 head 内部</title> <style type="text/css"> .Inernal{font-size:12px;color:Green;text-align:center;} </style> </head>	内部样式表应写在<head></head>标签内部在<head></head>标签内部插入<style></style>.Inernal 为定义的类选择器{}中进行了对样式的设置
<body> <form id="form1" runat="server"> <p class="Inernal">美丽的鹤城，我的家</p> </form> </body>	在适当的位置引入刚定义的样式 class="样式名"来调用具体样式

9.1.2　CSS 样式的创建

1．启动 Viusual Studio 2010

依次在主菜单中选择“文件|新建|网站”命令，出现“新建网站”对话框，选择“ASP.NET 空网站”，单击“确定”按钮，完成新网站的建立，如图 9-1 所示。

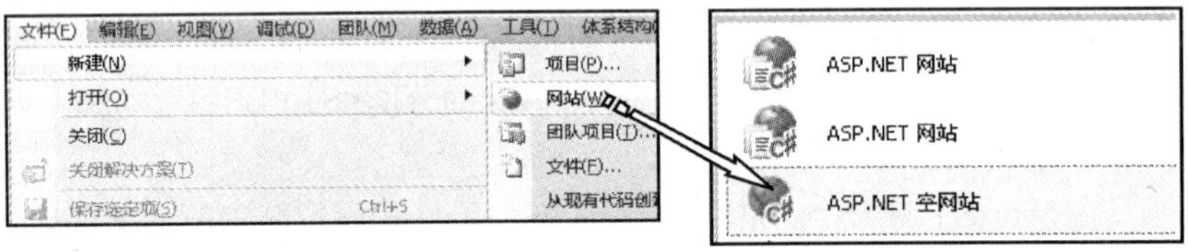

图9-1　新建ASP.NET空网站

2．添加样式表

在“解决方案资源管理器”中，单击右键“添加新项”，在弹出的“添加新项”菜单中选择“样式表”，单击“添加”按钮。

【操作实例 9-3】 添加样式表，如图 9-2 所示。

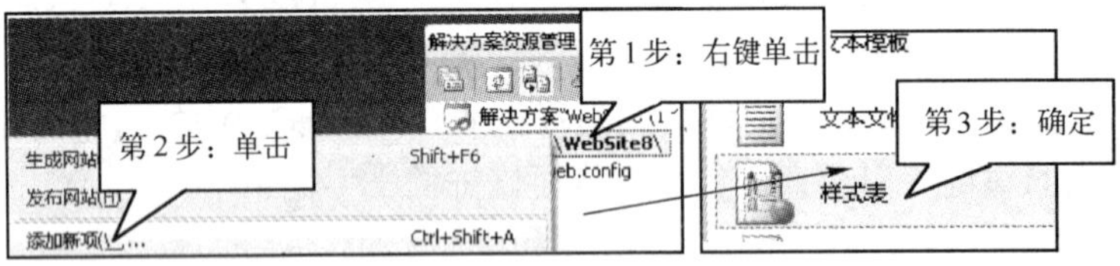

图9-2　添加新项

3．添加样式规则

右键单击样式文件窗口，在弹出的样式菜单中选择“添加样式规则”命令，将弹出的如图 9.2 所示的“添加样式规则”对话框。在该窗口左侧提供了三种类型的样式选择器。

1）元素：用于指定一个 HTML 元素。系统内设置了多个 HTML 元素，如 body、br 等，该类型实现对这些元素进行样式设置。其实此处就是设置每一个 HTML 标记的样式。

2）类名：用于创建通用的样式规则。通用规则创建后，样式可以同时应用到多个 HTML 元素上面。

3）元素 ID：为页面上指定的元素的 ID 设置样式。当实际应用时，只要将要应用此样式的 ID 设置成相应的 ID 名即可。

【操作实例 9-4】 添加样式规则表，如图 9-3 所示。

4．生成样式

将光标定位在样式表文件编辑窗口，然后单击样式表文件编辑区上部的“生成样式”，将弹出“修改样式”窗口，在该窗口中可以很直观地进行样式设置。

【操作实例 9-5】 生成样式，如图 9-4 所示。

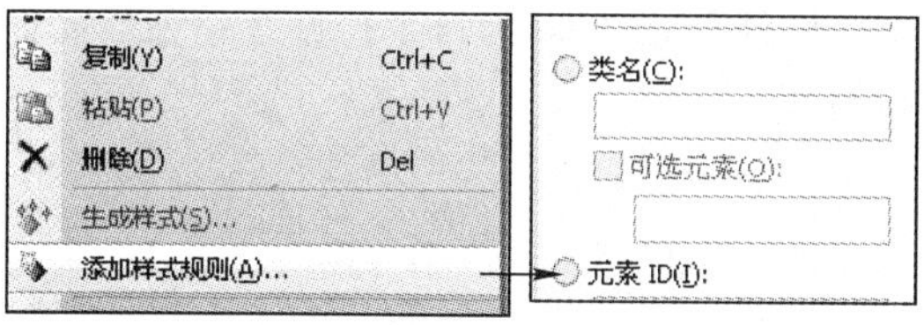

图9-3　添加样式规则

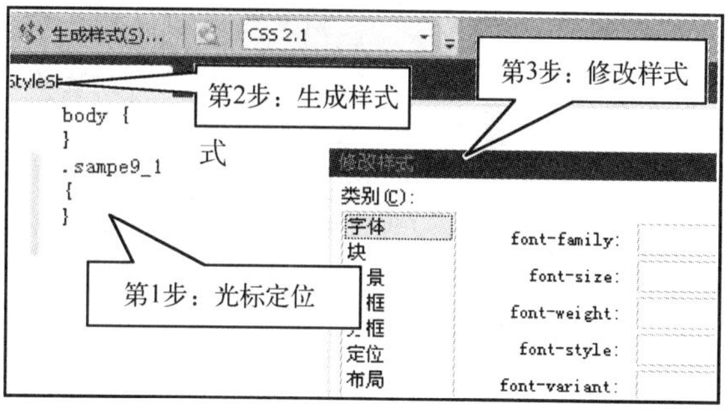

图9-4　生成样式

9.1.3　CSS 样式的应用

CSS 样式的应用十分简单，只需在“解决方案资源管理器”中，选择已经建立的样式拖到设计视图中即可。

【操作实例 9-6】 应用 CSS 样式，如图 9-5 所示。

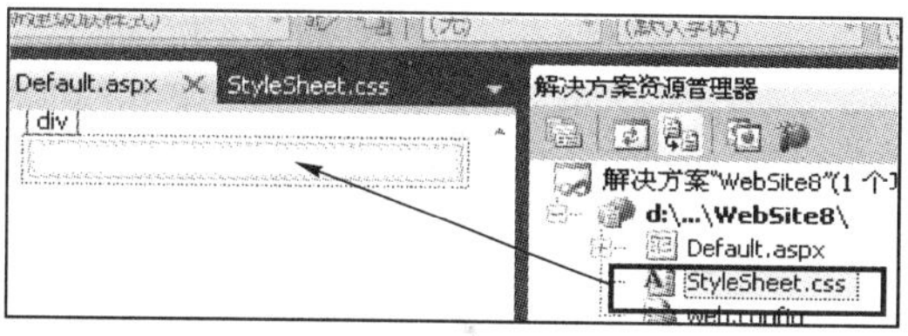

图9-5　应用CSS样式

9.2　主题的使用

CSS 可以定义 Web 页面的基本样式属性，但却无法控制 ASP.NET 中各个控件的样式，学习主题的使用后就可以很好地解决这个问题。在 ASP.NET 2.0(及以上)的各版本中增加了主题技术弥补了 CSS 样式的缺点，二者互相补足，便可设计出具有统一风格的 Web 网页。

在实际应用中，主题技术十分实用，通过利用主题功能，可以为页面中的所有 Button 控件定义共同的皮肤，如背景颜色和前景颜色，而不必一一设置每一个页面中按钮控件的风格。

9.2.1　概述

1．主题的含义

主题由外观、级联样式表（CSS）、图像和其他资源组成，它提供了一种简单的方法设置控件的样式属性。外观文件具有文件扩展名 skin，它包含各个控件的属性设置。主题是在网站或 Web 服务器上的特殊目录中定义的。

2．主题的分类

主题分为页面主题和全局主题两种。

1）页面主题是一个主题文件夹，其中包含控件皮肤、样式表、图形文件和其他资源，该文件夹是作为网站中的\App_Themes 文件夹的子文件夹创建的。每个主题都是\App_Themes 文件夹的一个不同的子文件夹。

2）全局主题与页面主题类似，因为它们都包括属性设置、样式表设置和图形。但是，全局主题存储在对 Web 服务器具有全局性质的名为 Themes 的文件夹中。服务器上的任何网站以及任何网站中的任何页面都可以引用全局主题。

3．皮肤文件的含义

皮肤即外观文件，皮肤文件具有文件扩展名 skin，它包含各个控件的属性设置。控件外观设置类似于控件标记本身，但只包含要作为主题的一部分来设置的属性。

一个皮肤文件可以包含为一种或多种控件设置的一个或多个皮肤，即一个皮肤文件可以包含一个或多个控件，每个控件可以有一个或多个控件外观。可以为每个控件在单独的文件中定义外观，也可以在一个文件中定义所有主题的外观。

9.2.2 创建页面主题

创建主题十分简单，由于日常应用中，主要创建页面主题，所以下面介绍页面主题的创建。

【操作实例 9-7】 创建页面主题，如图 9-6 所示。

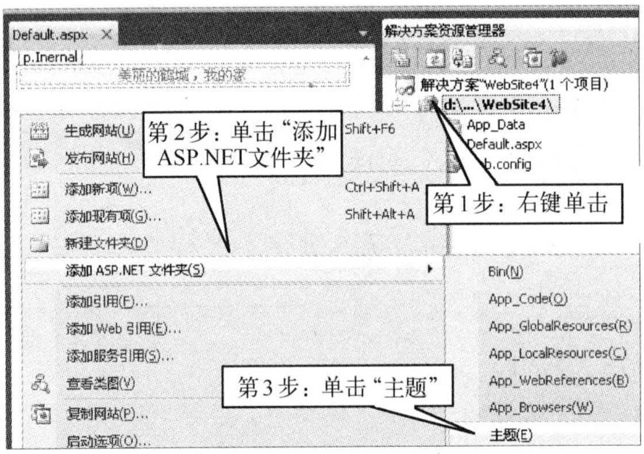

图9-6　创建页面主题

添加主题后，将在网站中自动生成主题文件夹 App_Themes，同时在该文件夹下自动创建了一个子文件夹，该文件夹主要用来保存主题文件和其他组成元素。在实际应用时，应将默认名称改成有意义的名字。

【操作实例 9-8】 向主题文件夹中添加主题的皮肤、CSS 样式表和图片文件元素，如图 9-7 所示。

图9-7　主题文件夹

9.2.3 创建皮肤

右键单击 App_Themes 文件夹，在弹出的菜单中选择“添加新项”，在添加新项窗口选择

“外观文件”项，并重新命名。

【操作实例 9-9】 创建皮肤，如图 9-8 所示。

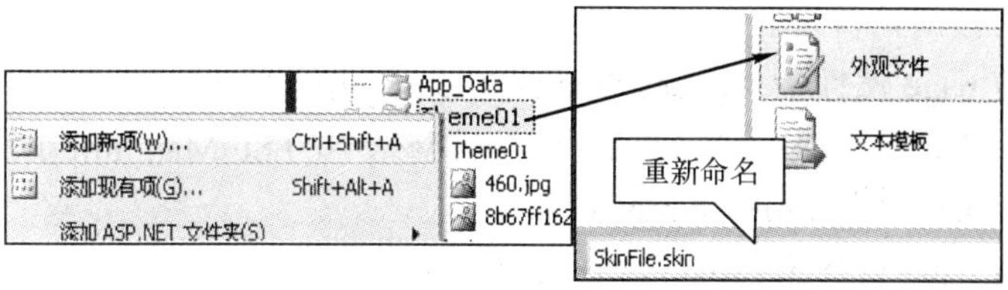

图9-8 创建皮肤文件

接下来，出现皮肤文件编辑窗口，微软公司没有提供皮肤代码生成器，只能手工录入，程序员习惯在设计视图中设计好控件的外观，然后复制到皮肤文件中，并去掉 ID 属性和其他与控件呈现不相关的属性设置。

9.2.4 主题图片和其他资源

主题可以包含图片和其他资源（脚本文件或声音文件等）。页面主题的一部分可能包括 TreeView 控件的外观，主题中也可以包括用于表示展开按钮和折叠按钮的图形。

通常，主题的资源文件与该主题的外观文件位于同一个文件夹中，但它们也可以位于 Web 应用程序中的其他地方。例如，可以存放在主题文件夹的某个子文件夹中，若要引用主题文件夹的某个子文件夹中的资源文件，应使用类似于该 Image 控件外观中显示的路径。

```
<asp:Image runat="server" ImageUrl="主题子文件夹/文件名" />
```

也可以将资源文件存储在主题文件夹以外的位置。如果使用波形符“~”语法来引用资源文件，Web 应用程序将自动查找相应的图像。例如，如果主题的资源在应用程序的某个子文件夹中，则可以使用格式为“~/子文件夹/文件名”的路径来引用这些资源文件，如下面的示例所示。

```
<asp:Image runat="server" ImageUrl="~/应用程序子文件夹/文件名" />
```

9.2.5 主题的应用与禁用

主题创建完成后，就可以在页面中使用了。使用时只需要对页面的 page 指令进行设置即可。在网站级设置主题会对站点上的所有页和控件应用样式和外观，除非对个别页重写主题。在页面设置主题会对该页及其所有控件应用样式和外观。

1. 对整个网站应用主题

在 web.config 文件中，指定＜pages＞元素设置为页面主题或全局主题的名称，为应用程序中的所有页定义应用的主题。在主题应用中若页面主题与全局主题重名，页面主题优先于全局主题，若要对特定页取消主题设置，可以将该页面 Page 指令的 Theme 属性设置为空字符串。

在此特别强调，母版页不能应用主题。主题应用格式如下。

```
<pages theme="主题名称"/>
```

【操作实例 9-10】 对齐齐哈尔信息工程学校网站应用主题，假设已经创建的主题名称为 theme_qqhre。

第 1 步：打开该网站首页。

第 2 步：修改 page 属性为<pages theme="theme_qqhre"/>。

【操作实例 9-11】 对齐齐哈尔信息工程学校网站中的 StuMan.htm 页面取消主题应用。

第 1 步：打开该网站的 StuMan.htm 页面。

第 2 步：修改 page 属性为<pages theme=""/>。

2. 对单个页面应用主题

为单个页面指定主题，只需要在页面的@page 指令中按如下设置即可。但要注意一个页面只能应用一个主题，但该主题中可以有多个外观文件。

```
<% @pages theme="主题名称" %>
```

3. 禁用主题

有时整个网站中个别页面需要使用自身定义的外观，而不想采用统一的网站主题，就需要利用禁用主题技术。

禁用主题时将该页面的@page 指令的 EnableTheming 属性设置为 false，如下所示。

```
<% @page    EnableTheming="false" %>
```

如果控件需要禁用主题，则在该控件的源代码中将 EnableTheming 属性的值设置为 false。

【操作实例 9-12】 将控件 TextBox1 禁用主题。

```
<asp:TextBox ID="TextBox1" runat="server" EnableTheming="false"></asp:TextBox>
```

9.2.6 主题与级联样式（CSS）

主题可以包含级联样式表（css 文件）。将 css 文件放在主题文件夹中时，样式表自动作为主题的一部分加以应用。使用文件扩展名 css 在主题文件夹中定义样式表。

主题与级联样式表类似，因为主题和样式表均定义一组可以应用于任何页的公共特性。本章 9.1 节对级联样式 CSS 进行了介绍，下面将主题与 CSS 进行对比。

1）主题可以定义控件属性，而样式表不能定义控件属性。

2）主题应用的优先级方式与样式表不同。默认情况下，页面的 Theme 属性所引用的主题中定义的任何属性值都会重写控件上以声明方式设置的属性值，除非使用 StyleSheetTheme 属性显式应用主题。

3）每个 Web 页只能应用一个主题。不能向一页应用多个主题，这与样式表不同，样式表可以向一个 Web 页应用多个样式表。

9.3 母版页

网站是由众多相关的网页组成的一个整体，同一个网站中各个网页都具有相同的风格。例如，某网站由 120 个网页组成，如果逐一制作，不但耗费大量的精力，一旦需要修改，必须逐一对各个页面进行修改。开发者们希望有一种像制作面包的模具一样的技术能够批量产生网页，并且牵一发而动全身，一个页面修改其他各个页面自动更新，就如同 Word，PowerPoint 和 Dreamweaver 模板一样，采用模板建立的 Word 文档、PowerPoint 文档和 Dreamweaver 文档，其公共部分固定，而有关内容可以进行添加。

ASP.NET 也提供了模板制作工具，即母版页技术。母版页技术的诞生，用户可以批量制作网页、维护网页。使用 ASP.NET 母版页可以为应用程序中的页创建一致的布局。单个母版页可以为应用程序中的所有页（或一组页）定义所需的外观和标准行为。然后可以创建包含要显示的内容的各个内容页。当用户请求内容页时，这些内容页将与母版页合并，从而产生将母版页的布局与内容页中的内容组合在一起的输出效果，如图 9-9 所示。

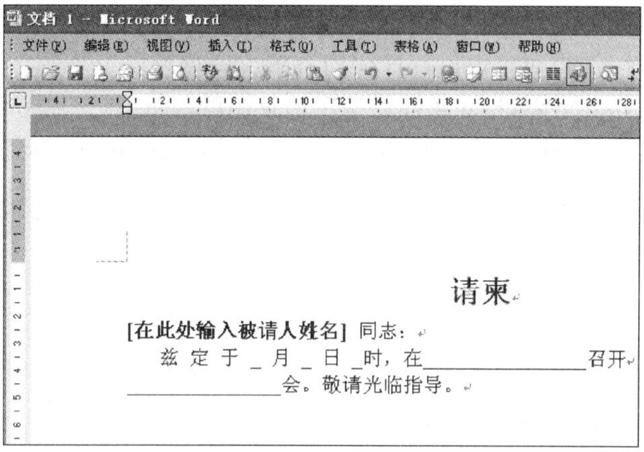

图9-9 Word模板示意图

9.3.1 母版页的组成

母版页由母版页本身和内容页两部分组成。学过 Dreamweaver 的人都知道，在用模版生成的页面上，制作者只能在可编辑区内增添内容。除了可编辑区之外，其他部位一律不得修改，若要修改必须先修改母版页。母版页技术与此类似，其本质就是在一个普通的 ASP.NET 页面的允许修改部位加上允许修改的标记，然后将其保存为扩展名 master 的文件，母版页必须用固定的扩展名，而且母版页不能在浏览器上执行。

1. 母版页

母版页是具有扩展名 master 的 ASP.NET 文件，母版页可以包括静态元素、动态元素，还可以包括 ASP.NET 的各种控件。一般来说网站的头部、尾部以及左侧的内容在各个页面都是相同的，这部分可以放在母版中，形成固定不变的部分。除此之外，各个页面各不相同的部分，则添加内容占位符控件，内容占位符控件类似 Dreamweaver 中的可编辑区。

母版页由特殊的@master 指令标识，该指令替换了普通.aspx 文件的@page 指令。

```
<%@ Master Language="C#" AutoEventWireup="true" CodeFile="MasterPage.master.cs"%>
```

2. 内容页

在母版页中添加内容占位符控件就如同有的同学到公共自习室上自习，为他的朋友占座位一样，他的朋友则相当于内容页，简单地说内容页就是另外一个普通的网页，最终显示的时候，内容页显示在母版页内容占位符的位置。通过包含指向要使用的母版页的MasterPageFile特性，在内容页的@ Page指令中建立绑定。例如，一个内容页包含下面的@ Page指令，该指令将该内容页绑定到Master1.master页。

```
<%@ Page Language="C#" MasterPageFile="~/MasterPages/Master1.master" Title= " ContentPage"%>
```

母版页上使用内容占位符为内容页占了位置，那么内容页用什么与母版页联系在一起呢？这就需要在内容页上添加一个 Content 控件，并将这个控件映射到母版页上的 ContentPlaceHolder 控件来创建内容。例如，母版页包含为 Header 和 Footer 的内容占位符控件。在内容页中，可以创建两个 Content 控件，一个映射到 ContentPlaceHolder 的 Header 占位控件，而另一个映射到 ContentPlaceHolder 的 Footer 占位控件。内容页上要遵循以下规则。

1）一定要设定 MasterPageFile 属性以指定所使用的母版页。

2）不能有<html>、<head>、<body>和执行在服务器端的<form>标签，因为这些标签早已定义在母版中，内容页只能定义网页内容。当浏览内容页时，就会将母版页加上内容页一起输出到浏览器。

3）为了对应到母版页的 ContentPlaceHolder 控件，在内容页中一定要添加 Content 控件。放在 Content 控件中的正文或服务器控件等，会对应到适当的位置。

4）Content 控件的 ContentPlaceHolderID 一定要与母版页中 ContentPlaceHolder 控件的 ID 属性值对应，否则程序会出错。

9.3.2 母版页技术常用控件

1. ContentPlaceHolder 控件

ContentPlaceHolder 控件即内容占位符，其作用就是用<table>或者<div>进行布局后，用这个控件去“霸占”一个地方，而这个地方的主人，是内容页中的内容。在母版页中可以包括一个或者多个 ContentPlaceHolder 控件，ContentPlaceHolder 控件起到一个占位符的作用，能够在母版页中标识出某个区域，该区域将由内容页中的特定代码代替。ContentPlaceHolder 控件的常用属性及说明如表 9-2 所示。

表 9-2 ContentPlaceHolder 控件的常用属性及说明

属　性	说　明
Context	为当前 Web 请求获取与服务器控件关联的 HttpContext 对象
ID	获取或设置分配给服务器控件的编程标识符
Page	获取对包含服务器控件的 Page 实例的引用
TemplateSourceDirectory	获取包含当前服务器控件的 Page 或 UserControl 的虚拟目录
AppRelativeTemplateSourceDirectory	获取或设置包含该控件的 Page 或 UserControl 对象的应用程序相对虚拟目录（从 Control 继承）
Controls	获取 ControlCollection 对象，该对象表示 UI 层次结构中指定服务器控件的子控件（从 Control 继承）
EnableTheming	获取或设置一个值，该值指示主题是否应用于该控件（从 Control 继承）
EnableViewState	获取或设置一个值，该值指示服务器控件是否向发出请求的客户端保持自己的视图状态以及它所包含的任何子控件的视图状态（从 Control 继承）
Parent	获取对页 UI 层次结构中服务器控件的父控件的引用（从 Control 继承）

（续）

属　性	说　明
NamingContainer	获取对服务器控件的命名容器的引用，此引用创建唯一的命名空间，以区分具有相同 Control.ID 属性值的服务器控件（从 Control 继承）
Site	获取容器信息，该容器在呈现于设计图面上时承载当前控件（从 Control 继承）
SkinID	获取或设置要应用于控件的外观（从 Control 继承）
TemplateControl	获取或设置对包含该控件的模板的引用（从 Control 继承）
TemplateSourceDirectory	获取包含当前服务器控件的 Page 或 UserControl 的虚拟目录（从 Control 继承）
UniqueID	获取服务器控件的唯一的、以分层形式限定的标识符（从 Control 继承）
Visible	获取或设置一个值，该值指示服务器控件是否作为 UI 呈现在页上（从 Control 继承）
BindingContainer	获取包含该控件的数据绑定的控件（从 Control 继承）

2．Content 控件

Content 控件是内容页的内容和控件的容器，与母版页上的 ContentPlaceHolder 控件相对应。运行时 Content 控件中的内容直接合并到母版页对应的 ContentPlaceHolder 控件中。Content 控件使用它的 ContentPlaceHolderID 属性与一个 ContentPlaceHolder 关联。将 ContentPlaceHolderID 属性设置为母版页中 ContentPlaceHolder 控件的 ID 属性的值。调用内容页的 URL 时，Content 控件中包含的所有文本、标记和服务器控件都会呈现给母版页上的 ContentPlaceHolder，并且浏览器的地址栏将显示内容页的名称。Content 控件的常用属性及说明如表 9-3 所示。

表 9-3　Content 控件的常用属性及说明

属　性	说　明
ID	获取或设置分配给服务器控件的编程标识符
ContentPlaceHolderID	获取或设置与当前内容关联的 ContentPlaceHolder 控件 ID
Context	为当前 Web 请求获取与服务器控件关联的 HttpContext 对象
Page	获取对包含服务器控件的 Page 实例的引用
AppRelativeTemplateSourceDirectory	获取或设置包含该控件的 Page 或 UserControl 对象的应用程序相对虚拟目录（从 Control 继承）
BindingContainer	获取包含该控件的数据绑定的控件（从 Control 继承）
ClientID	获取由 ASP.NET 生成的服务器控件标识（从 Control 继承）
Controls	获取 ControlCollection 对象，该对象表示 UI 层次结构中指定服务器控件的子控件（从 Control 继承）
EnableTheming	获取或设置一个值，该值指示主题是否应用于该控件（从 Control 继承）
EnableViewState	获取或设置一个值，该值指示服务器控件是否向发出请求的客户端保持自己的视图状态以及它所包含的任何子控件的视图状态（从 Control 继承）
NamingContainer	获取对服务器控件的命名容器的引用，此引用创建唯一的命名空间，以区分具有相同 Control.ID 属性值的服务器控件（从 Control 继承）
TemplateControl	获取或设置对包含该控件的模板的引用（从 Control 继承）
TemplateSourceDirectory	获取包含当前服务器控件的 Page 或 UserControl 的虚拟目录（从 Control 继承）
UniqueID	获取服务器控件的唯一的、以分层形式限定的标识符（从 Control 继承）

9.3.3　母版页的运行过程

在运行时，母版页是按照下面的步骤处理的。

1）用户通过输入内容页的 URL 来请求某个页面，如，假设母版文件为 A.master。

```
<%@ Master%>
<asp:contentplaceholder runat="serve id"="“Main"/>
<asp:contentplaceholder runat="serve id"="“Footer"/>
```

2）获取该页之后，读取@ Page 指令。如果该指令引用一个母版页，则将读取该母版页。如果是第一次请求这两个页面，则两个页面都要进行编译。

3）将包含更新内容的母版页合并到内容页的控件中。如下所示，设内容文件为 A.aspx。

```
<%@ Page MasterPageFile="~/A.mster"%>
<asp:Content runat="serve"ContentPlaceHolder="Main">此处为内容</asp:Content>
<asp:Content runat="serve"ContentPlaceHolder="Footer">此处为内容</asp:Content>
```

4）各个 Content 控件的内容合并到母版页中相应的 ContentPlaceHolder 控件中。最后浏览器将呈现得到后的合并页。即 A.Master 与 A.aspx 的合并出来的页面。

9.3.4 母版页的优越之处

使用 ASP.NET 母版页可以为应用程序中的页创建一致的布局。单个母版页可以为应用程序中的所有页定义统一的外观和标准行为，包括复制现有代码、文本和控件元素；使用框架集；对通用元素使用包含文件；使用 ASP.NET 用户控件等。母版页具有下面的优点。

1）母版页可以把网站相同的部分抽离出来，使得程序风格统一。

2）使用母版页可以集中处理页面的通用功能，以便只在一个位置上进行更新。

3）使用母版页可以方便地创建一组控件和代码，并将结果应用于一组页面。例如，可以在母版页上使用控件来创建一个应用于所有页的菜单。

4）通过控制内容占位符控件的呈现方式，母版页可以在细节上控制最终页面的布局。

5）母版页提供一个对象模型，使用该对象模型可以从各个内容页自定义母版页。

9.3.5 母版页技术应用过程

母版页的实际使用非常简单，但很多书籍先罗列大量代码，让初学者眼花缭乱，不知所云，进而失去信心，放弃了母版页的学习。母版页技术应用过程如图 9-10 所示。

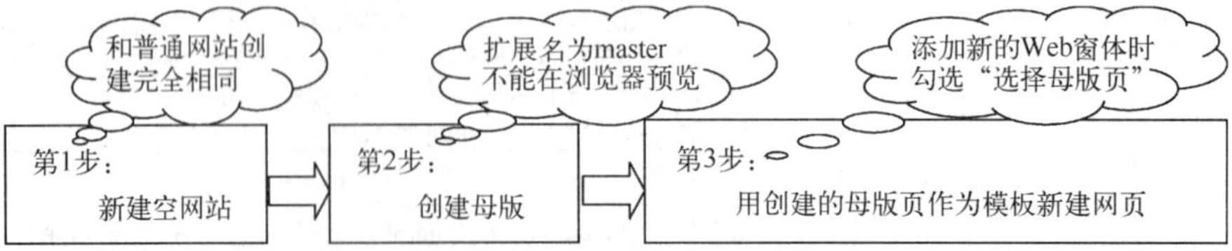

图9-10 母版页技术应用过程

9.3.6 母版页的创建与使用

【操作实例 9-13】 创建并使用母版页。

1．启动 Viusual Studio 2010

依次在主菜单中选择“文件|新建|网站”命令，出现“新建网站”对话框，选择“ASP.NET 空网站”，单击“确定”按钮，完成新网站的建立。如图 9-11 所示。

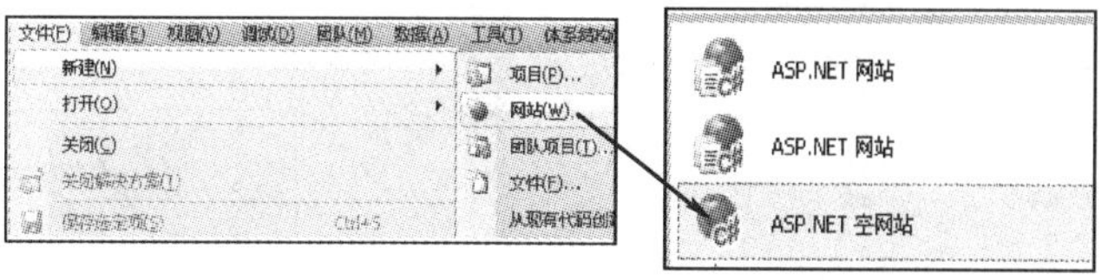

图9-11　新建空网站

2．添加母版页

在“解决方案资源管理器”中，单击鼠标右键选择“添加新项”，在弹出的“添加新项”菜单中选择“母版页”，单击“添加”按钮。如图 9-12 所示。

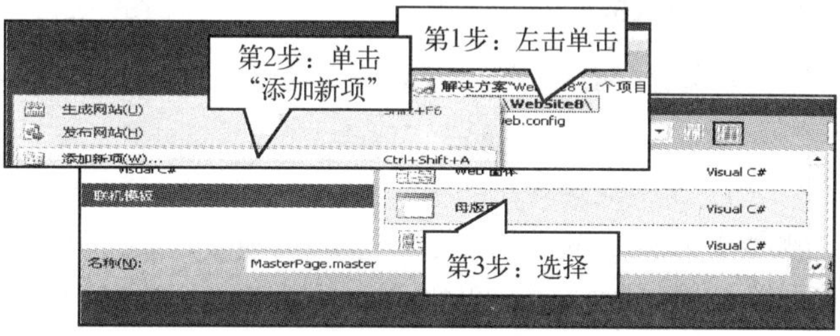

图9-12　添加新项

3．设计母版页

上一步完成后，在窗口中出现了设计窗口，用于设计母版页。仔细观察，该窗口与普通页面窗口相同，唯一的区别是自动添加了一个控件，该控件名称为 ContentPlaceHolder1，该控件是什么、做什么，在此处不必深究。在该页面上，可以将网站的公共部分设计出来，在各个页面各不相同的部分放置 ContentPlaceHolder1 控件即可。现以一个最简单的母版为例，说明如下。

1）删除设计窗口上的 ContentPlaceHolder1 控件，待整个页面设计完成后，再在适当的位置加入该控件。

2）依次选择主菜单“表|插入表”，大小设置为两行两列，由于是练习，所以其他各项根据喜好随意设置，如图 9-13 所示。

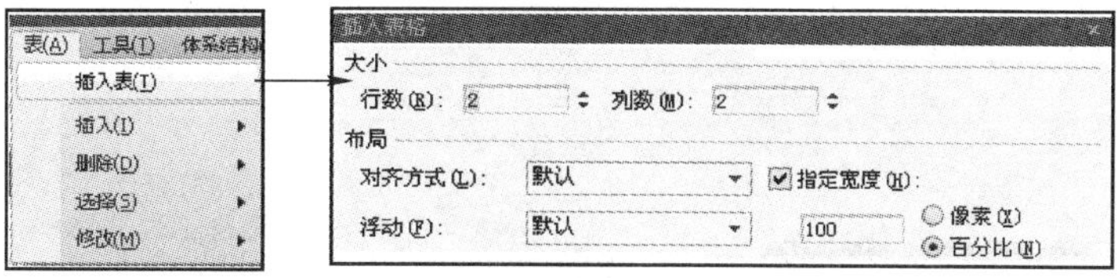

图9-13　插入表格

3）拖动鼠标左键，连续选中第一行的两个单元格，按下鼠标右键，单击“修改|合并单元格”，将第一行合并，如图 9-14 所示。

4）单击主菜单上的“格式”菜单项，在下拉菜单中选择“背景色”将第一行背景色设置为蓝色，以此法设置第二行左侧背景色，并调整第二行左右比例，同时在工具箱中选择 ContentPlaceHolder 控件，加入第二行右侧空白处。最终效果如图 9-15 所示。

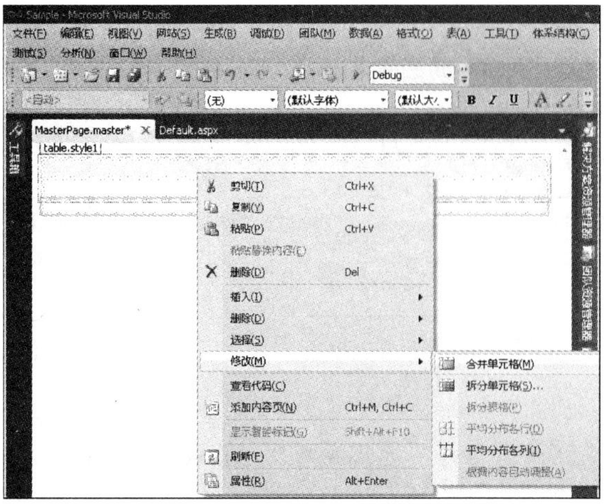

图9-14　插入表格

图9-15　母版页设计效果

5）选择主菜单“文件|保存 MasterPage.master”命令，也可按组合键〈Ctrl+S〉，完成整个母版页的制作。

4．应用母版页

母版页创建后，就等于为整个网站创建了一个网页模板，当然可以根据需要创建多个模板。接着，编程者就可以使用母版页了，母版页的使用和内容页的创建是同一个概念的两种不同说法，无论哪种说法其实质都是利用母版页制作网站的各个其他页面。

在解决方案资源管理器中鼠标右键单击“添加新项”，在弹出窗口中选择“Web 窗体”，单击“添加”按钮，如图 9-16 所示。使用时会发现只有在母版页设计时放置了 ContentPlaceHolder 控件的位置允许编辑，在此位置可以插入任意文本、图片及控件，如图 9-17 所示。编辑完成后运行效果如图 9-18 所示。

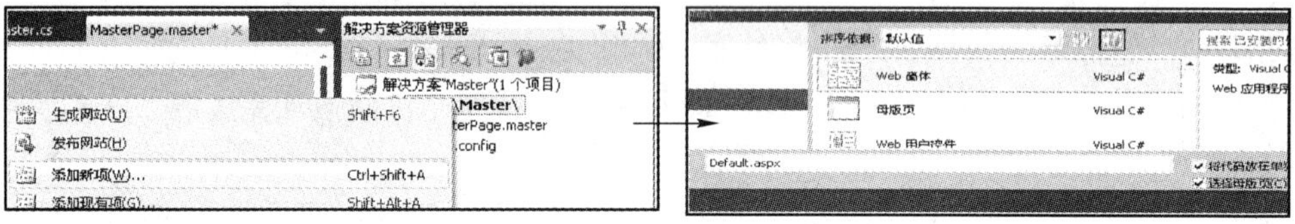

图9-16　母版页的使用

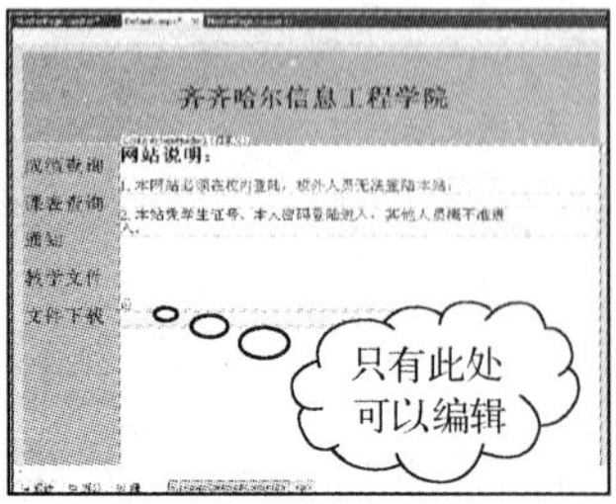

图9-17　内容页的编辑

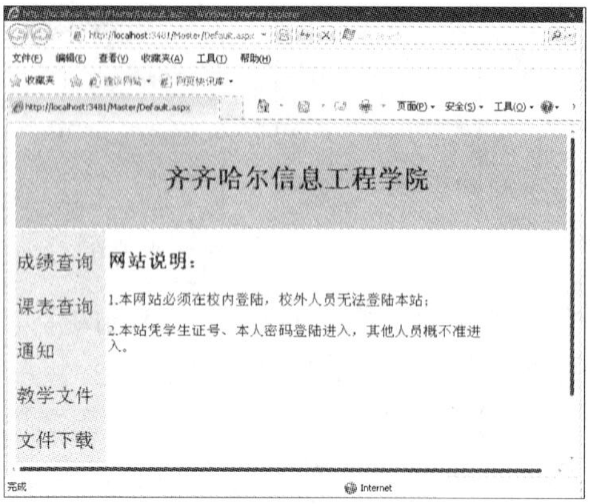

图9-18　运行效果

9.3.7 母版页的原理

母版页是整个网站中各个二级页面都具有的通用部分，对整个网站通用部分的修改，只需修改母版页，用母版页制作的页面都将自动更新，实现一处修改，全局更新。在设计母版页时只需在可编辑部分使用内容占位符，这一标记是由 ContentPlaceHolder 控件实现，如图 9-19 所示。

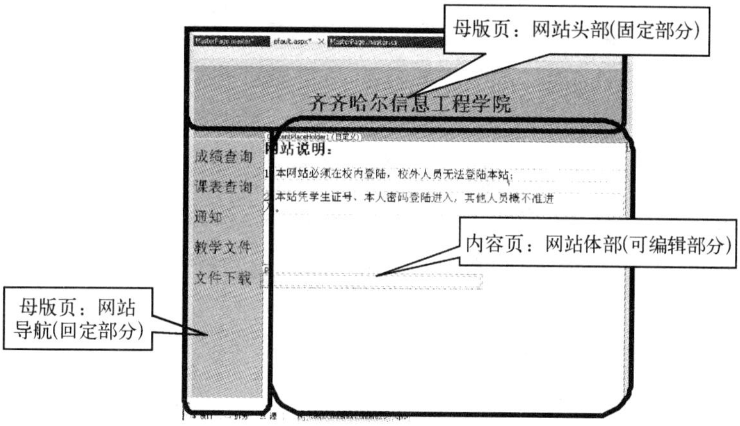

图9-19 母版页设计效果

1. 母版页的属性

母版页有很多属性，了解这些属性可以更好地进行母版页编程，常用属性及说明如表 9-4 所示。

表 9-4 母版页的属性及说明

属　性	说　明
AutoEventWireup	指定是否启用了事件自动连接，启用为 true；否则为 false，默认值为 true
CodeFile	指定包含类的单独文件的名称，该类具有事件处理程序和特定于母版页的其他代码
Inherits	指定供页继承的代码隐藏类。它可以是从 MasterPage 类派生的任何类
Language	指定在页面中使用的语言
MasterPageFile	指定用做某个母版页的.master 文件

2. 母版页代码

母版页代码

```
<%@ Master Language="C#" AutoEventWireup="true" CodeFile="MasterPage.master.cs" Inherits="MasterPage" %>
<!DOCTYPE html PUBLIC "-//W3C//DTD XHTML 1.0 Transitional//EN"
"http://www.w3.org/TR/xhtml1/DTD/xhtml1-transitional.dtd">
<html xmlns="http://www.w3.org/1999/xhtml">
<head runat="server">
<title>无标题页</title>
    <asp:ContentPlaceHolder id="head" runat="server">
    </asp:ContentPlaceHolder>
</head>
<body>
    <form id="form1" runat="server">
<div>
        <asp:ContentPlaceHolder id="ContentPlaceHolder1" runat="server">
        </asp:ContentPlaceHolder>
    </div>
    </form>
```

内容占位符

内容占位符

```
</body>
</html>
```

3. 内容页代码

内容页代码

```
<%@ Page Language="C#" MasterPageFile="~/MasterPage.master" AutoEventWireup="true" CodeFile="Default.aspx.cs" Inherits=" Default" Title="无标题页" %>
<asp:Content ID="Content1" ContentPlaceHolderID="head" Runat="Server">
</asp:Content>
<asp:Content ID="Content2" ContentPlaceHolderID="ContentPlaceHolder1" Runat="Server">
</asp:Content>
```

内容占位符

内容占位符

9.3.8 母版页与内容页的关联

母版页与内容页是两个独立的页面，在实际使用时必须将两者关联起来。两者建立关联时，内容页的 Content 控件对应的是母版页的 ContentPlaceHolder 控件，内容页应该包含至少一个以上的 Content 控件，对应规则为 Content 控件的 ContentPlaceHolderID 属性必须与母版页的 ContentPlaceHolderID 属性值一致。设计母版页时，利用 ContentPlaceHolder 控件预留内容的位置，提供的内容就是内容页的 Content 控件，两者之间的对应可参考图 9-20。

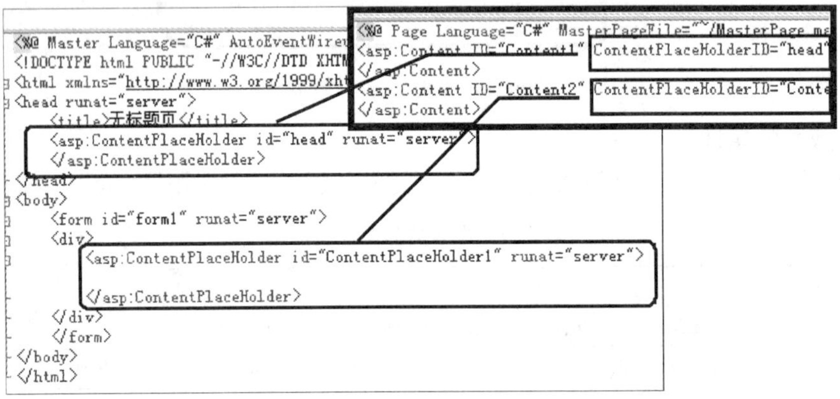

图9-20 母版页与内容页的关联

9.3.9 母版页编程

用母版页制作的网站虽然是由母版页和内容页组成的，但在运行时却合二为一，以一个整理体页面出现。因此，母版页与内容页之间应该建立一个桥梁，能够彼此访问对方的内容。这个桥梁就是母版页编程技术。

1. 访问母版页

在内容页面中有个 Master 对象，它代表当前内容页面的母版页。通过这个对象的 FindControl 方法，可以找到母版页中的控件，这样就可以在内容页面中操作母版页中的控件了。内容页中引用母版页中的属性、方法和控件有一定的限制。主要有以下两点。

1）内容页中引用母版页属性和方法时，如果它们在母版页上被声明为公共成员，包括公共属性和公共方法，则可以引用它们。

2）在引用母版页上的控件时，没有只能引用公共成员这种限制。

MasterPage 对象的 FindControl 方法是实现对母版页访问的最主要方法。在内容页中，Page 对象具有一个公共属性 Master，该属性能够实现对相关母版页基类 MasterPage 的引用。母版页中的 MasterPage 相当于普通 ASP.NET 页面中的 Page 对象，因此，可以使用 MasterPage 对象实现对母版页中各个子对象的访问，但由于母版页中的控件是受保护的，不能直接访问，就必须使用 MasterPage 对象的 FindControl 方法实现。

FindControl 方法实现对母版页的访问要经过以下四个步骤，如表 9-5 所示。

表 9-5　FindControl 方法对母版页的访问的四个步骤

步　骤	内　容	代 码 示 例	代 码 注 解
1	定义占位符控件对象	ContentPlaceHolder mpCP;	定义占位符控件 mpCP
2	定义用户控件对象	Label mplabel;	定义用户控件对象 mplabel
3	获取母版页内容占位符控件	mpCP=(ContentPlaceHolder)Master. FindControl("ContentPlaceHolder1");	将取得的母版页 ContentPlaceHolder1 控件赋给 mpCP
4	获取母版页用户添加的控件	mpLabel = (Label)this.Master. FindControl("Label1");	将取得的母版页 Label1 控件赋给 mpLabel

为了详细说明 FindControl 方法的使用，现以实例说明，该实例在内容页上取得母版页控件的值。

【操作实例 9-14】 FindControl 控件使用示例。

实例的编写过程如下。

1）新建母版页，操作步骤请参照本章第二节。

2）在母版页中输入汉字“母版页编程示例”，在其下方输入汉字“当前日期:”，并在其后添加标签控件 Label1，如图 9-21 所示。

3）新建内容页，操作步骤请参照本章第二节，并添加一个按钮控件、一个文本框控件，如图 9-22 所示。

图9-21　新建母版页

图9-22　新建内容页

4）设置按钮的 ID 为 mylabel，双击按钮，编写如下代码。

代　码	注　解
ContentPlaceHolder mpCP;	定义占位符控件 mpCP
Label mpLabel;	定义用户控件对象 mplabel
mpCP=(ContentPlaceHolder)Master.FindControl("ContentPlaceHolder1");	将取得的母版页 ContentPlaceHolder1 控件赋给 mpCP。
mpLabel = (Label)this.Master.FindControl("Label1");	将取得的母版页 Label1 控件赋给 mpLabel。
TextBox1.Text = mpLabel.Text;	将取得的控件值显示在 TextBox1 上

5）在母版页的 Load 事件中添加如下代码。

```
DateTime d1 = DateTime.Now;
this.Label1.Text =Convert.ToString(d1);
```

6）为了在最终的运行页面上显示标题，在内容页的 Load 事件中加入如下代码，即可设置网页标题。

```
this.Master.Page.Title = "母版页编程示例";
```

7）按〈Crl+F5〉组合键显示如图 9-23 所示的运行结果。

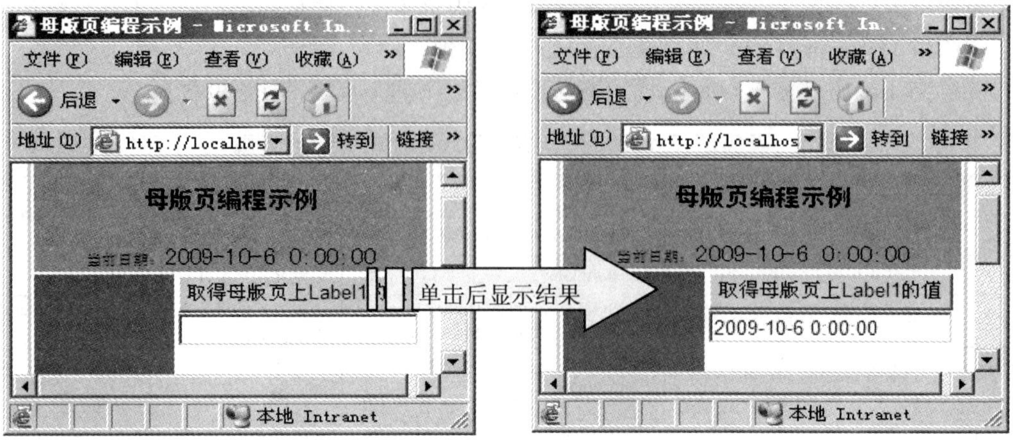

图9-23　运行结果

2．动态附加母版页

很多手机都有“更换主题”的功能，用户可以自由地更换手机的显示风格，一旦更换了主题，整个手机显示的内容都按新的风格显示。每一个使用过博客的人也深有体会，博客中的模板可以由用户自由更换。ASP.NET 也通过母版页技术为程序员提供了这一功能。编程者可以实现内容页动态地加载不同的母版页，从而实现网站页面风格的自定义。

1）代码编写位置。母版页与内容页的合并是在页面的 Load 事件中完成，因此动态加载母版页必须在母版页的 Load 事件之前完成，而 Load 事件之前只有一个 PreInit 事件。因此，动态加载母版页必须在 PreInit 事件中编写代码。

2）代码内容。

```
this.MasterPageFile = "~/母版名称"
```

其中 this 指代页面自身，“~/母版名称”中的“~”指代网站的根目录，母版名称扩展名必须是 master。

9.4　综合实例：主题切换

1．目的

1）实现网页中对 CSS 的设置。使读者能够熟练掌握 CSS 的设置方法。

2）实现设置主题的应用。

3）完成对母版页的创建，并对母版页应用主题。

4）引入主题来对网站进行主题切换。

2．步骤

1）添加两个 CSS 样式表，并分别命名为 PinkTheme.css 和 TheOldTheme.css，如图 9-24、图 9-25 所示。

图 9-24　添加CSS样式表

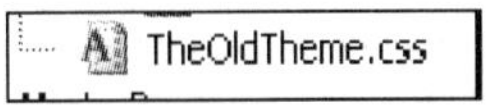

图9-25　添加CSS样式表

2）分别在 PinkTheme.css 和 TheOldTheme.css 中填写对应的 CSS 样式。

3）新建两个主题，分别命名为 PinkTheme 与 TheOldTheme，将 1）中新建的两个样式表分别拖入对应的文件夹下，并分别新建两个 Images 文件夹来存储所要用到的图片，如图 9-26 所示。

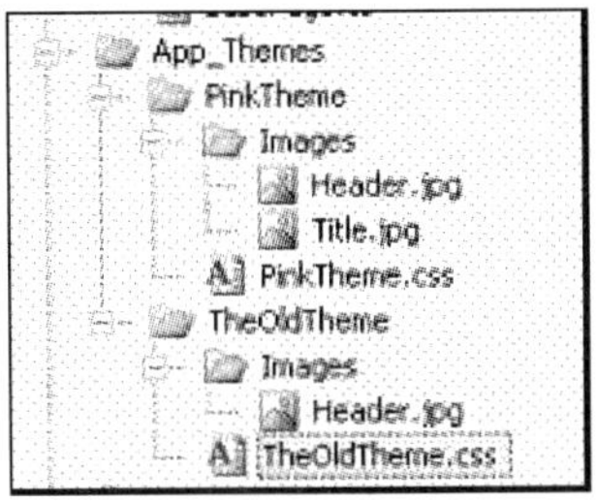

图9-26　新建主题

4）应用主题在 web.config 中插入如下代码。

```
<system.web>
        <pages theme="TheOldTheme"></pages>      --插入此代码
        <compilation debug="true" targetFramework="4.0"/>
    </system.web>
```

5）创建母版页，并重命名为 Projece09.master。

6）母版页面如图 9-27 所示。

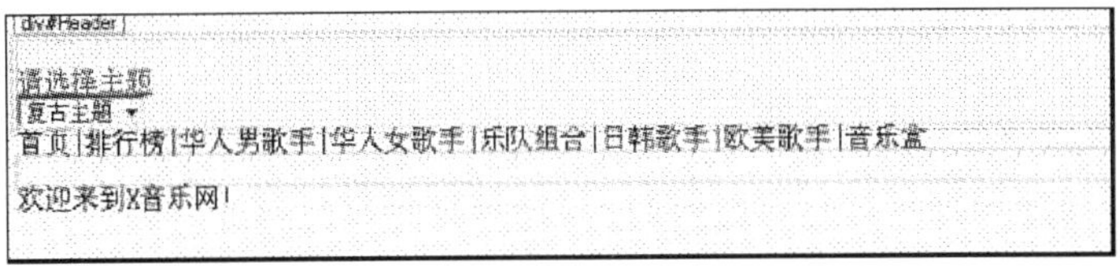

图9-27　母版页面

7）母版页代码如下。

```
<form id="form1" runat="server">
        <div id="PageWrapper">
            <div id="Header"><a href="~/" runat="server">
            <br>请选择主题<br />
        <asp:DropDownList ID="ThemeList" runat="server" AutoPostBack="True" OnSelectedIndexChanged=
"ThemeList_SelectedIndexChanged">
            <asp:ListItem Value=TheOldTheme>复古主题</asp:ListItem>
            <asp:ListItem Value=PinkTheme>粉色主题</asp:ListItem>
        </asp:DropDownList>
            </a></div>
      <div  id="MenuWrapper">首页|排行榜|华人男歌手|华人女歌手|乐队组合|日韩歌手|欧美歌手|音
乐盒</div>
      <div id="MainContent">
        <asp:ContentPlaceHolder ID="cpMainContent" runat="server">
```

```
        </asp:ContentPlaceHolder>
      </div>
      <div id="Footer">欢迎来到 X 音乐网！ </div>
    </form>
```

8）创建内容页，如图 9-28 所示。

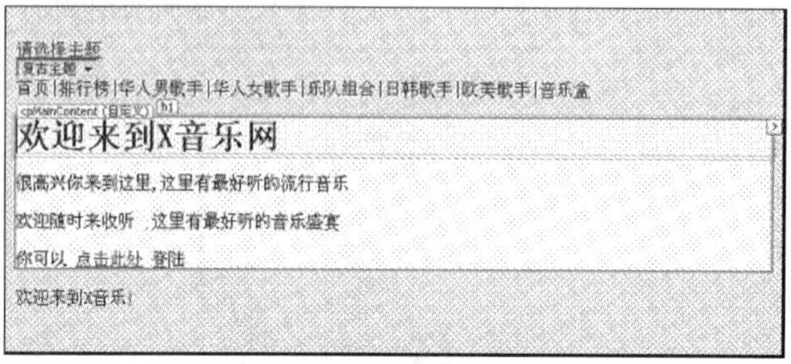

图9-28　创建内容页

9）内容页代码如下。

```
    <form id="form1" runat="server">
      <div id="PageWrapper">
        <div id="Header"><a href="~/" runat="server">
        <br>请选择主题<br />
          <asp:DropDownList ID="ThemeList" runat="server" AutoPostBack="True" OnSelectedIndex
Changed="ThemeList_SelectedIndexChanged">
            <asp:ListItem Value=TheOldTheme>复古主题</asp:ListItem>
            <asp:ListItem Value=PinkTheme>粉色主题</asp:ListItem>
          </asp:DropDownList>
            </a></div>
        <div id="MenuWrapper">首页|排行榜|华人男歌手|华人女歌手|乐队组合|日韩歌手|欧美歌手|音
乐盒</div>
        <div id="MainContent">
          <asp:ContentPlaceHolder ID="cpMainContent" runat="server">
          </asp:ContentPlaceHolder>
        </div>
        <div id="Footer">欢迎来到 X 音乐！ </div>
      </form>
```

运行后便会看到图 9-29 和图 9-30 的内容了。

图9-29　运行界面1

图9-30　运行界面2

【拓展编程技巧】

1. 实现功能

打印 Web 页面。

2. 操作步骤。

此示例是通过调用 JavaScript 脚本实现的打印功能。

1）新建一个 ASP.NET 网站 Default.aspx，如图 9-31 所示。

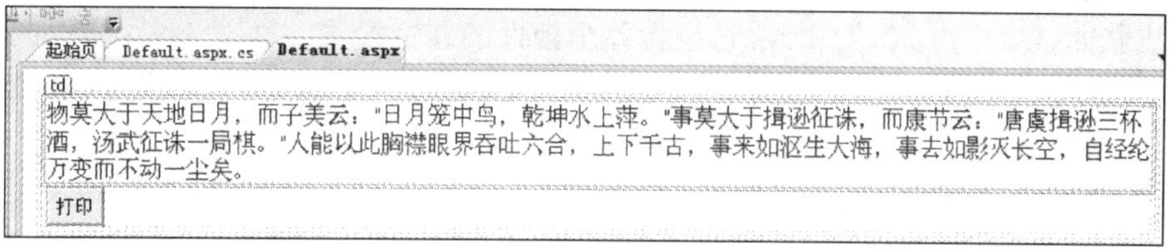

图9-31　新建网站

2）在新建的网站中插入一个一行两列的表，并在其中插入 Label 控件和 Button 控件，Label 控件用来显示将要打印窗体的内容，Button 控件用来确定打印。

单击打印按钮，程序调用 Javascript 脚本中的打印方法 window.print()对页面中的内容进行打印，代码如下。

```
protected void Button1_Click(object sender, EventArgs e)
    {
        Response.Write("<script>windwo.print()</script>");
    }
```

本章小结

CSS 即“层叠样式表单”，CSS 样式表按其位置的不同可以分为内联样式（Inline Style）、内部样式表（Internal Style Sheet）和外部样式表（External Style Sheet）三类。ASP.NET 通过应用主题来提供统一的外观。主题包括皮肤文件、CSS 文件和图片文件等。主题由皮肤、级联样式表、图像和其他资源组成的用于进行页面属性设置的集合，它提供了一种简单的方法设置控件的样式属性。主题分为页面主题和全局主题两种。皮肤即外观文件，它包含各个控件的属性设置。ASP.NET 提供了母版页技术，母版页技术的诞生，可以批量制作网页、维护网页，母版页技术由母版页和内容页两部分组成。母版页技术常用控件主要有 Content PlaceHolder 控件和 Content 控件，可以通过编程实现访问母版页及动态附加母版页两项功能。

每章一考

一、填空题（20 空，每空 2 分，共 40 分）

1. CSS 即（　　　　　　），用于增强控制网页样式并允许将样式信息与网页内容分离的一种标记语言。

2. CSS 样式表按其位置的不同可以分为（　　　　　　）、（　　　　　　）及（　　　　　　）三类。

3. 外部样式表扩展名是（　　　　　　）。

4. 内部样式表是写在（　　　　　　）里面的代码。

5. 一个外部样式表文件可以通过（　　　　　　）标签连接到 HTML 文档中。

6. ASP.NET 通过（　　　　　　），来提供统一的外观。

7. 主题分为（　　　　　　）和（　　　　　　）两种。

8. 皮肤即（　　　　　　），它包含各个控件的属性设置。

9. 主题是由（　　　　　　）、（　　　　　　）、（　　　　　　）和其他资源组成的。

10. 在 web.config 中指定（　　　　　　）为应用程序中的所有页定义应用的主题。

11. 母版页技术由（　　　　　　）和（　　　　　　）两部分组成。

12. 在内容页中设定 MasterPageFile 属性以指定所使用的（　　　　）。

13.（　　　　　　）是内容页的内容和控件的容器，与母版页上的（　　　　　　）控件相对应。

二、选择题（10 小题，每小题 2 分，共 20 分）

1.（　　）是写在 HTML 标记之中的，它只针对自己所在的标记起作用。

A．内联样式　　B．外部样式表
C．内部样式表　　D．以上都不对

2. 应用程序主题存储于 Web 应用程序的（　　）文件夹中。

A．App_Themes　　B．根
C．App_Code　　D．子目录

3. 若要对特定页取消主题设置，可以将该页面 Page 指令的 Theme 属性设置为（　　）。

A．True　　B．空字符串
C．False　　D．This

4. 为单个页面指定主题，只需要在页面的（　　）指令中进行设置。

A．Lanuage　　B．@page
C．@include　　D．@code

5. this.MasterPageFile = "~/母版名称"中的~/指代（　　）。

A．服务器的根目录　　B．网站当前目录
C．硬盘的要目录　　D．网站的根目录

6. 母版页文件的扩展名是（　　）。

A. Config　　B. Master

C. ASP　　D. ASPX

7. Content 控件的 ContentPlaceHolderID 一定要与母版页中 ContentPlaceHolder 控件的（　　）属性值对应。

A. ID　　B. Inherits

C. Style　　D. font

8. ContentPlaceHolder 控件即（　　）。

A. 不变区域　　B. 母版标记

C. 内容占位符　　D. 内容标记

9. MasterPage 对象的（　　）方法是实现对母版页的访问的最主要方法。

A. ReadControl　　B. FindControl

C. S eekControl　　D. Control

10. 动态加载母版页必须在母版页的（　　）事件中进行。

A. Load　　B. PreInit

C. Click　　D. UnLoad

三、判断题（10 小题，每小题 2 分，共 20 分）

1. 同一段文字可以用多个样式表从不同角度进行修饰，可以使用一个样式表设置颜色，使用另外一个样式表设置字体。（　　）

2. 内部样式表不只针对所在的 HTML 页面有效。（　　）

3. CSS 不能加快页面传送速度。但它可以有效地对页面的布局、颜色和字体等实现更加精确的控制。（　　）

4. 在主题应用中页面主题优先于全局主题。（　　）

5. 母版页不能应用主题。（　　）

6. 一个页面只能应用一个主题，但该主题中可以有多个外观文件。（　　）

7. 母版页技术可以批量制作网页、维护网页。（　　）

8. 母版页能在浏览器上执行。（　　）

9. 内容页可以有<html>、<head>、<body>和执行在服务器端的<form>标签。（　　）

10. 在内容页中一定要添加 Content 控件。（　　）

四、综合题（共 4 小题，每小题 5 分，共 20 分）

1. 母版页的运行过程如何？

2. 母版页的优点有哪些？

3. 内容页中引用母版页的原则有哪些？

4. FindControl 方法实现对母版页的访问要经过哪些步骤？

第 10 章　LINQ 技术

程序员的十大品质之十：韬光养晦，雅量容人

出自明代洪应明《菜根谭》，原文为：持身不可太皎洁，一切污辱垢秽，要茹纳得；与人不可太分明，一切善恶贤愚，要包容得。

一个成品程序的诞生，要靠团队合作完成。程序员要具有团队合作精神，一朵花再美，如果园子里只开这种花，也会显得单调，只有各具特色的花汇集在一起，才能织出春天的图画。每个人都有各自的优缺点，做人不要太清高，所有的污垢和羞辱都要容忍得下，与人交往不要太分明，所有好坏善恶的人都要容下。不要希望别人和你一样，他不是你，他有他的特色，人至察则无徒，水至清则无鱼。一个人的力量总是有限的，众人的力量才能移山填海，广交朋友，靠团队的力量合作，才能设计出软件精品。

学习激励

腾讯公司首席执行官马化腾

马化腾，腾讯公司执行董事、董事会主席兼首席执行官（CEO），全面负责腾讯集团的策略规划、定位和管理。现有资产 245 亿元，2009 胡润百富榜第 16 名。1993 毕业于深圳大学计算机专业。和任何人创业一样，最初马化腾和他的腾讯日子都非常艰难，2000 年第一次网络泡沫席卷了全中国的互联网，那时的腾讯难以为继，中华网、新浪网都不肯接手。没有办法，马化腾几乎是倾其所有。那时的马化腾虽然执著，却也迷茫，不知道自己的 QQ 赢利点在哪里？后来得益于风险投资公司帮助腾讯在香港上市，腾讯当时是没有现金资本的，唯一的资源就是数量高达 7.147 亿的 QQ 用户。QQ 上市后，马化腾的个人身价迅速飙升，身价 17 亿港币！而今，腾讯已经开始走多元化战略发展之路，腾讯网已经成为中国第四大门户网站，而且还有了自己的拍拍网站，有了 QQ 游戏大厅等项目。

不经历风雨怎么见彩虹，没有人随随便便就成功。每一位成功的人士都曾走过艰辛的创业征程。每一个程序员都将经受苦难的磨练，才能走向成熟和成功。对于 QQ 每个人都不陌生，QQ 已经走进了我们每一个人的生活，看看 QQ 的主人马化腾的人生路吧，或许你能从中受到启迪。机遇，只青睐有准备的人；机遇，稍纵即逝；机遇，对每个人都平等。昨天，马化腾抓住了即时聊天工具开发的机遇，今天他已走上了成功大道；我们能否在今天也高瞻远瞩选择方向，找寻项目，走向成功呢？机不可失，时不再来，年青的朋友们，努力吧！

10.1 LINQ 技术概述

ASP.NET 与其他编程语言相比最大的特点是编程更便捷，构建程序更轻松。LINQ 技术便是基于微软这一理念而推出的一项新技术。LINQ 的诞生使 ASP.NET 操作数据库可以抛开 SQL 语句这一拐杖，健步如飞地使用数据库中的资源。LINQ 的目标是以一致的方式，直接利用程序语言本身访问各种不同类型的数据。

10.1.1 LINQ 的含义

语言集成查询（Language Integrated Query，LINQ）是一组用于 C#和 Visual Basic 语言的扩展。是随.NET Framework 4.0 发布的一项新技术。它的查询操作可以通过编程语言自身来实现，而不是像以往的查询那样通过 SQL 语句进行。以往，要对数据库表进行查询的时候，一定会编写“select * from 表名 where 条件”这样的 Sql 语句。有了 LINQ 技术，程序员完全可以不再使用这些语句，而达到同样的目的，而且使用 LINQ 技术编写的程序语句更简洁、程序更精小、功能更强大，大大提高了软件的开发效率。

LINQ 最大亮点是将对数据的各项操作集成到开发环境中，成为开发语言的一部分，LINQ 技术可以利用.NET 强大的类库，实现所有对于数据的操作。使用 LINQ 技术操作数据，可以像写 ASP.NET 代码一样来创建查询操作或表达式。它允许编写 C#或者 Visual Basic 代码以查询数据库相同的方式操作内存数据。LINQ 是 Visual Studio 2010 中的领军技术。目前为止 LINQ 所支持的数据源有 SQL Server、XML 以及内存中的数据集合。开发人员也可以使用其提供的扩展框架添加更多的数据源，例如 MySQL、Amazon，甚至是 Google Desktop。

LINQ to SQL 是 LINQ 技术在数据库方面的应用。数据库技术从 OLEDB、ODBC 到 ADO、ADO.NET，再到现在的 LINQ to SQL，让程序员操作数据库越来越简单。 LINQ 的宗旨就是让查询无处不在，这当然要包括对数据库的查询。LINQ 不仅仅可以对数据库进行查询，而且可以实现的全部功能 CUID（Create、Update、Insert 和 Delete），而且非常方便。

10.1.2 LINQ 的特点

1）LINQ 技术是 ASP.NET 语言的组成部分，可以利用 C#提供的强大功能，以及.NET 框架提供的众多类，极大地增强了数据操作的能力。

2）采用 LINQ 技术开发程序更轻松，编写代码更容易，代码更短小精悍。

3）不必再额外掌握 SQL 语句，便可实现对数据库的全部操作。

10.1.3 LINQ 的基本原理

随着计算机技术的不断发展，为程序提供数据的数据源可能是各种不同的数据格式。不但可以是传统的关系型数据库，也可能是内存中的任何集合对象，甚至可以是 XML 文档。面对日新月异的数据，程序员必须针对每一种不同的数据源学习不同的查询语言。为了统一对不同数据源以及不同数据格式处理的方式，微软自从 Visual Studio 2008 开始增加了 LINQ 技术。有了 LINQ 技术，不管何种数据格式，都可以用一个统一的、一致的查询语言开发不同的应用。LINQ 技术原理如图 10-1 所示。

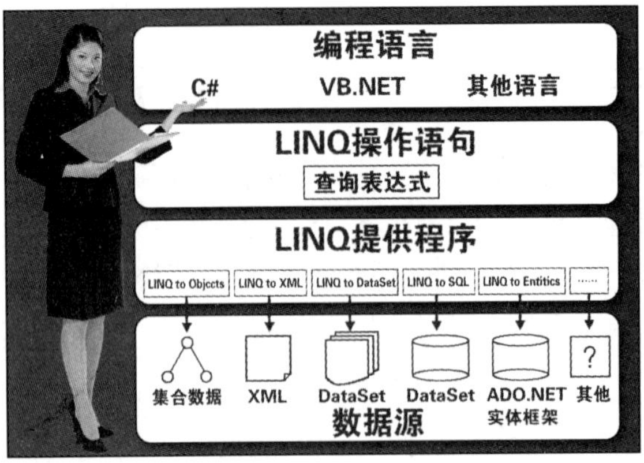

图10-1　LINQ技术原理示意图

最下面是各种不同类型的数据源；第二层即中间层是 LINQ 为不同的数据源提供的程序；第三层是 LINQ 构建模块部分，将客户端的查询转换为基于不同数据源提供程序所需要的格式；第四层为编程语言，该层为语言层面，这一层才是程序员接触的操作层，使用一致的 LINQ 查询语言，实现对数据的一致操作。

10.1.4　LINQ 技术分类

LINQ 具体分为 LINQ to Object、LINQ to SQL、LINQ to XML 和 LINQ to DataSet。

LINQ 为.NET Framework 3.5 及以上版本所支持，它包括以下四个主要组件。

1）LINQ to Objects。查询 IEnumerable 或 IEnumerable<T>类型的集合，即查询任何可枚举的集合，如数组（Array 和 ArrayList）、泛型列表（List<T>）、字典（Dictionary<T>），以及用户自定义的集合。

2）LINQ to SQL。LINQ 技术可以查询和处理各种关系数据库的数据，对其实现记录追加、数据修改、查询检索及删除记录等操作。

3）LINQ to DataSet。查询和处理 DataSet 对象中的数据，可以对这些数据进行检索、过滤和排序等操作。

4）LINQ to XML。查询和处理 XML 结构的数据，这些数据可以包括 XML 文档、XML 数据片段及 XML 格式的字符串等。

10.2　LINQ 技术的应用

LINQ 技术的应用范围很广泛，使用也极其方便，本节以 LINQ to SQL 进行 LINQ 技术实际应用的讲解，在讲解时与大家熟知的 T-SQL 语句做对比，从与 T-SQL 语句的对比中引出 LINQ 的实际应用。

10.2.1　LINQ 常用语句

在 SQL 语句中使用频率最高的是 Select 语句，主要用于对数据库的各种检索操作，在 LINQ 中 from 语句实现了与 SQL 语句中 Select 语句相同的功能，实现对数据库的各种检索操作。

1. 语法格式

LINQ 的数据检索语句由 from 开始，以 select 或者 group 子句结尾的若干子句组成，这些子句同样适用于 LINQ 的其他语句，LINQ 常用的子句如表 10-1 所示。

表 10-1 LINQ 常用子句

子 句	使用格式	功 能
from	from 变量 in 类.表名	指定数据源或者操作范围
where	where 条件	设定查询条件，一般由逻辑运算符组成
select	select	执行查询后应返回的内容
group	group 表名 by 条件	对查询结果进行分组
orderby	orderby 字段名	对查询结果进行排序
join	join 数据源 1 equals 数据源 2	连接多个查询操作的数据源
into	into 字段名	提供一个临时的标识符
let	let 表达式	引入用于存储查询表达式中的子表达式结果的范围变量

本节中的实例使用的学生数据库名称为 Student，学生基本情况表 information 的数据结构如表 10-2 所示。

表 10-2 information 表结构

字段名称	类 型	注 释
s_no	char(11)	学号
s_name	varchar(8)	姓名
s_sex	char(2)	性别
s_birth	datetime	出生年月
s_address	varchar(50)	家庭住址
s_class	char(7)	班级

【操作实例 10-1】 创建表格 SQL 语句。

```
create table information(
s_no char(11) ,
s_name varchar(8),
s_sex char(2),
s_address varchar(50),
s_class char(7)
);
```

【操作实例 10-2】 插入例句。

```
insert into information   values('208308','drb','G','黑龙江','081');
```

没有特别声明，本章所使用的数据库均以表 10-2 为基础。本实例将按不同方式操作表，并用 SQL 语句与 LINQ 语句相对比，熟悉 SQL 语法的爱好者可以快速从 SQL 技术过渡到 LINQ 技术。两种语句对比见表 10-3。

表 10-3　Select 语句使用举例

用 SQL 实现的语句	用 LINQ 实现的语句	详　解
例 1: select * from information;	from p in db.information select p;	显示所有学生记录
例 2: select s_no,s_name,s_sex from information;	from p in db.information select new { id = p.s_no, name = p.s_name, sex = p.s_sex };	显示所有学生的学号、姓名和性别
例 3: select s_name,s_no,s_class from information;	from p in db.information select new { id = p.s_no, name = p.s_name, banji=p.s_class};	显示所有学生的姓名、学号、所在班级
例 4: select * from information where s_name like '%宝%';	from p in db.information where p.s_name.Contains("宝") select p;	显示姓名中包含“宝”字的记录
例 5: select * from information where s_address = '黑龙江省齐齐哈尔市'	from p in db.information where(p.s_address=="黑龙江省齐齐哈尔市") select p;	显示家庭地址为“黑龙江省齐齐哈尔市”的学生的所有信息
例 6: select * from information where s_class='软件 081' and sex='男';	from p in db.information where(p.s_class=="软件 081" && p.s_sex=="男") select p;	显示“软件 081”班的男生信息
例 7: select * from information where s_address not in (‘黑龙江省齐齐哈尔市’);	from p in db.information where(p.s_address!="黑龙江省齐齐哈尔市") select p;	显示家庭地址不是“黑龙江省齐齐哈尔市”学生的详细信息
例 8: select *　from information where s_name like '段%';	from p in db.information where p.s_name.StartsWith("段")　select p;	显示所有姓“段”的学生的详细信息
例 9: select * from information where s_name like ‘王%’and s_sex= ‘女’;	from p in db.information where p.s_name.StartsWith("王")&& p.s_sex=="女" select p;	显示所有姓“王”的女生
例 10: select * from information orderby s_birth;	from p in db.information orderby p.s_birth select p;	按学生 s_birth（出生日期）进行排序，并显示出学生信息
例 11: select * from information orderby s_name;	from p in db.information orderby p.s_name select p;	按学生 s_name（姓名）进行排序，并显示出学生信息
例 12: select * from information orderby s_birth descending	from p in db.information orderby p.s_birth descending select p;	按学生生日降序排序

2. from 子句

LINQ 查询表达式必须包括 from 子句，且以 from 子句开头。如果该查询表达式还包括子查询，那么子查询表达式也必须以 from 子句开头。from 子句指定查询操作的数据源和范围变量。其中，数据源不但包括查询本身的数据源，而且还包括子查询的数据源。范围变量一般用来表示源序列中的每一个元素。

【操作实例 10-3】 下面的代码演示一个简单的 LINQ 查询操作，该查询操作从 values 数组中查询小于 3 的元素，其中，v 为范围变量，values 是数据源。

```
int[] values = { 1, 2, 3, 4, 5, 6, 7, 8, 9, 0 };
var value = from v in values
            where v < 5
            select v;
Response.Write("查询结果：<br>");
foreach (var v in value)
```

```
            {
                Response.Write(v.ToString() + "<br>");
            }
```

程序运行结果如图 10-2 所示。

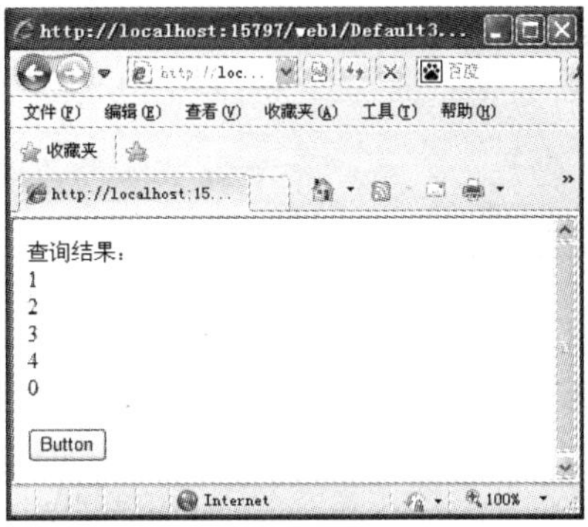

图10-2　from子句查询结果

3．where 子句

在 LINQ 查询表达式中，where 子句指定筛选元素的逻辑条件，一般由逻辑运算符组成。一个查询表达式可以不包含 where 子句，也可以包含 1 个或多个 where 子句。每一个 where 子句可以包含 1 个或多个布尔条件表达式。

对于一个 LINQ 查询表达式而言，where 子句不是必须的。如果 where 子句在查询表达式中出现，那么 where 子句不能作为查询表达式的第一个子句或最后一个子句。在上一节 form 子句中演示的代码就使用 where 子句。

【操作实例 10-4】 在查询表达式中使用 where 子句，并且 where 子句由两个布尔表达式和逻辑与&&组成。实现代码如下。

```
int[] values = { 1, 2, 3, 4, 5, 6, 7, 8, 9, 0 };
var value = from v in values
            where v < 9 && v > 5
            select v;
Response.Write("查询结果：<br>");
foreach (var v in value)
{
    Response.Write(v.ToString() + "<br>");
}
```

程序运行结果如图 10-3 所示。

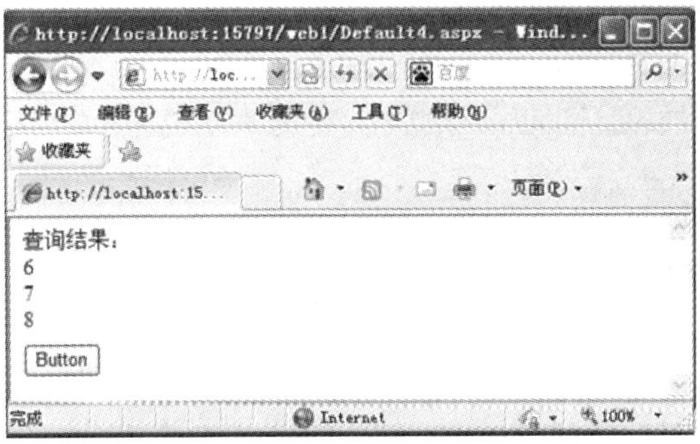

图10-3　where子句查询结果

4．select 子句

在 LINQ 查询表达式中，select 子句指定查询结果的类型和表现形式。LINQ 查询表达式必须以 select 子句或 group 子句结束。

【操作实例 10-5】 简单 select 子句的查询操作，代码如下。

```
int[] values = { 1, 2, 3, 4, 5, 6, 7, 8, 9, 0 };
var value = from v in values
            where v < 5
            select v;
Response.Write("查询结果：<br>");
foreach (var v in value)
{
    Response.Write(v.ToString() + "<br>");
}
```

程序运行结果如图 10-4 所示。

图10-4　select子句查询结果

5．group by 子句

在查询表达式中，group by 子句对查询的结果进行分组，并返回元素类型为 IGrouping<Tkey, TElement>的对象序列。

【操作实例 10-6】 下面通过一个示例来演示 group by 子句对查询的结果进行分组。本示例实现的是将数据源中的数字按奇偶分组，然后使用 foreach 嵌套输出查询结果。实现具体代码如下。

```
int[] values = { 1, 2, 3, 4, 5, 6, 7, 8, 9, 0 };
var value = from v in values
            group v by v % 2 == 0; ;
//输出查询结果
foreach (var i in value)
{
    foreach (int j in i)
    {
        Response.Write(j + "<br>");
    }
}
```

程序运行结果如图 10-5 所示。

图10-5　group by子句查询结果

6．orderby 子句

在 LINQ 查询表达式中，orderby 子句可以对查询结果排序。排序方式可以为“升序”或“降序”，且排序的主键可以是一个或多个。在这里，值得注意的是，LINQ 查询表达式对查询结果的默认排序方式为“升序”。

> **小提示：** 在 LINQ 查询表达式中，orderby 子句升序使用 ascending 关键字，降序使用 descending 关键字。

【操作实例 10-7】 下面通过一个示例来演示 orderby 子句对查询结果进行排序。本示例实现的是将数据源中的数字按降序排序，然后使用 foreach 输出查询结果。实现具体代码如下。

```
int[] values = { 5, 8, 3, 4, 1, 6, 7, 2, 9, 0 };
var value = from v in values
            where v < 3 || v > 6
            orderby v descending
            select v;
//输出查询结果
foreach (var i in value)
{
    Response.Write(i + "<br>");
}
```

程序运行结果如图 10-6 所示。

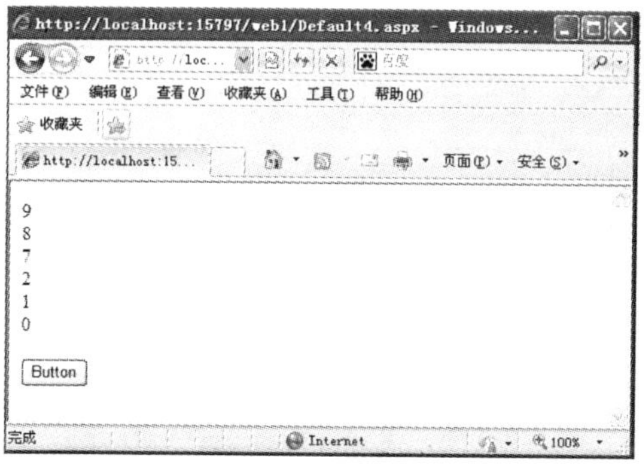

图10-6　orderby子句查询结果排序

7．into 子句

在 LINQ 查询表达式中，into 子句可以创建一个临时标识符，使用该标识符可以存储 group、join 及 select 子句的结果。

【操作实例 10-8】 into 子句操作查询，步骤如下。

1）创建数据源，int 型数据，并设置初始值“1,3,5,6,7,8,9”。

2）使用 group 子句对结果进行分组，分为奇数组和偶数组。

3）使用 into 子句创建临时标识符 g 存储查询结果。

4）使用 where 子句筛选查询结果元素大于 8 的奇数组或偶数组。

5）使用嵌套 foreach 语句输出查询结果。

具体代码如下。

```
int[] values = {1,3,5,6,7,8,9};
var value = from v in values
            group v by v % 2 == 0 into g
            where g.Max() > 8        //分组后  查找组中大于 8 的组
            select g;
//输出查询结果
foreach (var i in value)
{
    foreach (int j in i)
    {
        Response.Write(j + "<br>");
    }
}
```

程序运行结果如图 10-7 所示。

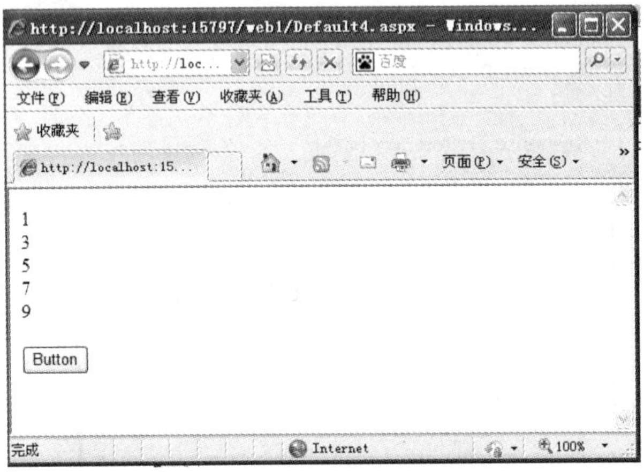

图10-7　into子句查询结果

10.2.2　LINQ to SQL 的使用

本章重点讲解使用最频繁的 LINQ to SQL。LINQ to SQL 提供了数据库到对象的映射，将数据库中的表映射为类。也就是说在 LINQ 中所有对表的操作都变成对类的操作，可以自由使用类的所有属性和方法。如表 10-4 所示。

表 10-4　数据库到 LINQ 的映射

LINQ to SQL 对象模型	关系数据模型
实体类	表
类成员	列
关联	外键关系
方法	存储过程或函数

LINQ to SQL 使用时要先建立连接数据源，Visual Studio 2010 提供了一个可视化的图形设计工具，可以自动完成类的生成操作。

1．创建对象

LINQ to SQL 操作的第一步是创建对象，建立 DataContext 类，从而实现连接数据源这一目的，其实质是将数据库映射到类。完成对象的创建后，数据库中的每张表都将变成一个类，而每行记录则成为类的一个实例。创建对象既可以用 SQLMetal 命令行创建，也可以使用代码编辑器自定义对象模式，还可以使用 Viusal Studio 2010 的对象关系设计器创建对象。其中程序员最常用的是第三种方法，即使用 Viusal Studio 2010 的对象关系设计器创建对象。

Viusal Studio 2010 的对象关系设计命令器基本操作方法是打开 Visual Studio 2010，依次选择“文件|新建|网站|空白网站”。然后依次选择“添加新项|LINQ to SQL 类|添加连接”命令，在出现的对话框中选择数据库，如图 10-8 所示。

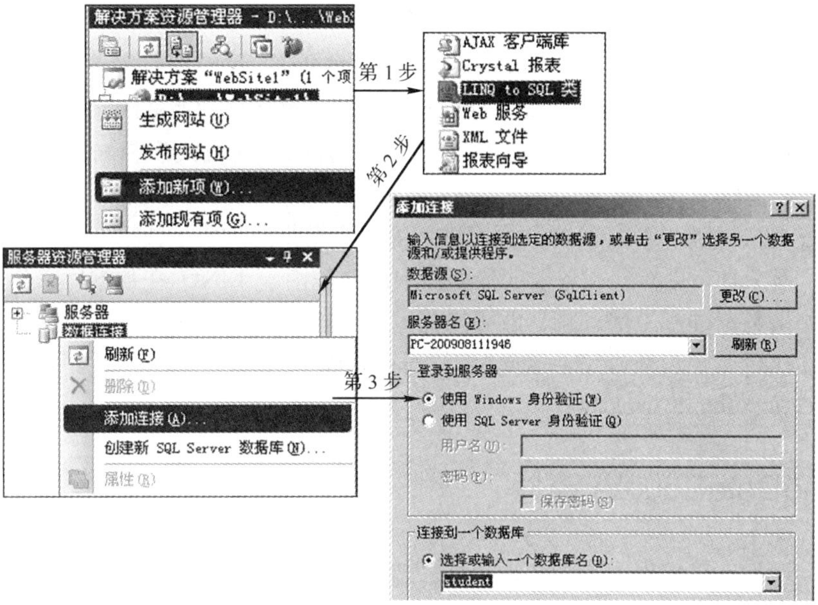

图10-8　对象关系设计器操作

2. 连接到数据库

DataContext 是 LINQ to SQL 中的入口，是连接到数据库、从中检索对象以及将更改提交回数据库的主要渠道。可以把 DataContext 对象看做是 ADO.NET 的 SqlConnection 对象。DataContext 对象是 LINQ to SQL 的核心对象，具有如下的功能。

1）管理数据库连接的打开和关闭。

2）LINQ 查询到 SQL 之间的转换。

3）实体对象识别。

4）更改追踪。

为了使用 DataContext 对象，首先需要调用其构造函数来创建一个 DataContext 对象实例，该对象的重载构造函数中可以传递一个 SqlConnection 对象，也可以传递一个连接字符串，例如下面的代码使用了 DataContext 对象到 Northwind 数据库的连接。

```
DataContext dc=new DataContext(connstr);
```

3. 操作数据

1）LINQ 数据添加。LINQ 向数据库表中新增记录要先建立一个对象，并将欲增加的数据以属性值的方式设置，然后再添加。实际操作步骤及对应语句如表 10-5 所示。

表 10-5　数据添加

1	建立对象	Information t=new Information()
2	将欲添加的数据设置为对象的属性值	t. s_no=学号, s_name=姓名, s_sex=性别 …略…
3	建立 DataContext 对象，连接到数据库	StudentDataContext db=new StudentDataContext();
4	调用 InsertOnSubmit 方法，添加数据	db. Information.InsertOnSubmit(t)
5	调用 SubmitChanges 方法写入数据库	db.SubmitChange()

2）LINQ 数据删除。LINQ 在实际编程应用中要大量使用到数据的删除操作，数据的删除操作使用 DeleteOnSubmit 方法完成。例如，db.Information.DeleteOnSubmit（DeleTab1）,但在操作前要指明删除条件。

3）LINQ 数据更新。LINQ 对数据库进行的所有操作，实质是数据一直保存在用户自己的计算机中，而未真正更新到服务器的数据库中。这是由于 LINQ 在数据库操作上具有延迟执行模式，如果数据进行了增、删、改等操作，完成操作后一定要及时更新，否则数据将不能真正保存。LINQ 数据更新语句非常简单，只需在完成数据的异动操作后调用 SubmitChanges 方法即可，如 db.SubmitChanges()。

10.3　LinqDataSource 控件

LinqDataSource 控件提供了将数据控件连接到多种数据源的方法，数据源包括数据库数据、数据源类和内存中的集合。使用 LinqDataSource 控件，可以实现数据库的检索、分组、排序、更新、删除及插入等操作。LinqDataSource 数据源控件使用方法与 SqlDataSource 数据源控件类似，所不同的是 SqlDataSource 默认生成的是 SQL 语句，而 LinqDataSource 默认不暴露任何语句，后台处理会使用标准的 LINQ 语句。

上节介绍了 LINQ 的功能，其强大的功能、简洁的语法令人爱不释手，更令人惊异的是 LINQ 还提供了 LinqDataSource 控件，该控件类似傻瓜似的操作，即使对上节介绍的语法并不掌握，也可以轻松地使用 LINQ 的强大功能。

10.3.1　LinqDataSource 控件的属性

LinqDataSource 控件提供了大量的属性，具体如表 10-6 所示。

表 10-6　LINQ 常用属性及说明

属　性	说　明
Autopage	是否支持分页
Autosort	是否支持排序
ContextTypeName	包含表属性的数据上下文类型
Select	定义在执行 Select 查询期间所用投影的表达式
EnableDelete	是否支持删除
EnableInsert	是否支持插入
TableName	设置数据上下文对象中的表名称

（续）

属　性	属 性 描 述
EnableUpdate	是否支持更新
GroupBy	用于对检索到的数据进行分组的属性
Where	检索数据的条件
OrderBy	指定用于对检索到的数据进行排序的字段

10.3.2 LinqDataSource 控件的使用

LinqDataSource 控件使用必须按上节所述创建对象，建立 DataContext 类，然后按以下步骤操作。

1）从工具箱中拖放 LinqDataSource 控件到设计窗口，单击右侧的“<”按钮，将出现 LinqData Source 任务菜单，如图 10-9 所示。

图10-9　LinqDataSource任务菜单

2）单击“配置数据源”，进行数据源配置，如图 10-10 所示。

3）配置数据选择，如图 10-11 所示。

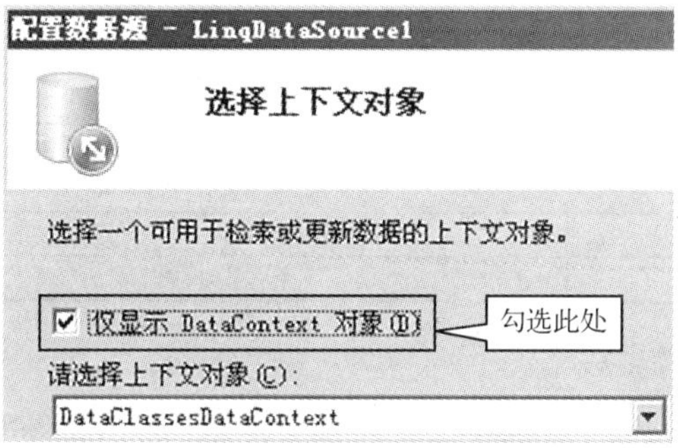

图10-10　LinqDataSource 选择上下文对象

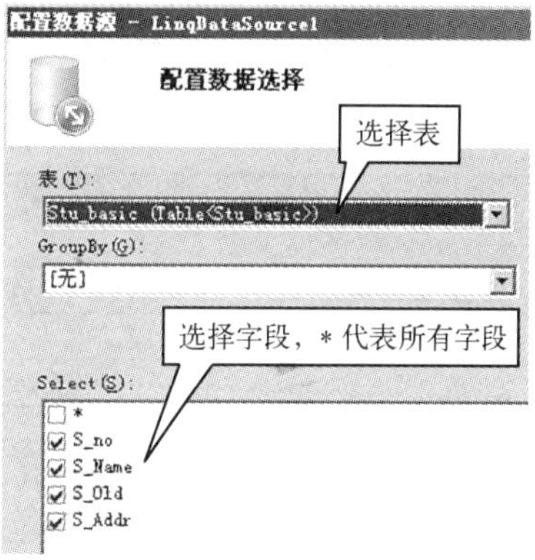

图10-11　配置数据选择

4）完成数据源配置后，即可在 GridView、ListView 等控件中进行绑定，以完成对数据库的各项操作。

10.4 综合实例：LINQ 应用实例

本节将通过一个大家身边的实例来讲解 LINQ 的实际应用，该实例完全采用了 LINQ 技术编写。

10.4.1 实例概述

LINQ 的应用十分广泛，本节将使用 LINQ 技术编写一个简单的学生管理系统，通过这个实例，将能感受到 LINQ 编程的便利。

10.4.2 实例界面

图 10-12 是信息工程学校学生管理系统的主界面，该界面由三部分组成，上面是数据显示部分，同时具备数据记录选定和排序功能；中间部分是数据检索部分，提供用户输入查询条件的入口；底部则是详细信息显示部分，这一部分还具备编辑、删除及新建三项功能。

10.4.3 界面设计

1. 新建网站

启动 Visual Studio 2010，在菜单中依次选择“文件|新建|网站”命令，完成网站及目录的新建工作。

2. 布局界面

在工具箱中选定两个 LinqDataSource 控件，两个 TextBox 控件，同时将 Label、Table、GridView、DetailsView 及 Button 控件各一个拖入到设计窗口。并按图 10-12 所示进行布局设计。将 Label 控件的 Text 属性设置为“信息工程学校学生管理系统”。两个 TextBox 控件的 ID 分别设置为 s_no，s_name。

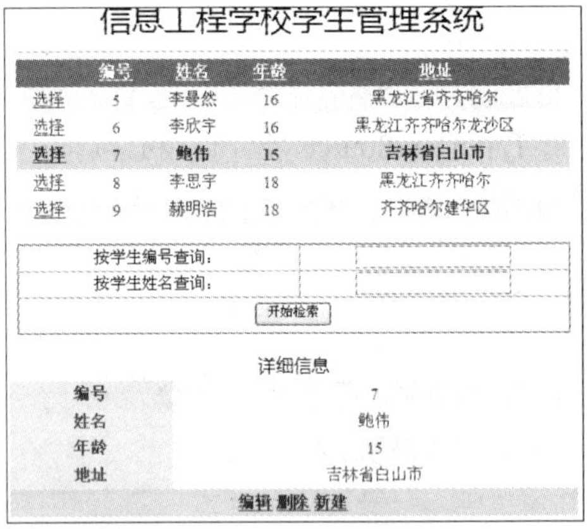

图10-12　学生管理系统界面

3. 编程步骤

1）在 SQL Server 中新建数据库 test，同时创建表 Student，结构如表 10-7 所示。

表 10-7　Student 表结构

列　名	类　型	说　明
S_no	int	学号，该字段设为主键
S_name	varchar(8)	姓名
S_old	int	年龄
S_addr	varchar(50)	家庭住址

2）配置 DataClasses，按照上节讲解的步骤生成类。

3）配置 LinqDataSource。单击 LinqDataSource1 右侧的“>”按钮，出现“LinqDataSource 任务”菜单，单击“配置数据源”，出现配置数据源对话框，在“请选择上下文对象”下拉表列中选择刚刚建立的 DataClassesDataContext 对象。如图 10-13 所示。

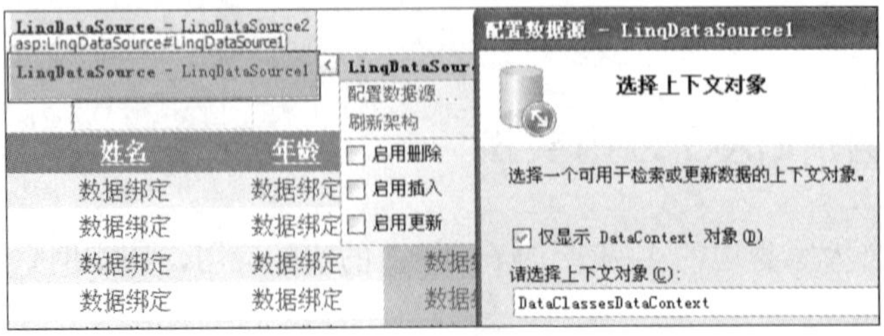

图10-13　配置数据源

在配置数据源对话框中单击“下一步”，出现配置数据选择对话框，在该对话框中要进行三步操作，一是选择“表”，二是选择字段，其中“*”代表所有字段，三是要设置条件选项，即“Where”按钮。如图 10-14 所示。

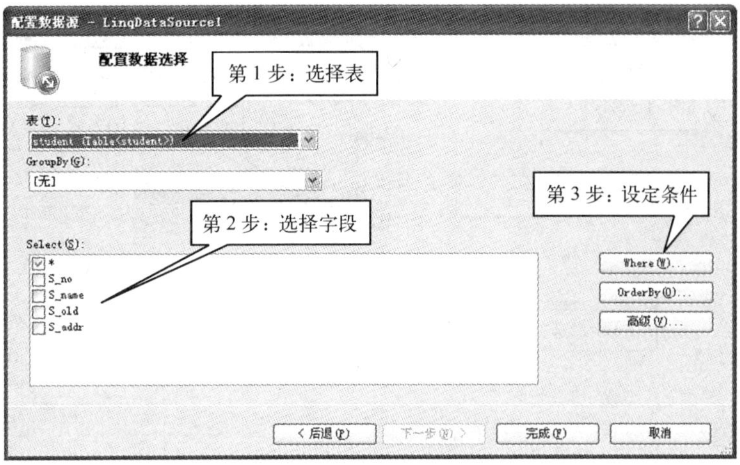

图10-14　配置数据源

上图中第 3 步，单击“Where”按钮后，将出现如图 10-15 所示表达式编辑器，在该图中进行条件设置。

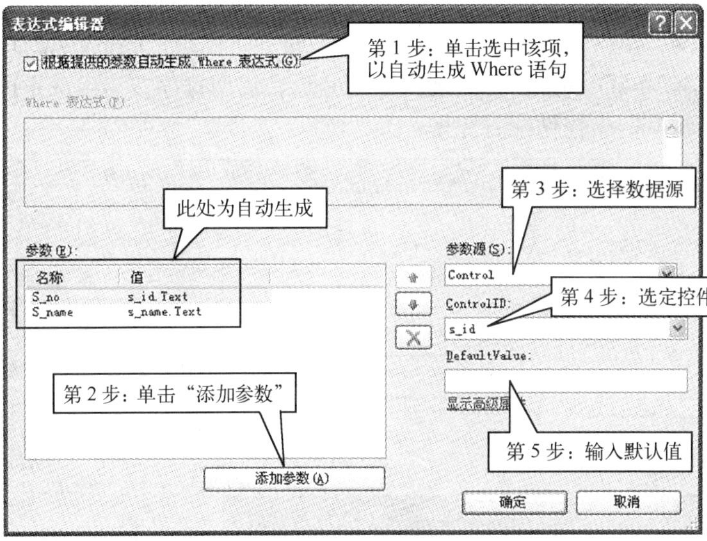

图10-15　表达式编辑器配置

在图中单击“确定”后，第一个 LinqDataSource 配置完成。接着再配置第二个 LinqDataSource。同样，单击 LinqDataSource2 右侧的“>”按钮，出现“LinqDataSource 任务”菜单，在出现的 LinqDataSource 任务对话框中，选中启用删除、启用插入和启用更新三个选项，如图 10-16 所示。

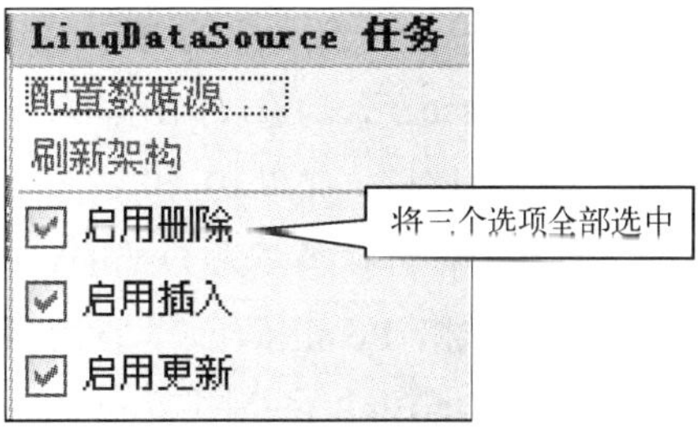

图10-16　启用删除、启用插入、启用更新

单击“配置数据源”，出现配置数据源对话框，在“请选择上下文对象”下拉表列中选择 DataClassesDataContext 对象。如图 10-13 所示。配置数据选择的方法与 LinqDataSource1 的相同。接着配置查询条件，单击“Where”按钮后出现图 10-17，单击“确定”后，完成配置。

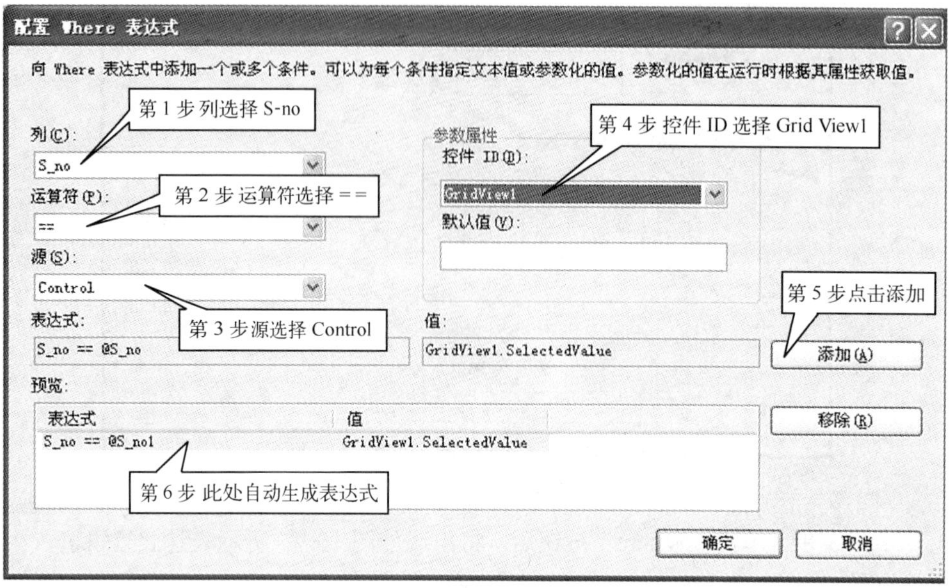

图10-17　配置Where表达式

4）配置 GridView。单击 GridView1 右侧的“>”按钮，出现“GridView 任务”菜单，在“选择数据源”中选择 LinqDataSource1，选择启用分页、启用排序及启用选定内容三个选项。如图 10-18。此时 GridView1 控件配置完毕。

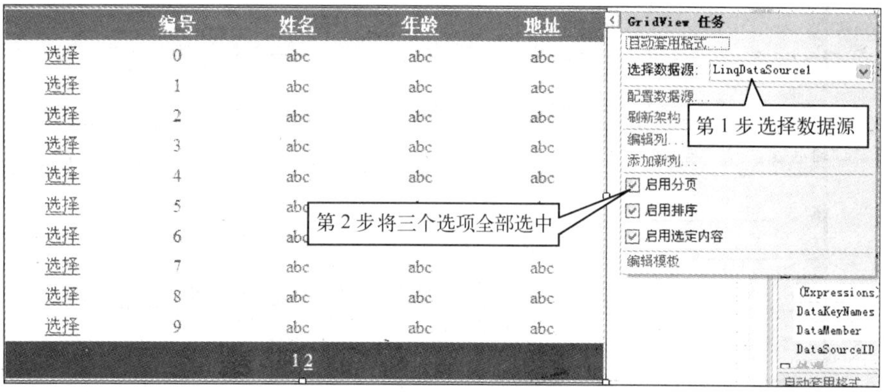

图10-18　GridView任务

5）配置 DetailsView。单击 DetailsView1 右侧的“>”按钮，出现“DetailsView 任务”菜单，在“选择数据源”上选择“LinqDataSource2”，勾选“启用插入”、“启用编辑”及“启用删除”三个复选框。如图 10-19。

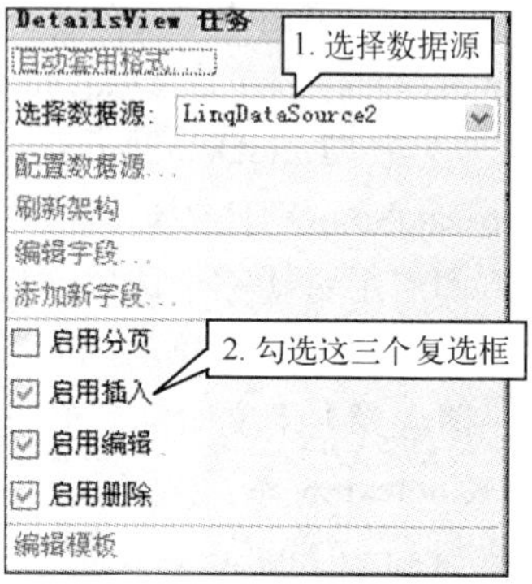

图10-19　DetailsView任务

6）编写后台代码。为 DetailsView1 添加 ItemDeleted、ItemUpdated 和 ItemInserted 事件，事件内只填写一行代码 GridView1.DataBind()，用来在对 DetailsView 进行添加、删除和修改操作后即时刷新 GridView1 控件的数据显示。具体代码如下。

```
protected void DetailsView1_ItemInserted(object sender, DetailsViewInsertedEventArgs e)
    {
        GridView1.DataBind();
    }
    protected void DetailsView1_ItemDeleted(object sender, DetailsViewDeletedEventArgs e)
    {
        GridView1.DataBind();
    }
    protected void DetailsView1_ItemUpdated(object sender, DetailsViewUpdatedEventArgs e)
    {
        GridView1.DataBind();
    }
```

为 Button1 添加 Click 事件，事件内填写一行代码 GridView1.DataBind()，用来在对数据进行条件查询时，即时刷新 GridView1 控件内的数据。具体代码如下。

```
protected void Button1_Click(object sender, EventArgs e)
{
    GridView1.DataBind();
}
```

至此，全部工作已经完毕。

本章小结

LINQ 是英文 Language-Integrated Query 的缩写，即语言集成查询，是随.NET Framework 3.5 发布的一项新技术。它的查询操作可以通过编程语言自身来实现，而不是像以往的查询那样通过 SQL 语句进行。LINQ 的目标是以一致的方式，直接利用程序语言本身访问各种不同类型的数据。LINQ 的语句由 from 开始，以 select 或者 group 子句结尾的若干子句组成。LINQ 具体分为 LINQ to Object、LINQ to SQL、LINQ to XML 及 LINQ to DataSet。LINQ to SQL 的使用时要先建立连接数据源，Visual Studio 2010 提供了一个可视化的图形设计工具，可以自动完成类的生成操作。LINQ 向数据库表中新增记录要先建立一个对象，并将欲增加的数据以属性值的方式设置，然后再添加。LINQ 数据的删除操作使用 DeleteOnSubmit 方法完成。LINQ 数据更新在完成数据的异动操作后调用 SubmitChanges 方法即可。LINQ 还提供了 LinqDataSource 控件，该控件类似傻瓜似的操作，可以轻松地使用 LINQ 的强大功能。

每章一考

一、填空题（20 空，每空 2 分，共 40 分）

1．LINQ 是英文 Language-Integrated Query 的缩写，即（　　　　　　）。

2．LINQ 的数据检索语句由（　　　　　　　　）开始，以（　　　　　　　　）或者（　　　　　　　　）子句结尾的若干子句组成。

3．LINQ 具体分为 LINQ to（　　　　　　　　）、LINQ to（　　　　　　　　）、LINQ to

（　　　　　　）及 LINQ to（　　　　　　）。

4．LINQ to SQL 操作的第一步是创建对象，建立（　　　　　　）类，从而实现将连接数据源这一目的，其实质是将数据库映射到（　　　　　　）。

5．LINQ 数据的删除操作使用（　　　　　　）方法完成。

6．LINQ 数据更新语句调用（　　　　　　）方法。

7．（　　　　　　）是 LINQ TO SQL 中的入口，是连接到数据库、从中检索对象以及将更改提交回数据库的主要渠道。

8．LINQ 语言中 Autopage 属性的主要功能为（　　　　　　）。

9．LINQ 语言中用于对检索到的数据进行分组的属性是（　　　　　　）。

10．执行查询功能是由（　　　　　　）语句完成。

11．LINQ 的目标是以（　　　　　　）的方式，直接利用（　　　　　　）访问各种不同类型的数据。

12．SQL 语句 SELECT * FROM information 用于显示所有学生记录，如改为 LINQ 语句应该写为（　　　　　　）。

13．关系数据模型中的表映射到数据库时与（　　　　　　）对应。

二、选择题（10 小题，每小题 2 分，共 20 分）

1．LINQ 语句的分组子句是（　　）。

A．Where　　B．Select
C．Join　　D．Group

2．LINQ 中 Join 子句的功能是（　　）。

A．执行查询后应返回的内容　　B．分组
C．排序　　D．连接数据源

3．（　　）是 LINQ TO SQL 中的入口。

A．SqlConnection　　B．DataContext
C.From　　D．以上都不对

4．LINQ 对象的 Deleting 事件的功能是（　　）。

A．执行删除操作前发生　　B．在释放上下文类型对象实例前发生
C．完成插入操作后发生　　D．完成删除操作后发生

5．LinqDataSource 控件的（　　）属性决定是否支持排序

A．Autopage　　B．Autosort
C．EnableInsert　　D．GroupBy

6．采用 LINQ 技术，Visual Studio 对数据库的操作，以下说法不正确的是（　　）。

A．不需要 SQL 语句即可完成数据库的操作。
B．LINQ 技术使 Visual Studio 拥有了自己的操作数据库功能。
C．LINQ 技术不能操作 XML 数据。
D．采用 LINQ 技术代码更短小精悍。

7．LINQ 技术与 ASP.NET 语言的关系是（　　）。

A．LINQ 是 ASP.NET 的组成部分。　　B．LINQ 不是 ASP.NET 的组成部分。
C．LINQ 与 ASP.NET 无关　　D．LINQ 技术独立于 ASP.NET 之外。

8．LINQ 查询和处理 XML 结构的数据，这些数据不能包括（　　）。

A．XML 文档　　B．XML 数据片段

C．XML 格式的字符串　　D．Html 到 XML 的转换

9．完成对象的创建后，数据库中的每张表都将变成一个（　　）。

A．类　B．对象　C．方法　D．类成员

10．LINQ 技术结构中的第二层是（　　）。

A．编程语言　　B．LINQ 构建模块

C．为不同的数据源提供的程序　　D．数据库

三、判断题（10 小题，每小题 2 分，共 20 分）

1．LINQ 的诞生使 ASP.NET 操作数据库可以抛开 SQL 语句。（　　）

2．LINQ 最大亮点是将查询操作集成到开发环境中，成为开发语言的一部分，可以利用.NET 强大的类库，实现所有的操作。（　　）

3．LINQ to SQL 创建对象后数据库中的每张表都变成一个类。（　　）

4．LINQ 不能对数据库进行更新操作。（　　）

5．OrderBy 的主要功能是用于对检索到的数据进行分组。（　　）

6．可以把 DataContext 对象看做是 ADO.NET 的 SqlConnection 对象。（　　）

7．LINQ 对数据库进行的所有操作，实质是数据一直保存在用户自己的计算机中。（　　）

8．使用 LinqDataSource 控件，可以实现数据库的检索、分组、排序、更新、删除及插入操作。（　　）

9．LINQ to SQL 操作的第一步是编写 SQL 语句。（　　）

10．LINQ 常用子句 Let 存储查询表达式中的子表达式结果的范围变量。（　　）

四、综合题（共 4 小题，每小题 5 分，共 20 分）

1．LINQ 的特点有哪些？

2．写出下列语句的功能。

1）From p in db.information select p;

2）From p in db.information select new;

3）var rs = from p in db.information where p.s_name.StartsWith("孙")
select p;

4）From p in db.information where p.s_name.StartsWith("王")&& p.s_sex
=="女" select p;

5）From p in db.information orderby p.s_birth select p;

3．请简述数据库中各元素到 LINQ 的映射。

4．LINQ to SQL 创建对象的方法有哪些？

第 11 章　ASP.NET AJAX 技术

程序员的十大品质之十一：藏才隐智，任重道远

出自明代洪应明《菜根谭》，原文为：鹰立如睡，虎行似病，正是它攫人噬人手段处。故君子要聪明不露，才华不逞，才有肩鸿任巨的力量。

程序员最怕的是骄傲自满，学完全书，自觉修成正果，便大言不惭，自鸣得意，却不知程序人生路刚开始。做学问要学老鹰，站立时就像睡着了；学老虎，走路时就像生病了一样。其实老鹰和老虎此举恰恰是他们抓食猎物的高明手段。因此有才华的人不显露他们的聪明，不夸耀自己的能力，这样才会有肩负重大任务的力量。不在人前夸夸其谈自己的水平，却向用户交出最令其满意的优秀程序。

学习激励

北京点击科技有限公司总经理王志东

王志东，北京点击科技有限公司总经理，1967 年生于广东省东莞市，1988 年，毕业于北京大学无线电电子学系。中国 IT 界著名人士，北京点击科技有限公司总裁；BDWin、中文之星、RichWin 等著名中文平台的开发人与总设计师；新浪网的创办人，曾领导新浪网成为全球最大中文门户，并于 2000 年在纳斯达克成功上市。曾获得“求是杰出青年成果转化奖”、“中国软件杰出贡献奖”、“中国软件企业十大领军人物”、“中国 IT 技术创新奖”、“TOP10 中国科技领袖”、“影响信息化的 50 人”、“十大中华经济英才”、“中华十大管理英才”、“全国十大民企英才”及“信息化新锐领军人物”等一系列奖项和荣誉。

不管你追求的目标多么远大，不管你心中的蓝图有多么宏伟，请记住，一切发展都必须脚踏实地，看看王志东吧，从一个程序员，脚踏实地、步步为营地持续发展，给我们年青一代树立了榜样。选定一门计算机语言，持之以恒，日也无所求，夜也无所求，唯有编程是你最大的追求，最终你一定会开发出一套属于自己的软件系统，从而奠定创业的坚实基础，鲜花与掌声会应约而至！

11.1 AJAX 技术概述

遨游在网络世界，有的网页每次提交都将“闪屏”，频繁的“闪屏”给人们的心情带来些许的不快，而有些网站同样也是提交数据，却没有这种现象，这类网站采用了什么技术呢？为什么响应得这么快，又没有“闪屏”呢？其实它们无一例外都使用的是 AJAX 技术。AJAX 在客户浏览器运行，所以不但响应速度快，而且没有“闪屏”现象出现。

11.1.1 AJAX 的含义

AJAX 全称为 Asynchronous JavaScript and XML，即异步 JavaScript 和 XML 技术，是指一种创建交互式网页应用的开发技术。AJAX 不是一个技术，它实际上是几种技术的组合，每种技术都有其独特之处，多种技术组合在一起，就形成了一个功能强大的全新的 AJAX 技术。

AJAX 技术由 Jesse James Garrett 于 2005 年 2 月提出，AJAX 提供与服务器异步通信的能力。一个最简单的应用是无需刷新整个页面而在网页中更新一部分数据。每个网站都由大量页面组成，很多页面需要用户输入数据，单击“提交”按钮，客户端发出信息，服务器进行处理，服务器完成处理后根据用户的要求将处理结果回送到客户端。但每个页面中需要刷新的部分毕竟只是其中一小部分，大部分则为静态部分，不需要刷新，频繁的刷新不但影响页面速度，而且占用了网络的带宽，影响了整个服务器的速度，对于一些聊天类的网站，频繁的刷新将产生大量的闪烁，影响用户的视觉体验。

网站页面编写采用 AJAX 技术后，当用户提交表单时，服务器端返回处理结果将不再刷新整个网页，仅仅在页面上增加了处理后的文本，即网页的局部刷新，而页面上所有没有更改的信息将不会被刷新。无论是对于服务器而言，还是对于网络的传输，都减轻了很大的压力，也避免了频繁刷新导致的页面闪烁现象。

传统的 Web 应用允许用户端填写表单（form），当提交表单时就向 Web 服务器发送一个请求。服务器接收并处理传来的表单，然后送回一个新的网页，但这个做法浪费了许多带宽，因为在前后两个页面中的大部分 HTML 代码往往是相同的。由于每次应用的沟通都需要向服务器发送请求，所以应用的回应时间就依赖于服务器的回应时间。这导致了用户界面的回应比本机应用慢得多。

与此不同，AJAX 应用可以仅向服务器发送并取回必需的数据，它使用简单对象访问协议或其他一些基于 XML 的页面服务接口，并在客户端采用 JavaScript 处理来自服务器的回应。因为在服务器和浏览器之间交换的数据大量减少（大约只有原来的 5%），结果就能看到比回应（服务器回应）更快的应用（结果）。同时很多的处理工作可以在发出请求的客户端机器上完成，所以 Web 服务器的处理时间也减少了。

AJAX 是一种客户端技术，是几种技术的综合，编程人员不必重新学习一种新的语言，就能使用 AJAX，AJAX 包括以下几方面的内容。

1）XHTML 和 CSS。

2）使用文档对象模型（Document Object Model）作动态显示和交互。

3）使用 XML 和 XSLT 做数据交互和操作。

4）使用 XMLHttpRequest 进行异步数据接收。

5）使用 JavaScript 将它们绑定在一起。

11.1.2 AJAX 的优点

1．性能优良

AJAX 拥有更佳的性能，速度更快，不必等待服务器响应，避免重新加载整个网页造成页面闪动。

2．功能强大

提供更多客户端组件，可扩展功能，这些客户端组件，安装后与 Visual Studio 2010 自带控件使用方法相同，丰富的 AJAX 扩展控件可以给编程带来极大的方便，可以实现 Visual Studio 2010 自身不能实现的功能。

3．局部回调

AJAX 可实现页面的局部回调，网页不必整个页面进行更新，只需要局部更新即可。类似一件衣服，破了一个洞，不使用 AJAX 技术，只能重新做一件同样的衣服，但使用了 AJAX 技术，哪里破了补哪里，其他地方一律原封不动。

4．兼容性好

ASP.NET AJAX 可在各种浏览器上运行，具有跨浏览器的特性。AJAX 不限制浏览器，在绝大多数的浏览器上表现良好。

11.2 AJAX 控件

通过上节的介绍，编程者一定会感受到 AJAX 无限的魅力。事实上国外众多网站已纷纷采用 ASP.NET AJAX 技术进行开发，因为它可大幅提升网站性能、增加网站丰富性、减少开发时间与提高生产力。学习 AJAX 已经成为 ASP.NET 程序员的必修课。但很多人却望 AJAX 而生畏，唯恐其又是一大堆苦涩英文。其实，ASP.NET 专门为 AJAX 提供了专用控件，和普通控件一样，可以方便地使用，便捷地实现 AJAX 的强大功能。

ASP.NET 的 AJAX 共有 ScriptManager、UpdatePanel、Timer 和 UpdateProgress 四个控件，这四个控件实现了 ASP.NET 的 AJAX 功能。

11.2.1 AJAX 控件概述

ScriptManager 直译为脚本管理者，是 ASP.NET AJAX 的核心，负责管理网站页面中的 AJAX 组件、客户端的 Request 及服务器端的 Response。相当于所有 AJAX 控件的领导者，没有这一控件，AJAX 的一切在 ASP.NET 中都无法实现。每个页面必须添加 ScriptManager 作为管理。ScriptManager 控件属性及说明如表 11-1 所示。

表 11-1 ScriptManager 控件属性及说明

属　性	说　明
AllowCustomErrorsRedirect	在异步 Postback 情况下，若有错误发生，指示系统是否引发自定义错误的网页导向
AsyncPostBackErrorMessage	当服务器有异常错误发生，此错误信息会被传送到 Client 端
AsyncPostBackTimeout	异步 Postback 的 Timeout 逾时的时间长度（秒），预设是 90 秒，若设置值为 0，则表示没有 Timeout 的限制

（续）

属　性	说　明
AuthenticationService	获取目前 ScriptManager instance 的 AuthenticationService- Manager 对象
EnablePageMethods	设置 ASP.NET 的静态方法是否能够被 Client 端 Script 调用
EnablePartialRendering	是否启用局部更新
EnableScriptGlobalization	是否启用全球化 Script 设置
EnableScriptLocalization	是否启用区域化 Script 设置
LoadScriptsBeforeUI	设置 Script 参照是否在 UI 控件之前加载到 Browser 浏览器中
ProfileService	获取目前 ScriptManager instance 的 ProfileServiceManager 对象
ScriptMode	决定在生成 Client Script 时，要产生 Debug 或 Release 版本的 Client Script Libraries
ScriptPath	指定定制的 Script 所在路径
Scripts	指定 ScriptManager 要注册的 Script 参照集合
Services	指定 ScriptManager 要注册的 Service 参照集合

11.2.2　UpdatePanel 控件

UpdatePanel 即 AJAX 面板，页面中所使用的 AJAX 控件必须放在 UpdatePanel 控件中，才能发挥其作用。UpdatePanel 相当于 AJAX 控件的舞台，没有了 UpdatePanel，AJAX 便无法翩翩起舞、发挥作用。换而言之，ASP.NET 的控件只有放在 UpdatePanel 中才能成为 AJAX 控件，否则便是凡夫俗子一个，实现不了任何 AJAX 功能。其常用属性及说明如表 11-2 所示。

表 11-2　UpdatePanel 控件属性及说明

属　性	说　明
UpdateMode	UpdateMode 共有两种模式：Always 与 Conditional。Always 是每次 Postback 后，UpdatePanel 会连带更新；相反，Conditional 只针对特定情况才会更新
ChildrenAsTriggers	当其属性 UpdateMode 设置为 Condition 时， UpdatePanel 中的子控件是否引发 UpdatePanel 的更新
Triggers	Triggers 设置 UpdatePanel 的触发事件
RenderMode	UpdatePanel 最终表现形式，Block 代表 <DIV>, Inline 代表 <Span>

UpdatePanel 控件是一个服务器控件，可开发具有复杂的客户端行为的网页，使网页与最终用户之间具有更强的交互性。 若要编写用于在服务器和客户端之间进行协调的代码用以更新网页的指定部分，通常需要深入了解 ECMAScript（JavaScript）。不过，通过使用 UpdatePanel 控件，可以使网页参与到部分页面更新中，而无需编写任何客户端脚本。 如果需要，可以添加自定义客户端脚本以增强客户端用户体验。 当使用 UpdatePanel 控件时，页面行为是独立于浏览器的，并且有可能会减少在客户端和服务器之间传输的数据量。

可以通过声明方式向 UpdatePanel 控件添加内容，也可以在设计器中通过使用 Content Template 属性来添加内容。 在标记中，将此属性作为 ContentTemplate 元素公开。 若要以编程方式添加内容，请使用 ContentTemplateContainer 属性。

当首次呈现包含一个或多个 UpdatePanel 控件的页面时，将呈现 UpdatePanel 控件的所有内容并将这些内容发送到浏览器。在后续异步回发中，可能会更新各个 UpdatePanel 控件的内容。 更新将与面板设置、导致回发的元素以及特定于每个面板的代码有关。

11.2.3　Timer 控件

熟悉 VB 语言的编程者都知道 VB 语言中的 Timer 控件，这是一个定时器控件，在 ASP.NET

的 AJAX 中也有一个与此功能相同的定时器控件 Timer，该控件负责定时引发回送并局部刷新 UpdatePanel 中的内容。Timer 控件常用属性及说明如表 11-3 所示。

表 11-3　Timer 属性与事件及说明

属性/事件	说　明
Interval 属性	时间间隔设置，单位为 ms，其中设置为 1000 时表示 1s 的时间间隔
Tick 事件	直接在 Timer 控件上双击，可添加 Tick 事件程序
Enabled	Timer 是否使能，即 Timer 是否启动，设为 true 时 Timer 开始工作，设为 false 时 Timer 停止工作。

Timer 控件是一个服务器控件，它会将一个 JavaScript 组件嵌入到网页中。当经过 Interval 属性中定义的时间间隔时，该 JavaScript 组件将从浏览器启动回发。可以在运行于服务器上的代码中设置 Timer 控件的属性，这些属性将传递到该 JavaScript 组件。

使用 Timer 控件时，必须在网页中包括 ScriptManager 类的实例。若回发是由 Timer 控件启动的，则 Timer 控件将在服务器上引发 Tick 事件。当页发送到服务器时，可以创建 Tick 事件的事件处理程序来执行一些操作。

设置 Interval 属性可指定回发的频率，而设置 Enabled 属性可打开或关闭 Timer。Interval 属性是以 ms 为单位定义的，其默认值为 60 000ms（即 60s）。

11.2.4　UpdateProgress 控件

UpdateProgress 控件将呈现一个 <div> 元素，该元素将根据关联的 UpdatePanel 控件是否已导致异步回发来显示或隐藏。对于初始页呈现和同步回发，将不会显示 UpdateProgress 控件。

将 UpdateProgress 控件与 UpdatePanel 控件关联，通过设置 UpdateProgress 控件的 Associated UpdatePanelID 属性，可将 UpdateProgress 控件与 UpdatePanel 控件关联。当回发事件源自 UpdatePanel 控件时，将显示任何关联的 UpdateProgress 控件。如果不将 UpdateProgress 控件与特定的 UpdatePanel 控件关联，则 UpdateProgress 控件将显示任何异步回发的进度。

如果将一个 UpdatePanel 控件的 ChildrenAsTriggers 属性设置为 false，并且异步回发源自该 UpdatePanel 控件内部，则将显示任何关联的 UpdateProgress 控件。

创建 UpdateProgress 控件的内容，可使用 ProgressTemplate 属性以声明方式指定由 Update Progress 控件显示的消息。<ProgressTemplate> 元素可包含 HTML 和标记。UpdateProgress 控件常用属性如表 11-4 所示。

表 11-4　UpdateProgress 的属性及说明

属　性	说　明
AssociatedUpdatePanelID	获取或设置 UpdateProgress 控件显示其状态的 UpdatePanel 控件的 ID
DisplayAfter	获取或设置显示 UpdateProgres 控制之前所经过的时间值
DynamicLayout	获取或设置一个值，该值可能确定是否动态呈现进度模板
ProgressTemplate	获取或设置定义 UpdateProgress 控制内容的模板
Visible	获取或设置一个值，该值只是控制件是否作为 UI 呈现在页上

11.2.5　ScriptManagerProxy 控件

使用 ScriptManagerProxy 控件，内容页和用户控件等嵌套组件可以在父元素中已定义了

ScriptManager 控件的情况下将脚本和服务引用添加到网页。

一个网页只能包含一个 ScriptManager 控件，该控件可直接位于网页本身，也可以间接放置在嵌套的组件或父组件内。利用 ScriptManagerProxy 控件，可以将脚本和服务添加到其母版页或主机页已包含 ScriptManager 控件的内容页和用户控件。

当使用 ScriptManagerProxy 控件时，可以添加 ScriptManager 控件定义的脚本和服务集合。如果不希望在包括特定 ScriptManager 控件的每个网页上包括特定的脚本和服务，请将它们从 ScriptManager 控件中删除，而改用 ScriptManagerProxy 控件可将它们添加到单独的网页。

ScriptManagerProxy 控件需要对 web.config 文件进行特定设置才能正常工作。如果试图使用此控件，但网站不包含所需的 web.config 文件，则在网页的“设计”视图中本应显示该控件之处会出现错误。如果单击处于该状态的控件，则 Microsoft Expression Web 会选择新建一个 web.config 文件还是更新现有的 web.config 文件。ScriptManagerProxy 控件常用属性如表 11-5 所示。

表 11-5　ScriptManagerProxy 的属性

属　性	说　明
AsyncPostBackSourceElementID	获取导致此异步回发的控件的唯一 ID
AsyncPostBackTimeout	获取或设置一个值，该值指示在未收到响应时异步回发超时前的时间（以秒为单位）
AuthenticationService	获取与当前 ScriptManager 实例关联的 AuthenticationServiceManager 对象
ClientID	获取由 ASP.NET 生成的 HTML 标记的控件 ID
ClientIDMode	获取或设置用于生成 ClientID 属性值的算法
CompositeScript	获取对支持网页的复合脚本的引用

11.2.6　AJAX 简单应用示例

为了使初学者进一步走进 AJAX，从根本上了解 AJAX 的使用，现以网页电子钟为例进行说明。网页电子钟即在网页上动态显示当前时间的数字时钟。以往用 ASP.NET 编程需不断地刷新才能实现动态显示时间的目的。不断在服务器端刷新，一是时间慢，二是占用带宽，三是屏幕闪动。使用了 AJAX 之后，立即解决了上述三个问题。

【操作实例 11-1】

1）打开 Visual Studio 2010 新建空白网站。依次单击“文件|新建|网站|空网站”，将出现新建站点对话框。如图 11-1 所示。

2）增加网页。在解决方案资源管理器单击鼠标右键，弹出“添加新项”菜单，选择“web 窗体”。如图 11-2 所示。

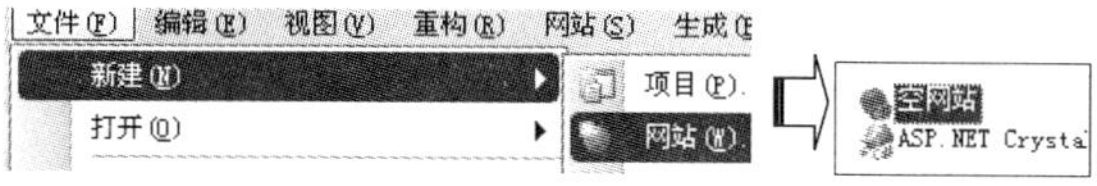

图11-1　实例第1步操作流程

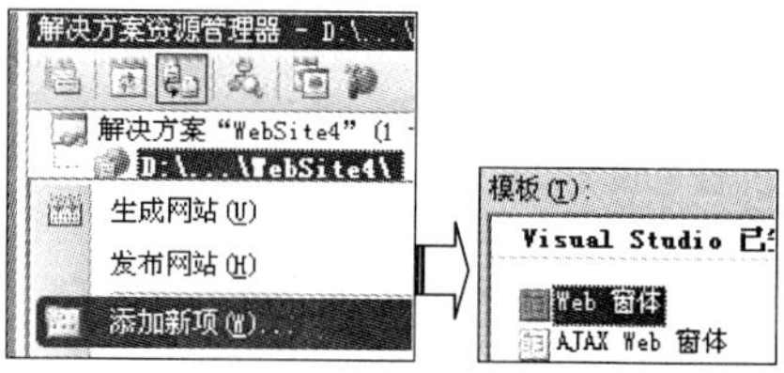

图11-2　实例第2步操作流程

3）切换到“设计视图”，在工具箱的 AJAX Extensions 选项卡中拖拽一个 ScriptManager 控件到网页中。这里附加说明一点，凡是使用 ASP.NET AJAX 技术的网页必须在页面上放置一个 ScriptManager 控件。如图 11-3 所示。

图11-3　实例第3步操作流程

4）添加一个控件 Updatepane1，这相当于在网页里声明一个可刷新部分，重新加载方式展示的区域。

5）在页面的控件 Updatepane1 中放置一个标签控件 label1。

6）从工具箱 AJAX Extensions 选项卡拖入 Timer 控件。将 Timer 控件的 interval 属性设置为 1000，即间隔时间为 1s，Enabled 设置为 True。如 11-4 所示。

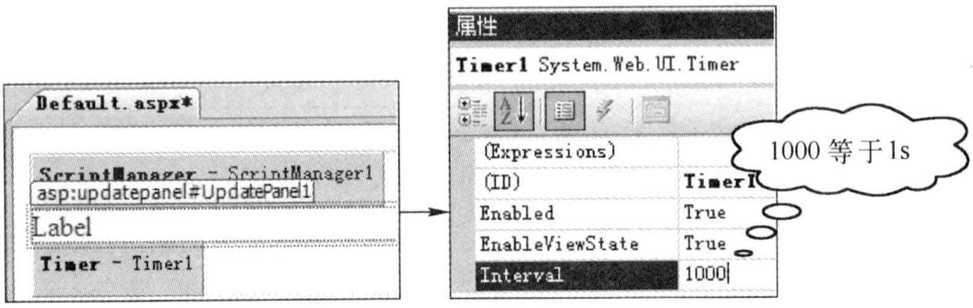

图11-4　实例第4步操作流程

7）双击 Timer 控件加入如下代码。Label1.Text = DateTime.Now.ToString(); 按下〈Ctrl+F5〉组合键，程序运行后显示图 11-5 所示界面。

图11-5　实例运行结果

11.3　ASP.NET AJAX 控件工具包的使用

ASP.NET 除了上节所讲述的四个控件之外，还可以使用大量的扩展控件。目前最常用的是 AjaxControlToolkit-Framework3.5。扩展控件的使用极大地扩充了 ASP.NET AJAX 的功能。这些扩展控件以工具包方式提供。ASP.NET AJAX 的工具包可以从 51Aspx 网站上下载，下载地址为 http://www.51aspx.com/cv/AJAXcontroltoolkit/。

11.3.1 控件工具包的获取及安装

1. 控件工具包的获取

控件工具包可以在互联网上下载，下载时既可以到微软官方网站下载，也可以在百度中搜索“AjaxControlToolkit-Framework3.5”。按照提示下载即可。

2. 控件工具包的安装

AJAX 工具包的安装十分简单，现以实例说明。

【操作实例 11-2】 安装控件工具包。

1）添加选项卡。启动 VS.NET2010，鼠标右键单击工具箱，从弹出菜单中选择“添加选项卡”，并将新加的选项卡重新命名。如图 11-6 所示。

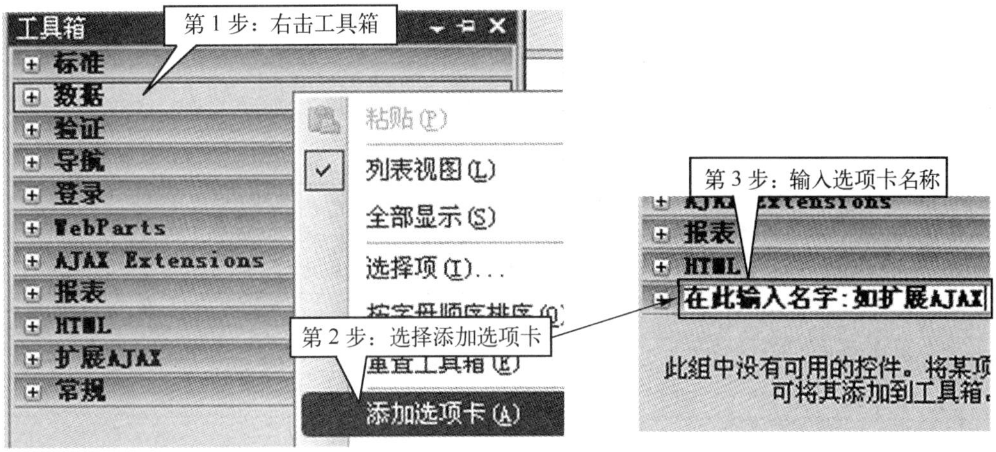

图11-6　实例运行结果

2）添加 AJAX 工具包提供的扩展控件。在新添加的选项卡空白处，鼠标右键单击，选择“选择项”。在弹出的“选择工具箱项”对话框中，单击“浏览”按钮。在浏览文件对话框中，找到 AjaxControlToolkit.zip 文件解压缩之后的文件夹路径，默认的文件夹为..\AJAXControlToolkit-Framework3.5\SampleWebSite\Bin，在这个文件夹下有一个文件 AJAXControlToolkit.dll，将其复制到 C:\Program Files\Microsoft ASP.NET\AJAXControlToolkit-Framework3.5 目录下，如果没有这个目录则需要自行创建。如图 11-7 所示。

在这个路径的 AJAXControlToolkit\AJAXControlToolkit\bin\Debug 文件夹中，选择 AJAXControlToolkit.dll 程序集文件，单击“确定”按钮。回到选择工具箱项对话框，如图 11-7 所示。在单击“确定”按钮，可以看到在新建的选项卡中，添加了很多新控件，如图 11-8 所示。这些控件全部都是 AJAX 工具包提供的扩展控件，可以直接将这些控件放置到页面中，设置相关属性后直接使用。

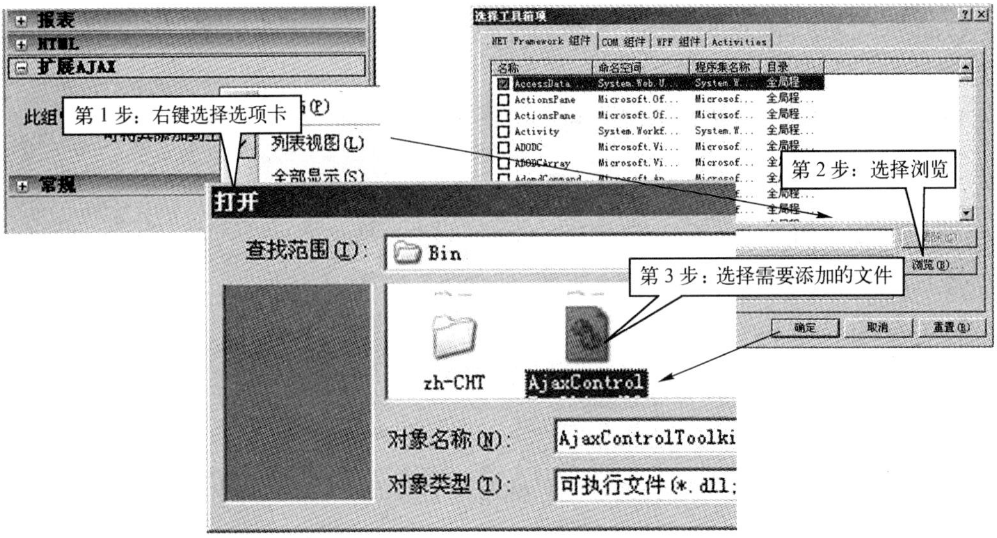

图11-7　添加AJAX工具包提供的扩展控件

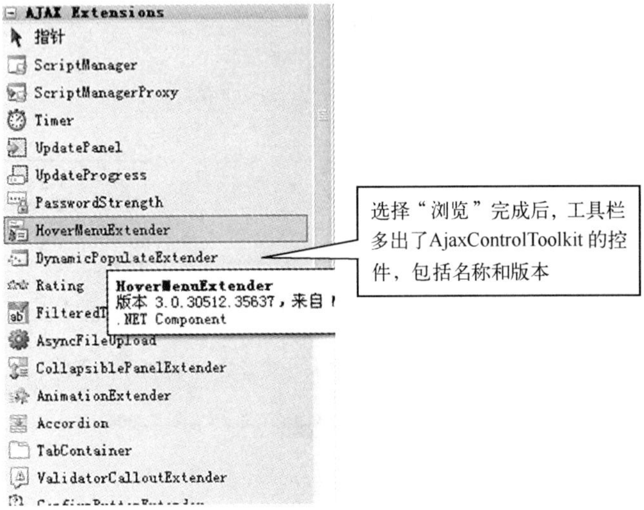

图11-8　添加完控件后显示结果

到此，完成了 AJAX Control Toolkit 的安装，接着就可以使用 AJAX Control Toolkit 提供的强大功能了。

11.3.2　控件工具包的典型应用

1. AutoComplete

AutoComplete 即自动完成 AJAX 控件，其主要功能是帮助用户在输入简单的字符以后，智能感知。这个功能在很多网站都有所应用，如 Google、51Aspx 等，如图 11-9 所示。

图11-9　添加完控件后显示结果

该控件主要是结合 WebService 实现 TextBox 的智能数据读取，当输入“齐齐”的时候，与“齐齐”

相关的内容就会被读取出来。该控件的属性及说明如表 11-6 所示。

表 11-6　AutoComplete 的属性及说明

属　　性	描　　述
ServicePath	指定自动完成功能 Web Service 的路径， 例如，ServicePath="AutoCompleteService.asmx"
ServiceMethod	指定自动完成功能 Web Method 的名称 例如，ServiceMethod="GetWordList"
DropDownPanelID	指定显示列表的 Panel 的 ID，一般情况会提供一个默认的，无需指定
minimumprefixlength	开始提供自动完成列表的文本框内最少的输入字符数量 例如，minimumprefixlength="1"

使用方法如下。

1）从左侧的工具箱中把 AutoCompleteExtender 拖拽到要实现自动完成的文本框上。这时，自动完成控件会自动与文本框关联起来。

2）向网站项目中添加一个 Web 服务。

3）编写带有 WebMethod 特性的获取字符串数组的方法，其返回值必须为 string[]，而参数必须为 string prefixText,int count。

4）为 Web 服务类添加[System.Web.Script.Services.ScriptService]特性。

5）回到页面，为 AutoCompleteExtender 控件设置属性，设置 ServicePath 为 Web 服务的路径，设置 ServiceMethod 为刚刚编写的返回字符串数组的方法名。

2．CalendarExtender

CalendarExtender 即日历控件，日历控件就是用来输入日期的。这种应用很普遍，绝大多数的带有明细查询功能的网站都会有类似的日历控件，如图 11-10 所示。

当该控件获得焦点或者旁边有日历小图标被单击时就会出现日历，单击某一天之后，日期会自动被设置在文本框上。该控件属性及说明如表 11-7 所示。

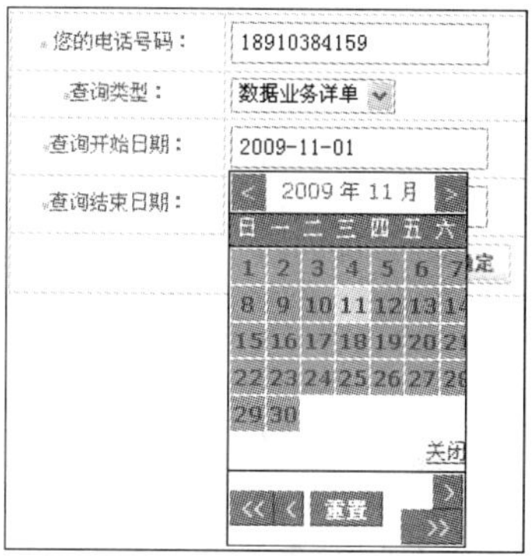

图11-10　日历控件效果

表 11-7　CalendarExtender 的属性及说明

属　　性	描　　述
TargetControlID	所要实现日历功能的文本框 ID，TargetControlID="TextBox1"
Format	所要显示的日期格式，Format="yyyy 年 MM 月 dd 日"
PopupButtonID	控制日历弹出窗的控件 ID，如果留空则当文本框获得焦点时弹出
PopupPosition	弹出的位置，默认为文本框的左下方
SelectedDate	当前所选择的日期
FirstDayOfWeek	一周的第一天为星期几，FirstDayOfWeek="Monday"

只要把 CalenderExtender 拖拽到要实现自动完成的文本框上即可使用，也可以根据实际情况设置 Format、PopupButtonID 和 PopupPostion 等属性。

【操作实例 11-3】 应用举例。

同样，建立一个 AJAX 网站项目，将 AutoCompleteExtender 拖拽到文本框上，如图 11-11 所示。

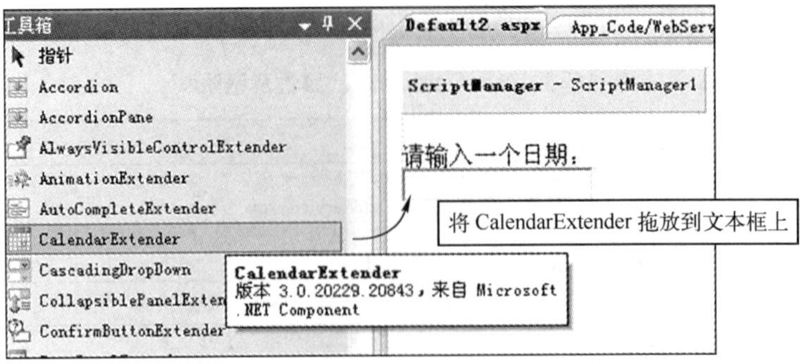

图11-11　拖放日历控件

设置 CalendarExtender 的属性，将 Format 设置为 yyyy 年 MM 月 dd 日，FirstDayOfWeek 设置为 Monday，如图 11-12 所示。

运行结果如图 11-13 所示。

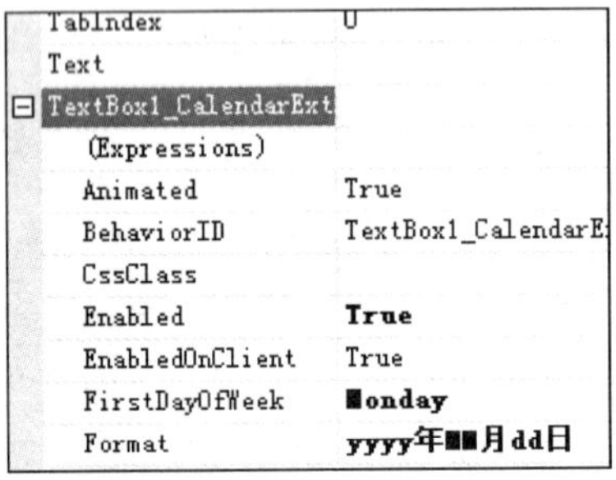

图11-12　设置日历控件

图11-13　日历控件运行效果

也许有个问题被细心的用户发现了，日历是英文的。这个很好解决，只需要设置当前页面中的 ScriptManager 的 EnableScriptGlobalization 和 EnableScriptLocalization 的属性为 true 就可以了。

3．MaskedEditExtender

MaskedEditExtender 可以用来限制文本的输入。通过设置 Mask 属性，可以只允许某些类型的字符/文本被输入。支持的数据格式有数字、日期和日期时间。

网站的游客有时候喜欢搞恶作剧，最常见的就是在本应当输入数字的地方输入非数字的内容，如图 11-14 所示，如果不加以验证很有可能会出错，而 MaskedEditExtender 控件则是一个非常好的解决办法。该控件属性及说明如表 11-8 所示。

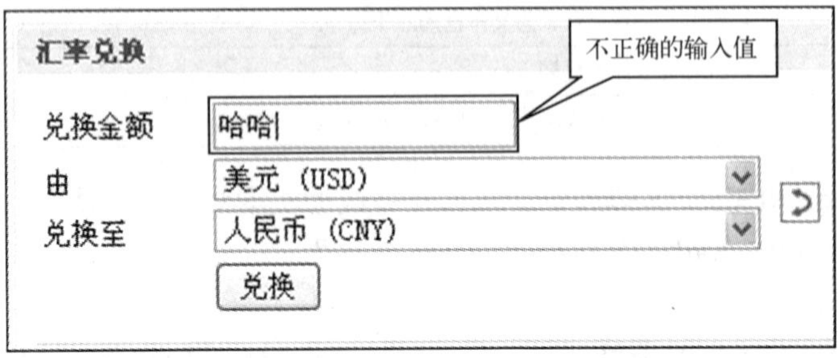

图11-14　MaskedEditExtender控件举例

表 11-8 MaskedEditExtender 的属性及说明

属 性	说 明
TargetControlID	所要实现屏蔽功能的文本框 ID
Mask	掩码例如：Mask="999"
MaskType	掩码类型例如：MaskType="Number"
AutoComplete	是否自动完成，如选 true，而 MaskType 为数字类型则为 0，日期时间类型则为当前时间
ClearMaskOnLostFocus	当失去焦点时是否清空文本
DisplayMoney	是否显示本地货币符号

使用方法如下。

1）把 MaskedEditExtender 拖拽到要实现输入限制的文本框上。

2）设置 Mask、MaskType 等属性。

3）运行，就可以看到效果了。

【操作实例 11-4】 编写一个限制输入价格的实例。

1）建立一个 AJAX 网站项目。

2）将 MaskedEditExtender 拖拽到文本框上，如图 11-15 所示。

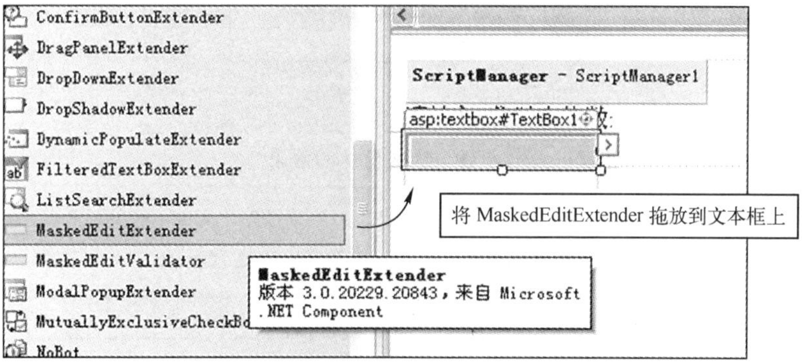

图11-15 拖放MaskedEditExtender控件

3）设置一下 MaskedEditExtender 的属性，如图 11-16 所示。

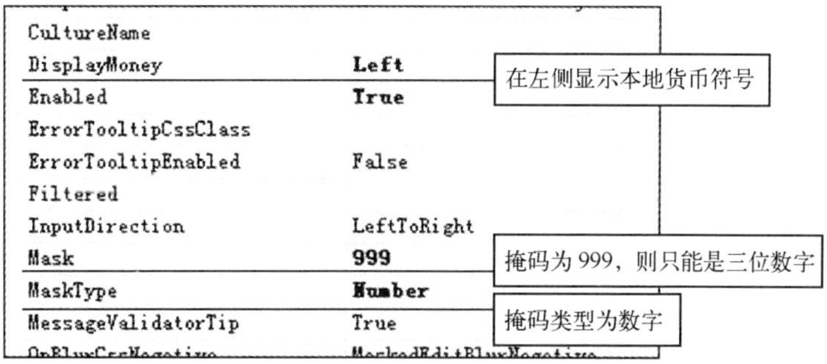

图11-16 设置MaskedEditExtender控件属性

4）运行结果如图 11-17 所示。

运行时，就会发现，只能输入数字。英文、汉字和特殊符号在录入的时候，页面上丝毫没有反应。这不仅提高了安全性又进一步改善了用户体验。

图11-17　MaskedEditExtender控件运行效果

4．ModalPopupExtender

ModalPopupExtender 可以在页面上以“模式窗体”的方式显示一个 Panel。当显示时，用户只能操作弹出的窗体部分，而对页面的其余部分什么都做不了，如图 11-18 所示。

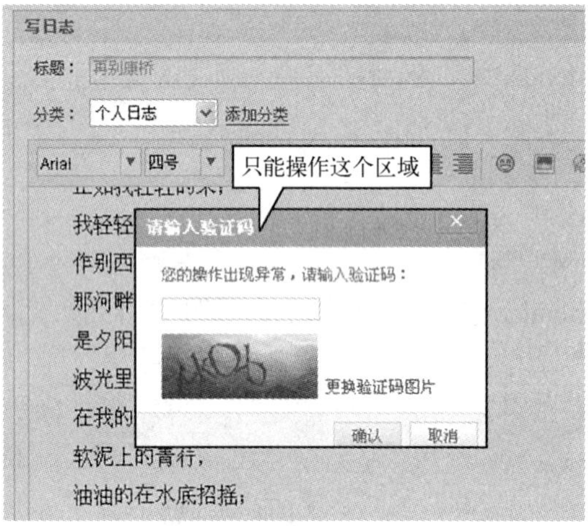

图11-18　模式窗体的效果

该控件属性及说明如表 11-9 所示。

表 11-9　ModalPopupExtender 的属性及说明

属　性	说　明
TargetControlID	激活模式窗体的控件 ID 例如，TargetControlID="btnBuy"
PopupControlID	ModalPopup 显示的控件 ID 例如，PopupControlID="Panel1"
BackgroundCssClass	当显示 ModalPopup 时的页面其他部分的 CSS 样式 例如，BackgroundCssClass="backCss"
OkControlID	确定控件 ID 例如，OkControlID="Button1"
CancelControlID	取消控件 ID 例如，CancelControlID="Button2"

使用方法如下。

1）制作一个用于弹出的 Panel，其中需要包括确定按钮、取消按钮等。

2）把 ModalPopupExtender 拖拽到要实现弹出窗体的控件上，一般为按钮。

3）设置 ModalPopupExtender 属性，一般需要设置 TargetControlID、PopupControlID、BackgroundCssClass、OkControlID 和 CancelControlID 等几个属性。

4）运行。

【操作实例 11-5】 弹出模式窗体的实例。

1）建立一个 AJAX 网站项目。

2）在页面上设计，如图 11-19 所示的内容。

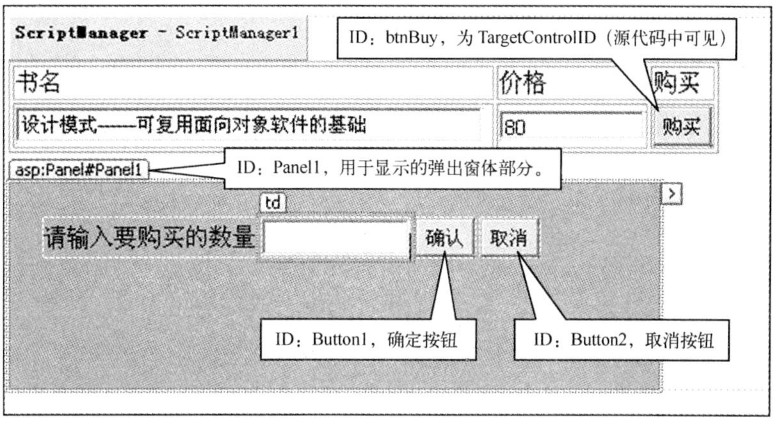

图11-19　编辑网页内容

网页上面区域是一个表格，包含两个文本框和一个按钮。下方区域为一个 Panel，包含一个文本框和两个按钮。

在网页代码 head 块中键入 CSS 样式，如图 11-20 所示。

```
<style type="text/css">
    .backCss{
        background-color: Black; filter: alpha(opacity=60); -moz-opacity: 0.6; opacity: 0.6;
    }
    .popup{
        border: 1px solid blue; background-color: #7ecef4; padding: 20px 20px; width: 400px;
    }
    .bookName{
        width: 322px;
    }
</style>
```

此处为半透明黑色 CSS 样式

图11-20　Css样式

3）设置 ModalPopupExtender 的属性，如图 11-21 所示。

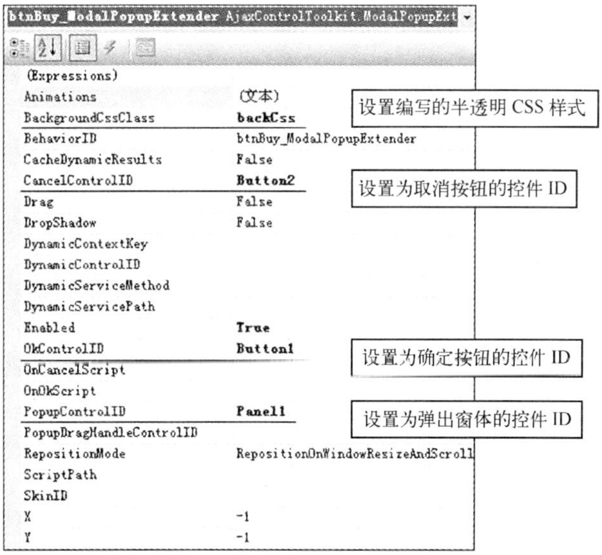

图11-21　ModalPopupExtender的属性

4）运行，查看效果，如图 11-22 和图 11-23 所示。

图11-22　弹出模式窗体前的效果

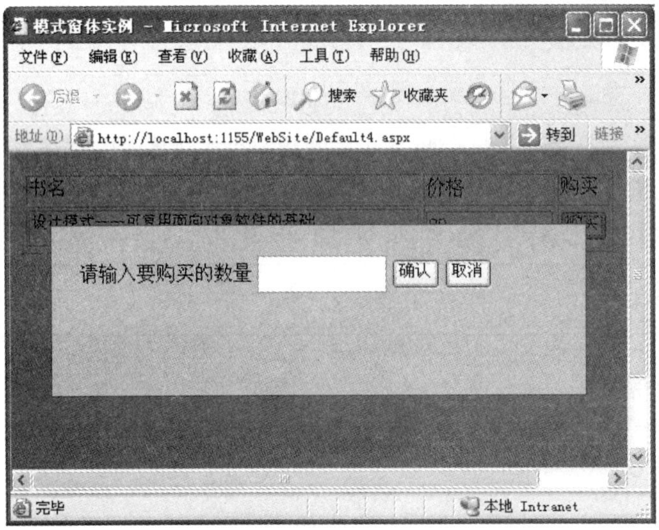

图11-23　弹出模式窗体后的效果

这个控件的使用稍稍有些复杂，但是效果很好。还可以根据实际情况，设置其他参数，精心编写页面与 CSS 样式。

【拓展技巧】

一个能按照输入拼音首字母提示城市名称的网站。测试数据如图 11-24 所示。

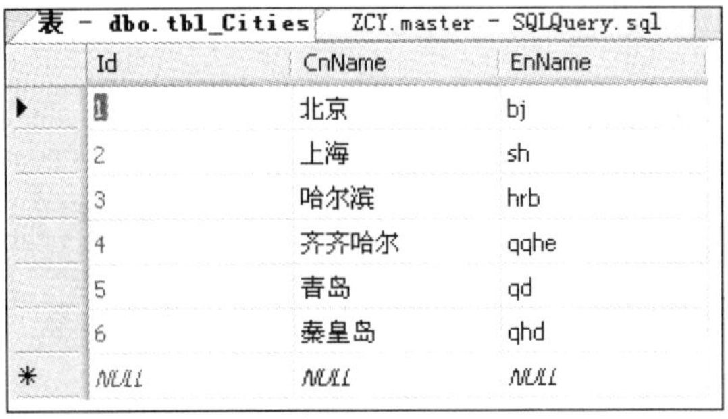

表 - dbo.tbl_Cities　ZCY.master - SQLQuery.sql

Id	CnName	EnName
1	北京	bj
2	上海	sh
3	哈尔滨	hrb
4	齐齐哈尔	qqhe
5	青岛	qd
6	秦皇岛	qhd
NULL	NULL	NULL

图11-24　测试数据

1）建立一个 AJAX 网站项目，如图 11-25 所示。

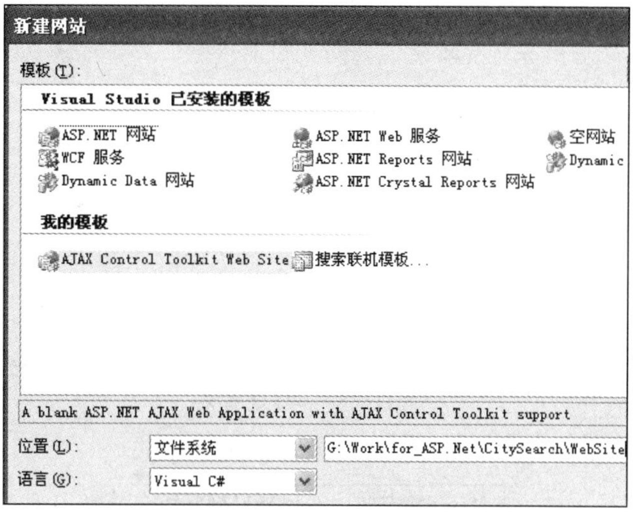

图11-25　建立一个AJAX网站项目

2）将 AutoCompleteExtender 拖拽到文本框上。如图 11-26 所示。

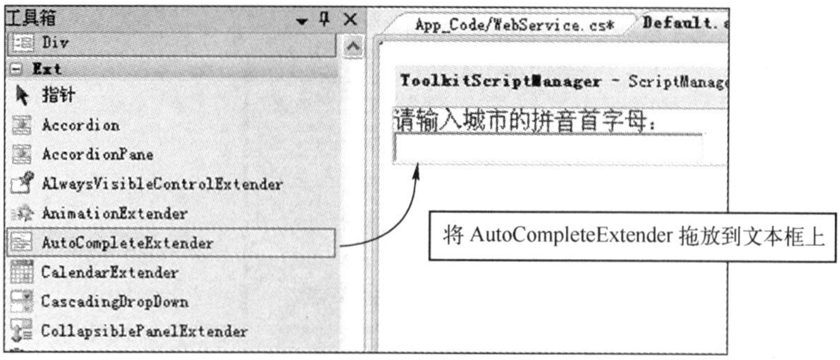

图11-26　拖放自动完成控件

3）创建 WebService 并编写方法。如图 11-27、图 11-28 所示。

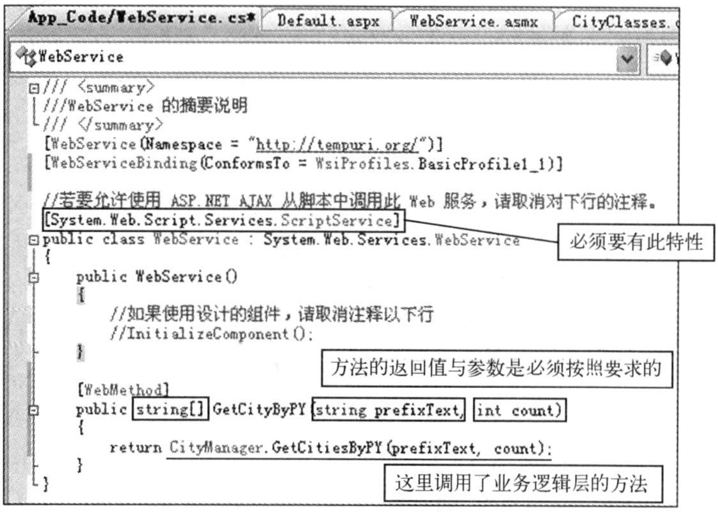

图11-27　Web服务类

```
namespace City.BLL
{
    public class CityManager
    {
        public static string[] GetCitiesByPY(string prefixText, int count)
        {
            string[] result;
            using (CityClassesDataContext db = new CityClassesDataContext())
            {
                var query = from c in db.City
                            where c.EnName.StartsWith(prefixText)
                            select c.CnName;
                query.Take<string>(count);
                result = query.ToArray<string>();
            }
            return result;
        }
    }
}
```

图11-28　业务逻辑类

4）设置 AutoCompleteExtender 属性。如图 11-29 所示。

ServiceMethod	GetCityByPY
ServicePath	WebService.asmx

图11-29　属性设置

5）运行。如图 11-30 所示。

图11-30　拖放自动完成控件

当输入字符 q，则会提示齐齐哈尔、青岛与秦皇岛。这种应用经常被使用在火车票及飞机票查询系统上，实现起来十分简单。

本章小结

AJAX 全称为 “Asynchronous JavaScript and XML”（异步 JavaScript 和 XML），是指一种创建交互式应用的网页开发技术。AJAX 不是一个技术，它实际上是几种技术，每种技术都有其独特这处，合在一起就形成了一个功能强大的新技术。ASP.NET 专门为 AJAX 提供了 ScriptManager、UpdatePanel、Timer 及 UpdateProgress 四个控件，这四个控件实现了 ASP.NET 的 AJAX 功能。ScriptManager 是 AJAX 的核心，负责管理网站页面中的 AJAX 组件、Partial-Page Rendering、客户端的 Request 以及服务器端的 Response。UpdatePanel 即 AJAX 的面板，页面中所使用的 AJAX 控件必须放在 UpdatePanel 控件中，才能发挥其作用。Timer 是定时器控件，该控件负责定时引发回送并局部刷新 UpdatePanel 中的内容。ASP.NET 除了自带的四个控件之外，还可以使用大量的扩展控件，这些扩展控件以工具包方式提供。

每章一考

一、填空题（20 空，每空 2 分，共 40 分）

1．AJAX 全称为“Asynchronous JavaScript and XML”即（　　　　　　），是指一种创建（　　　　　　）应用的网页开发技术。

2．ASP.NET 的 AJAX 共有（　　　　　　）、（　　　　　　）、（　　　　　　）及（　　　　　　）四个控件，这四个控件实现了 ASP.NET 的 AJAX 功能。

3．UpdatePanel 即 AJAX 的面板，页面中所使用的 AJAX 控件必须放在（　　　　　　）控件中，才能发挥其作用。

4．TriggersTriggers 是设置 UpdatePanel 的（　　　　　　）。

5．Interval 属性设置时间间隔，单位为（　　　　　　）。

6．（　　　　　　）主要是在执行命令前进行的一种提示，如果选择确定则执行，取消则不执行。

7．ReorderList 记录排序控件，可以手动拖动调整记录的（　　　　　　）。

8．Rating（评星控件）评分/投票控件，用鼠标一拖就可以（　　　　　　），还可以（　　　　　　）。

9．UpdatePanel 的 UpdateMode 共有两种模式，他们是（　　　　　　）与（　　　　　　）。

10．Timer 控件的 Enabled 属性设为（　　　　　　）时 Timer 开始工作，设为（　　　　　　）时 Timer 停止工作。

11．常见的网页不断在服务器端刷新，其弊端一是（　　　　　　），二是（　　　　　　），三是（　　　　　　）。

二、选择题（10 小题，每小题 2 分，共 20 分）

1．获取目前 ScriptManager instance 的 AuthenticationService- Manager 对象的控件是（　　）。

A．AuthenticationService　　B．Scripts

C．AsyncPostBackTimeout　　D．EnablePageMethods

2．在异步 Postback 情况下，若有错误发生，指示系统是否引发自定义错误的网页导向的控件是（　　）。

A．AuthenticationService　　B．EnablePageMethods

C．AllowCustomErrorsRedirect　　D．AsyncPostBackTimeout

3．指定 ScriptManager 要注册的 Script 参照集合的控件是（　　）。

A．AuthenticationService　　B．Scripts

C．AllowCustomErrorsRedirect　　D．EnablePageMethods

4．获取后设置定义 UpdateProgress 控制的模板控件的属性是（　　）。

A．AssociatedUpdatePanelID　　B．ProgressTemplate

C．Visible　　D．DynamicLayout

5．AJAX 是一种基于（　　）技术。

A．服务器　　B．客户端

C．桌面应用程序　　D．以上都不对

6．在 ASP.NET 的 AJAX 技术中，每个页面必须添加（　　）作为管理者。

A．ScriptManager　　B．Timer

C．Ajax　Kit　　D．UpdateProgress

7.在 ASP.NE AJAX 中（　　）用于指定定制的 Script 所在路径。

A．Scripts　　B．ProfileService

C．ScriptPath　　D．Services

8．（　　）相当于 AJAX 控件的舞台。

A．ScriptManager　　B．Timer

C．UpdatePanel Kit　　D．UpdateProgress

9．设置 UpdatePanel 的触发事件的是（　　）。

A．Triggers　　B．RenderMode

C．ChildrenAsTriggers　　D．UpdateMode

10．Timer 控件的 Interval 属性设置为 3000 时表示（　　）的时间间隔。

A．3 小时　　B．3 分钟

C．3 秒　　D．30 秒

三、判断题（10 小题，每小题 2 分，共 20 分）

1．我们浏览网页时遇到的闪屏是因为 WEB 程序使用的是客户端技术。（　　）

2．AJAX 是一种全新的计算机编程语言。（　　）

3．AJAX 技术刷新页面时只刷新整个页面的一小部分，而不是全部刷新。（　　）

4．AJAX 是几种技术的综合。（　　）

5．ASP.NET AJAX 只支持 IE 浏览器。（　　）

6．采用 ASP.NET AJAX 技术进行开发，可大幅提升网站性能。（　　）

7．Timer 控件负责定时引发回送并局部刷新 UpdatePanel 中的内容。（　　）

8．VS2008 默认不支持 AJAX。（　　）

9．AjaxControlToolkit 的控件能扩充 ASP.NET 中 AJAX 的功能。（　　）

10．是否启用局部更新由 ScriptManager 控件的 EnablePartialRendering 属性决定。（　　）

四、综合题（共 4 小题，每小题 5 分，共 20 分）

1．AJAX 的优点有哪些？

2．同一个页面使用多个 UpdatePanel 控件应如何操作？

3．在 Accordion 控件之中，添加用于显示标题和内容的 AccordionPane 控件，并在每个 Accordion 控件中，添加各自的标题即 Header 元素和内容 Content 元素。

4．AAJX 技术包括哪些内容？

第12章 综合案例

程序员的优秀品质之十二：地利人和 团队协作

孟子曰："天时不如地利，地利不如人和。三里之城，七里之郭，环而攻之而不胜。夫环而攻之，必有得天时者矣；然而不胜者，是天时不如地利也。城非不高也，池非不深也，兵革非不坚利也，米粟非不多也；委而去之，是地利不如人和也。"

任何人的生存都离不开社会，程序员与团队的关系也是如此，程序员的成功不是个人努力就能达到的，独行侠可以做一些赚钱的小软件，发点小财，但是一旦进入一些大系统的研发团队，进入商业化和产品化的开发任务，缺乏团队合作精神的人就完全不合格了，老话讲"众人拾柴火焰高"说的就是这个道理。团队精神的基础是尊重个人的兴趣和成就，核心是协同工作，最高境界是全体成员的向心力、凝聚力，反映的是个体利益和整体利益的统一，从而保证组织的高效率运转。

学习激励

51Aspx网站创始人刘海峰 先生

刘海峰，51Aspx 网站创始人，现任微软 MVP，9 年的 ASP.NET 从业经验。曾任微软 Teched 技术大会特约讲师，曾受邀参观美国微软总部，现为 51Aspx 网站架构师，易纵互联（北京）科技有限公司运营总监。

易纵互联（北京）科技有限公司（Ezong Inc.）是专业的.NET 软件研发及 Internet 运营服务提供商，微软合作伙伴（Network Partner）、BizSpark 成员企业。公司位于中关村石景山科技园区内，是一家具有多项自主知识产权的高新技术软件企业。

刘海峰大学读的是高分子专业，2003 年开始接触.NET 开发，不是科班出身、刚刚大学毕业、身无分文的海峰咬定青山不放松，当.NET 刚刚在国内兴起的时候，他就踏上了 ASP.NET 的道路，并且从未停息，不断钻研，努力探索。成为一名资深程序员的他，没有满足，2007 年创立了 51Aspx 源码社区 —.NET 资源共享平台，并于 2008 年进行公司化运作，截止 2011 年 12 月 31 日，该网站注册会员已经突破 42 万人。

有梦想谁都了不起,ASP.NET 带你去开天辟地。刘海峰的成功给莘莘学子太多的启迪。ASP.NET 路上，稳扎稳打学好基础知识、锐意进取操练编程能力、大胆开拓自己的事业。相信我们每一个人都行！

12.1 初级案例：学生信息管理系统

这是一个专门为教学而设计的简易程序，学生信息管理系统主要用于学校教师对学生的管理，从而实现对学生信息的添加、删除、更新和查询。从而使教师在学生管理方面更加便捷和高效。

该程序运行效果如图 12-1 和图 12-2 所示，分别为学生信息管系统的登录界面和主界面。

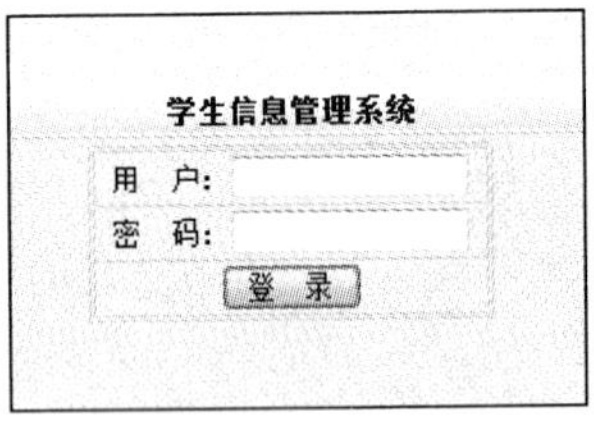

图12-1 登录界面

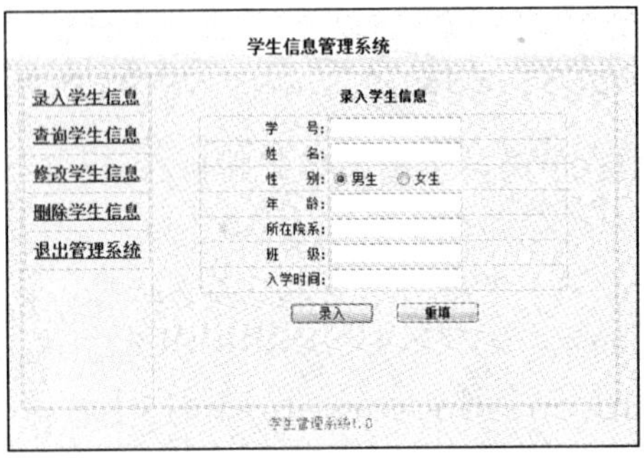

图12-2 主界面

各功能模块的运行效果如图 12-3～图 12-6 所示，分别对应学生管理系统的各功能模块。

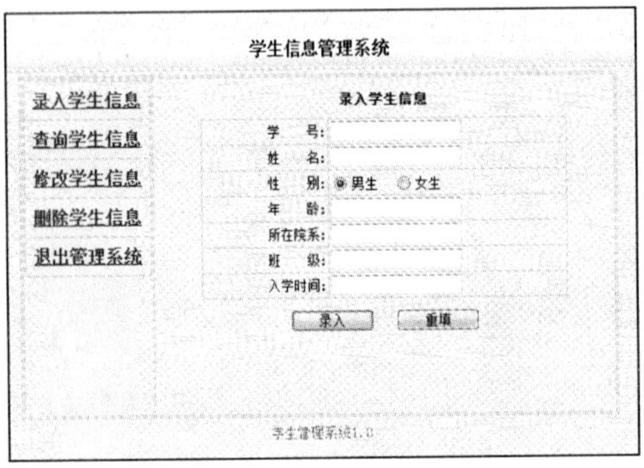

图12-3 录入学生信息模块

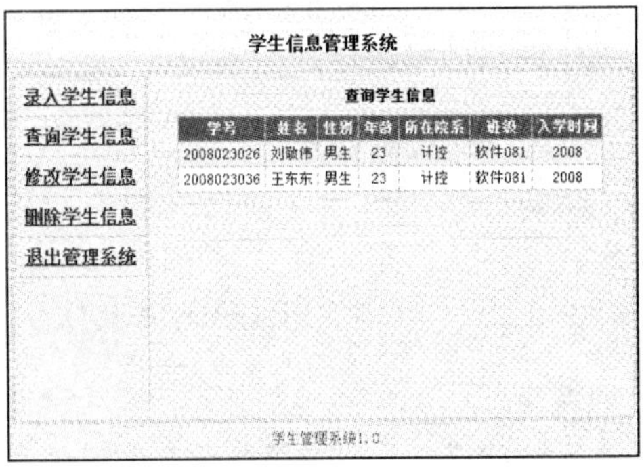

图12-4 查询学生信息模块

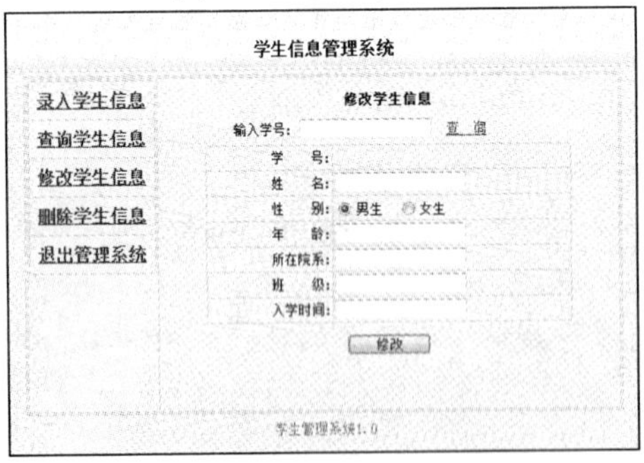

图12-5 修改学生信息模块

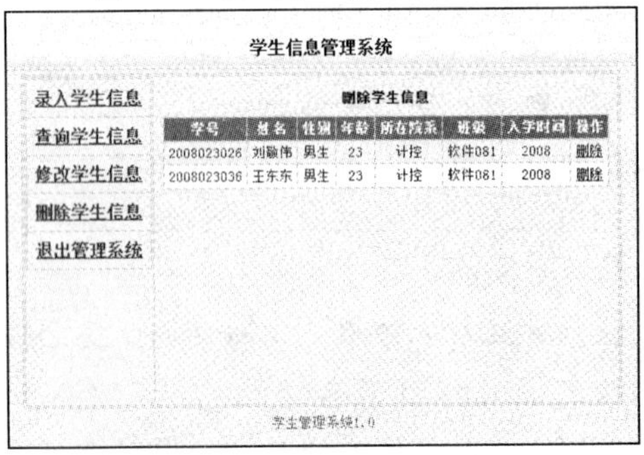

图12-6 删除学生信息模块

12.1.1 创建数据库

1．建立数据库

打开 Microsoft Access 2010，选择“文件|新建”命令，在右侧的文件名里填写 student.mdb，单击创建，如图 12-7 所示。

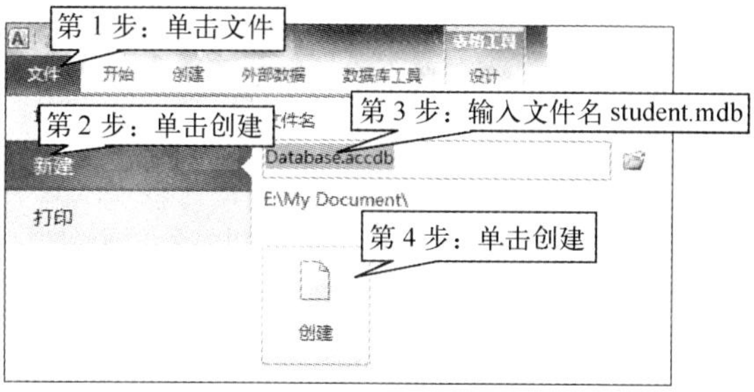

图12-7　新建数据库

2．创建学生信息表

在数据库中创建学生信息表，字段名称和数据类型如图 12-8 所示。

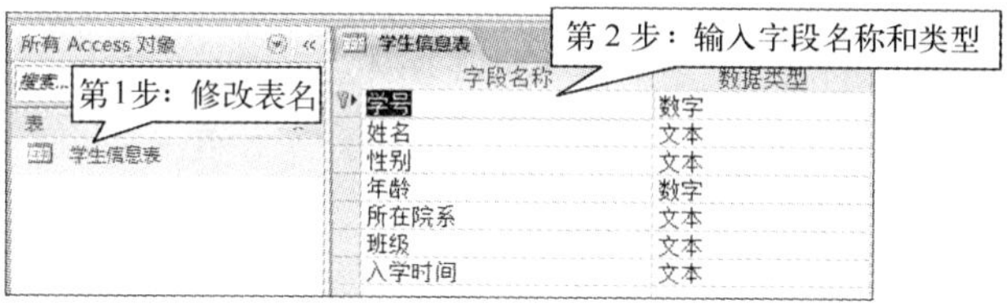

图12-8　创建学生信息表

相关字段说明见表 12-1。

表 12-1　学生信息表字段说明

字段名称	数据类型	字段说明
学号	数字	学号
姓名	文本	姓名：2～5 个汉字
性别	文本	性别：0 女 1 男
年龄	数字	年龄：18～26
所在院系	文本	所在的院系
班级	文本	所在的班级
入学时间	文本	入学时间

12.1.2　建立网站

1．新建网站

打开 Microsoft Visual Studio 2010，选择“文件|新建|网站”命令，在“解决方案资源管理器”中添加如图 12-9 所示文件。

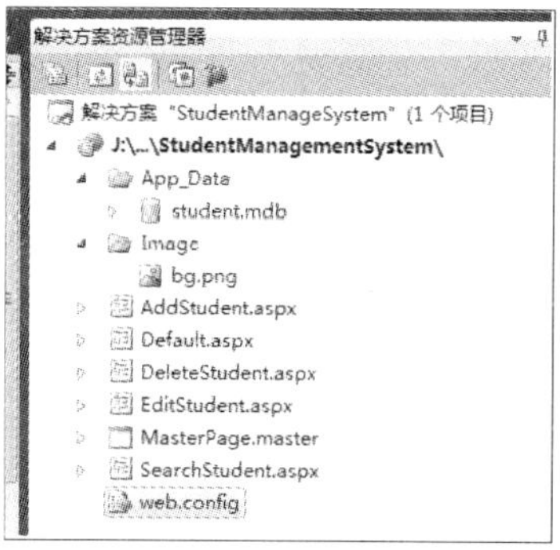

图12-9　新建网站

2. 为 Default.aspx 添加控件并编写相关代码

打开 Default.aspx 文件，在设计模式下添加 Label、TextBox 和 Button 控件，并修改其属性，控件如表 12-2 所示。最终效果如图 12-10。

表 12-2　控件一览表

序　号	控 件 名 称	需设置的属性	属 性 值
1	UsernameTextBox		
2	PasswordTextBox	TextMode	Password
3	LoginButton	Text	登录

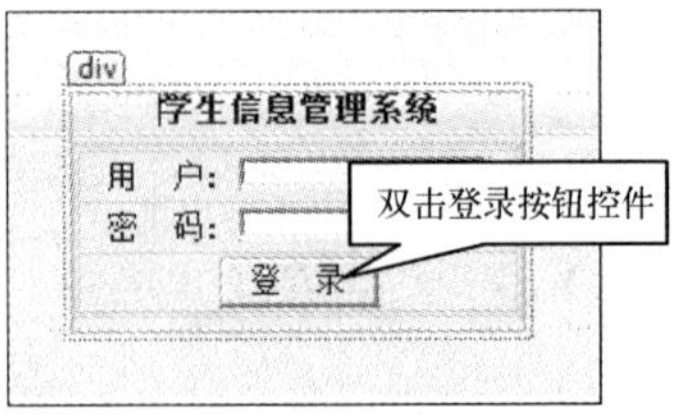

图12-10　为Default.aspx添加控件

3. 添加“登录”按钮事件代码

添加登录按钮的 Click 事件代码，如图 12-11 所示。

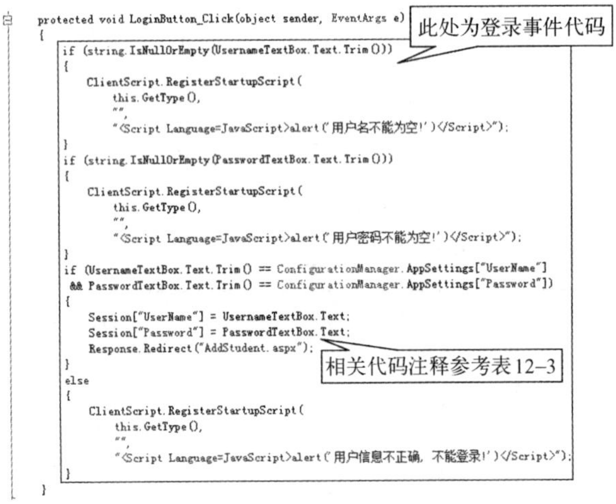


```
protected void LoginButton_Click(object sender, EventArgs e)
{
    if (string.IsNullOrEmpty(UsernameTextBox.Text.Trim()))
    {
        ClientScript.RegisterStartupScript(
            this.GetType(),
            "",
            "<Script Language=JavaScript>alert('用户名不能为空!')</Script>");
    }
    if (string.IsNullOrEmpty(PasswordTextBox.Text.Trim()))
    {
        ClientScript.RegisterStartupScript(
            this.GetType(),
            "",
            "<Script Language=JavaScript>alert('用户密码不能为空!')</Script>");
    }
    if (UsernameTextBox.Text.Trim() == ConfigurationManager.AppSettings["UserName"]
     && PasswordTextBox.Text.Trim() == ConfigurationManager.AppSettings["Password"])
    {
        Session["UserName"] = UsernameTextBox.Text;
        Session["Password"] = PasswordTextBox.Text;
        Response.Redirect("AddStudent.aspx");
    }
    else
    {
        ClientScript.RegisterStartupScript(
            this.GetType(),
            "",
            "<Script Language=JavaScript>alert('用户信息不正确，不能登录!')</Script>");
    }
}
```

图12-11　登录按钮的Click事件代码

相关代码注释如表 12-3 所示。

表 12-3　登录按钮的 Click 事件代码

代　码	注　释
protected void LoginButton_Click(object sender, EventArgs e)	
{	
if (string.IsNullOrEmpty(UsernameTextBox.Text.Trim()))	
{	判断用户名输入框是否为空
ClientScript.RegisterStartupScript(	
this.GetType(),	
"",	提示错误信息
"<Script Language=JavaScript>alert('用户名不能为空!')</Script>");	
}	
if (string.IsNullOrEmpty(PasswordTextBox.Text.Trim()))	
{	
ClientScript.RegisterStartupScript(	判断用户密码输入框是否为空
this.GetType(),	
"",	提示错误信息
"<Script Language=JavaScript>alert('用户密码不能为空!')</Script>");	
}	
if (UsernameTextBox.Text.Trim() == ConfigurationManager.AppSettings["UserName"]	
&& PasswordTextBox.Text.Trim() ==	

（续）

代　码	注　释
ConfigurationManager.AppSettings["Password"]) {	从配置文件中读取管理员用户和密码，并进行判断是否相等
Session["UserName"] = UsernameTextBox.Text; Session["Password"] = PasswordTextBox.Text;	保存用户名和用户密码的信息到Session中

Response.Redirect("AddStudent.aspx");
}
else
{
	转到添加用户页面

ClientScript.RegisterStartupScript(this.GetType(), "", "<Script Language=JavaScript>alert('用户信息不正确，不能登录!')</Script>"); } }	提示错误信息

4．为母版页添加控件并编写相关代码

打开 MasterPage.master 文件，在设计模式下添加 LinkButton 控件，并修改其属性，控件如表 12-4 所示。最终效果如图 12-12 所示。

表 12-4　控件一览表

序　号	控件名称	需设置的属性	属性值
1	AddLinkButton	Text	录入学生信息
2	SearchLinkButton	Text	查询学生信息
3	EditLinkButton	Text	修改学生信息
4	DeleteLinkButton	Text	删除学生信息
5	ExitLinkButton	Text	退出管理系统

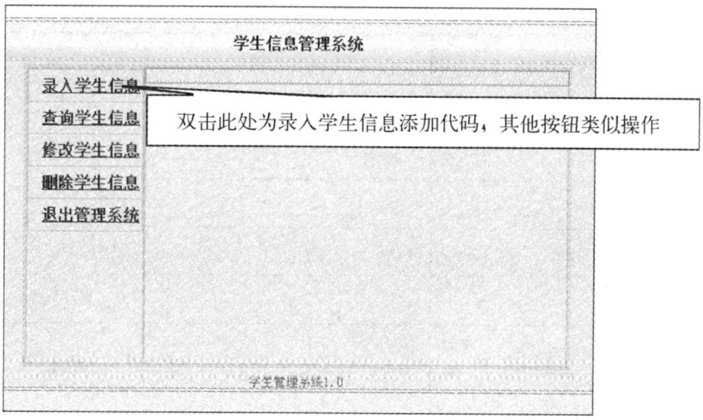

图12-12　为MasterPage.master文件添加控件

5．添加导航按钮事件代码

为“录入学生信息”导航添加代码，相关代码注释如表 12-5 所示。

表 12-5　导航按钮的 Click 事件代码

代　码	注　释

protected void AddLinkButton_Click(object sender, EventArgs e)
{
　if (Session["UserName"] != null && Session["Password"] != null)
　　Response.Redirect("AddStudent.aspx");
　else
　　Response.Redirect("Default.aspx");
}
	判断存储用户名和密码的 Session 对象是否为空
	跳转到添加学生信息页面
	跳转到登录页面

protected void SearchLinkButton_Click(object sender, EventArgs e)
{
　if (Session["UserName"] != null && Session["Password"] != null)
　　Response.Redirect("SearchStudent.aspx");
　else
　　Response.Redirect("Default.aspx");
}
	判断存储用户名和密码的 Session 对象是否为空
	跳转到查询学生信息页面
	跳转到登录页面

protected void EditLinkButton_Click(object sender, EventArgs e)
{
　if (Session["UserName"] != null && Session["Password"] != null)
　　Response.Redirect("EditStudent.aspx");
　else
　　Response.Redirect("Default.aspx");
}
	判断存储用户名和密码的 Session 对象是否为空
	跳转到编辑学生信息页面
	跳转到登录页面

protected void DeleteLinkButton_Click(object sender, EventArgs e)
{
　if (Session["UserName"] != null && Session["Password"] != null)
　　Response.Redirect("DeleteStudent.aspx");
　else
　　Response.Redirect("Default.aspx");
}
	判断存储用户名和密码的 Session 对象是否为空
	跳转到删除学生信息页面
	跳转到登录页面

protected void ExitLinkButton_Click(object sender, EventArgs e)
{
　Response.Redirect("Default.aspx");
}
	跳转到登录页面

6．为 AddStudent.aspx 添加控件并编写相关代码

打开 AddStudent.aspx 文件，在设计模式下添加 TextBox、RadioButton 和 Button 控件，并修改其属性，控件如表 12-6 所示。最终效果如图 12-13 所示。

表 12-6　控件一览表

序号	控件名称	需设置的属性	属性值
1	IDTextBox		
2	NameTextBox		
3	MaleRadioButton	Text	男生
4	FemaleRadioButton	Text	女生
5	AgeTextBox		
6	DepartmentTextBox		
7	ClassTextBox		
8	AdmissionTimeTextBox		
9	AddButton	Text	录入
10	ResetButton	Text	重填

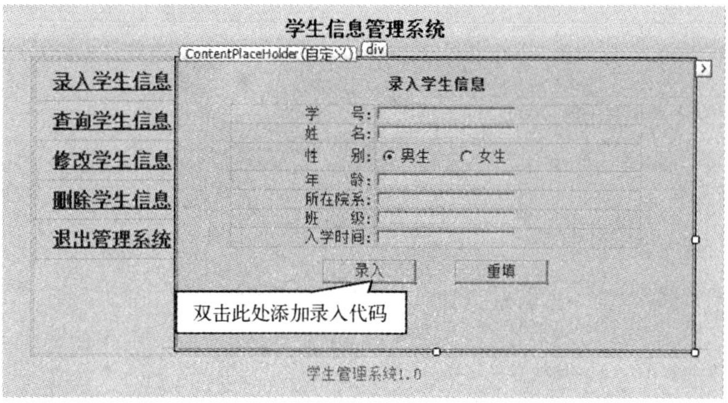

图12-13　为AddStudent.aspx添加控件

7．添加“录入”按钮事件代码

添加“录入”按钮的 Click 事件代码，如图 12-14 所示。

此处为录入学生信息模块关键代码

```
OleDbConnection conn = new OleDbConnection(ConnectionString);
string query = string.Format(@"insert into 学生信息表(学号,姓名,性别,年龄,所在院系,班级,入学时间)
                        values('{0}','{1}','{2}',{3},'{4}','{5}','{6}')",
    Convert.ToInt32(IDTextBox.Text.Trim(), 10),
    NameTextBox.Text.Trim(),
    (MaleRadioButton.Checked ? "男生" : "女生"),
    Convert.ToInt32(AgeTextBox.Text.Trim(), 10),
    DepartmentTextBox.Text.Trim(),
    ClassTextBox.Text.Trim(),
    AdmissionTimeTextBox.Text.Trim());
try
{
    conn.Open();
    OleDbCommand cmd = new OleDbCommand(query, conn);
    if (cmd.ExecuteNonQuery() > 0)
    {
        ClientScript.RegisterStartupScript(
            this.GetType(),
            "",
            "<Script Language=JavaScript>alert('学生信息添加成功!')</Script>");
        IDTextBox.Text = NameTextBox.Text = AgeTextBox.Text = "";
        DepartmentTextBox.Text = ClassTextBox.Text = AdmissionTimeTextBox.Text = "";
        MaleRadioButton.Checked = true;
    }
}
catch
{
    ClientScript.RegisterStartupScript(
        this.GetType(),
        "",
        "<Script Language=JavaScript>alert('该学号已经存在,添加失败!')</Script>");
}
finally
{
    conn.Close();
}
```

图12-14　“录入”按钮的Click事件代码

相关代码注释如表 12-7 所示。

表 12-7　录入按钮的 Click 事件代码

代　　码	注　　释
public static readonly string ConnectionString = "Provider=Microsoft.Jet.OLEDB.4.0;Data Source=" + HttpContext.Current.Server.MapPath(ConfigurationManager.ConnectionStrings["StudentDBConnectionString"]. ConnectionString) + ";";	从web.config文件里获取数据库连接字符串
protected void AddButton_Click(object sender, EventArgs e) { int result;	

if (string.IsNullOrEmpty(IDTextBox.Text.Trim()))
{
ClientScript.RegisterStartupScript(this.GetType(), "", "<Script Language=JavaScript>alert('学号不能为空!')</Script>");
}
	判断学号是否为空

（续）

代　码	注　释

if(!Int32.TryParse(IDTextBox.Text.Trim(), out result))
{
ClientScript.RegisterStartupScript(this.GetType(), "", "<Script Language=JavaScript>alert('学号只能为数字!')</Script>");
}
	判断学号是否只为数字

if(string.IsNullOrEmpty(NameTextBox.Text.Trim()))
{
ClientScript.RegisterStartupScript(this.GetType(), "", "<Script Language=JavaScript>alert('姓名不能为空!')</Script>");
}
	判断密码是否为空

if (string.IsNullOrEmpty(AgeTextBox.Text.Trim()))
{
ClientScript.RegisterStartupScript(this.GetType(), "", "<Script Language=JavaScript>alert('年龄不能为空!')</Script>");
}	

if (!Int32.TryParse(AgeTextBox.Text.Trim(), out result))
{
ClientScript.RegisterStartupScript(this.GetType(), "", "<Script Language=JavaScript>alert('年龄只能为大于 18 小于 26 的数字!')</Script>");
}
	判断年龄是否为空

OleDbConnection conn = new OleDbConnection(ConnectionString);	判断年龄是否为 18-26 之间的数字
string query = string.Format("insert into 学生信息表 (学号,姓名,性别,年龄,所在院系,班级,入学时间) values('{0}','{1}','{2}',{3},'{4}','{5}','{6}')", Convert.ToInt32(IDTextBox.Text.Trim(), 10), NameTextBox.Text.Trim(), (MaleRadioButton.Checked ? "男生" : "女生") , Convert.ToInt32(AgeTextBox.Text.Trim(), 10), DepartmentTextBox.Text.Trim(), ClassTextBox.Text.Trim(), AdmissionTimeTextBox.Text.Trim());	根据数据库连接字符串创建数据库连接对象 创建插入学生信息 Sql 语句

try
{
conn.Open();
OleDbCommand cmd = new OleDbCommand(query, conn);
if (cmd.ExecuteNonQuery() > 0)
{
ClientScript.RegisterStartupScript(this.GetType(), "", "<Script Language=JavaScript>alert('学生信息添加成功!')</Script>");
IDTextBox.Text = NameTextBox.Text = AgeTextBox.Text = DepartmentTextBox.Text = ClassTextBox.Text = AdmissionTimeTextBox.Text = "";
MaleRadioButton.Checked = true;
}
}
	打开数据库连接
	创建数据库命令对象
	执行插入学生信息 Sql 语句

catch
{
ClientScript.RegisterStartupScript(this.GetType(), "", "<Script Language=JavaScript>alert('该学号已经存在,添加失败!')</Script>");
}
	清空学生信息输入框内容

finally
{
conn.Close();
}
}
	关闭数据库连接

8. 添加“重填”按钮事件代码

添加“重填”按钮的 Click 事件代码，如图 12-15 所示。

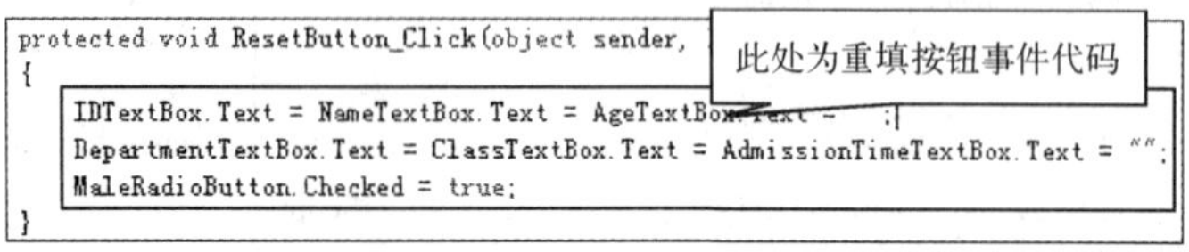

图12-15　“重填”按钮的Click事件代码

相关代码注释如表 12-8 所示。

表 12-8 "重填"按钮的 Click 事件代码

代 码	注 释

protected void ResetButton_Click(object sender, EventArgs e)
{
IDTextBox.Text = NameTextBox.Text = AgeTextBox.Text = DepartmentTextBox.Text = ClassTextBox.Text = AdmissionTimeTextBox.Text = "";
MaleRadioButton.Checked = true;
}
	所有输入框设置为空
	性别单选项设置为"男生"

9. 为 EditStudent.aspx 添加控件并编写相关代码

打开 EditStudent.aspx 文件，在设计模式下添加 Label、TextBox、RadioButton、LinkButton 和 Button 控件，并修改其属性，控件如表 12-9 所示。最终效果如图 12-16 所示。

表 12-9 控件一览表

序 号	控件名称	需设置的属性	属性值
1	SearchIDTextBox		
2	SearchLinkButton	Text	查询
3	IDLabel	Text	
4	NameTextBox		
5	MaleRadioButton	Text	男生
6	FemaleRadioButton	Text	女生
7	AgeTextBox		
8	DepartmentTextBox		
9	ClassTextBox		
10	AdmissionTimeTextBox		
11	AddButton	Text	修改

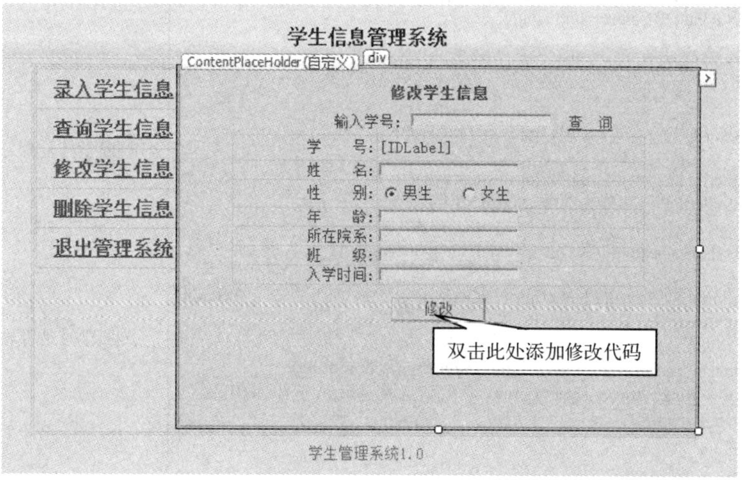

图12-16 为EditStudent.aspx添加控件

10．添加“查询”按钮事件代码

添加“查询”按钮的 Click 事件代码，如图 12-17 所示。

此处为查询学生信息关键代码

```
OleDbConnection conn = new OleDbConnection(ConnectionString);
string query = string.Format("select * from 学生信息表 where 学号 = {0}", SearchIDTextBox.Text.Trim());
try
{
    conn.Open();
    OleDbCommand cmd = new OleDbCommand(query, conn);
    OleDbDataReader reader = cmd.ExecuteReader();
    if (reader.HasRows)
    {
        while (reader.Read())
        {
            IDLabel.Text = reader["学号"].ToString();
            NameTextBox.Text = reader["姓名"].ToString();
            AgeTextBox.Text = reader["年龄"].ToString();
            DepartmentTextBox.Text = reader["所在院系"].ToString();
            ClassTextBox.Text = reader["班级"].ToString();
            AdmissionTimeTextBox.Text = reader["入学时间"].ToString();
            if (reader["性别"].ToString() == "男生")
                MaleRadioButton.Checked = true;
            else
                FemaleRadioButton.Checked = true;
        }
    }
    else
    {
        ClientScript.RegisterStartupScript(
            this.GetType(),
            "",
            "<Script Language=JavaScript>alert('该学号不存在!')</Script>");
    }
    reader.Close();
}
catch
{
    ClientScript.RegisterStartupScript(
        this.GetType(),
        "",
        "<Script Language=JavaScript>alert('该学号不存在!')</Script>");
}
finally
{
    conn.Close();
}
```

图12-17 “查询”按钮的Click事件代码

相关代码注释如表 12-10 所示。

表 12-10 “查询”按钮的 Click 事件代码

代　码	注　释
public static readonly string ConnectionString = "Provider=Microsoft.Jet.OLEDB.4.0;Data Source=" + HttpContext.Current.Server.MapPath(ConfigurationManager. ConnectionStrings["StudentDBConnectionString"]. ConnectionString) + ";"; protected void SearchLinkButton_Click(object sender, EventArgs e) { int result;	通过 web.config 文件获取数据库连接字符串

if (string.IsNullOrEmpty(SearchIDTextBox.Text.Trim()))
{
ClientScript.RegisterStartupScript(this.GetType(), "", "<Script Language=JavaScript>alert('学号不能为空!')</Script>");
}
	判断学号是否为空

if (!Int32.TryParse(SearchIDTextBox.Text.Trim(), out result))
{
ClientScript.RegisterStartupScript(this.GetType(), "", "<Script Language=JavaScript>alert('学号只能为数字!')</Script>");
}
	判断学号是否只为数字

OleDbConnection conn = new OleDbConnection(ConnectionString);
string query = string.Format("select * from 学生信息表 where 学号 = {0}", SearchIDTextBox.Text.Trim());
try
{
conn.Open();
OleDbCommand cmd = new OleDbCommand(query, conn);
OleDbDataReader reader = cmd.ExecuteReader();
	创建数据库连接对象
	创建学生信息查询 Sql 语句

（续）

代　　码	注　　释

if (reader.HasRows)
{
while (reader.Read())
{
IDLabel.Text = reader["学号"].ToString();
NameTextBox.Text = reader["姓名"].ToString();
AgeTextBox.Text = reader["年龄"].ToString();
DepartmentTextBox.Text = reader["所在院系"].ToString();
ClassTextBox.Text = reader["班级"].ToString();
AdmissionTimeTextBox.Text = reader["入学时间"].ToString();
if (reader["性别"].ToString() == "男生")
MaleRadioButton.Checked = true;
else
FemaleRadioButton.Checked = true;
}
}
else
{
ClientScript.RegisterStartupScript(this.GetType(), "", "<Script Language=JavaScript>alert('该学号不存在!')</Script>");
}
reader.Close();
}
catch
{
ClientScript.RegisterStartupScript(this.GetType(), "", "<Script Language=JavaScript>alert('该学号不存在!')</Script>");
}
finally
{
conn.Close();
}
}
	打开数据库连接
	创建数据库命令对象
	执行查询命令返回数据
	判断是否有记录
	读取数据记录
	
	如果没有记录返回提示信息
	关闭数据库连接

11. 添加“修改”按钮事件代码

添加“修改”按钮的 Click 事件代码，如图 12-18 所示。

此处为修改学生信息关键代码

```
OleDbConnection conn = new OleDbConnection(ConnectionString);
string query = string.Format(@"update 学生信息表 set 姓名 = '{0}', 性别 = '{1}',
            年龄 = {2}, 所在院系 = '{3}', 班级 = '{4}', 入学时间 = '{5}' where 学号 = {6}",
    NameTextBox.Text.Trim(),
    (MaleRadioButton.Checked ? "男生":"女生"),
    AgeTextBox.Text.Trim(),
    DepartmentTextBox.Text.Trim(),
    ClassTextBox.Text.Trim(),
    AdmissionTimeTextBox.Text.Trim(),
    IDLabel.Text);
try
{
    conn.Open();
    OleDbCommand cmd = new OleDbCommand(query, conn);
    if (cmd.ExecuteNonQuery() > 0)
    {
        ClientScript.RegisterStartupScript(
            this.GetType(),
            "",
            "<Script Language=JavaScript>alert('学生信息修改成功!')</Script>");
    }
}
catch
{
    ClientScript.RegisterStartupScript(
        this.GetType(),
        "",
        "<Script Language=JavaScript>alert('学生信息修改失败!')</Script>");
}
finally
{
    conn.Close();
}
```

图12-18 “修改”按钮的Click事件代码

相关代码注释如表 12-11 所示。

表 12-11 “修改”按钮的 Click 事件代码

代码：

```
protected void AddButton_Click(object sender, EventArgs e)
{
    int result;
    if (string.IsNullOrEmpty(NameTextBox.Text.Trim()))
    {
ClientScript.RegisterStartupScript(this.GetType(), "", "<Script Language=JavaScript>alert('
姓名不能为空!')</Script>");
    }
    if (string.IsNullOrEmpty(AgeTextBox.Text.Trim()))
    {
ClientScript.RegisterStartupScript(this.GetType(), "", "<Script Language=JavaScript>alert('
年龄不能为空!')</Script>");
    }
    if (!Int32.TryParse(AgeTextBox.Text.Trim(), out result))
    {
ClientScript.RegisterStartupScript(this.GetType(), "", "<Script Language=JavaScript>alert('
年龄只能为大于 18 小于 26 的数字!')</Script>");
    }
    OleDbConnection conn = new OleDbConnection(ConnectionString);
    string query = string.Format("update 学生信息表 set 姓名 = '{0}', 性别 =
'{1}', 年龄 = '{2}', 所在院系 = '{3}', 班级 = '{4}', 入学时间 = '{5}' where 学号 =
'{6}'",
        NameTextBox.Text.Trim(),
        (MaleRadioButton.Checked ? "男生":"女生"),
        AgeTextBox.Text.Trim(),
        DepartmentTextBox.Text.Trim(),
        ClassTextBox.Text.Trim(),
        AdmissionTimeTextBox.Text.Trim(),
        IDLabel.Text);
    try
    {
        conn.Open();
        OleDbCommand cmd = new OleDbCommand(query, conn);
        if (cmd.ExecuteNonQuery() > 0)
        {
ClientScript.RegisterStartupScript(this.GetType(), "", "<Script Language=JavaScript>alert('
学生信息修改成功!')</Script>");
        }
    }
    catch
    {
ClientScript.RegisterStartupScript(this.GetType(), "", "<Script Language=JavaScript>alert('
学生信息修改失败!')</Script>");
    }
    finally
    {
        conn.Close();
    }
}
```

注释：

- 判断学生姓名是否为空
- 判断学生年龄是否为空
- 判断学生年龄是否在 18～26 之间
- 创建数据库连接对象
- 创建更新学生信息 Sql 语句
- 打开数据库连接
- 创建数据库命令对象
- 执行查询，如果返回值大于 0 则更新成功
- 否则更新失败提示修改失败信息
- 关闭数据连接

12．为 DeleteStudent.aspx 添加控件

打开 DeleteStudent.aspx 文件，在设计模式下添加 GridView 和 AccessDataSource 控件，并修改其属性，控件如表 12-12 所示。最终效果如图 12-19 所示。

表 12-12 控件一览表

序号	控件名称	需设置的属性	属性值
1	SearchGridView	DataSourceID	AccessDataSource
2	AccessDataSource	DataFile	~/App_Data/student.mdb

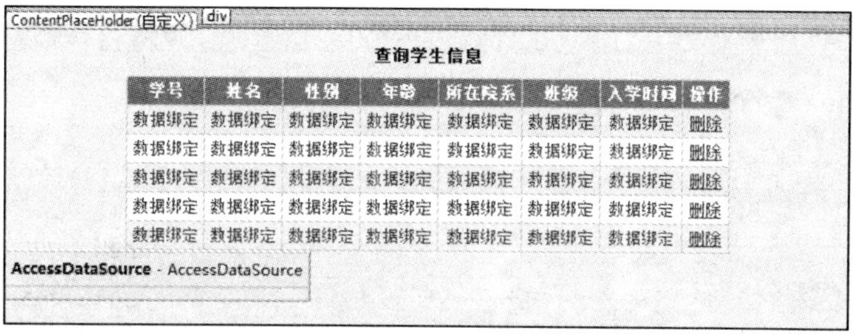

图12-19　为DeleteStudent.aspx添加控件

13. 设置数据源

在设计模式下按照图 12-20～图 12-23 所示顺序设置数据源。

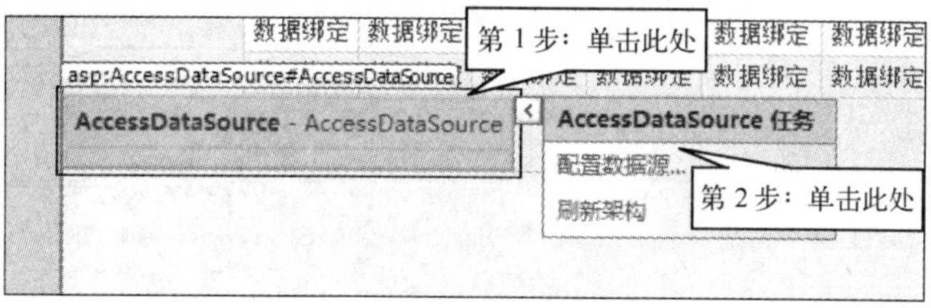

图12-20　配置数据源

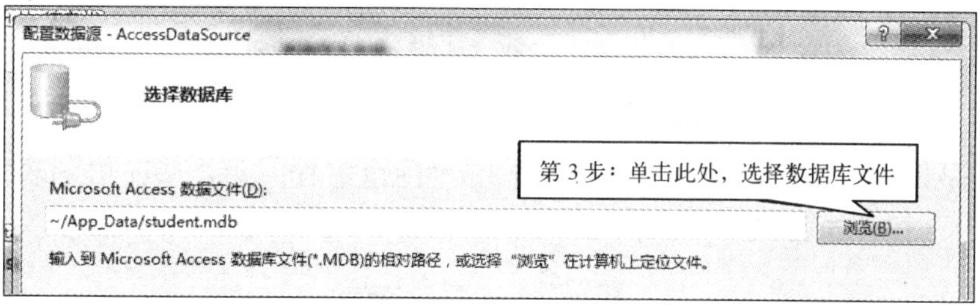

图12-21　设置数据库路径

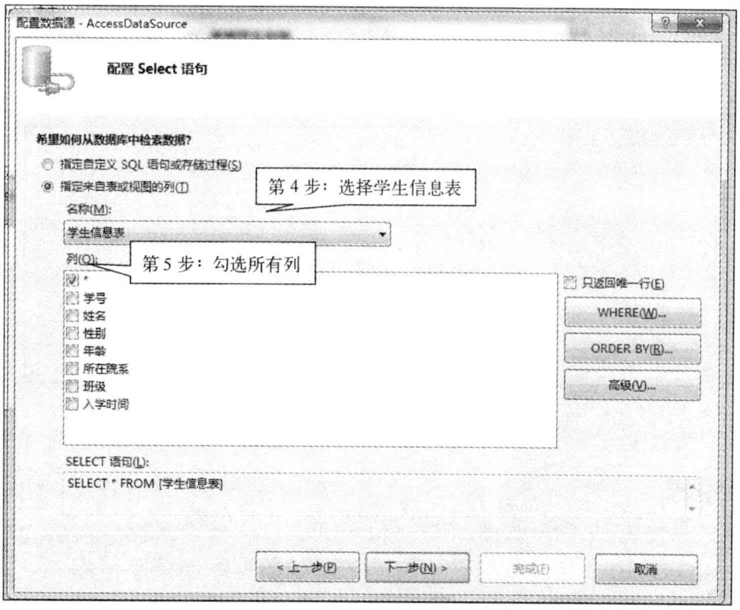

图12-22　指定来自表或视图的列

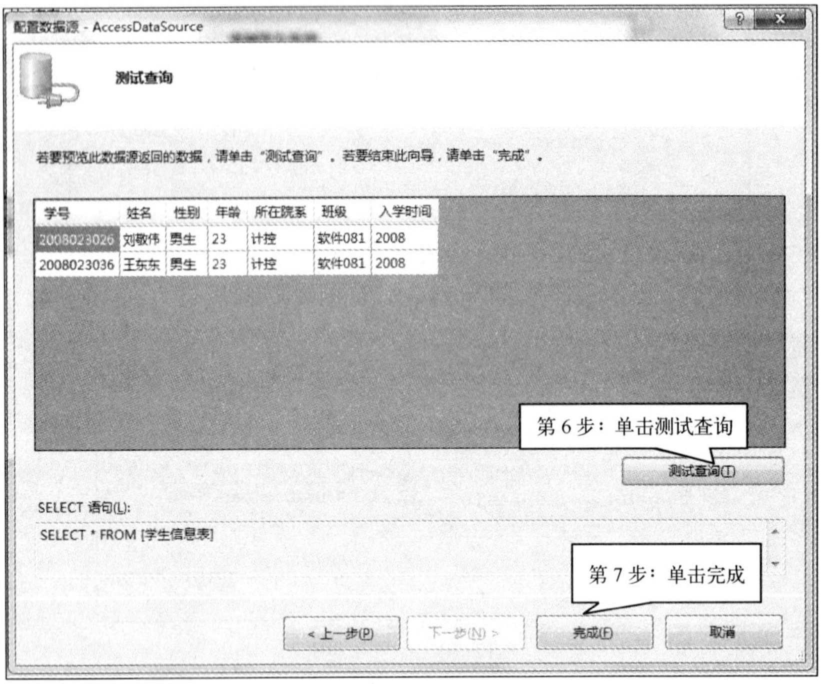

图12-23　测试查询

14．为 SearchStudent.aspx 添加控件

打开 SearchStudent.aspx 文件，在设计模式下添加 GridView 和 AccessDataSource 控件，并修改其属性，控件如表 12-13 所示。最终效果如图 12-24 所示。

表 12-13　控件一览表

序　号	控 件 名 称	需设置的属性	属 性 值
1	SearchGridView	DataSourceID	AccessDataSource
2	AccessDataSource	DataFile	~/App_Data/student.mdb

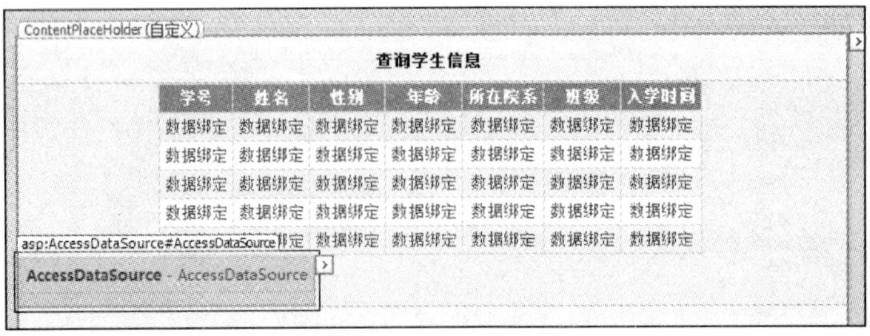

图12-24　为SearchStudent.aspx添加控件

15．设置数据源

设置数据源，具体方法参考步骤 12。

16．修改 web.config 文件，添加默认用户密码和数据库连接字符串

打开 web.config 文件，相关代码注释如表 12-14 所示。

表 12-14　web.config 文件设置默认用户和数据库连接字符串

代　码	注　释
<appSettings>	
<add key="UserName" value="admin"/>	默认用户名
<add key="Password" value="admin"/>	默认用户密码
</appSettings>	
<connectionStrings>	
<add name="StudentDBConnectionString" connectionString="~/App_Data/student.mdb" providerName="System.Data.OleDb" />	数据库连接字符串
</connectionStrings>	

12.2　中级案例：中小企业办公自动化系统

12.1 节中的程序，只是为教学而编写，无论从哪个层面来讲，都只能是初学之后的青涩习作，读者完成上节程序练习之后，不但可以全面掌握 ASP.NET 开发的步骤、方法，更重要的是激发了成功的欲望，进而产生浓厚的学习兴趣。在本书实例环节中安排 12.1 节程序，实为作者运用心理学技巧带领读者步入 ASP.NET 程序员成手之旅的一个过渡环节，但要求读者过了河之后要拆这个桥，即编程时的习惯要按本章实例进行。

本例开发者是本书作者的助手娄喜辉，他是一个专业程序员，他开发了包括本例在内的数百个软件作品，并且很多作品在 51Aspx.com 上发表，该系统是一个完整的实际应用程序，本章以此为例进行中级开发的介绍。

12.2.1　OA 系统简介

传统办公方式，工作烦琐且效率低下，已不能适应现代管理的需要。办公自动化系统是基于工作流的概念，以计算机为中心，采用一系列现代化的办公设备和先进的通信技术，广泛、全面、迅速地收集、整理、加工、存储和使用信息，使企业内部人员方便快捷地共享信息，高效地协同工作，从而达到提高行政效率的目的。办公自动化不仅兼顾个人办公效率，更重要的是可以实现群体协同工作。协同工作意味着要进行信息的交流，工作的协调与合作。如何针对中小企业的办公业务流程，引入办公自动化理念，对于提高现代企业管理水平有着重要意义。

该系统开发平台为 Viusal Studio 2010，数据库采用 SQL Server 2005，开发语言为 ASP.NET，该系统后台设置了三级后台，即管理员、办公人员及职工。

12.2.2　系统主要功能

1．用户权限管理

能对管理员、办公人员及普通用户等多种角色用户进行有效管理，并能设定相应的权限，从而保证系统的安全性与稳定性。

2．人事管理

主要实现对机构部门员工相关人事信息的基本管理及其统计、查询等。

3．日程管理

主要实现公司部门和个人日程的管理，并设置有日程安排提醒功能以及个人日程的综合查询。

4. 文档管理

能实现办公文档从起草到发布整个流程的基本管理，包括在权限管理下的文件上传、下载和打印等服务。

5. 消息传递

实现了公司内部人员相互通信以及即时通报工作会议等，能实现即时消息的在线通知。

6. 考勤管理

能完成员工日常出勤信息的管理，并能对其进行统计分析。

> **小提示：**数据库在系统 App_Data 目录下，数据库名称为 oasystem，首先要附加数据到 SQL Server 2005 或者更高版本的 SQL 中。本例测试帐号：其中管理账号为 admin；密码为 admin；工作人员账号为 lxhslm，密码为 lxhslm；职工账号为 123，密码为 123。

12.2.3 数据库

在开发程序前，先从配套源代码中获取数据文件，在 SQL Server 2005 或更高版本的数据库中将数据库 oasystem 还原，该数据库共有 12 张表，如图 12-25 所示。现以其中的考勤数据表进行讲解。

考勤数据库数据结构十分简单，其考勤实体 E-R 图，如图 12-26 所示。

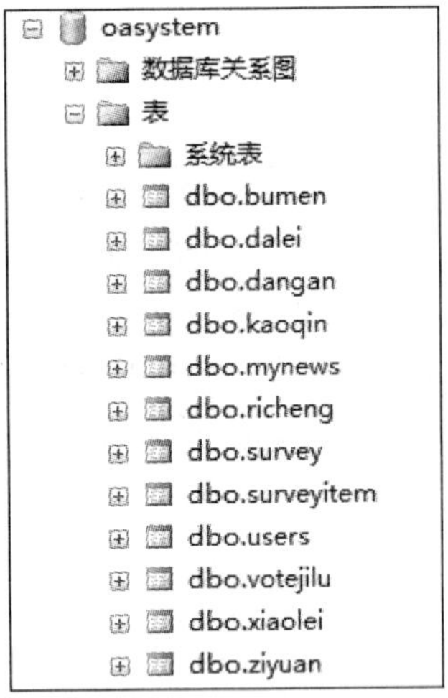

图12-25 OA系统数据库中的全部表

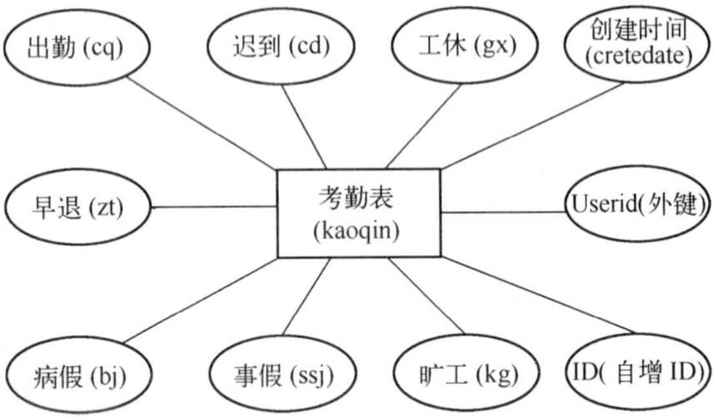

图12-26 考勤实体E-R图

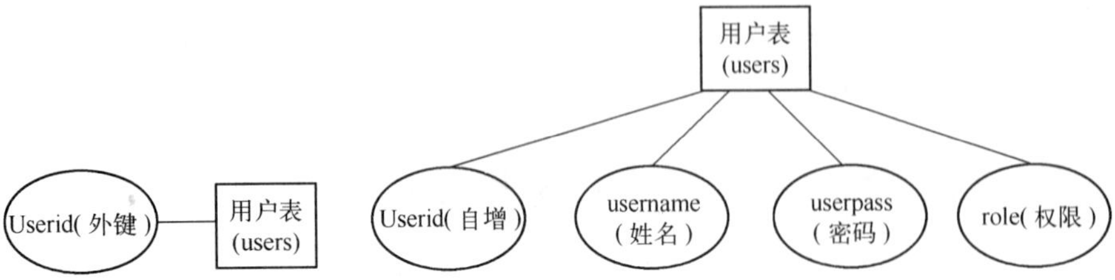

图12-27 考勤外键连接表及结构

12.2.4 系统模块图

系统各模块界面如图 12-28～图 12-43 所示。

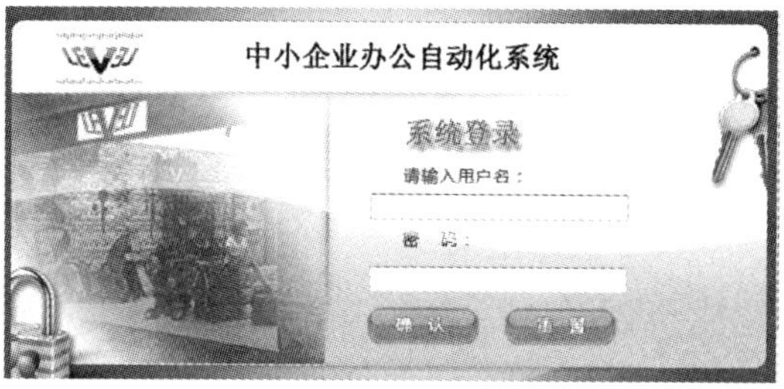

图12-28　登录界面

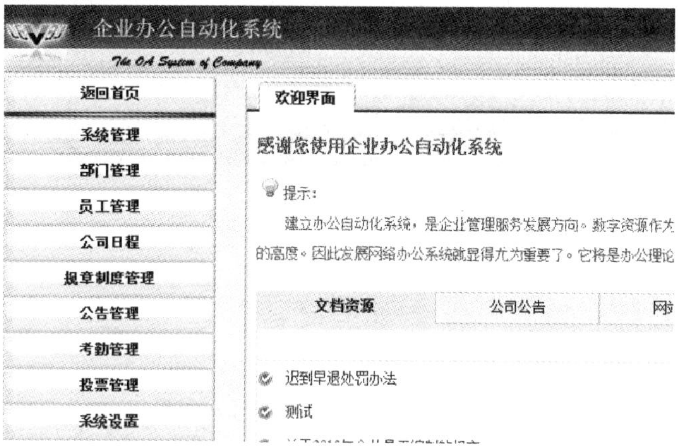

图12-29　Admin登录主页

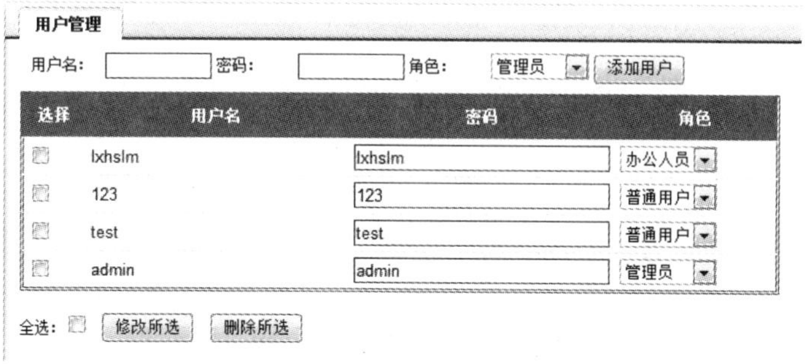

图12-30　系统管理之用户管理模块

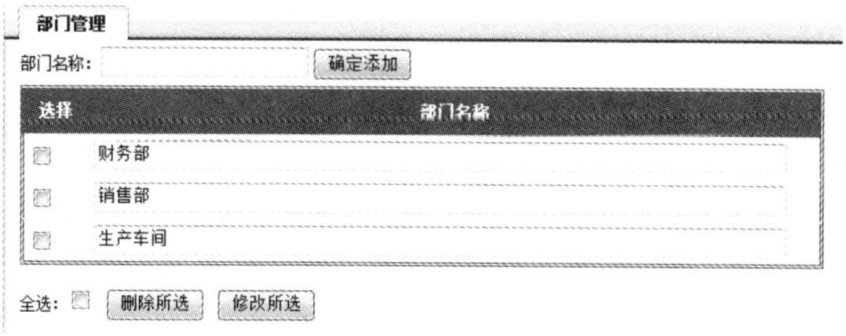

图12-31　部门管理之用户管理模块

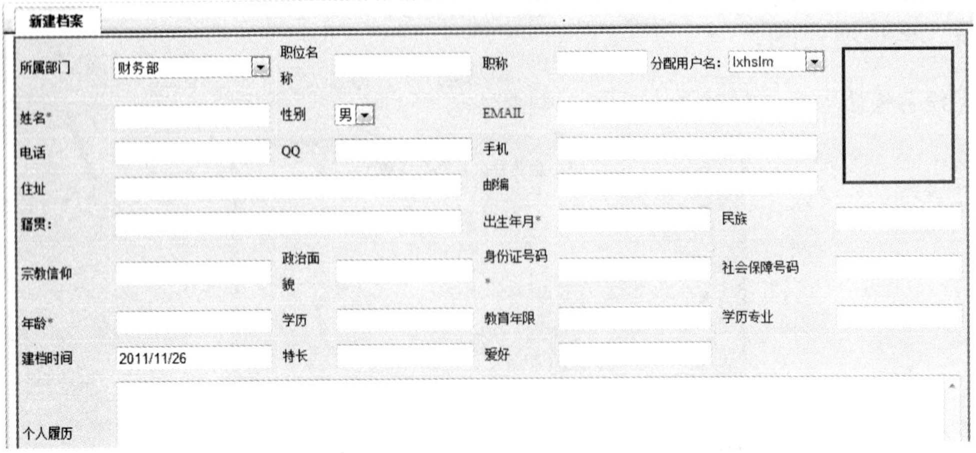

图12-32　员工管理之添加员工信息模块

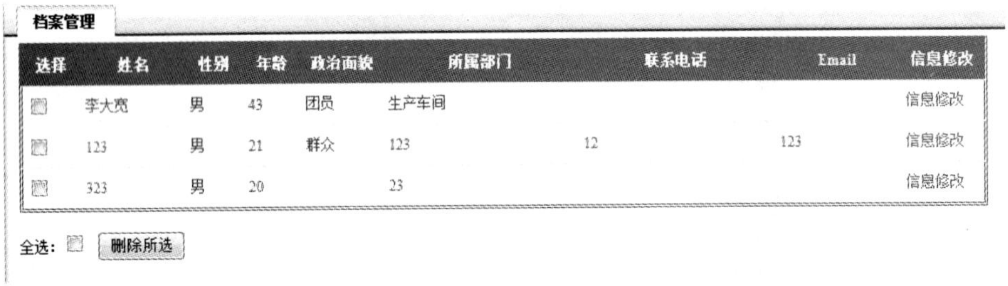

图12-33　员工管理之编辑员工信息模块

图12-34　员工管理之员工信息查询模块

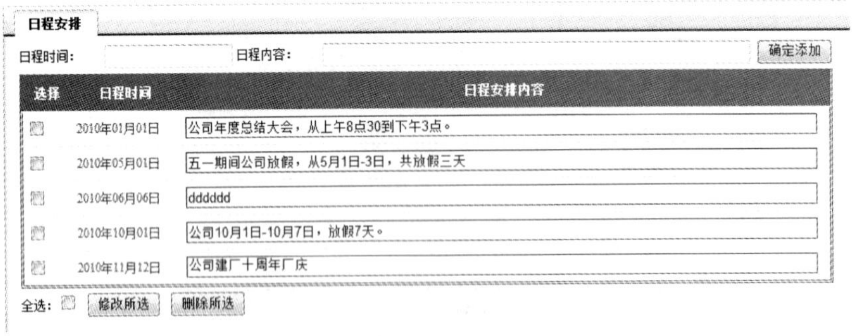

图12-35　公司日程之日程安排模块

图12-36　公司日程之日程查询模块

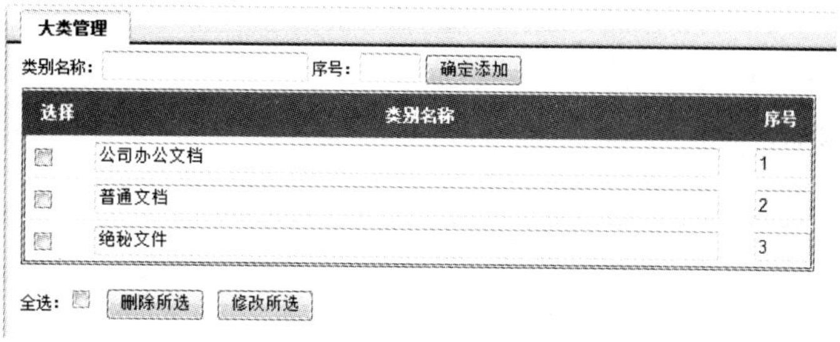

图12-37　规章制度管理之文档大类管理

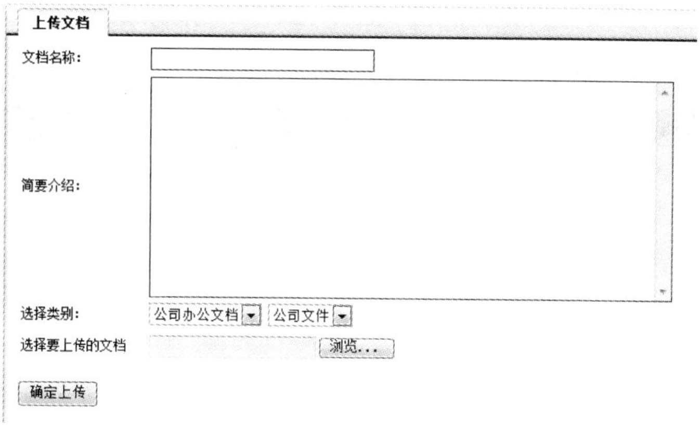

图12-38　规章制度之上传文档模块

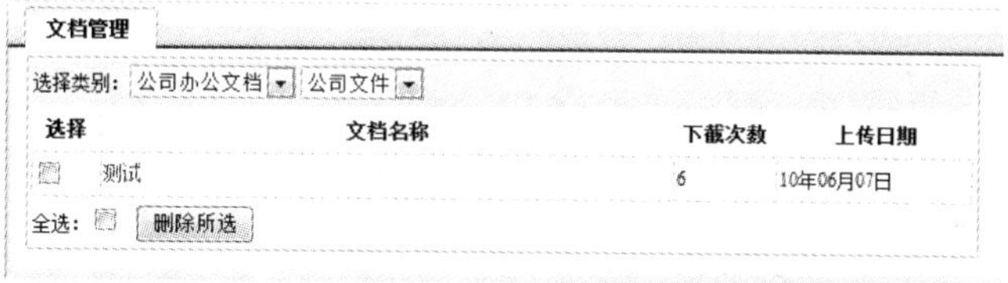

图12-39　规章制度之文档管理模块

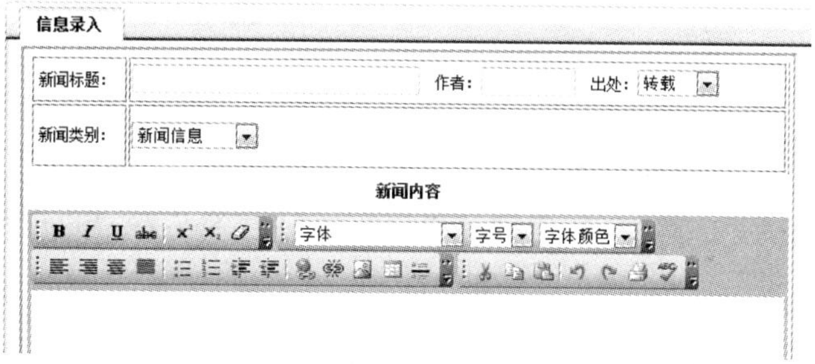

图12-40　公告管理之发布新闻公告模块

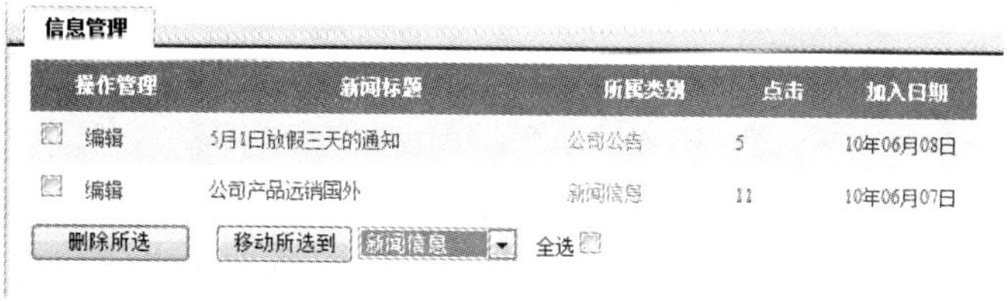

图12-41　公告管理之信息管理模块

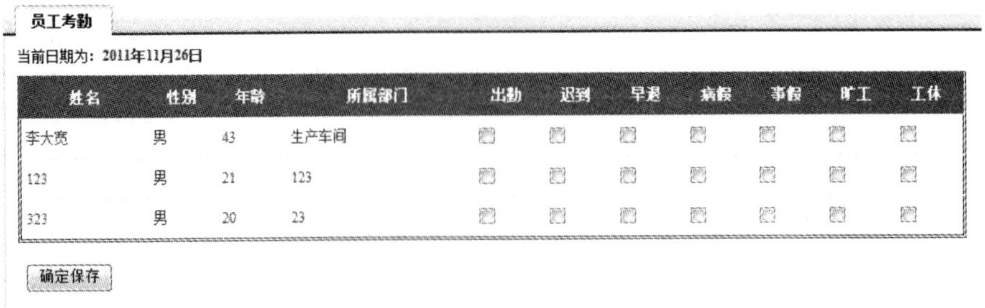

图12-42　考勤管理之员工考勤模块

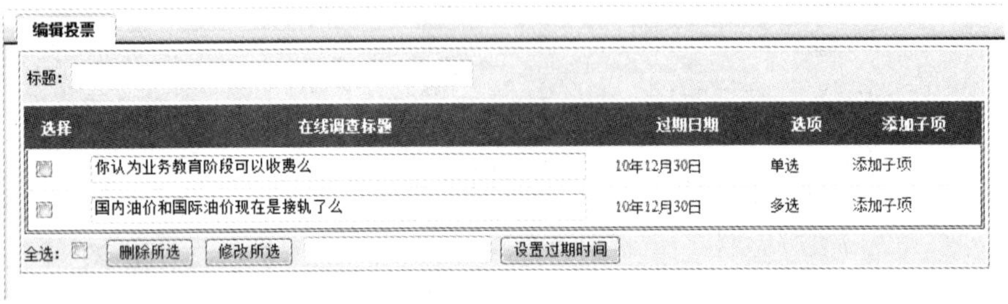

图12-43　投票管理之编辑投票模块

12.2.5　各模块开发

1．登录模块

登录模块如图 12-44 所示。

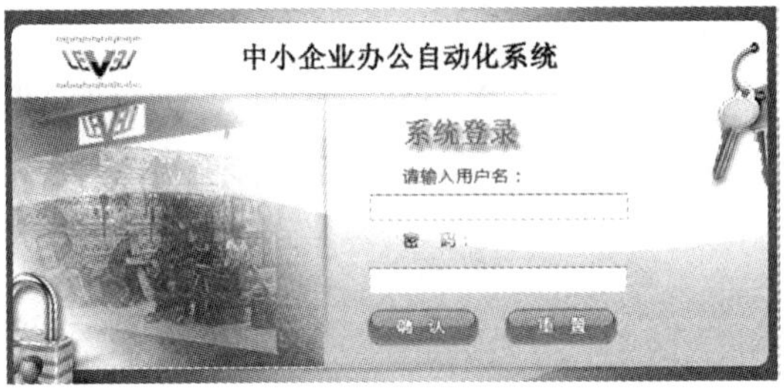

图12-44　登录模块

1）关键代码讲解。在 ImageButton1_Click 单击事件中，通过获取 TextBox1、TextBox2 两个文本框的值进而获取用户名和密码，然后调用自定义方法 SqlGetinfo()进行权限设置选择。

2）程序代码。办公自动化系统/default.aspx.cs 后台代码如下。

```
public partial class _Default : System.Web.UI.Page
{
    protected void Page_Load(object sender, EventArgs e)
{
}
    protected void ImageButton1_Click(object sender, ImageClickEventArgs e)
    {
```

```
                string username=TextBox1.Text.Trim().ToString();
                string userpass=TextBox2.Text.Trim().ToString();
                if(username.Length<1||userpass.Length<1){return;}
                Imuju lxh = new Muju();
                SqlDataReader dr = lxh.SqlGetinfo("select * from users where username='" + username + "'
and userpass='" + userpass + "'");
                if (dr.Read())
                {
                    Session["userid"] = dr["userid"].ToString();
                    Session["username"] = dr["username"].ToString();
                    if (dr["role"].ToString() == "0")
                    {
                        Response.Redirect("main.html");
                    }
                    if (dr["role"].ToString() == "1")
                    {
                        Response.Redirect("b_main.html");
                    }
                    if (dr["role"].ToString() == "2")
                    {
                        Response.Redirect("p_main.html");
                    }
                }
                else
                {
                    lblError.Text = "用户名或密码错误";
                }
            }
        }
```

2. admin 登录模块

管理员登录模块如图 12-45 所示。

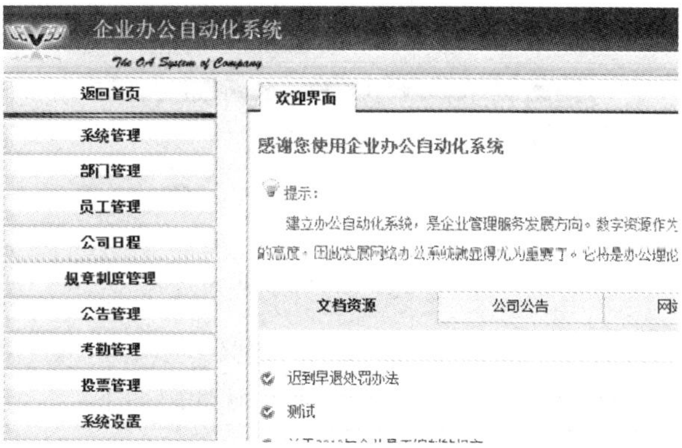

图12-45　管理员登录模块

1）模块讲解。人员登录系统后，首先展现在眼前的页面便是首页，多数情况下，首页显示的均是管理员近期发布的消息或称热门信息。

2）程序代码。办公自动化系统/center.aspx.cs 代码如下。

```
public partial class admin_center : System.Web.UI.Page
{
    zalei lxh = new zalei();
    protected void Page_Load(object sender, EventArgs e)
    {
        if (!Page.IsPostBack)
        {
            showhot();
        }
    }
    //显示热门资源
    private void showhot()
    {
        DataSet ds = lxh.hotziyuan(8);
        GridView1.DataSource = ds.Tables[0].DefaultView;
        GridView1.DataBind();
    }
}
```

3）调取程序自定义方法 hotziyuan()来获取已绑定的数据源。

4）自定义方法代码：办公自动化系统/App_Code/zalei.cs。

```
    //显示热门资源
    public DataSet hotziyuan(int count)
    {
        Imuju lxh = new Muju();
        DataSet ds = lxh.DsGetinfo("select top " + count + " * from ziyuan order by hit desc");
        return ds;
}
```

3. 系统管理之用户管理模块

用户管理模块如图 12-46 所示。

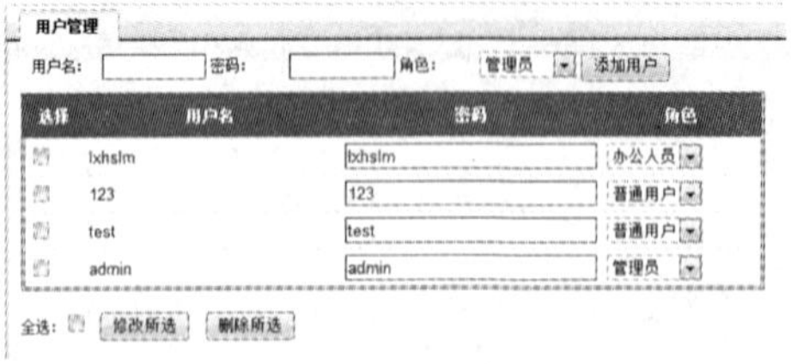

图12-46　用户管理模块

1）模块讲解。模块通过调用 getallusers_ds()自定义方法显示所有用户。

2）程序代码。办公自动化系统/manageuser.aspx.cs 代码如下。

```
public partial class manageuser : System.Web.UI.Page
{
```

```
zalei lxh = new zalei();
protected void Page_Load(object sender, EventArgs e)
{
    if (!Page.IsPostBack)
    {
        bindgridview();
        allroes();
    }
}
//显示用户信息
public void bindgridview()
{
    DataSet ds = lxh.getallusers_ds();
    GridView1.DataSource = ds.Tables[0].DefaultView;
    GridView1.DataBind();
}
//添加用户
protected void Button2_Click(object sender, EventArgs e)
{
    string username = txtusername.Text.Trim().ToString();
    string userpass = txtuserpass.Text.Trim().ToString();
    int role = Int32.Parse(DropDownList1.SelectedValue.ToString());
    if (lxh.judgeuser(username) == 1)
    {
        lblError.Text = "此用户名已经存在,请选用其他用户名";
        return;
    }
    if (username.Length < 1 || userpass.Length < 1)
    {
        lblError.Text = "不能空";
        return;
    }
    lxh.saveusers(username, userpass, role);
    lblError.Text = "保存成功";
    bindgridview();
}
//全选
protected void CheckBox2_CheckedChanged(object sender, EventArgs e)
{
    foreach (GridViewRow row in GridView1.Rows)
    {
        CheckBox cbx = (CheckBox)row.FindControl("CheckBox1");
        if (cbx != null)
        {
            if (CheckBox2.Checked == true)
            {
```

```
                        cbx.Checked = true;
                    }
                    else
                    {
                        cbx.Checked = false;
                    }
                }
            }
        }
        //删除所选
        protected void Button1_Click(object sender, EventArgs e)
        {
            foreach (GridViewRow row in GridView1.Rows)
            {
                CheckBox cbx = (CheckBox)row.FindControl("CheckBox1");
                if (cbx.Checked == true)
                {
                    int userid = Int32.Parse(GridView1.DataKeys[row.RowIndex].Value.ToString());
                    lxh.deluser(userid);
                }
            }
            bindgridview();
        }
        //显示角色
        private void allroes()
        {
            foreach (GridViewRow row in GridView1.Rows)
            {
                DropDownList drp = (DropDownList)row.FindControl("drprole");
                int userid = Int32.Parse(GridView1.DataKeys[row.RowIndex].Value.ToString());
                lxh.showrole(userid, drp);
            }
        }
        //修改所选
        protected void Button3_Click(object sender, EventArgs e)
        {
            int nResult = 0;
            foreach (GridViewRow row in GridView1.Rows)
            {
                CheckBox cbx = (CheckBox)row.FindControl("CheckBox1");
                if (cbx.Checked == true)
                {
                    nResult = 1;
                    int userid = Int32.Parse(GridView1.DataKeys[row.RowIndex].Value.ToString());
                    TextBox tbx = (TextBox)row.FindControl("txtpass");
                    DropDownList drp = (DropDownList)row.FindControl("drprole");
```

```
                    string userpass = tbx.Text.Trim().ToString();
                    int role = Int32.Parse(drp.SelectedValue.ToString());
                    lxh.updateuser(userpass, role, userid);
                }
            }
            if (nResult == 0)
            {
                lblError.Text = "请先选择用户";
            }
            else
            {
                lblError.Text = "修改成功";
            }
        }
    }
```

3）自定义方法代码：办公自动化系统/App_Code/zalei.cs。

```
    //显示所有用户
    public DataSet getallusers_ds()
    {
        Imuju lxh = new Muju();
        DataSet ds = lxh.DsGetinfo("select * from users order by userid desc");
        return ds;
    }
```

4. 部门管理之用户管理模块

部门用户管理模块如图 12-47 所示。

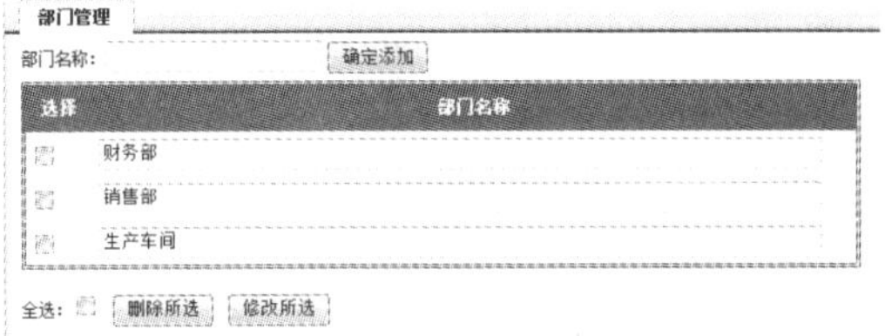

图12-47　部门用户管理模块

1）模块讲解。模块功能添加、修改、删除。

2）程序代码。办公自动化系统/manageubumen.aspx.cs 代码如下。

```
public partial class admin_managedalei : System.Web.UI.Page
{
    zalei lxh = new zalei();
    protected void Page_Load(object sender, EventArgs e)
    {
        if (!Page.IsPostBack)
        {
            bindgridview();
            Button2.Attributes.Add("onclick", "return confirm('你确定要删除所选数据么');");
        }
```

```
}
//取所有大类
private void bindgridview()
{
    DataSet ds = lxh.getbumen();
    GridView1.DataSource = ds.Tables[0].DefaultView;
    GridView1.DataBind();
}
//全选
protected void CheckBox2_CheckedChanged(object sender, EventArgs e)
{
    foreach (GridViewRow row in GridView1.Rows)
    {
        CheckBox cbx = (CheckBox)row.FindControl("CheckBox1");
        if (cbx != null)
        {
            if (CheckBox2.Checked == true)
            {
                cbx.Checked = true;
            }
            else
            {
                cbx.Checked = false;
            }
        }
    }
}
//翻页
protected void GridView1_PageIndexChanging(object sender, GridViewPageEventArgs e)
{
    GridView1.PageIndex = e.NewPageIndex;
    bindgridview();
}
//保存
protected void Button1_Click(object sender, EventArgs e)
{
    lblError.Text = "";
    string bumen = TextBox1.Text.Trim().ToString();
    if (bumen.Length < 1)
    {
        lblError.Text = "名称不能空";
        return;
    }
    lxh.savebumen(bumen);
    bindgridview();
    TextBox1.Text = "";
```

```
        }
        //删除所选
        protected void Button2_Click(object sender, EventArgs e)
        {
            foreach (GridViewRow row in GridView1.Rows)
            {
                CheckBox cbx = (CheckBox)row.FindControl("CheckBox1");
                if (cbx != null)
                {
                    if (cbx.Checked == true)
                    {
                        int ID = Int32.Parse(GridView1.DataKeys[row.RowIndex].Value.ToString());
                        lxh.delbumen(ID);
                    }
                }
            }
            bindgridview();
        }
        //修改
        protected void Button3_Click(object sender, EventArgs e)
        {
            lblError.Text = "";
            foreach (GridViewRow row in GridView1.Rows)
            {
                CheckBox cbx = (CheckBox)row.FindControl("CheckBox1");
                if (cbx != null)
                {
                    if (cbx.Checked == true)
                    {
                        TextBox tbx1 = (TextBox)row.FindControl("txtdalei");
                        string bumen = tbx1.Text.Trim().ToString();
                        int ID=Int32.Parse(GridView1.DataKeys[row.RowIndex].Value.ToString());

                        if (bumen.Length < 1)
                        {
                            lblError.Text = "修改的部门名称不能为空";
                            return;
                        }
                        lxh.updatebumen(ID, bumen);


                    }
                }
            }
            bindgridview();
            lblError.Text = "修改成功";
        }
    }
```

3）自定义方法代码：办公自动化系统/App_Code/zalei.cs 代码如下。

```
        //保存部门
        public void savebumen(string bumen)
        {
            Imuju lxh = new Muju();
            lxh.Executeinfo("insert into bumen(bumen) values('" + bumen + "')");
        }
        //显示所有部门
        public DataSet getbumen()
        {
            Imuju lxh = new Muju();
            DataSet ds = lxh.DsGetinfo("select * from bumen");
            return ds;
        }
        //删除部门
        public void delbumen(int ID)
        {
            Imuju lxh = new Muju();
            lxh.Executeinfo("delete bumen    where ID=" + ID);
        }
        //修改部门
        public void updatebumen(int ID,string bumen)
        {
            Imuju lxh = new Muju();
            lxh.Executeinfo("update bumen set bumen='" + bumen + "' where ID=" + ID);
    }
```

5. 员工管理之添加员工信息模块

添加员工信息模块如图 12-48 所示。

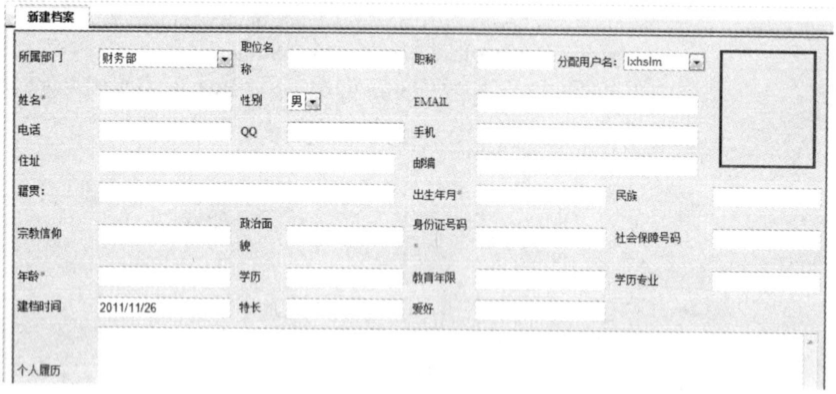

图12-48 添加员工信息模块

1）程序代码。办公自动化系统/dangan.aspx.cs 代码如下。

```
public partial class jigou : System.Web.UI.Page
{
    zalei lxh = new zalei();
    protected void Page_Load(object sender, EventArgs e)
```

```
    {
        if (!Page.IsPostBack)
        {
            bindssbm();
            txtjdsj.Text = System.DateTime.Now.ToShortDateString();//显示录入时间
            lxh.bindusers(drpusers);//绑定用户名
        }
    }
    protected void Button2_Click(object sender, EventArgs e)
    {
        string ssbm = drpssbm.SelectedValue.ToString();
        string zwmc = txtzwmc.Text.Trim().ToString();
        string zc = txtzc.Text.Trim().ToString();
        string xm = txtxm.Text.Trim().ToString();
        string xb = drpxb.SelectedItem.Text.Trim().ToString();
        string email = txtemail.Text.Trim().ToString();
        string dh = txtdh.Text.Trim().ToString();
        string qq = txtqq.Text.Trim().ToString();
        string sj = txtsj.Text.Trim().ToString();
        string zz = txtzz.Text.Trim().ToString();
        string yb = txtyb.Text.Trim().ToString();
        string jg = txtjg.Text.Trim().ToString();

        DateTime csny;
        if (DateTime.TryParse(txtcsny.Text.Trim().ToString(), out csny) == false)
        {
            lblError.Text = "出生年月格式错误,例如:2009/03/12";
            return;
        }
        string mz = txtmz.Text.Trim().ToString();
        string zjxy = txtzjxy.Text.Trim().ToString();
        string zzmm = txtzzmm.Text.Trim().ToString();
        string sfzh = txtsfzh.Text.Trim().ToString();
        string shbzh=txtshbzh.Text.Trim().ToString();
        int nl = 0;
        if (Int32.TryParse(txtnl.Text.Trim().ToString(), out nl) == false)
        {
            lblError.Text = "年龄必须为数字";
            return;
        }
        string xl = txtxl.Text.Trim().ToString();
        string jynx = txtjynx.Text.Trim().ToString();
        string xlzy = txtxlzy.Text.Trim().ToString();
        DateTime jdsj = DateTime.Now;
        string tc = txttc.Text.Trim().ToString();
        string ah = txtah.Text.Trim().ToString();
```

```
            string grji = txtgrjl.Text.Trim().ToString();
            string jtgx = txtjtgx.Text.Trim().ToString();
            string bz = txtbz.Text.Trim().ToString();
            int userid = Int32.Parse(drpusers.SelectedValue.ToString());
            //判断用户名是否重复
            if (lxh.judgeuserid(userid) == 1)
            {
                lblError.Text = "对不起，此用户名已经被使用";
                return;
            }
            if (xm.Length < 2||sfzh.Length<1)
            {
                lblError.Text = "带*号的必需填写";
                return;
            }
            lxh.savedangan(userid,ssbm, zwmc, zc, xm, xb, email, dh, qq, sj, zz, yb, jg, csny, mz, zjxy,
zzmm, sfzh, shbzh, nl, xl, jynx, xlzy, jdsj, tc, ah, grji, jtgx, bz, lblurl.Text.Trim().ToString());

            lblError.Text = "保存成功";
        }
        //上传相片
        protected void Button1_Click(object sender, EventArgs e)
        {
            if (FileUpload1.FileName.Length>3)
            {
                string mypath = Server.MapPath(@"~/pics/");
                string ext = FileUpload1.FileName.Substring(FileUpload1.FileName.LastIndexOf("."));
                string filename = System.DateTime.Now.ToFileTime().ToString() + ext;
                lblurl.Text = filename;
                FileUpload1.SaveAs(mypath + filename);
                lblimg.Text = "<img src='pics/" + filename + "' alt='' width=100 height=120 />";
            }
        }
        //取所有部门
        private void bindssbm()
        {
            drpssbm.Items.Clear();
            DataSet ds = lxh.getbumen();
            for (int i = 0; i < ds.Tables[0].Rows.Count; i++)
            {
                drpssbm.Items.Add(new                     ListItem(ds.Tables[0].Rows[i][1].ToString(),
ds.Tables[0].Rows[i][1].ToString()));
            }
        }
        protected void Button3_Click(object sender, EventArgs e)
        {
```

```
            Response.Redirect("dangan.aspx");
        }
    }
```

2）自定义方法代码。办公自动化系统/App_Code/zalei.cs 代码如下。

```
    //绑定用户名到 drp
        public void bindusers(DropDownList drp)
        {
            Imuju lxh = new Muju();
            SqlDataReader dr = lxh.SqlGetinfo("select * from users order by userid desc");
            drp.Items.Clear();
            while (dr.Read())
            {
                drp.Items.Add(new ListItem(dr["username"].ToString(), dr["userid"].ToString()));
            }
    }
    //判断用户是否重复
        public int judgeuserid(int userid)
        {
            Imuju lxh = new Muju();
            SqlDataReader dr = lxh.SqlGetinfo("select * from dangan where userid=" + userid);
            int nResult = 0;
            if (dr.Read())
            {
                nResult = 1;
            }
            return nResult;
    }
    //显示所有部门
        public DataSet getbumen()
        {
            Imuju lxh = new Muju();
            DataSet ds = lxh.DsGetinfo("select * from bumen");
            return ds;
        }
    //保存档案
        public void savedangan(int userid,string ssbm, string zwmc, string zc, string xm, string xb, string
email, string dh, string qq, string sj, string zz,
            string yb, string jg, DateTime csny, string mz, string zjxy, string zzmm, string sfzh, string
shbzh, int nl, string xl, string jynx,
            string xlzy, DateTime jdsj, string tc, string ah, string grjl, string jtgx, string bz, string imgurl)
        {
            Imuju lxh = new Muju();
            lxh.Executeinfo("insert                                                              into
dangan(userid,ssbm,zwmc,zc,xm,xb,email,dh,qq,sj,zz,yb,jg,csny,mz,zjxy,zzmm,sfzh,shbzh,nl,xl,jynx,xlzy,jdsj,tc,ah,g
rjl,jtgx,bz,imgurl) values(" +
                userid+",'"+
```

```
                ssbm + "','" +
                zwmc + "','" +
                zc + "','" +
                xm + "','" +
                xb + "','" +
                email + "','" +
                dh + "','" +
                qq + "','" +
                sj + "','" +
                zz + "','" +
                yb + "','" +
                jg + "','" +
                csny + "','" +
                mz + "','" +
                zjxy + "','" +
                zzmm + "','" +
                sfzh + "','" +
                shbzh + "'," +
                nl + ",'" +
                xl + "','" +
                jynx + "','" +
                xlzy + "','" +
                jdsj + "','" +
                tc + "','" +
                ah + "','" +
                grjl + "','" +
                jtgx + "','" +
                bz + "','" +
                imgurl + "')");
        }
```

6．员工管理之编辑员工信息模块

编辑员工信息模块如图 12-49 所示。

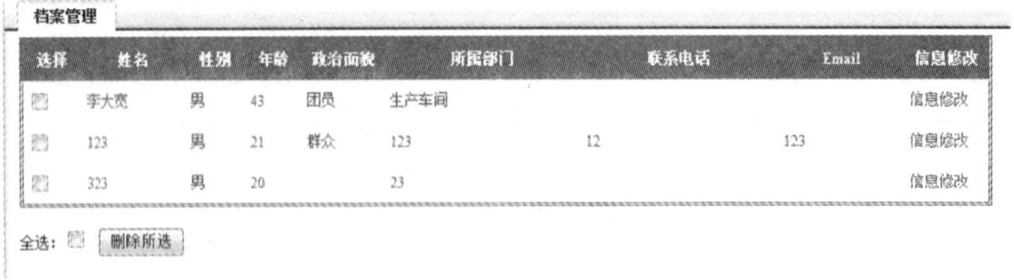

图12-49　编辑员工信息模块

1）模块讲解。修改、删除人员信息。

2）程序代码。办公自动化系统/manageubumen.aspx.cs 代码如下。

```
public partial class managedangan : System.Web.UI.Page
{
    zalei lxh = new zalei();
```

```
protected void Page_Load(object sender, EventArgs e)
{
    if (!Page.IsPostBack)
    {
        bindgridview();
    }
}
//显示档案信息
private void bindgridview()
{
    DataSet ds = lxh.Getdangan_ds();
    GridView1.DataSource = ds.Tables[0].DefaultView;
    GridView1.DataBind();
}
protected void Button1_Click(object sender, EventArgs e)
{
    int nResult = 0;
    foreach (GridViewRow row in GridView1.Rows)
    {
        CheckBox cbx = (CheckBox)row.FindControl("CheckBox1");
        if (cbx != null)
        {
            if (cbx.Checked == true)
            {
                nResult = 1;
                int danganid =
Int32.Parse(GridView1.DataKeys[row.RowIndex].Value.ToString());
                lxh.deldangan(danganid);
            }
        }
    }
    bindgridview();
}
//全选
protected void CheckBox2_CheckedChanged(object sender, EventArgs e)
{
    foreach (GridViewRow row in GridView1.Rows)
    {
        CheckBox cbx = (CheckBox)row.FindControl("CheckBox1");
        if (cbx != null)
        {
            if (CheckBox2.Checked == true)
            {
                cbx.Checked = true;
            }
            else
```

```
                    {
                        cbx.Checked = false;
                    }
                }
            }
        }
        //翻页
        protected void GridView1_PageIndexChanging(object sender, GridViewPageEventArgs e)
        {
            GridView1.PageIndex = e.NewPageIndex;
            bindgridview();
        }
    }
```

3）自定义方法代码。办公自动化系统/App_Code/zalei.cs 代码如下。

```
        //取所有档案信息
        public DataSet Getdangan_ds()
        {
            Imuju lxh=new Muju();
            DataSet ds=lxh.DsGetinfo("select * from dangan order by jdsj desc");
            return ds;
    }
      //删除档案
        public void deldangan(int danganid)
        {
            Imuju lxh = new Muju();
            lxh.Executeinfo("delete dangan where danganid=" + danganid);
      }
```

7. 员工管理之员工信息查询模块

信息查询模块如图 12-50 所示。

图12-50　信息查询模块

1）模块讲解。选择查询条件，输入关键字，进行查询。

2）程序代码。办公自动化系统/chaxundangan.aspx.cs 代码如下。

```
public partial class managedangan : System.Web.UI.Page
{
    zalei lxh = new zalei();
    protected void Page_Load(object sender, EventArgs e)
    {
    }
    //显示档案信息
    private void bindgridview()
    {
```

```
            DataSet ds = lxh.Getdangan_ds();
            GridView1.DataSource = ds.Tables[0].DefaultView;
            GridView1.DataBind();
        }
        //翻页
        protected void GridView1_PageIndexChanging(object sender, GridViewPageEventArgs e)
        {
            GridView1.PageIndex = e.NewPageIndex;
            bindgridview();
        }
        //确定查询
        protected void Button1_Click(object sender, EventArgs e)
        {
            if (RadioButtonList1.SelectedIndex == 0)
            {
                bindgridview();
            }
            else
            {
                string tiaojian = TextBox1.Text.Trim().ToString();
                string ziduan = RadioButtonList1.SelectedValue.ToString();
                if (tiaojian.Length < 1)
                {
                    lblError.Text = "请输入查询条件";
                    return;
                }
                lxh.chaxuntiaojiao(ziduan, tiaojian, GridView1);
            }
            if (GridView1.Rows.Count == 0)
            {
                lblError.Text = "对不起，没有符合你的条件记录";
            }
            else
            {
                lblError.Text = "找到符合您的条件的共有<font color='blue'>[" +
GridView1.Rows.Count.ToString() + "]</font>人";
            }
        }
        //选择
        protected void RadioButtonList1_SelectedIndexChanged(object sender, EventArgs e)
        {
            lblError.Text = "";
            GridView1.DataSource = null;
            GridView1.DataBind();
        }
    }
```

3）自定义方法代码：办公自动化系统/App_Code/zalei.cs 代码如下。

```
        //按字段和条件查询
          public void chaxuntiaojiao(string ziduan, string tiaojian,GridView gw)
          {
              Imuju lxh = new Muju();
              DataSet ds = lxh.DsGetinfo("select * from dangan where " + ziduan + " like '%" + tiaojian +
"%'");
              gw.DataSource = ds.Tables[0].DefaultView;
              gw.DataBind();
        }
```

8．公司日程之日程安排模块

日程安排模块如图 12-51 所示。

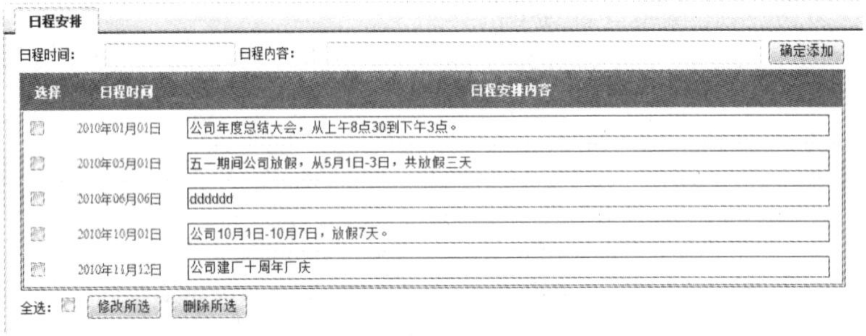

图12-51　日程安排模块

1）模块讲解。添加、删除、修改日程。

2）程序代码。办公自动化系统/gsricheng.aspx.cs 代码如下。

```
        public partial class gsricheng : System.Web.UI.Page
        {
            anpai lxh = new anpai();
            protected void Page_Load(object sender, EventArgs e)
            {
                if (!Page.IsPostBack)
                {
                    bindgridview();
                }
            }
            //显示日程安排
            private void bindgridview()
            {
                DataSet ds = lxh.showricheng(0);
                GridView1.DataSource = ds.Tables[0].DefaultView;
                GridView1.DataBind();
            }
            //确定添加
            protected void Button1_Click(object sender, EventArgs e)
            {
                lblError.Text = "";
                string richeng = txtricheng.Text.Trim().ToString();
```

```
        DateTime dt;
        if (richeng.Length < 1)
        {
            lblError.Text = "日程安排内容不能为空";
            return;
        }
        if (DateTime.TryParse(txtdate.Text.Trim().ToString(), out dt) == false)
        {
            lblError.Text = "日期格式不正确";
            return;
        }
        lxh.savericheng(dt, richeng, 0);
        bindgridview();
    }
    //修改所选
    protected void Button2_Click(object sender, EventArgs e)
    {
        lblError.Text = "";
        int nResult = 0;
        foreach (GridViewRow row in GridView1.Rows)
        {
            CheckBox cbx = (CheckBox)row.FindControl("CheckBox1");
            if (cbx.Checked == true)
            {
                nResult = 1;
                int richengid = Int32.Parse(GridView1.DataKeys[row.RowIndex].Value.ToString());
                TextBox tbx = (TextBox)row.FindControl("TextBox1");
                string richeng = tbx.Text.Trim().ToString();
                lxh.updatericheng(richengid, richeng);
            }
        }
        if (nResult == 0)
        {
            lblError.Text = "请选择要修改的选项";
            return;
        }
        lblError.Text = "修改成功";
        bindgridview();
    }
    //全选
    protected void CheckBox2_CheckedChanged(object sender, EventArgs e)
    {
        foreach (GridViewRow row in GridView1.Rows)
        {
            CheckBox cbx = (CheckBox)row.FindControl("CheckBox1");
            if (cbx != null)
            {
                if (CheckBox2.Checked == true)
```

```
                        {
                            cbx.Checked = true;
                        }
                        else
                        {
                            cbx.Checked = false;
                        }
                    }
                }
            }
            //删除所选
            protected void Button3_Click(object sender, EventArgs e)
            {
                int nResult = 0;
                foreach (GridViewRow row in GridView1.Rows)
                {
                    CheckBox cbx = (CheckBox)row.FindControl("CheckBox1");
                    if (cbx.Checked == true)
                    {
                        nResult = 1;
                        int richengid = Int32.Parse(GridView1.DataKeys[row.RowIndex].Value.ToString());
                        lxh.delricheng(richengid);
                    }
                }
                if (nResult == 0)
                {
                    lblError.Text = "请选择要删除的选项";
                    return;
                }
                bindgridview();
            }
        }
```

3）自定义方法代码：办公自动化系统/App_Code/zalei.cs 代码如下。

```
        //显示公司日程安排
            public DataSet showricheng(int jibie)
            {
                Imuju lxh = new Muju();
                DataSet ds = lxh.DsGetinfo("select * from richeng where jibie=" + jibie + " order by
createdate");
                return ds;
            }
        //保存公司日程安排
            public void savericheng(DateTime dt, string richeng, int jibie)
            {
                Imuju lxh = new Muju();
                lxh.Executeinfo("insert into richeng(createdate,richeng,jibie) values('" +
                    dt + "','" +
```

```
                richeng + "'," +
                jibie + ")");
    }
    //修改日程安排
        public void updatericheng(int richengid, string richeng)
        {
            Imuju lxh = new Muju();
            lxh.Executeinfo("update richeng set richeng='" + richeng + "' where richengid=" + richengid);
    }
    //删除日程安排
        public void delricheng(int richengid)
        {
            Imuju lxh = new Muju();
            lxh.Executeinfo("delete richeng where richengid=" + richengid);
    }
```

9. 公司日程之日程查询模块

日程查询模块如图 12-52 所示。

图12-52　日程查询模块

1）模块讲解。选择查询条件，输入关键字，进行查询。

2）程序代码。办公自动化系统/ gsrichengchaxun.aspx.cs 代码如下。

```
public partial class gsricheng : System.Web.UI.Page
{
    anpai lxh = new anpai();
    protected void Page_Load(object sender, EventArgs e)
    {
        if (!Page.IsPostBack)
        {
        }
    }
    //显示日程安排
    private void bindgridview(DateTime dt1,DateTime dt2)
    {
        DataSet ds = lxh.showgsricheng(dt1, dt2);
        GridView1.DataSource = ds.Tables[0].DefaultView;
        GridView1.DataBind();
    }
    //确定添加
    protected void Button1_Click(object sender, EventArgs e)
    {
        lblError.Text = "";
        GridView1.DataSource = null;
```

```
                GridView1.DataBind();
                DateTime dt1, dt2;
                if (DateTime.TryParse(txtdate1.Text.Trim().ToString(), out dt1) == false)
                {
                    lblError.Text = "开始日期格式不正确";
                    return;
                }
                if (DateTime.TryParse(txtdate2.Text.Trim().ToString(), out dt2) == false)
                {
                    lblError.Text = "截止日期格式不正确";
                    return;
                }
                if (dt1 > dt2)
                {
                    lblError.Text = "开始日期不能大于截止日期";
                    return;
                }
                bindgridview(dt1,dt2);
                if (GridView1.Rows.Count == 0)
                {
                    lblError.Text = "你查询的时间段内，公司暂时没有日程安排";
                }
            }
        }
```

3）自定义方法代码：办公自动化系统/App_Code/zalei.cs 代码如下。

```
            //按时间查询公司日程
            public DataSet showgsricheng(DateTime dt1, DateTime dt2)
            {
                Imuju lxh = new Muju();
                DataSet ds = lxh.DsGetinfo("select * from richeng where jibie=0 and createdate>='" + dt1 + "'
and createdate<='" + dt2 + "'");
                return ds;
        }
```

10．规章制度管理之文档大类管理

文档大类管理如图 12-53 所示。

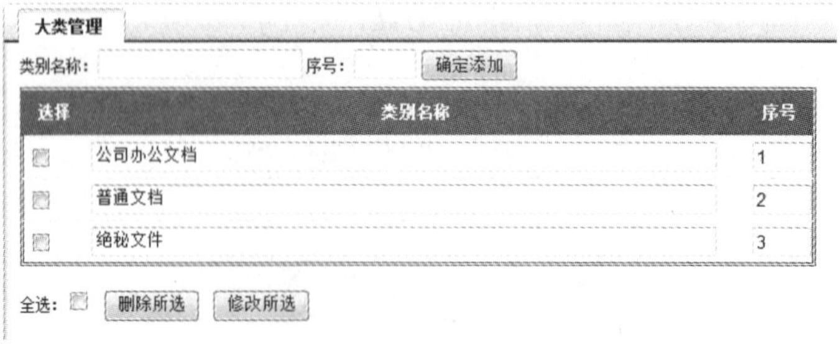

图12-53　文档大类管理模块

1）模块讲解。添加、删除、修改文档类。

2）程序代码。办公自动化系统/ managedalei.aspx.cs 代码如下。

```
public partial class admin_managedalei : System.Web.UI.Page
{
    zalei lxh = new zalei();
    protected void Page_Load(object sender, EventArgs e)
    {
        if (!Page.IsPostBack)
        {
            bindgridview();
            Button2.Attributes.Add("onclick", "return confirm('你确定要删除所选数据么');");
        }
    }
    //取所有大类
    private void bindgridview()
    {
        DataSet ds = lxh.getdalei_ds("dalei");
        GridView1.DataSource = ds.Tables[0].DefaultView;
        GridView1.DataBind();
    }
    //全选
    protected void CheckBox2_CheckedChanged(object sender, EventArgs e)
    {
        foreach (GridViewRow row in GridView1.Rows)
        {
            CheckBox cbx = (CheckBox)row.FindControl("CheckBox1");
            if (cbx != null)
            {
                if (CheckBox2.Checked == true)
                {
                    cbx.Checked = true;
                }
                else
                {
                    cbx.Checked = false;
                }
            }
        }
    }
    //翻页
    protected void GridView1_PageIndexChanging(object sender, GridViewPageEventArgs e)
    {
        GridView1.PageIndex = e.NewPageIndex;
        bindgridview();
    }
    //保存
    protected void Button1_Click(object sender, EventArgs e)
    {
        lblError.Text = "";
```

```
        string dalei = TextBox1.Text.Trim().ToString();
        int orderid = 0;
        if (dalei.Length < 1)
        {
            lblError.Text = "不能空";
            return;
        }
        if (Int32.TryParse(TextBox2.Text.Trim().ToString(), out orderid) == false)
        {
            lblError.Text = "序号要为数字";
            return;
        }
        lxh.savedalei(dalei, orderid);
        bindgridview();
        TextBox1.Text = "";
        TextBox2.Text = "";
    }
    //删除所选
    protected void Button2_Click(object sender, EventArgs e)
    {
        foreach (GridViewRow row in GridView1.Rows)
        {
            CheckBox cbx = (CheckBox)row.FindControl("CheckBox1");
            if (cbx != null)
            {
                if (cbx.Checked == true)
                {
                    int ID = Int32.Parse(GridView1.DataKeys[row.RowIndex].Value.ToString());
                    lxh.deldalei(ID);
                }
            }
        }
        bindgridview();
    }
    //修改
    protected void Button3_Click(object sender, EventArgs e)
    {
        lblError.Text = "";
        foreach (GridViewRow row in GridView1.Rows)
        {
            CheckBox cbx = (CheckBox)row.FindControl("CheckBox1");
            if (cbx != null)
            {
                if (cbx.Checked == true)
                {
                    TextBox tbx1 = (TextBox)row.FindControl("txtdalei");
                    TextBox tbx2 = (TextBox)row.FindControl("txtorderid");
                    string dalei = tbx1.Text.Trim().ToString();
```

```
                    int ID=Int32.Parse(GridView1.DataKeys[row.RowIndex].Value.ToString());
                    int orderid = 0;
                    if (Int32.TryParse(tbx2.Text.Trim().ToString(), out orderid) == false)
                    {
                        lblError.Text = "所要修改的序号必须为数字";
                        return;
                    }
                    if (dalei.Length < 1)
                    {
                        lblError.Text = "修改的类别名称不能为空";
                        return;
                    }

                    lxh.updatedalei(dalei, orderid, ID);
                }
            }
        }
        bindgridview();
        lblError.Text = "修改成功";
    }
}
```

3）自定义方法代码。办公自动化系统/App_Code/zalei.cs 代码如下。

```
//取所有类
    public DataSet getdalei_ds(string data)
    {
        Imuju lxh = new Muju();
        DataSet ds = lxh.DsGetinfo("select * from " + data + " order by orderid");
        return ds;
}
//保存大别
    public void savedalei(string dalei, int orderid)
    {
        Imuju lxh = new Muju();
        lxh.Executeinfo("insert into dalei(dalei,orderid) values('" +
            dalei + "'," +
            orderid + ")");
}
//删除大类别
    public void deldalei(int ID)
    {
        Imuju lxh = new Muju();
        lxh.Executeinfo("delete dalei where ID=" + ID);
}
//修改大类
    public void updatedalei(string dalei, int orderid, int ID)
    {
        Imuju lxh = new Muju();
        lxh.Executeinfo("update dalei set " +
```

```
                "dalei='" + dalei + "'," +
                "orderid=" + orderid + " where ID=" + ID);
    }
```

11．规章制度之上传文档模块

上传文档模块如图 12-54 所示。

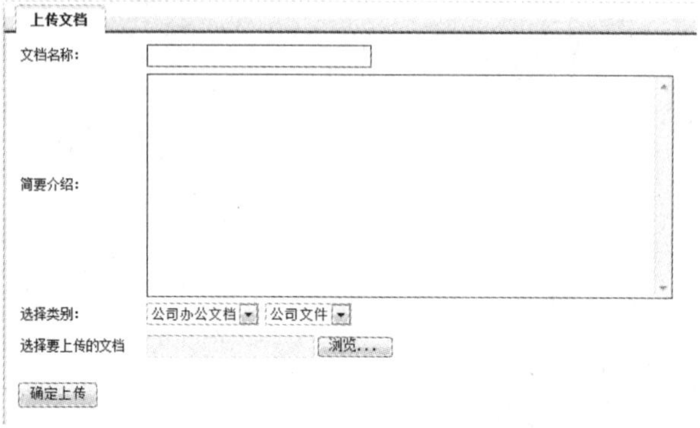

图12-54　上传文档模块

1）程序代码。办公自动化系统/ inputziyuan.aspx.cs 代码如下。

```
public partial class Admin_inputziyuan : System.Web.UI.Page
{
    zalei lxh = new zalei();
    protected void Page_Load(object sender, EventArgs e)
    {
        if (!Page.IsPostBack)
        {
            showdrp();
            showxiaolei();
        }
    }
    //上传资源
    protected void Button1_Click(object sender, EventArgs e)
    {
        string title = txttitle.Text.Trim().ToString();
        string content = txtcontent.Text.Trim().ToString();
        int parrentid = -1;
        try
        {
            parrentid = Int32.Parse(DropDownList2.SelectedValue.ToString());
        }
        catch
        {
            lblError.Text = "对不起，请先添加小类";
            return;
        }
        if (title.Length < 1 || content.Length < 1)
```

```
            {
                lblError.Text = "标题和简介不能空";
                return;
            }
            string filename = FileUpload1.FileName;

            lblurl.Text = filename;
            string zyurl = lblurl.Text.Trim().ToString();
            if (zyurl.Length < 1)
            {
                lblError.Text = "请选择上传资源";
                return;
            }
            string ext=zyurl.Substring(zyurl.LastIndexOf(".")+1);
                string filepath = Server.MapPath(@"~/ziyuan/") + filename;
                FileUpload1.SaveAs(filepath);
                lxh.uploadziyuan(title, content, parrentid, zyurl);
                lblError.Text = "上传成功";
                clearall();
        }
        //清空
        private void clearall()
        {
            txtcontent.Text = "";
            txttitle.Text = "";
            lblurl.Text = "";
        }
        //大类
        protected void DropDownList1_SelectedIndexChanged(object sender, EventArgs e)
        {
            showxiaolei();
        }
        //显示大类
        private void showdrp()
        {
            SqlDataReader dr = lxh.getdalei_sql();
            DropDownList1.Items.Clear();
            while (dr.Read())
            {
                DropDownList1.Items.Add(new ListItem(dr["dalei"].ToString(), dr["ID"].ToString()));
            }
        }
        //显示小类
        private void showxiaolei()
        {
            lblError.Text = "";
```

```
            int parrentid = -1;
            if (DropDownList1.Items.Count > 0)
            {
                parrentid = Int32.Parse(DropDownList1.SelectedValue.ToString());
            }
            SqlDataReader dr = lxh.getxiaolei_sql(parrentid);
            DropDownList2.Items.Clear();
            while (dr.Read())
            {
                DropDownList2.Items.Add(new ListItem(dr["xiaolei"].ToString(), dr["ID"].ToString()));
            }
            if (DropDownList2.Items.Count == 0)
            {
                lblError.Text = "请选添加这个大类下的小类";
            }
        }
    }
```

2）自定义方法代码。办公自动化系统/App_Code/zalei.cs 代码如下。

```
    //上传资源
        public void uploadziyuan(string title, string content, int parrentid, string zyurl)
        {
            Imuju lxh = new Muju();
            lxh.Executeinfo("insert into ziyuan(title,content,parrentid,zyurl,createdate) values('" +
                title + "','" +
                content + "'," +
                parrentid + ",'" +
                zyurl + "',GetDate())");
        }
    //取所有类
        public SqlDataReader getdalei_sql()
        {
            Imuju lxh = new Muju();
            SqlDataReader dr = lxh.SqlGetinfo("select * from dalei order by orderid");
            return dr;
    }
    //按上级类取小类
        public SqlDataReader getxiaolei_sql(int parrentid)
        {
            Imuju lxh = new Muju();
            SqlDataReader dr = lxh.SqlGetinfo("select * from xiaolei where parrentid=" + parrentid + "
order by orderid");
            return dr;
    }
```

12．规章制度之文档管理模块

规章制度管理如图 12-55 所示。

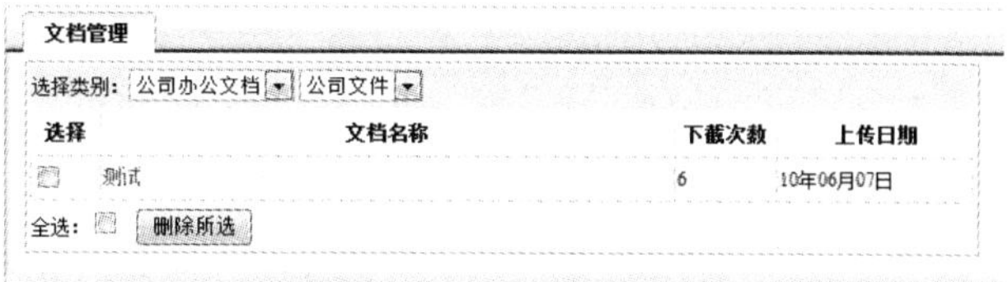

图12-55　规章制度管理模块

1）程序代码。办公自动化系统/ manageziyuan.aspx.cs 代码如下。

```
public partial class Admin_manageziyuan : System.Web.UI.Page
{
    zalei lxh = new zalei();
    protected void Page_Load(object sender, EventArgs e)
    {
        if (!Page.IsPostBack)
        {
            showdrp();
            showxiaolei();
            bindgridview();
        }
    }
   //全选
    protected void CheckBox2_CheckedChanged(object sender, EventArgs e)
    {
        for (int i = 0; i <= GridView1.Rows.Count - 1; i++)
        {
            CheckBox cbox = (CheckBox)GridView1.Rows[i].FindControl("CheckBox1");
            if (CheckBox2.Checked == true)
            {
                cbox.Checked = true;
            }
            else
            {
                cbox.Checked = false;
            }
        }
    }
    //翻页
    protected void GridView1_PageIndexChanging(object sender, GridViewPageEventArgs e)
    {
        GridView1.PageIndex = e.NewPageIndex;
        bindgridview();
    }
    //绑定控件
    private void bindgridview()
    {
        if (DropDownList2.Items.Count == 0)
        {
            GridView1.DataSource = null;
```

```
                GridView1.DataBind();
            }
            else
            {
                int parrentid = Int32.Parse(DropDownList2.SelectedValue.ToString());
                DataSet ds = lxh.showziyuan_ds(parrentid);
                GridView1.DataSource = ds.Tables[0].DefaultView;
                GridView1.DataBind();
            }
        }
        protected void RadioButtonList1_SelectedIndexChanged(object sender, EventArgs e)
        {
            bindgridview();
        }
        //删除
        protected void Button1_Click(object sender, EventArgs e)
        {
            foreach (GridViewRow row in GridView1.Rows)
            {
                CheckBox cbx = (CheckBox)row.FindControl("CheckBox1");
                if (cbx != null)
                {
                    if (cbx.Checked == true)
                    {
                        int zyid = Int32.Parse(GridView1.DataKeys[row.RowIndex].Value.ToString());
                        lxh.delziyuan(zyid);
                    }
                }
            }
            bindgridview();
        }
        //显示大类
        private void showdrp()
        {
            SqlDataReader dr = lxh.getdalei_sql();
            DropDownList1.Items.Clear();
            while (dr.Read())
            {
                DropDownList1.Items.Add(new ListItem(dr["dalei"].ToString(), dr["ID"].ToString()));
            }
        }
        //显示小类
        private void showxiaolei()
        {
            lblError.Text = "";
            int parrentid = -1;
            if (DropDownList1.Items.Count > 0)
            {
```

```
                parrentid = Int32.Parse(DropDownList1.SelectedValue.ToString());
            }
            SqlDataReader dr = lxh.getxiaolei_sql(parrentid);
            DropDownList2.Items.Clear();
            while (dr.Read())
            {
                DropDownList2.Items.Add(new ListItem(dr["xiaolei"].ToString(), dr["ID"].ToString()));
            }
            if(DropDownList2.Items.Count==0)
            {
                lblError.Text = "请先添加这个大类下的小类";

            }
        }
        //选择大类
        protected void DropDownList1_SelectedIndexChanged(object sender, EventArgs e)
        {
            showxiaolei();
            bindgridview();
        }
        //选择小类
        protected void DropDownList2_SelectedIndexChanged(object sender, EventArgs e)
        {
            bindgridview();
        }
    }
```

2）自定义方法代码。办公自动化系统/App_Code/zalei.cs 代码如下。

```
    //显示小类下的资源
        public DataSet showziyuan_ds(int parrentid)
        {
            Imuju lxh = new Muju();
            DataSet ds = lxh.DsGetinfo("select * from ziyuan where parrentid=" + parrentid + " order by
createdate desc");
            return ds;
    }
    //删除资源
        public void delziyuan(int zyid)
        {
            Imuju lxh = new Muju();
            lxh.Executeinfo("delete ziyuan where zyid=" + zyid);
    }
    //取所有类
        public SqlDataReader getdalei_sql()
        {
            Imuju lxh = new Muju();
            SqlDataReader dr = lxh.SqlGetinfo("select * from dalei order by orderid");
            return dr;
    }
```

```
        //按上级类取小类
            public SqlDataReader getxiaolei_sql(int parrentid)
            {
                Imuju lxh = new Muju();
                SqlDataReader dr = lxh.SqlGetinfo("select * from xiaolei where parrentid=" + parrentid + " order by orderid");
                return dr;
        }
```

13．公告管理之发布新闻公告模块

发布新闻公告如图 12-56 所示。

图12-56　发布新闻公告模块

1）程序代码。办公自动化系统/Inputnews.aspx.cs 代码如下。

```
public partial class manage_Inputproduct : System.Web.UI.Page
{
    zalei lxh = new zalei();
    protected void Page_Load(object sender, EventArgs e)
    {

        if (!Page.IsPostBack)
        {
        }
    }
    protected void Button1_Click(object sender, EventArgs e)
    {
        string title = txtTitle.Text.ToString().Trim();
        string content = FreeTextBox1.Text.ToString();
        string author = txtAuthor.Text.ToString();
        string chuchu = drpChuchu.SelectedValue.ToString();
        string leibie = DrpLeibie.SelectedValue.ToString();
        if (title.Length < 1 || content.Length < 1)
        {
            lblError.Text = "标题和内容不能为空，请认真填写！";
            return;
        }
        int nResult = lxh.Insertnews(title, content, author, chuchu, leibie);
        if (nResult == 1)
        {
```

```
                    lblError.Text = "新闻添加成功！ ";
                    txtAuthor.Text = "";
                    txtTitle.Text = "";
                    FreeTextBox1.Text = "";
                }
                else
                {
                    lblError.Text = "添加失败！ ";
                }
            }
        }
```

2）自定义方法代码。办公自动化系统/App_Code/zalei.cs 代码如下。

```
        //添加新闻
            public int Insertnews(string sTitle, string sContent, string sAuthor, string sChuchu, string sLeibie)
            {
                Imuju lxh = new Muju();
                int nResult = -1;
                nResult = lxh.Executeinfo("INSERT INTO
Mynews(Title,Content,Author,Chuchu,Leibie,Createdate) VALUES('" +
                    sTitle + "','" +
                    sContent + "','" +
                    sAuthor + "','" +
                    sChuchu + "','" +
                    sLeibie + "',GetDate())");
                return nResult;
        }
```

14．公告管理之信息管理模块

信息管理模块如图 12-57 所示。

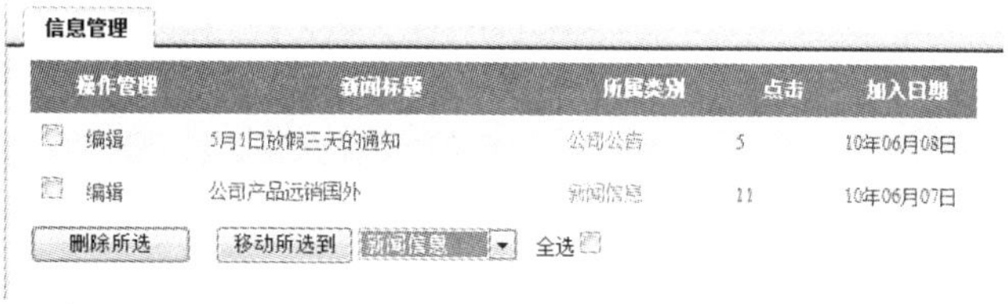

图12-57　信息管理模块

1）模块讲解。删除、移动所选信息。

2）程序代码。办公自动化系统/ Managenews.aspx.cs 代码如下。

```
        public partial class manage_Manageproduct : System.Web.UI.Page
        {
            zalei lxh = new zalei();
            protected void Page_Load(object sender, EventArgs e)
            {
                if (!Page.IsPostBack)
                {
```

```
                Bindnews();
                Button1.Attributes.Add("onclick", "return confirm('你确定要删除所选信息么');");
            }
        }
        //绑定控件
        private void Bindnews()
        {
            DataSet ds = lxh.Getallnews();
            ProductGridView.DataSource = ds.Tables["aa"].DefaultView;
            ProductGridView.DataBind();
        }
        //翻页
        protected void ProductGridView_PageIndexChanging(object sender, GridViewPageEventArgs e)
        {
            ProductGridView.PageIndex = e.NewPageIndex;
            Bindnews();
        }
        protected void movBtn_Click(object sender, EventArgs e)
        {
            foreach (GridViewRow row in ProductGridView.Rows)
            {
                CheckBox cbox = (CheckBox)row.FindControl("chkBox");
                if (cbox != null)
                {
                    if (cbox.Checked == true)
                    {
                        int                                  mynewsid                                  =
Int32.Parse(ProductGridView.DataKeys[row.RowIndex].Value.ToString());
                        string leibie=DrpLeibie.SelectedValue.ToString();
                        lxh.Updatemulu(mynewsid, leibie);
                    }
                }
            }
            Bindnews();
        }
        protected void Button1_Click(object sender, EventArgs e)
        {
            foreach (GridViewRow row in ProductGridView.Rows)
            {
                CheckBox cbox = (CheckBox)row.FindControl("chkBox");
                if (cbox != null)
                {
                    if (cbox.Checked == true)
                    {
                        int                                  mynewsid                                  =
Int32.Parse(ProductGridView.DataKeys[row.RowIndex].Value.ToString());
```

```
                    lxh.Deletenews(mynewsid);
                }
            }
        }
        Bindnews();
    }
    protected void CheckBox1_CheckedChanged(object sender, EventArgs e)
    {
        for (int i = 0; i <= ProductGridView.Rows.Count-1; i++)
        {
            CheckBox cbox = (CheckBox)ProductGridView.Rows[i].FindControl("chkBox");
            if (CheckBox1.Checked == true)
            {
                cbox.Checked = true;
            }
            else
            {
                cbox.Checked = false;
            }
        }
    }
}
```

3）自定义方法代码。办公自动化系统/App_Code/zalei.cs 代码如下。

```
//打开新闻
    public DataSet Getallnews()
    {
        Imuju lxh = new Muju();
        DataSet ds = lxh.DsGetinfo("SELECT * FROM Mynews   ORDER BY Createdate DESC");
        return ds;
}
    //修改目录
    public void Updatemulu(int nNewsID, string sLeibie)
    {
        Imuju lxh = new Muju();
        lxh.Executeinfo("UPDATE Mynews SET Leibie='" + sLeibie + "' WHERE MynewsID=" +
nNewsID);
}
//按 ID 删除新闻
    public void Deletenews(int nMynewsID)
    {
        Imuju lxh = new Muju();
        lxh.Executeinfo("DELETE   Mynews WHERE MynewsID=" + nMynewsID);
}
```

15．考勤管理之员工考勤模块

员工考勤模块如图 12-58 所示。

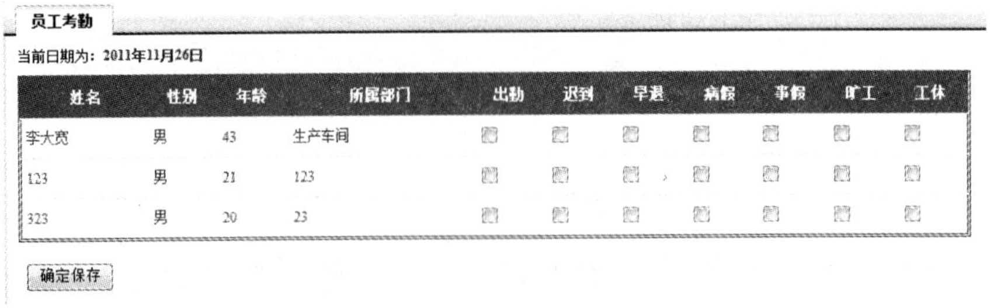

图12-58　员工考勤模块

1）模块讲解。记录员工缺勤情况。

2）程序代码。办公自动化系统/ kaoqin.aspx.cs 代码如下。

```
public partial class managedangan : System.Web.UI.Page
{
    zalei lxh = new zalei();
    protected void Page_Load(object sender, EventArgs e)
    {
        if (!Page.IsPostBack)
        {
            lbldate.Text = System.DateTime.Now.ToLongDateString();
            bindgridview();
        }
    }
    //显示档案信息
    private void bindgridview()
    {
        DataSet ds = lxh.Getdangan_ds();
        GridView1.DataSource = ds.Tables[0].DefaultView;
        GridView1.DataBind();
    }
    protected void Button1_Click(object sender, EventArgs e)
    {
        string dt = System.DateTime.Now.ToShortDateString();
        DateTime dt1 = Convert.ToDateTime(dt + " 0:0:0");
        DateTime dt2 = Convert.ToDateTime(dt + " 23:59:59");
        if (lxh.judgekaoqin(dt1,dt2) == 1)
        {
            lblError.Text = "对不起，今日考勤已经完成";
            return;
        }
        foreach (GridViewRow row in GridView1.Rows)
        {
            int userid = Int32.Parse(GridView1.DataKeys[row.RowIndex].Value.ToString());
            CheckBox cbx1 = (CheckBox)row.FindControl("tchuqin");
            CheckBox cbx2 = (CheckBox)row.FindControl("tchidao");
            CheckBox cbx3 = (CheckBox)row.FindControl("tzaotui");
            CheckBox cbx4 = (CheckBox)row.FindControl("tbingjia");
```

```
                CheckBox cbx5 = (CheckBox)row.FindControl("tshijia");
                CheckBox cbx6 = (CheckBox)row.FindControl("tkuanggong");
                CheckBox cbx7 = (CheckBox)row.FindControl("tgongxiu");
                int cq = cbx1.Checked == true ? 1 : 0;
                int cd = cbx2.Checked == true ? 1 : 0;
                int zt = cbx3.Checked == true ? 1 : 0;
                int bj = cbx4.Checked == true ? 1 : 0;
                int sj = cbx5.Checked == true ? 1 : 0;
                int kg = cbx6.Checked == true ? 1 : 0;
                int gx = cbx7.Checked == true ? 1 : 0;
                lxh.savekaoqin(userid, cq, cd, zt, bj, sj, kg, gx);
            }
            lblError.Text = "保存成功";
        }
        //翻页
        protected void GridView1_PageIndexChanging(object sender, GridViewPageEventArgs e)
        {
            GridView1.PageIndex = e.NewPageIndex;
            bindgridview();
        }
    }
```

3）自定义方法代码。办公自动化系统/App_Code/zalei.cs 代码如下。

```
    //判断今日考勤是否保存
        public int judgekaoqin(DateTime dt1,DateTime dt2)
        {
            int nResult = 0;
            Imuju lxh = new Muju();
            SqlDataReader dr = lxh.SqlGetinfo("select * from kaoqin where createdate>'" + dt1 + "' and
createdate<'" + dt2 + "'");
            if (dr.Read())
            {
                nResult = 1;
            }
            return nResult;
        }
    //保存考勤信息
        public void savekaoqin(int userid, int cq, int cd, int zt, int bj, int sj, int kg, int gx)
        {
            Imuju lxh = new Muju();
            lxh.Executeinfo("insert into kaoqin(userid,cq,cd,zt,bj,ssj,kg,gx,createdate) values(" +
                userid + "," +
                cq + "," +
                cd + "," +
                zt + "," +
                bj + "," +
                sj + "," +
```

```
                kg + "," +
                gx + ",GetDate())");
    }
```

16．投票管理之编辑投票模块

投票模块代码如图 12-59 所示。

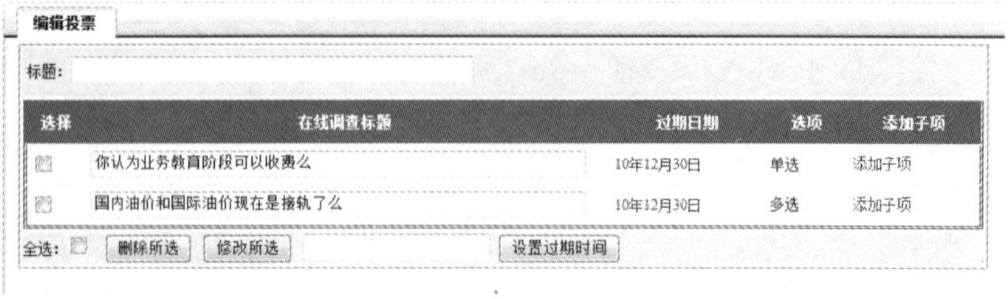

图12-59　投票模块

1）程序代码。办公自动化系统/ Editsurvey.aspx.cs 代码如下。

```
public partial class manage_Editsurvey : System.Web.UI.Page
{
    baseclass bas = new baseclass();
    Imuju shownews = new Muju();
    protected void Page_Load(object sender, EventArgs e)
    {
        if (!Page.IsPostBack)
        {
            Showdiaocha();
        }
    }
    //绑定控件
    private void Showdiaocha()
    {
        DataSet ds = Getdiaocha();
        GridView1.DataSource = ds.Tables["aa"].DefaultView;
        GridView1.DataBind();
    }
    //打开调查数据库
    public DataSet Getdiaocha()
    {
        DataSet ds = shownews.DsGetinfo("SELECT * FROM Survey ORDER BY createdate DESC");
        return ds;
    }
    //插入标题
    protected void Button1_Click(object sender, EventArgs e)
    {
        if (txtTitle0.Text.Trim().Length < 1)
        {
            return;
        }
```

```
        int single = Int32.Parse(RadioButtonList1.SelectedValue.ToString());
        shownews.Executeinfo("INSERT INTO Survey (Title,single) VALUES('" +
            txtTitle0.Text.ToString() + "'," +
            single + ")");
        txtTitle0.Text = "";
        Showdiaocha();
    }
    //删除标题
    protected void DiaochaGridView_RowDeleting(object sender, GridViewDeleteEventArgs e)
    {
        int nSurveyID = Int32.Parse(GridView1.DataKeys[e.RowIndex].Value.ToString());
        shownews.Executeinfo("DELETE FROM Survey WHERE SurveyID=" + nSurveyID);
        Showdiaocha();
    }
    protected void CheckBox2_CheckedChanged(object sender, EventArgs e)
    {
        foreach (GridViewRow row in GridView1.Rows)
        {
            CheckBox cbx = (CheckBox)row.FindControl("CheckBox1");
            if (cbx != null)
            {
                if (CheckBox2.Checked == true)
                {
                    cbx.Checked = true;
                }
                else
                {
                    cbx.Checked = false;
                }
            }
        }
    }
    //设定过期时间
    protected void Button4_Click(object sender, EventArgs e)
    {
        DateTime dt;
        if (DateTime.TryParse(TextBox1.Text.Trim().ToString(), out dt) == false)
        {
            lblError.Text = "输入的日期格式不正确";
            return;
        }
        foreach (GridViewRow row in GridView1.Rows)
        {
            CheckBox cbx = (CheckBox)row.FindControl("CheckBox1");
            if (cbx != null)
            {
```

```
                    if (cbx.Checked == true)
                    {
                        int                                    surveyid                                    =
Int32.Parse(GridView1.DataKeys[row.RowIndex].Value.ToString());
                        bas.setdate(dt, surveyid);
                    }
                }
            }
            Showdiaocha();
            lblError.Text = "设置成功";
        }
        //修改
        protected void Button3_Click(object sender, EventArgs e)
        {
            foreach (GridViewRow row in GridView1.Rows)
            {
                CheckBox cbx = (CheckBox)row.FindControl("CheckBox1");
                if (cbx != null)
                {
                    if (cbx.Checked == true)
                    {
                        int                                    surveyid                                    =
Int32.Parse(GridView1.DataKeys[row.RowIndex].Value.ToString());
                        TextBox tbx = (TextBox)row.FindControl("txttitle");
                        string title = tbx.Text.Trim().ToString();
                        if (title.Length < 1)
                        {
                            lblError.Text = "要修改的题目不能为空";
                            return;
                        }
                        bas.updatetitle(title, surveyid);
                    }
                }
            }
            Showdiaocha();
            lblError.Text = "修改成功";
        }
        //删除所选
        protected void Button2_Click(object sender, EventArgs e)
        {
            foreach (GridViewRow row in GridView1.Rows)
            {
                CheckBox cbx = (CheckBox)row.FindControl("CheckBox1");
                if (cbx != null)
                {
                    if (cbx.Checked == true)
                    {
```

```
                                    int                                 surveyid                                =
Int32.Parse(GridView1.DataKeys[row.RowIndex].Value.ToString());
                                    bas.delsurvey(surveyid);
                                }
                            }
                        }
                        Showdiaocha();
                        lblError.Text = "删除成功";
                    }
                }
```

本章小结

本章是在学完 ASP.NET 全部知识后的整合应用，通过两个实例将 ASP.NET 的知识从理论升华到实践，从简单的示范性应用到企业的实际应用进行了过渡性的讲解。第一个实例以学生司空见惯的学生管理系统为例全面示范了数据录入、数据查询、数据修改和数据删除四个基本功能；第二个实例的开发者是本书主编崔连和的助手娄喜辉，该软件是根据某企业实际需求所开发的软件系统，该系统已经稳定运行两年，娄喜辉是一个专业程序员，该软件系统全面示范了软件开发的全过程，具有典型的代表性。

每章一考

简答题

1．简述登录模块的实现过程。

2．简述学生信息的录入方法，并试着编写这一功能模块。

3．自己设计一个简单的管理系统，包括对信息的增、删、查和改等过程。

参 考 文 献

[1] 郑淑芳，赵敏翔．ASP.NET 3.5 最佳实践——使用 Visual C#[M]．北京：电子工业出版社，2009.

[2] 张跃廷，王小科，帖凌珍．ASP.NET 程序开发范例宝典[M]. 北京：人民邮电出版社，2007.

[3] 郭洪涛，刘丹妮，陈明华．ASP.NET（C#）大学实用教程[M]. 北京：电子工业出版社，2007.

[4] 董大伟．ASP .NET 与 AJAX 深度剖析范例集[M]. 北京：中国青年出版社，2007.

[5] 崔连和. ASP .NET 网络程序设计[M]. 北京：中国人民大学出版社，2010.

[6] 戴上平，丁士锋，等．ASP .NET 3.5 完全自学手册[M]. 北京：机械工业出版社，2009.

[7] 靳华，等. ASP .NET 3.5 宝典[M]. 北京：电子工业出版社，2009.

[8] 康春颖. ASP .NET 实用教程[M]. 北京：清华大学出版社，2008.

[9] 张领，等. ASP .NET 项目开发全程实录[M]. 北京：清华大学出版社，2008.

[10] 黄梅，林超 . ASP.NET 2.0 全程指南[M]. 北京：电子工业出版社，2008.

[11] 王改性，魏长宝，郭斌，等. ASP .NET 3.5 动态网站开发案例指导[M]. 北京：电子工业出版社，2009.

[12] 闫洪亮，李波，黎杰. ASP .NET 程序设计[M]. 上海：上海交通大学出版社，2008.

[13] 郭靖．ASP .NET 开发技术大全[M]. 北京：清华大学出版社，2009.